哺乳類の進化

遠藤秀紀――[著]

東京大学出版会

Evolution of the Mammals
Hideki ENDO
University of Tokyo Press, 2002
ISBN978-4-13-060182-5

はじめに
―― 歴史性を扱うとは

　ヒトが哺乳類であるがゆえ，本書の道のりの一部は，生物種としての私たち自身の過去を読み解くことでもある．自分自身が主人公の一部であることに，私はほかの生物のみを扱っている場合と異なる重みを感じることができ，その重みはじつは大きな愉しみともなる．しかし，本書がヒトや哺乳類を対象としていること以上に私がエネルギーを投じる理由は，近年の生物学がもてあまし気味の「歴史性」を，ページを貫く立脚点にすえることができるという点である．

　歴史性へのアプローチを掲げた途端，生物学はあたかも客観性を欠くかのようなレッテルを貼られることが，過去しばらくの間起こりえていた．明確にいえば，還元主義が自然誌学を凌駕するという主張が，とりわけわが国の生物学における歴史性研究の発展に底知れない損失を与えてきた．損失はときに大学自治を含む学術行政や政策に，また，ときに教育の現場に現れていたといえよう．学術政策のなかで生物学の歴史性をどの程度重視するかを考えることは，本書が扱う内容ではない．しかし，それが結果的にもたらした生物学の教育現場における歴史性の欠如は，わが国が生み出す生物学関係者層の発想に，取り返しのつかない矮小化とバイアスを生じてきたということができる．

　同時に生物学界では，モリキュラーの力が歴史性の議論を占有できるのではないかという空気を産んできたことも指摘される．しかし，現実の科学史・科学哲学が証明するように，歴史性に挑む私たちの力は単一のメソッドに帰着するものではない．私を含む進化学に携わる多くの人々が，歴史性へのアプローチにおいてモリキュラー以外の武器を備えることを自らに課していることを，本書は明確に語り継ぐものである．

　本書はすでに確立された矮小化とバイアスを少しでも正し，生物学・動物学に自然誌学的思考を再度落ち着かせることをひとつの意図としたい．紙面が伝える個々の情報の新しさは時代とともに移り変わろう．だが，本書が未

来永劫読者をひきつけるとするならば，それは21世紀初頭にあえて生物の「歴史性」に，ナチュラルヒストリーの一部として取り組んだという事実である．さらにいえば，歴史性に挑む博物学者の「闘い」をページに輝かせようとした一解剖学者の思いを，未来の人々に愉しんでいただければ幸いである．

　2002年10月

遠藤秀紀

目　　次

はじめに……………………………………………………………………………………i

第1章　哺乳類とはなにか……………………………………………………………1
1.1　哺乳類の境界線…………………………………………………………………1
(1) 哺乳類を生み出したもの　1　　(2) 祖先としての単弓類　3
(3) キノドン類の洗練　4　　(4) 顎関節の境界線　6
(5) 最古の哺乳類群　9　　(6) ママリアフォルムスの認識　11
(7) 旧顎関節の行方　14　　(8) 獣歯類の頭蓋改造　15
(9) 脊柱の機能分化　17　　(10) 四肢の改築　18
1.2　独自の繁殖様式…………………………………………………………………20
(1) 哺乳類の繁殖の史的意義　20　　(2) 胎盤の確立　22
(3) 泌乳する母親　25
1.3　代謝様態の革新…………………………………………………………………28
(1) 高基礎代謝率戦略と内温性　28　　(2) "生き方の幅広さ"　31

第2章　哺乳類の歴史…………………………………………………………………34
2.1　哺乳類を分ける思考……………………………………………………………34
(1) 系統分類，そして歴史　34　　(2) 目なるものの重要性　35
2.2　中生代の先駆者…………………………………………………………………38
(1) パイオニアたちの意義　38　　(2) "実験"と"先駆け"　40
(3) "早すぎた佳作"　43　　(4) 現生群を残す　46
2.3　正獣類の多様化…………………………………………………………………48
(1) 主役のなかの主役　48　　(2) 正獣類の特質　49
(3) トリボスフェニック型後臼歯　50　　(4) 歯と歯列の発展　54
(5) "恐竜ファウナの居候"　55
(6) 原正獣亜目の解体と最初期の正獣類　56
(7) 白亜紀以来のグループ　61　　(8) "旧・食虫目"のなれの果て　63

(9) 飛行する哺乳類　65　　　(10) 孤立する古い目　68
(11) "揺りかご"大陸　69　　(12) "実験室の大作"　71
(13) 樹に登る系統　73　　　(14) 最大の現生目の謎　77
(15) 齧歯目と兎目のゆくえ　81　　(16) 肉食獣の系譜　83
(17) 蹄からの可能性　87　　(18) "揺りかご"に乗った有蹄獣　88
(19) 有蹄獣の栄光の一番手　92　　(20) 華やかな奇蹄目　97
(21) 遅れてきた勝者　99　　(22) ラクダを残す系統　103
(23) 究極の草食獣　105　　(24) 反芻獣の歴史　106
(25) クジラの祖先たる可能性　108　　(26) 新しいクジラ像　110
(27) 顆節目のもうひとつの末裔　113　　(28) テチテリアの構成　117
(29) 謎めいたグループたち　119　　(30) 分子遺伝学からの展開　121
(31) 放散はいつのことか　125

2.4 有袋類の大陸……………………………………………………………126
(1) 初期の有袋類　126　　(2) "揺りかご"での歴史　128
(3) 完全なる隔離のなかで　130　　(4) "もうひとつの地球"　134
(5) 有袋類の形態形質　136

第3章　運動機構の適応——肢と口の進化……………………………138

3.1 多彩なロコモーション…………………………………………………138
(1) 生き様を支えるかたち　138　　(2) 「把握肢端」　139
(3) 天空からみた「有爪獣」　143　　(4) 開けた土地を生きる　146
(5) 「走行のための四肢」　147　　(6) 「走行肢端」の"ゆらぎ"　153
(7) ジャイアントパンダの"挑戦"　157　　(8) 特殊化した類人猿　160
(9) プロコンスルと最古の人類　161　　(10) ヒトたるものの機能　163
(11) 近位肢骨のストラテジー　166　　(12) 空への進出　171
(13) 掘削力を支えるもの　176　　(14) 泳ぐ哺乳類　179
(15) 水に生きる策の数々　182

3.2 咀嚼様式の特化…………………………………………………………185
(1) "虫"を食べる　185　　(2) 草食への壁——歯　186
(3) 餌植物への対応　190　　(4) 殺すための歯　193
(5) 肉食性の臼歯　196　　(6) さまよえる裂肉歯　198
(7) 咀嚼筋とは　199　　(8) 巨大な切歯の意義　205
(9) "雑食性"とはなにか　209　　(10) アリ食適応の収斂　213
(11) 新たな食物を求めて　216　　(12) 運動器から"内なる進化"へ　220

第4章　内臓から生き様へ──生命維持システムの洗練 …………………… 221

4.1　栄養摂取のバラエティー ……………………………………………… 221
　(1) 非骨学的適応の意義　221　　(2) 消化管の変異　221
　(3) 上部消化管の戦略　222　　(4) 発酵槽としての胃　227
　(5) 下部消化管の戦略　232　　(6) 地球史と消化器管　235

4.2　物理学的環境への挑戦 ………………………………………………… 236
　(1) 環境利用の可能性　236　　(2) 循環生理学的基盤　237
　(3) 熱環境への適応様態　241　　(4) 寒冷適応の切り札　244
　(5) 海生種の循環とは　246　　(6) 高山・暑熱・乾燥を生きる　248
　(7) 砂漠における水の維持　251　　(8) 海のなかの渇水　254
　(9) 熱交換なる適応　255

4.3　闘いへの備え …………………………………………………………… 260
　(1) 肉食獣と草食獣　260　　(2) 眼球機能の多様な可能性　263
　(3) 弱者たちの武装　265　　(4) 枝角──同種相手の武器　269
　(5) マイナーな武装　274

4.4　子孫を残す術 …………………………………………………………… 277
　(1) 子宮がとる戦術　277　　(2) 卵巣と繁殖戦略　278
　(3) 交尾と繁殖戦略　281　　(4) 有袋類の妊娠　285
　(5) ミルクに隠された適応　288

第5章　哺乳類と日本列島・哺乳類と解剖学 ………………………………… 291

5.1　日本の生物地理学 ……………………………………………………… 291
　(1) 日本の生物地理を扱う心　291　　(2) 日本列島の哺乳類相　292
　(3) 東シナ海経由の流入　294　　(4) 朝鮮陸橋経由の流入　296
　(5) 華北・華南の哺乳類相　298　　(6) 樺太陸橋経由の流入　299
　(7) 更新世末の絶滅　302　　(8) 更新世の琉球列島　303
　(9) レリックというアイデア　307

5.2　哺乳類進化学の明日 …………………………………………………… 309
　(1) 哺乳類進化学のパースペクティブ　309　　(2) 遺体との日々　310
　(3) 「遺体科学──文化」の継承　313

引用文献……………………………………………………………………………319
おわりに……………………………………………………………………………365
事項索引……………………………………………………………………………367
生物名索引…………………………………………………………………………371

第1章 哺乳類とはなにか

1.1 哺乳類の境界線

(1) 哺乳類を生み出したもの

　主人公の主人公たるゆえんを，最初に語っておかなくてはならない．哺乳類とはいかなる特徴をもったグループなのか．まずは整理しておきたい．哺乳類全体に共有される哺乳類にとって新しい形質を導き出すのが，本書のはじめの仕事になる．

　古生物学なら，少なくとも古典的な古生物学なら，化石証拠から哺乳類らしい動物の根源的祖先を捜すことをなにより重視するだろう．おそらくその代表として，三畳紀に現れるハツカネズミくらいの大きさの華奢で目立たない一群が，まちがいなく取り上げられることだろう．そういう動物は，じつは同じ時代に繁栄している爬虫類の一群と比べて，かたちや生き方にさして大きな差異はなかったかもしれない．だが，それはいくつかのとても大切な特徴によって，明確にそれまでの一群と異なる，「哺乳類」とされる栄誉に値する．この中生代の目立たぬ祖先が起こした，文字どおり肉眼ではみにくい小さな転換点が，哺乳類時代の幕開けを告げているのだ．本書はまず，まだ明けきらぬ"哺乳類の早暁"に時代を戻すことから始めたい．名を連ねる主は，しばらくの間，爬虫類である．

　時代をおよそ3億年前の古生代石炭紀にさかのぼろう．ペンシルベニア紀後期，単弓亜綱とされる一群の爬虫類が出現し，発展への道を歩み始めていた．歴史の結果を知る私たちからすると，単弓亜綱は爬虫類の巨大な歴史のごく一部を補強する，目立たないグループだったと総括することもできよう．

少なくとも爬虫類の進化史のなかでは，単弓亜綱は，比較的早い時期に展開した，爬虫類全体からみて小さめの扇としかいいようがない．しかし，一方でこの一群こそが，私たちを含む哺乳類を生み出していく直接の祖先となるものである．

爬虫類の各亜綱は，頭蓋の形態学的特徴により分類され，実際の系統関係を正確に反映するものとされてきた（表1-1）．眼窩後方にできる側頭窓とよばれる開口部が，各亜綱を分けるための注目すべき点だ．問題の単弓類は下側頭窓とよばれる開口部がひとつだけ確認され，その上縁を後眼窩骨と鱗状骨が構成している．

側頭窓そのものは咀嚼筋群の上顎の付着面積を広げるために発達する．したがって，側頭窓をもたない基幹的爬虫類が発展の過程で咀嚼機能に多様化を生じ，それぞれの系統で側頭窓が発達したと，おおざっぱに考えることも

表1-1 爬虫類の分類

爬虫綱　Reptilia	
無弓亜綱　Anapsida　最初期の爬虫類を含む．側頭窓をもたない群．カメ目が現生する．	
双弓亜綱　Diapsida　後眼窩骨-鱗状骨で隔てられた上・下側頭窓をもつ．	
鱗竜形下綱　Lepidosauromorpha	
鱗竜上目　Lepidosauria　有鱗目（トカゲ類・ヘビ類），喙頭目（ムカシトカゲ）が現生する．	
鰭竜上目　Sauropterygia†　下側頭窓を失っている．かつて広弓亜綱とされた．魚竜・長頸竜のグループ．	
主竜形下綱　Archosauromorpha	
主竜上目　Archosauria　ワニ目が現生する．	
恐竜上目　Dinosauria†　恐竜類．鳥綱に至る．爬虫綱の中心として，中生代に栄えたといえる．	
単弓亜綱　Synapsida†	
盤竜目　Pelycosauria†	
獣弓目　Theapsida†	
エオティタノスクス亜目　Eotitanosuchia†	
ディノケファルス亜目　Dinocephalia†	
ディキノドン亜目　Dicynodontia†	
獣歯亜目　Theriodontia†　ゴルゴノプス類，テロケファルス類，キノドン類，トリロドン類，イクチドサウルス類などを含む．哺乳綱の直接の祖先である．	

側頭窓の形態に注目して分類されてきた．哺乳類を生み出したのは，単弓亜綱・獣歯目の一群である．双弓亜綱を中心とした爬虫類全体の繁栄からみれば，単弓亜綱も獣歯亜目も，目立たない存在といえる．†は絶滅群．

できる．最初期の爬虫類は無弓亜綱とされ，側頭窓をもたない．側頭窓が二次的に閉じやすいことから，同亜綱の位置づけはまだ議論がつづくものであるが，一応カプトリヌス目とされる一群がその基幹的グループとされている．そして無弓亜綱から進化したのが，単弓亜綱である．ちなみに無弓亜綱として現生するのはカメ類のみで，そのほかの現生群は，並居る中生代の恐竜類とともに，すべて双弓亜綱に属す．双弓亜綱は側頭窓を背腹に2つもつ，三畳紀以後もっとも繁栄を遂げる爬虫類である．一方で単弓類は，同様にあるいはそれ以上に地味な中生代の哺乳類を生み出しながら，ペルム紀から三畳紀にかけて繁栄する．しかし，理由は定かではないが，中生代に衰退の歴史をたどり，最後のグループもジュラ紀には姿を消してしまったのである．

（2）祖先としての単弓類

その単弓亜綱から哺乳類に至る，単純だが解釈のむずかしい経過を追っていくこととしよう．まず単弓亜綱は盤竜目と獣弓目の2群に大別されている．ペルム紀に発展する前者には，ディメトロドン属 *Dimetrodon* という，棘突起で支えられた帆を背側に備えた，体長3mほどの爬虫類が記録されている（図1-1）．これらは哺乳類を直接生み出す系統とはならなかったが，小さいながらも確実な繁栄の跡を私たちに伝えている．

一方の獣弓目はペルム紀の後半から三畳紀にかけて多様化を起こす．最初

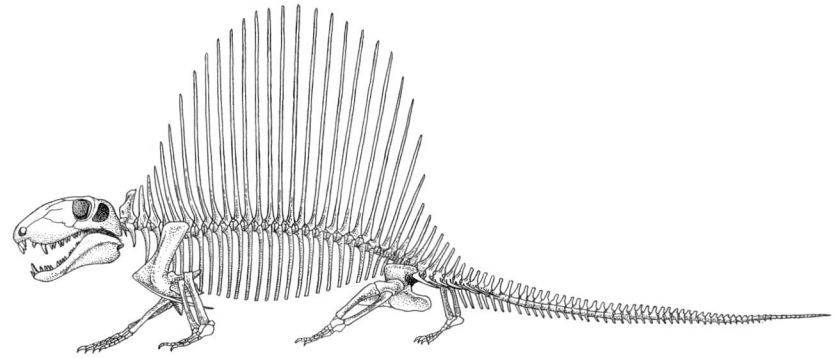

図1-1 ディメトロドン *Dimetrodon* の全身骨格．背中に大きな帆を備えた盤竜類である．
（描画：渡辺芳美）

に小規模な繁栄を示すのはディノケファルス類（亜目）で，少し遅れてディキノドン類（亜目）の発展が見出される．前者は 4 m 近い体長をもつものも含めて，初期の獣弓類としてかなりの多様性をもった一群だったらしい．さらにディキノドン類は，三畳紀には世界中に分布を広げたことが確認される．三畳紀はゴンドワナと名づけられる，南半球の陸域を結合した巨大な大陸が存在していたため，この時期に繁栄を迎えた獣弓目にとって，現在の南極大陸に相当する部分も含め，南半球全域への進出は困難なことではなかっただろう．実際，リストロサウルス属 *Lystrosaurus* とよばれる獣弓類の代表格が，アフリカ大陸南部，南アメリカ大陸北部，インド亜大陸，そして南極大陸からつぎつぎと発見されてきた．三畳紀のディキノドン類の分布に関して，世界的規模での海洋による隔離が重視されることはほとんどない．

多様化は，つぎなる一群，獣歯類（亜目）において頂点を極める．そしてこの獣歯類こそが，哺乳類の直接の祖先である．世界中から化石が見出される獣歯類は，三畳紀の陸生脊椎動物相の代表である．獣歯類を高次の系統群としてどうまとめるかはいくつかの主張があろうが（Carroll, 1988；Colbert and Morales, 1991），いずれにせよ，ゴルゴノプス類，テロケファルス類，キノドン類，トリチロドン類，イクチドサウルス類（トリテレドン類）などの諸群を含む，複雑な適応放散に成功したグループである．

これら獣歯類のなかでは，ゴルゴノプス類やテロケファルス類が比較的原始的な一群だろう．一方で，キノドン類を中心に，トリチロドン類，イクチドサウルス類は，これからふれるように哺乳類との境界線がもはや微妙とも思われるほど，哺乳類的な形態を確立させたグループである．

（3）キノドン類の洗練

キノドン類の代表例として，保存のよいキノグナタス *Cynognathus* とトリナクソドン *Thrinaxodon*，そしてプロベノグナタス *Probainognathus*，プロベレソドン *Probelesodon* があげられる（図1-2；Romer, 1956；Carroll, 1988；Colbert and Morales, 1991）．これらこそ，哺乳類として境界の一線を越える寸前の爬虫類の姿を，われわれに伝えてくれるのである．

キノドン類を情報源に，爬虫類と哺乳類を明確に分ける一線がなんなのか，しばらくの間語りたい．古い側，つまり爬虫類側からその境界線へ向かって

いく獣歯類が，からだの各部位をしだいに哺乳類的につくり変えていく様，あるいは祖先のまま継承していく様を，化石から跡づけることができるのである．もちろんそのほとんどは骨学的に検証される部位に限られる．個々の議論に入る前に，問題となる重要な特質を列挙しておこう．

A：獣歯類で機能する関節骨‒方形骨関節が，哺乳類ではツチ骨・キヌタ骨に改変され，顎関節機能は歯骨‒鱗状骨関節によって営まれるようになる．
B：獣歯類では下顎の大部分を歯骨が構成するが，関節部にはそれ以外の骨格が参加している．一方，哺乳類では，下顎は歯骨のみからなるといってよい．
C：獣歯類で二次口蓋が成立しているが，それが哺乳類へ引き継がれている．
D：獣歯類で頰骨弓が大きく拡大し，また矢状稜の発達がみられることがある．これらは哺乳類に引き継がれる．
E：獣歯類に対して，哺乳類では脳頭蓋が明らかに大きくなる傾向がみられる．
F：獣歯類で認められる歯型の分化が，哺乳類でよりいっそう明確になる．
G：獣歯類では頸部の椎体と肋骨が分離するが，哺乳類では融合している．
H：獣歯類の腰椎には肋骨が関節するが，哺乳類では腰椎肋骨突起（横突起）に姿を変える．
I：獣歯類は肩甲骨の前縁に稜をもつが，哺乳類では肩甲棘が確立される．
J：獣歯類では骨盤が複数の分離した骨格よりなるが，哺乳類ではひとつに融合する．とくに腸骨が広く拡大する．

ここで重要なのは，上記の特徴が，最初期の哺乳類において非連続的に"突然"出現するものではなく，単弓類あるいは獣歯類において，"事前に"進化を遂げているという点である．つまり，実際のところ，獣歯類は爬虫類とされながらも，全体として哺乳類的な形態学的特徴をすでに十分備えた一群なのである．では，これらの改変が実際にどのように古生物学的に見出されてきているのか，まず獣歯類を題材にみていくこととしよう．議論のターゲットは，爬虫類と哺乳類の「境界線」である．

（4）顎関節の境界線

アフリカ南部や南アメリカから見出されるキノグナタスは，三畳紀前期の有力なキノドン類である（図1-2）．長さおよそ400 mmの頭蓋には，切断機能のある切歯に，捕殺装置としての巨大な犬歯，食塊を切り刻んだと思われる咬頭の発達した臼歯（頬歯・後犬歯）が並び，明らかに機能性の高い捕食者であることが示される．程度の差は著しいが，おおざっぱにいうと多くの爬虫類が単純な円錐状の歯を並べるだけの同形歯性をとるのに対し，顎の位置によって歯の形状をまったく異にする，いわゆる異形歯性が確立されたことになる．二次口蓋の発達したキノグナタスは，鼻腔を介して呼吸をつづけながら，臼歯（頬歯・後犬歯）列で獲物の肉を切りながら食べていたことが示唆される．獲物を丸呑みするしかない本来の爬虫類に比べれば，食物からのエネルギーの獲得が速やかに行われることはいうまでもない．歯列の高度な分化と二次口蓋の確立は，獣歯類を通じて確認される哺乳類への道のりである．

さてここで，哺乳類の起原を定める最大の問題として，顎関節を取り上げる．顎関節の改変こそが，爬虫類と哺乳類の間に境界線を引いているのだ（図1-3，図1-4；Carroll, 1988；Colbert and Morales, 1991）．しばらく紙面を使って，爬虫類の顎関節が哺乳類の顎関節に置き換わる歴史を手繰り寄

図 **1-2** キノグナタス *Cynognathus* の想像される外貌．細長い体幹が特徴的で，軽快な運動が可能だったとも推測されている．（描画：渡辺芳美）

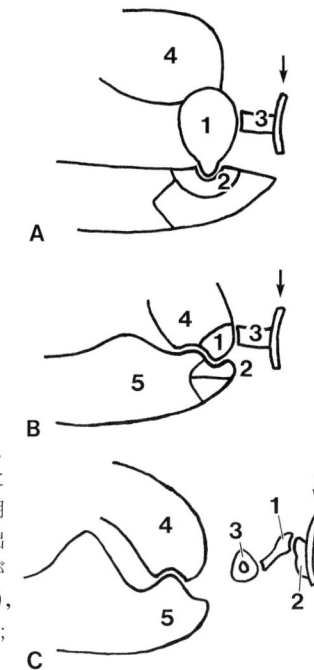

図 1-3 A：典型的な爬虫類．B：獣歯類．C：哺乳類．顎関節の進化を模式的に描いた．爬虫類から哺乳類に移行する間に，関節骨-方形骨関節を耳小骨として利用し，新たに歯骨-鱗状骨関節を顎運動装置として生み出していった．移行段階の獣歯類では，2組の顎関節が存在した．1；方形骨（キヌタ骨），2；関節骨（ツチ骨），3；耳小柱（アブミ骨），4；鱗状骨，5；歯骨，矢印；鼓膜．

せてみたい．誤解ないように念を押すなら，顎関節改変の歴史は，実際には三畳紀を中心に何千万年もの時間を要したプロセスである．

　比較的初期の獣歯類，キノグナタスもトリナクソドンも，あくまでも顎関節を形成していたのは，上顎の方形骨と下顎の関節骨である．この点ではまったく祖先の爬虫類と同じだ．ところが，進歩した獣歯類はこのつくりに対して，驚くべき変更の跡をみせる．まったく異なる骨格を用いた新しい顎関節の構築が，獣歯類で起こり始めるのである．獣歯類が新たに用いる顎関節の材料は，上顎が鱗状骨，下顎が歯骨である．歯骨は名のとおり，本来吻側で下顎歯列を収めていた骨格で，咀嚼の重要な装置ではあるが，関節とはまったく関係がなかった．他方の鱗状骨ももちろん関節とは縁がない．獣歯類はこの新しいペアを顎関節の構成要素として使い始める．後述するように，下顎を運動させる各咀嚼筋群のつくり変えも起こっただろうが，動力として付着する骨格筋は，もちろん関節の構成骨を選ぶわけではない．獣歯類は後でふれる別の適応のために，手近にあった歯骨と鱗状骨を顎関節の材料に使

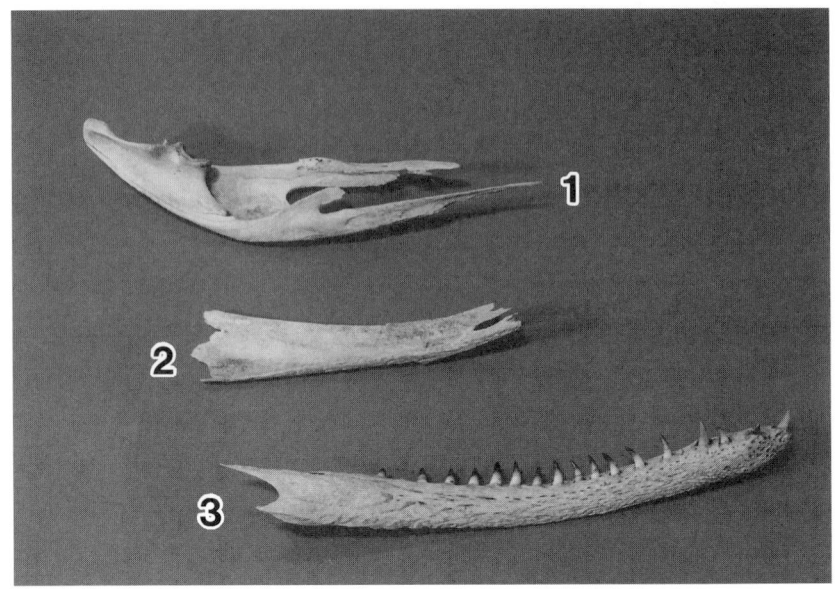

図 1-4 現生のワニ類・マレーガビアル Tomisotoma schelegelii の下顎．角骨・上角骨・関節骨など(1)．夾板骨(2)．歯骨(3)．下顎が多数の骨からなる．哺乳類で顎関節をつくるのは，本来は吻側で歯を収めているだけの歯骨である．爬虫類の顎関節要素は，哺乳類では，耳小骨として姿を変えている．

い始めたのである．

　実際には進歩したキノドン類のプロベノグナタス，トリチロドン類のカエンタテリウム Kayentatherium，そしてイクチドサウルス類に含まれるディアルスログナタス Diarthrognathus には歯骨-鱗状骨関節ができあがりつつある (Gow, 1980 ; Kemp, 1983 ; Sues, 1985, 1986)．まさしく進歩的な獣歯類は，2 種類の顎関節が交替する段階をみせてくれるのだ．顎関節ほど重要な運動装置において，進化史に起こった一大イベントを，われわれは幸運にも化石として進行形で知ることができるのである．

　気をつけなくてはならないのは，獣歯類では，まだあくまでも方形骨-関節骨による顎関節が主要な顎関節として機能している点である．逆にいえば，獣歯類における鱗状骨-歯骨関節は，機能的には中途半端なものだ．とても完全な顎関節として役立つものではない．つまり獣歯類は主要な関節機構である爬虫類型顎関節に加えて，まだとても小さな鱗状骨-歯骨関節をつくり

だし，両者を並存させているということができる（Kermack *et al.,* 1973 ; Crompton and Jenkins, 1979 ; Crompton and Luo, 1993）．

　実際，この獣歯類の二重関節にどれほどの適応的意義があるのかは，理解がむずかしい．鱗状骨と歯骨を関節づくりに参加させても，顎運動の力学的主体は方形骨-関節骨のままである．もちろんわずかに歴史をさかのぼるだけで，爬虫類型顎関節だけで生きるのに支障のなかった近縁群が繁栄していることからも，この二重関節の合目的性は説明のむずかしいものである．ただ，顎関節要素から解放されていく方形骨と関節骨のつぎなる重要な使命については，この後でくわしくふれなくてはならない．

　顎運動のような生存にきわめて重要と思われる機構が劇的に改変されることはつねに進化史の驚異であるが，哺乳類の起原を探る研究は，この機構の漸進的な改築をトレースすることでもある．この劇的な進化のステップは，比較的目立たないグループで地味に生じたことかもしれない．しかし，このステップを踏んだものだけが，哺乳類への道に進むこととなったのである．なお，この顎関節の改変がもたらす咀嚼運動の新しい可能性については，第3章で扱うこととなろう．用語の問題だが，「鱗状骨」は哺乳類の骨学では「側頭骨」とされる骨の一部に包含される．本書では2つのことばを適宜使っていくのでご承知願いたい．

　単弓類とくに獣歯類は，"哺乳類様爬虫類"と称されることが多かった．爬虫類でありながら，本節はじめでふれたいくつもの形質がすでに哺乳類的な特徴を示しているからである．実際，"哺乳類様爬虫類"とするべきか，逆に"爬虫類様哺乳類"とするべきか悩ましい一群が，獣歯類であるといえよう．だが，ひとつでも明瞭な要素を探すとするなら，顎関節の改構である．獣歯類の顎関節は，二重関節とよぶにしても，まだまだ爬虫類的なのである．

(5) 最古の哺乳類群

　ここで，最古の哺乳類群に登場してもらわなくてはならない．伝統的には，亜綱レベルで暁獣類あるいはそれに相当するものたちを，最古の哺乳類群としてきた（表1-2 ; Crompton and Luo, 1993 ; Colbert and Morales, 1991）．従来これら最古の系統を含めて一括してママリア Mammalia（哺乳綱）としてきたことに対して，近年ママリアということばをより狭義に限定し，初期

の系統を外すことが提唱されている（Rowe, 1988, 1993）．そのうえでママリアフォルムス Mammaliaformes（哺乳形類と訳すのが妥当かもしれない）という上位の群を設定し，初期のグループを含めようという考え方がとられている．ママリアフォルムスの設定は，多数の形態学的形質を評価した重要な主張であり，後の節でまた扱いたい．いずれにしても中生代の化石資料がそろうにつれて，獣歯類と進歩した哺乳類の間に生じてくる移行段階の形質が多数明らかになり，それを解析した結果，"最古の哺乳類"たちのイメージは，伝統的なものから一定の変化を迫られているといえよう．

ここでは最初期の哺乳類としてモルガヌコドン *Morganucodon*（エオゾストロドン *Eozostrodon*）とメガゾストロドン *Megazostrodon* を取り上げよう（図1-5）．モルガヌコドンはヨーロッパの，メガズトロドンはアフリカ南部の三畳系から記録される，貧弱な下顎骨を備えたハツカネズミくらいの動物である．両者は，前項までに列挙した哺乳類的とされるすべての形質を備

表1-2　伝統的な暁獣亜綱の分類

暁獣亜綱　Eotheria †
トリコノドン目　Triconodonta †
シノコノドン科　Sinoconodontidae †
モルガヌコドン科　Morganucodontidae †
アンフィレステス科　Amphilestidae †
トリコノドン科　Triconodontidae †
ドコドン目　Docodonta †
ドコドン科　Docodontidae †

すべて絶滅群である（†）．

図1-5　メガゾストロドン *Megazostrodon* の想像される外貌．スマートな体形を備えた，食虫性の小さな動物だったと推測される．（描画：渡辺芳美）

えている．だが，それはママリアフォルムスで突然生じた変化ではなく，ほとんどの点は獣歯類で確認されるものなのである．問題は，その新しい形質の進歩が爬虫類に別れを告げたとみなされるほど明確かどうかという点である．

哺乳類が，顎関節をそれまでの顎関節とは異なる部品からつくりあげることは，前節でふれたとおりである．モルガヌコドン類から確認される顎関節の主要部は，新たにつくられる歯骨-鱗状骨関節だ．状況は進歩した獣歯類と一線を画している．もはや新しい顎関節は適応的意義に悩むような弱小の構造ではなく，機能を完全に営む関節の主役を演じているのだ．この点でモルガヌコドン類は哺乳類の境界線を越えた後のグループである．

モルガヌコドンがもっとも興味深い点は，新しい顎関節の成立と同時に，爬虫類時代の関節骨-方形骨関節を痕跡的に残しているということである．すなわち彼らは，獣歯類の延長線上で二重関節を実際に備え，顎構造の過渡期を"境界線の哺乳類側"で過ごしている動物といえる（Kermack *et al.*, 1973；Crompton and Jenkins, 1979）．

ディメトロドン，トリナクソドン，プロベノグナタス，モルガヌコドンは，もちろん理想的ではないにしろ，顎関節の改造を明確に示してくれるシリーズである．歯列の収容部だった歯骨にそのまま顎関節の構成を委ねたことで，哺乳類では下顎全体が歯骨のみから構成されることになる．下顎尾側の構成骨は哺乳類ではまったく単純化してしまうのである．

（6）ママリアフォルムスの認識

"最古の哺乳類"の名のもとに，モルガヌコドンを登場させたが，詳細な形態学的形質の検討から本書で初期の哺乳類と考えるグループは，ママリアフォルムスと表現されるべきタクサを用意して，そこに帰属させるほうが妥当であると提案されるようになっている（Rowe, 1988, 1993）．これは数十にもおよぶ形態形質の吟味と系統性の認識から提唱されたもので，その大枠は説得力をもつものである．くわしい形質の扱いは原著論文を参照願いたいが，おおざっぱな結果からすると，暁獣類としてくくられてきたグループの多くをママリアに包含せず，いくつかの新発見された初期群を加えたうえで，それら全体をママリアフォルムスとよぶこととなる（表1-3）．なお，同時に獣

歯類を含む若干広い概念でママリアモルファ Mammaliamorpha というクレイドも提案されているが，本書では使わないことにする．

逆の面から確認すれば，狭義のママリアは，単孔類や絶滅した多丘歯類，そして相称歯類より後の系統だけを示す概念となり，より派生的なグループのみをさすことになる．本書では，狭義のママリアとより広い概念のママリアフォルムスの違いを強調することはあろうが，本書の「哺乳類」ということばは，ママリアフォルムスと同義で用いる場合が多いことを宣言しておこう．

さて，中生代のママリアフォルムスの化石が，過去数年はなばなしく報告されている．従来最初期の哺乳類像に関しては，暁獣類に生じた小さな出来事のような印象がもたれていた．しかし近年，旧来の認識よりもかなり多様な初期ママリアフォルムスの世界が，化石としてまた発生学的データとして認識されてきたといえよう（Rowe, 1996；Luo *et al.*, 2001a；Wyss, 2001）．

まず歯骨-鱗状骨関節の成立と大脳新皮質の発達の関係が，オポッサムのデータから発生反復説的に推察されている（Rowe, 1996）．モルガヌコドン

表 1-3 ママリアフォルムスの概要

ママリアフォルムス Mammaliaformes
 アデロバシレウス *Adelobasileus* †
 シノコノドン *Sinoconodon* †
 モルガヌコドン *Morganucodon* †
 メガゾストロドン *Megazostrodon* †
 ハルダノドン *Haldanodon* †
 ドコドン *Docodon* †
 ハドロコディウム *Hadrocodium* †
ママリア Mammalia
 トリコノドン類† 例：*Triconodon*
 単孔類
 多丘歯類†
 相称歯類† 例：ツァンヘオテリウム *Zhangheotherium*
     シュオテリウム *Shuotherium*
 真全獣類† 例：アンフィテリウム *Amphitherium*
     ヴィンセレステス *Vincelestes*
 後獣類
 正獣類

近年発見された初期群を含む大枠として設定し，ママリアをより狭義でとらえてみる．†は絶滅群．

状態の二重顎関節は，おそらくジュラ紀から白亜紀にかけて多系統的に生じていた可能性が示唆されるが，哺乳類型顎関節の成立と脳函の拡大が同時に起こったのではないかという推測がなされているのである．1996年時点では，歯骨-鱗状骨関節が完成し，大脳皮質が発達した最古の候補として単孔類があげられ，狭義のママリアの出発点として単孔類に焦点があてられた．

さらにジュラ紀初期，およそ1億9500万年前の一群として，ハドロコディウム *Hadrocodium* が中国雲南省から発見された (Luo *et al.*, 2001a ; Wyss, 2001)．これは推定体重2g程度とされる極小の食虫性群と考えられている．ハドロコディウムの一群は，単孔類と真獣類の分岐より早く，その共通祖先から分岐したことはまちがいない．ハドロコディウムは爬虫類型顎関節を完全に消失させ，シノコノドン *Sinoconodon* (Crompton and Sun, 1985)，モルガヌコドン，ハルダノドン *Haldanodon* (Kermack *et al.*, 1987) などほかの初期のママリアフォルムスに比べて，脳容積の拡大が進んでいるのだ．

ハドロコディウムは，時代的にはモルガヌコドンより少し後になり，モルガヌコドンとは大きく離れた系統として，ジュラ紀のママリアフォルムス相に加わっていたものと思われる．また後にふれるが，狭義のママリアには初期相称歯類の顎関節のように古い形質が残っているため，ハドロコディウムはジュラ紀における狭義のママリアよりも進歩的な側枝であったとさえ，認識することができるのである．脳容積の拡大は顕著で，単孔類や多丘歯類，後獣類と同等とされる (Luo *et al.*, 2001a)．先述のように，脳容積の拡大と歯骨-鱗状骨関節の成立は同時に起こるという主張があったが (Rowe, 1996)，これは狭義のママリアの誕生を説明するだけでなく，ジュラ紀のママリアフォルムス相に多系統的に起こりえた現象として，ハドロコディウムの系統にもあてはめて解釈することができるだろう．脳函の拡大と耳小骨の分離の関係を化石の形態から理論づけ，下顎後方の構成骨の分離と耳小骨の確立を，年代的にジュラ紀前期とする見解がまとめられて一定の説得力を得ている (Wang *et al.*, 2001)．

本書の主人公——哺乳類のもっとも根源的な姿を，サイズ的に小さな顎構造の話題で初登場させたことに，私はなんらの後悔もない．それは顎関節の改変が，次章以降に登場する並居る哺乳類たちの明瞭なアイデンティティと

して取り上げられるものだからである．そしてその顎関節のストーリーは，従来の認識よりはるかに多様なママリアフォルムスの世界で，多系統的に進化する形質であることを読み取っていただけただろうか．一方で読みものの主人公に地味な幕開けを提供したことには，演出家として役者への借りをつくった気持ちが残ることも事実である．その借りは，小さな顎関節に始まる，あまりにも巨大な哺乳類の進化史を語りつづけることで返済することを約束しよう．読者のみなさんには，その偉大すぎる歴史を第2，3，4章で異なる角度から十分に楽しんでいただきたい．

(7) 旧顎関節の行方

さて，"旧顎関節"はどのような末路をたどるのだろうか．

先に，この顎関節の改変の適応的な意義を理解するのはとてもむずかしいと記した．だが，旧顎関節がその後果たす役割は，この問題にとって大きな示唆を与えてくれる．典型的哺乳類においては，方形骨-関節骨は耳小骨，すなわちキヌタ骨，ツチ骨として，まったく異なる機能のために特殊化するのである（図1-3）．

爬虫類段階ですでに耳小骨として使われているアブミ骨とともに，哺乳類は顎関節に関連する3個の骨を聴覚装置として中耳に配置し，空気振動を増幅するシステムとして発達させた．キヌタ骨とツチ骨は鼓膜で拾ったわずかな音波を大きくして内耳に伝達するための，てこの原理で動く機械的な増幅器なのである．この耳小骨の特殊化は，脊椎動物の"水離れ"の度合いを示す例とされてきた．つまり，水中から陸上に上がり，しだいに水環境を離れていく脊椎動物において，聴覚系がどのように水から離れて適応したかを示す，わかりやすい指標がキヌタ骨とツチ骨なのだ．

水離れのストーリーでは，キヌタ骨とツチ骨は，空気の小さな振動を内耳に伝達する手段として最高度に進化したものだというとらえ方がなされている．しかし，爬虫類全体がそもそも陸生適応を完全に遂げていることから，あえて哺乳類段階でキヌタ骨・ツチ骨が生じることの適応的意義は，容易には説明できないだろう．

これを説くひとつの鍵に，頭蓋と地面との距離があげられることがある．これは，祖先型の爬虫類に対して，後述するように獣歯類の四肢構造が変化

し，地面と頭部の間に距離ができたとされる問題だ．原始的な爬虫類では近位の四肢が水平に張るため，自然と下顎が地面に近い高さに位置する．それは下顎を直接接地させて集音する行動生態をも示唆する．地面から下顎へ直接音情報を伝達した可能性が指摘されるのだ．祖先的爬虫類にとって，集音は必ずしも空気を介するものではないことが示唆される．一方で近位四肢骨の垂直化とともに下顎が地面を離れた獣歯類では，キヌタ骨・ツチ骨を使って音の増幅をより確実にすることが合目的性をもった，という解釈がなされるだろう．

上記のストーリーで旧顎関節が聴覚装置化し，同時に歯骨-鱗状骨が顎関節化したというのは，相変わらずかなりむずかしい説明のようにも思われる．だが，もともと説明のむずかしい顎関節の改築に適応的意義づけを与える解釈として，多くの人々が受容をつづけている議論といえよう．いずれにしてもこの実例は，たんなる哺乳類の始まりを明示することにとどまらず，劇的な進化の実態を語る一般論としても興味深いものである．顎運動機構の一部を聴覚系につくり変えるという営みは，その場にある材料を用いて脊椎動物がからだの基本的機能に飛躍をもたらすという，進化史上の一大イベントを紹介してくれているからである．

（8）獣歯類の頭蓋改造

話をもう一度獣歯類に戻して，顎関節以外の部分での哺乳類化について検証をつづけよう．なお，すでにいくつかの解剖学のタームが並び始めているが，以降その数が増えていくだろう．本書では，語の選択に関してなんらかのオーソライズに依拠したり統一を図ったりする意志はなく，それぞれの議論の場で私が妥当と感じるもっとも使いやすいタームを用いている．日本語も仏語も独語も英語も，あえて斜体にしないラテン語も登場しうるが，その趣旨をご了解願いたい．用語統制が達成目標の主体を占める臨床医師向けトレーニングと異なり，サイエンスとして形態学のセオリーの議論に紙面を割きたいため，語の統制にエネルギーを費やすことを避けた次第である．

さて，化石では観察しにくい咀嚼筋においても，獣歯類段階で全面的な改築が行われたことが明らかである．獣歯類にみられる頭蓋の大きな特徴に，矢状稜と頬骨弓の発達があげられる．祖先の爬虫類では咀嚼の主たる動力源

16　第1章　哺乳類とはなにか

はおもに外側に位置して下顎を後引する筋群で，Musculus adductor mandibulae posterior，M. adductor mandibulae externus，M. adductor mandibulae internus (M. pseudotemporalis と M. pterygoideus) の三群が主体である．ところが獣歯類では，M. adductor mandibulae posterior と M. pseudotemporalis はほぼ消失に向かったようだ．しかし一方で，頬骨弓が大きく外側へ張り，M. adductor mandibulae externus が，脳頭蓋側面から下顎へ向かう側頭筋と，頬骨弓腹側から起始する咬筋とに分化，哺乳類の咀嚼の主役を司ることとなる（図1-6）．そして，咬筋が頬骨弓を利用しながら起始領域にバリエーションをもつようになり，咀嚼運動に細かな修飾が加わるのは，獣歯類の多様化の重要な切り口と考えられてきた．単純に咬筋と側頭筋を分けたトリナクソドンに対し，キノグナタス，プロベノグナタス，カエンタテリウムには，すでに咬筋起始領域を吻側へ伸長し，下顎に前方向きの力をおよぼそうというようすが示唆される（Broili and Schröder, 1934；Kermack et al., 1973；Carroll, 1988）．一方の矢状稜の発達は，側頭筋起始

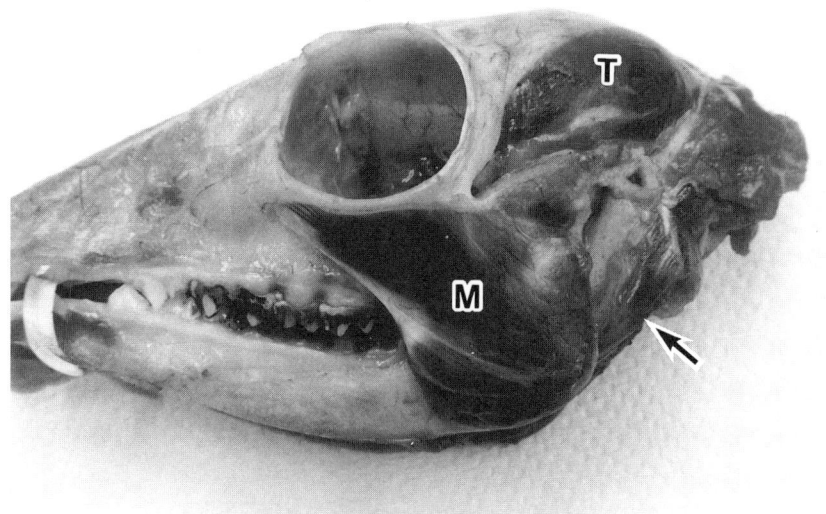

図 1-6　哺乳類の主たる咀嚼筋．側頭筋（T）と咬筋（M）である．矢印は顎二腹筋．ジャワマメジカ Tragulus javanicus の左側面観．

面積を拡大するための簡単な解決方法である．獣歯類がかなり優れた捕食者であったことを考えれば，側頭筋の発達がとりわけ適応的意義をもつことは明らかである．この点では進歩した肉食獣の側頭筋について，つぎの章でもふれることとなろう．

頭蓋におけるもうひとつの問題は，後頭顆である．プリミティブな獣歯類であるゴルゴノプス類に，たとえばリカエノプス Lycaenops がある．ペルム紀に発展した彼らは，進歩的な道に入り込んでいたことはまちがいないが，後頭顆に関しては爬虫類的で，1個のみの後頭顆が頸椎と関節している．ところがキノグナタスでは，まさに哺乳類的に，後頭顆は左右1対に分かれて脊椎につながるのである．先にふれた二次口蓋に関しても，ゴルゴノプス類では生じていなかったと考えられ，これらの点は獣歯類の発展の過程で哺乳類的に完成されていく特徴である（Carroll, 1988；Colbert and Morales, 1991）．

（9）脊柱の機能分化

後頭顆には脊椎が接続するが，その関節の可動性についてもキノドン類が改変の途上をみせている．プリミティブな爬虫類の後頭顆・環椎・軸椎の関節は，体軸を中心にした頭蓋の回転を許容するものではない．それがたとえばトリナクソドンでは，3者間に頭蓋の回転を許すような椎骨形状の改変・単純化が起こった．祖先段階で頭蓋の回転を阻んでいた環椎背側の棘突起部は縮小し，軸椎と干渉することなく回転が可能となっている（Romer and Price, 1940）．哺乳類では事実上環椎は頭蓋に固定されることとなり，環椎翼は脊椎に対して頭蓋を運動させる筋肉群の付着部位となっている．そして，回転に関する可動性関節面は環椎–軸椎間に委ねられることとなる．

キノグナタスやトリナクソドンの脊柱は，やはり哺乳類的な分化を始めつつある．椎体は哺乳類では，頸椎，胸椎，腰椎，仙骨，尾椎と大別されるおおまかな機能形態学的分化を遂げるが，キノドン類はこの点でも哺乳類に至る途上にあり，各領域への分化がおおまかに認識できるのだ．まだ爬虫類的な特徴として頸椎と腰椎に肋骨が付随していたものの，胸椎領域を除くと肋骨はみな縮小傾向にあり，まもなく椎骨の突起の一部として取り込まれる段階であることが十分理解されるだろう．実際，トリナクソドンに残されてい

る腰椎領域の肋骨はかなり扁平で，初期の哺乳類における腰椎の肋骨突起と酷似している．腰部肋骨の椎骨への融合は，とりわけ体幹の側方への屈曲を許容する効果がある．おそらく爬虫類から哺乳類に至る段階で，体幹の側方への運動性は著しく高まったことだろう（Kemp, 1982）．哺乳類型の腰椎は，いくつかの現生哺乳類がみせるように，身体を側方に横たえての新生子への哺乳姿勢を可能にしたという議論がある．哺乳の起原については難解だが，ここでは獣歯類がそのような哺乳姿勢につながる必要条件を備えつつあったと理解するにとどめておこう．

(10) 四肢の改築

さらに，キノドン類における四肢の改変は劇的なプロセスである．祖先型爬虫類をもちださなくても，盤竜類とキノドン類の比較だけでも，そのプロセスを示すことが可能となる（Jenkins, 1971）．盤竜類では，四肢の近位部，上腕骨と大腿骨は，それぞれ前肢帯と後肢帯から地面に平行に張り出している．系統的には遠いが，このことは現生のワニ類や有鱗類でも概念自体は理解されよう．ところがキノドン類では，近位四肢骨は前肢帯・後肢帯から地面に向けてより垂直に近い角度で伸びている．

実際それを直接示す証拠は，肩関節形状の変化や，寛骨臼の方向と踵骨の関節面角度にみられてくる（Carroll, 1988）．前肢帯では烏口骨の退化が大きな特徴である．同時に，哺乳類的な垂直の上腕骨を受けるために，関節窩が真下に向いて形成されることが期待される．しかし，肩甲骨や上腕骨の改築はもう少し時代を待たなくてはならない．獣歯類の同部位はまだまだ爬虫類的で，上腕骨の垂直方向への配置は進んでいない．前肢帯は実際には単孔類や初期の有袋類で大きく進歩する部分ゆえ（Liem et al., 2001），ここでは焦点を後肢に絞ってみることにしよう．

後肢では，獣歯類が大腿骨を垂直方向へ傾けていった経過を知ることができる．たとえば盤竜類では，腹側方向に大きく広がった恥骨と坐骨が特徴的である．好例となるディメトロドンでは，寛骨臼を中央に前後にほぼ対称に広がった恥骨と坐骨が発達し，puboischiadic plate とよばれる面を構成する．この腹側前後方向に伸展した骨盤は，まさに大腿骨を引くための骨格筋群の起始面を前後対等に与えるためと解釈することができる．前と後ろから

大腿骨の前後面に伸びる筋群が，地面と水平な面内で四肢を前後に回転させるのだ．こうして一般の爬虫類が，水平に張り出した近位後肢をロコモーション装置として機能させる様を，理解することができよう．

ところが，トリナクソドンのような獣歯類には，恥骨・坐骨に発達したpuboischiadic plate はみられない．かわりに発達する後肢帯要素は，背側の腸骨である．その伸展方向はもちろん背方であるとともに，前方にも広がる傾向がある．おそらくトリナクソドンの腸骨は，大腿骨に向けてよく発達した骨格筋の束を送っていたことが推測される．筋肉は M. iliofemoralis とよんでよいだろうが，機能的には大腿骨を背側後方へ回転させる主動力のひとつと考えられる．というのはその終止が，獣歯類で大腿骨後面に新たに発達する突起状の粗面，すなわち転子であると推察されているからだ．この転子は，進歩した哺乳類では大転子・小転子と名づけられる構造だ．祖先型の爬虫類と異なり，獣歯類の M. iliofemoralis は大腿骨の背側を後方へ回り込んで，とてもよく発達した転子に付着していたと考えられる．腸骨に強大な起始部をもっていたであろう M. iliofemoralis は，大腿骨の主たる背側への後引筋となっていたのである（Jenkins, 1971；Carroll, 1988）.

もうひとつ獣歯類で大腿骨を後ろに引く筋が，M. ischiotrochantericus である．坐骨の背側域から起始するこの筋は，そのまま大腿骨大転子へ到達する．最終的に哺乳類で内閉鎖筋 M. obturatorius internus とよばれる筋束が，そのなれの果てである．

獣歯類では恥骨・坐骨の腹側への伸展領域は狭くなるが，方向的には後方へ伸びるようになる．恥骨から発する M. puboischiofemoralis internus は M. iliofemoralis と似て終止は小転子だが，M. iliofemoralis とは逆に，大腿骨を前方へ回転させる筋肉である．起始が前方の恥骨であることを考えれば，この筋が強力な背側への前引筋であることがわかる．そして puboischiadic plate が退行している進歩した獣歯類では，この筋は腸骨に起始域を求めているようである．完成された哺乳類で腸骨筋 M. iliacus もしくは腸腰筋 M. iliopsoas となるもので，一貫して小転子を終止部とする．

もうひとつ，恥骨・坐骨の領域からは，M. puboischiofemoralis externus が発している．盤竜類ではおそらく大腿骨を地面に平行な面内で後ろへ回転させていたであろうこの筋は，獣歯類では地面に垂直に近い平面内で大

腿骨を後方へ引く運動を営むようになった．獣歯類が進化する段階で，大腿骨頭の角度が変わるとともに，同筋の終止は大腿骨の内面（腹面）に決定したことだろう．そして，この筋肉とともに走るのが内転筋 M. adductor である．この筋は獣歯類では坐骨腹側から大腿骨へ伸び，大腿骨の内転か背側後方への回転を司っていたと考えられる．

トリナクソドンでは，大腿骨がおそらく矢状面から50度くらいの角度で地面へ向かって伸びていたとされる（Carroll, 1988）．この大腿骨はまだ本格的な哺乳類とは程遠いものだ．しかし，獣歯類は哺乳類的な四肢構造を生む一歩前の段階にまで適応を遂げていたということができ，ロコモーションの基礎において飛躍的な進歩がなされようとしていたと推察される．獣歯類の四肢，とくに後肢における試みは，顎構造と同じくらい重要な本グループの"一大事業"だったことはまちがいない．

単弓類とりわけ獣歯類の歴史は，爬虫類の中生代における輝かしい歴史からみれば，細かい形態の多様化に終始する目立たないものだったと表現できなくもない．しかし，その結果生み出された哺乳類的構造の数々には，その後地球を支配する運命が待ち受けている．進化史に往々にしてみられる"地味なものたちの勝利"といえるかもしれない．ただそれが事実となるのは，キノグナタスからさらに2億年ほどの時間を要することになる．

1.2　独自の繁殖様式

（1）哺乳類の繁殖の史的意義

"哺乳類の早暁"について読者にみていただいた．2億年以上前の爬虫類と哺乳類を分ける境界線は，両者間の推移が全体に連続的であるとはいっても，哺乳類の最初の姿を定める明白な証拠を提示している．

ここで見方を大きく変えて，哺乳類のみに備わる高度な繁殖様式を語っておきたい．これは，鱗状骨-歯骨関節のような系統的に明確になる哺乳類の派生形質を探す仕事ではない．化石証拠をみて有無をいわせぬ形質を探りあてた古生物学とは別に，繁殖様式を議論することは，哺乳類を考えるもうひとつの異なる切り口を提供することである．それはいわゆる生存戦略という

内容である．新しい群に派生する形質が生存戦略とよべるだけ重い機能性をもつことはめずらしいことではないが，以降みていくものは哺乳類を繁栄させることになる決定的な適応のメカニズムである．

　繁殖に関する情報の大半は現生種の生理学的・生態学的・行動学的観点から語られるものであり，古生物学的な情報の補完をほとんど期待できない内容となるだろう．だが，本章で私は「哺乳類とはなにか」という問題に，化石の検証とは別のひとつの答えを用意したいと考える．繁殖をみることで得られるその答えは，哺乳類を哺乳類ならしめる認識容易な形質などにはとどまらない．それは，哺乳類の存続を確実なものとした，哺乳類体制の機能的合目的性の本質なのだ．

　現生の哺乳類はわずかな例外を除けば，すべて胎生である．その例外は単孔類とされるわずか3種の一群で，これについては次章でふれることにする．それ以外のあらゆる現生哺乳類において，受精卵はある程度の間母体内にとどまり，子宮内で発生過程を経た子どもが母親から生まれてくる．どの程度発生を母体内で進めるかは，有袋類と有胎盤類でまず大きな相違がみられる．この点は後述することにもなるが，比較的短い期間しか母体にとどまらず未熟な赤ん坊を産む有袋類と，長めの在胎期間を経て比較的成熟した新生子を生み出す有胎盤類には，系統間で胎生パターンの大きな違いがあることは確かだ．また，とくに豊富な実例を観察できる有胎盤類では，どのくらいの在胎期間でどのくらいに成熟した赤ん坊を生み出すかは，繁殖戦略の多様性として重要な意味をもつ．

　一見，哺乳類の"専売特許"のような胎生に関しても，たんに卵を体外に放出せずに幼体を育てるという意味ならば，じつにさまざまな動物群で観察される現象である (Hogarth, 1976)．無防備な卵を外界に放つことと対照的に，子孫を直接保護するシステムが合目的的に進化しそうなことは容易に想像がつく．確かに胎生自体は全動物を見渡してめずらしい様式ではなかろう．胎生に関し哺乳類独自の"優位性"を見直せば，そういうことになる．

　哺乳類の"優位性"に魅力を感じる読者には申しわけないが，もうひとつ哺乳類の"優位性"を考慮しなおす機会を，卵の構造そのものに求めておきたい．脊椎動物における繁殖様式の最大の飛躍は，両生類から爬虫類が進化した際につくられたであろう，有羊膜卵の登場だったと評価することが妥当

だ．脊椎動物の進化の大筋が"水離れ"で読み取られるものならば，胚子周辺に水環境を隔離することに成功しただけでも，有羊膜卵は，卵生か胎生かという問題より，はるかに重要だろう．事実，現生爬虫類で確認される卵生と卵胎生の使い分けは，おびただしい数の系統間で容易に並行進化する適応的な使い分けと思われ，それ以前の有羊膜卵の確立こそが，胚子を母体内で保護できるか否かの最大の要因になっていることが確かだ．

しかし，これらの哺乳類に特異的とはいえない繁殖上の進化学的ステップをみてもなお，哺乳類の妊娠は，脊椎動物のなかでもほかのグループと一線を画す，画期的な胎子保護システムであることを示しておきたい．どんな脊椎動物も配偶子を生産し，外界に放出した段階で，前世代の責任のほとんどは果たされたと考えられるだろう．逆にいえば，魚類，両生類，爬虫類，鳥類にとって，その生理学的メカニズムのなかに次世代の手厚い保護は想定されていない．哺乳類が起こした繁殖における革新は，たんに胎生という表向き新しい類型の採用ではなく，胚子の養育を親の基本的生理学的メカニズムに組み込んだという点に集約される．

ある種のヘビが卵を雌性生殖器内で孵化させることと，ほとんどの哺乳類が子宮において胚子と母体を緊密に連絡させて養育を行うことの間には，比較発生学的に卵構造だけをみれば，むしろ共通性が高いだろう．しかし，親が子へ莫大な投資をすることを親の基本戦略として生体システムに組み込んだことをみればこそ，繁殖生理学における哺乳類の独自性が理解される．そしてその独自性は，哺乳類全体を成功に導く本質的な要因だったと私には信じられるのである．

（2）胎盤の確立

では，たんなる胎生としてではなく，たんなる有羊膜卵としてでもなく，哺乳類の繁殖を特別視すべき機能形態学的特徴は，どこにみられるのだろうか．

胎盤がその答えを示してくれる．胎盤はほかのどんな胎生戦略に対しても哺乳類の高度化を語ることができる器官であり，同時に哺乳類がたんに有羊膜卵を"拝借"しただけの存在ではないことも示す装置である．

胎盤は胎子側組織と母体組織が混在する両者間の連絡部位である．母体側

は当然子宮壁であるが，胎子の組織とどのような部分が接するか，上皮が介在するのか血液が直接胎子組織に接するのかなどの複雑なバリエーションがみられる（江口，1985）．一方の胎子側は，絨毛膜と羊膜を母体側組織に侵入させる．両者の複雑に混在した組織のなかを母体側の血流が高い血圧で通過し，胎子との物質のやり取りを完成させる．血流自体が直接混ざり合うことはなく，母体と胎子の物質交換の障壁は厳格に保たれている．つまり胎子に不要・有害な物質の流入は，胎盤が関門として阻止していることになる．胎盤と胎子の間は臍帯でつながれている．結合組織の発達した丈夫なコードだが，もちろん機能的には臍動静脈が内部を貫通し，胎子からの大量の血流を胎盤へ送っている．

　実例が有効かと思われるので，ここでは齧歯類ドブネズミ *Rattus norvegicus* の胎盤を取り上げておきたい．妊娠中のドブネズミを解剖し，子宮を切開すれば，胎子を確認することができる（図1-7）．胎子を子宮から引き離せば，臍帯に連結した円形あるいは不定形の褐色の組織が子宮壁に密着しているようすをみることができよう．これが胎盤の肉眼的に観察できる部位である．

　胎盤は，次世代を親が守り育てるシステムとしてはもっとも合理的な構造だろう．本書で扱う範疇を越えるが，胎子側組織がどのようなメカニズムで母体との認識を保ち，胎盤を形成していくかは，過去20年間ほどの細胞生物学の興味深い対象だった．成長因子と胎盤形成の関係は，組織培養のもっとも得意とするテーマのひとつとして語られてきた．また，胎子は本来母体にとっての異物であり，これをしかるべき位置に着床させ（スページング），発生過程を保護しつづけることは，子宮側に大きな責任が課せられているのだが，まだ全貌の解明には程遠い状態である．

　さて上述のように，実際には胎盤の肉眼解剖学的特徴や組織学的所見は，現生のいくつかの哺乳類で比較され，それがとても幅広いバリエーションを示すことが知られている（江口，1985；加藤・山内，1989）．議論される点は2点で，羊膜側に胎盤がどういう形状で形成されるかという問題と，母体側組織と胎子側組織がどのような境界領域をつくりながら混在するかという疑問である．しかし，胎盤の機能において，これらの形態学的な差異は大きな意義をもたないようである．胎子を母体と結合し，胎子への酸素と栄養を

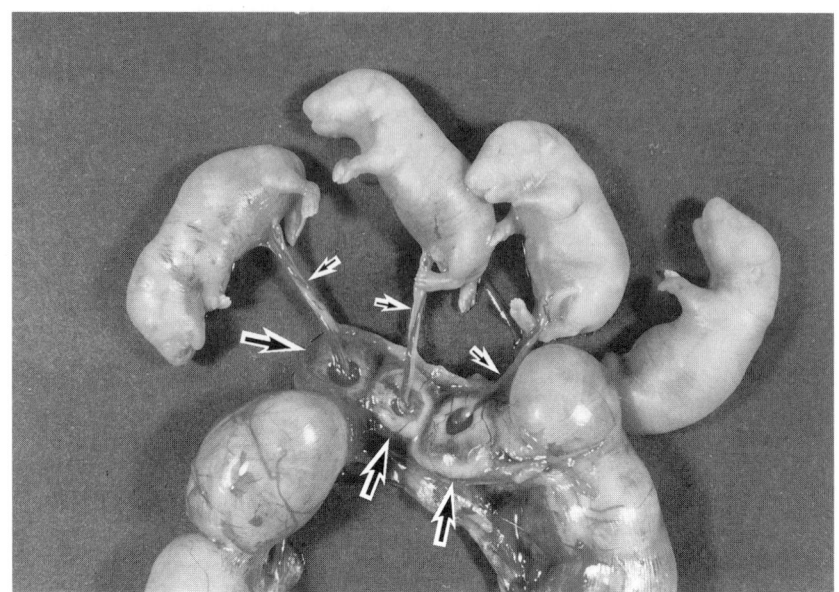

図 1-7　ドブネズミ Rattus norvegicus の胎盤（大矢印）．臍帯（小矢印）で胚子本体と連結している．このように胎盤が子宮壁と一体化し，栄養や老廃物のやり取りを行う．丸く大きな胎盤は，胎盤の肉眼解剖学的類型からは，盤状胎盤とよばれる．興味深いことに，複数の胚子がほぼ等間隔に着床している．

供給し，不要物を排除するという役割は，胎子の生命を維持するためにそもそも高い特殊性を要する内容であり，その役割が胎盤の形態学的類型によって左右されることはない．また，この胎盤のグルーピングが系統発生との間に意味ある関係を示すものでもない．

　このようにして確立された仕組みは，哺乳類の多様な繁殖戦略の基本としてさまざまな種に活かされることになる．それらの実態については，もう一度第4章で詳細に論じたい．つぎにここでは「哺乳類とはなにか」という疑問に直接答える切り口として，哺乳・泌乳という現象を取り上げてみたい．哺乳・泌乳は，次世代の保護と発育をはじめから親の生理学的システムの基本にすえた点で，胎生・胎盤と同様に重い意味をもっている．

(3) 泌乳する母親

　孵化後の子どもを養育する脊椎動物はけっしてめずらしくない．しかし，子どもに栄養を与える仕組みを母親の身体の生理学的システムに取り込んでいる点で，泌乳・哺乳はまったく哺乳類独自の繁殖様態である．鳥類の多くは雛に給餌することで似た効果をもつが，それは親による外界からのエネルギーの導入である．同じ意味では，魚類にも両生類にも爬虫類にも，親から子へのケアは見出しうる．しかし，そのほとんどすべての例が外界に原資を頼る点で，哺乳類のケアとはまったく異なるといえよう．繰り返すが，哺乳類以外のどんな脊椎動物も，配偶子を放出した瞬間に繁殖へのかかわりは事実上終わっているといってもよい．あとはいかに面倒見のよい母親でも，しょせんは外界の環境に任せた子育てしか行わないのである．

　他方，哺乳類は分娩以後も泌乳というかたちで子どもの養育を行う点で，ほかの脊椎動物とは一線を画すものである．哺乳類の繁殖においては，配偶子の生産と外界への放出はたんなる通過点である．さらに大切なのは，泌乳が母親の身体の生理学的能力として組み込まれている点である．母親にとっては，次世代を確実に育て上げるための仕組みを，最初から身体に備えていることになる．泌乳・哺乳はただたんに子どもをケアするという内容で片づけられることではなく，次世代の養育をひとつ前の世代のライフスパンに，基本的システムとして組み込んだ点で劇的な進化だったといえる．

　さらにいえば，母親の生理学的システムにこの養育を組み込むことは，必然的に養育がインテンシブに進められることを示唆している．次世代を放棄することを困難にする状況が，母親の生理学的状態としてつくりあげられているからである．養育の困難に直面した親が子を放棄するかどうかという問題は，後の章でも取り上げよう．ここでは哺乳類の親子間，少なくとも母子間の結びつきは，泌乳を通じて，ほかの脊椎動物よりはるかに強固で高度なつながりに進化したと，理解しておいていただきたい．

　さて，現生種をさかのぼると，単孔類で乳腺の起原を示唆する構造が現れる（西，1935）．実際にはハリモグラ *Tachyglossus aculeatus* ただ1種でのデータに頼らざるをえないが，単孔類では，皮膚の汗腺様の構造からにじみ出る"乳汁"を赤ん坊がなめるとされている．老廃物の排出装置たる汗腺を子

どもの養育装置として利用するのは，初期の哺乳類にとって合理的な解決策だったろう．前適応的にみれば，血液成分を外界へ提供するルートとして，汗腺は乳腺に進化する必要条件をすべて備えた構造だからだ．しかし，普通の哺乳類の乳腺は，特殊化したうえ，さまざまな機能を付帯するため，汗腺を思い起こさせるほど単純なものではない（図1-8）．一般に乳腺は乳管にミルクを放出，乳管は乳頭に開口するものだ（図1-9）．外部から乳頭がみられる種が多いが，大量の乳汁を生産・蓄積する種では，乳頭をさらに括約筋のついた皮膚で覆い，乳汁分泌を物理的に調節するものもみられる（遠藤，2001a）．乳腺はこれらの高度な機能的構造を付帯し，種によっては，乳房とよばれる構造体として体壁に懸垂されるに至るのである（図1-10）．

　乳汁生産機構の細胞生理学的なくわしい記載は，成書（横山，1988；星・山内，1990）に委ねたいが，基本的には，血液成分からの選択的な物質移動による，高栄養液の産生ととらえることができる．糖質，脂肪，タンパク質，無機栄養分に関し，血中から原料として供給を受けた乳腺細胞が，乳汁成分

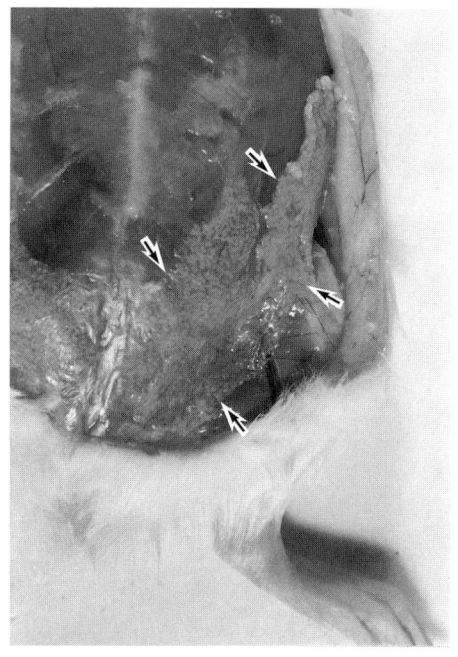

図1-8 妊娠末期のドブネズミ *Rattus norvegicus*. 腹面の皮膚を切開したところ．分娩に備えて乳腺組織が広がっている（矢印）．実際には鮮やかな黄色の組織である．

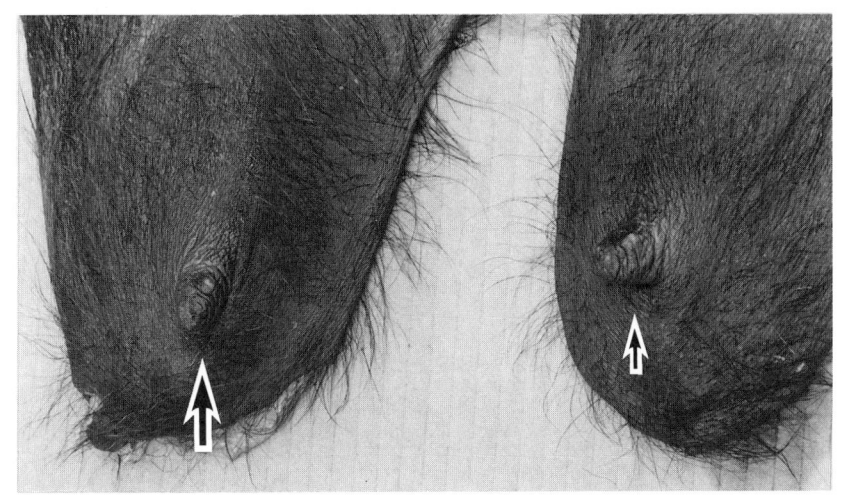

図 1-9　チンパンジー *Pan troglodytes* の乳頭 (大矢印；左側，小矢印；右側). ヒトと似て胸部に発達する. 飼育下で泌乳中に死亡した個体から剥皮して観察した.

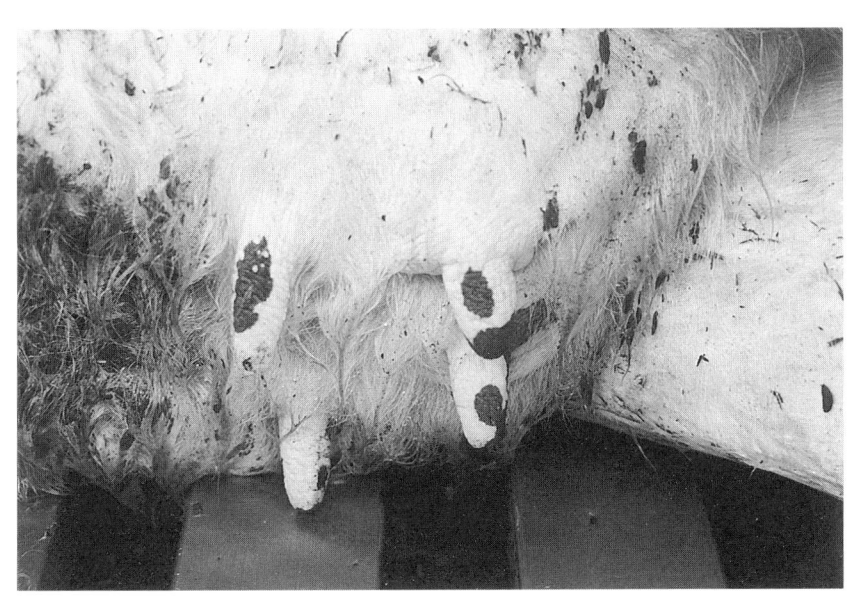

図 1-10　ウシ *Bos taurus* の乳房. 4つの乳頭がみえる. これは乳用家畜の極端な例ではあるが, 多くの哺乳類の乳腺は, 汗腺からは著しい特殊化を遂げたといえる. (遠藤, 2001a より改変)

に合成し，分泌する．乳用家畜を用いた研究では，体積比で乳汁の500倍の血流を乳腺に供給する必要があるとされることから (Dyce *et al.*, 1987)，やはり乳腺組織の特殊化は，脊椎動物の体制と生理にとって大きな改革だったことが理解されよう．栄養生理学ではミルクは"完全栄養食"などと表現されるが，実際，赤ん坊の発育にとってなんら不足分のない分泌物である．成分については第4章でもふれることとなろう．また，多くの哺乳類では，免疫系の成熟していない赤ん坊に対し，母親由来の抗体を付与する役割も担っている．初乳とよばれる分娩直後の乳汁には，大量の免疫グロブリンが含まれることが知られている (横山，1988；星・山内，1990)．いずれにしても哺乳・泌乳は，赤ん坊にとって不可欠な栄養授受様式であるのみならず，親にとってもその生涯に組み込まれた形態学的・生理学的システムとして，哺乳類を際立たせる戦略なのである．

1.3 代謝様態の革新

(1) 高基礎代謝率戦略と内温性

本章の最後に，「哺乳類とはなにか」という疑問に，もうひとつの考え方を提示しておきたい．エネルギー代謝の特殊性である．生物は次世代を残すために生きていることはまちがいないが，その基本的な生き方の方策として身体にエネルギーをどう取り入れ，どう消費するかという問題がある．もっとも単純な策は，個体は配偶子生産まで生きていければよいわけであるから，そのためのミニマムなエネルギー消費を想定し，からだ全体をそのレベルのエネルギー消費に合わせて設計しておくことである．事実，多くの脊椎動物は，哺乳類と比較してその点ではまったく保守的で，エネルギー消費を低く抑え込むことを基本的なねらいにおいている．

よくある実例を取り上げよう．現生の爬虫類，とくに代謝においては典型的な有鱗類，すなわちトカゲやヘビを例にしよう．彼らにとって，日中の地上は，暑すぎる場所と寒すぎる場所のモザイクだ，といわれる．エネルギーを消費してまで体温を維持しない彼らにとって，日向は日光により体温が過剰に上がる場所で，逆に日陰は体温を奪われて動けなくなる場所なのである．

トカゲ・ヘビ類は，日向と日陰を往復することではじめて，体温を波打たせながらも，トータルでみれば極端な体温の上昇・下降することを防ぐことができる．陸生動物としては，移動することで体温をあるレンジ内にとどめれば，さしあたり温暖な地域であれば生きていくことができよう．読者のなかには早朝の冷涼な時間帯に，太陽に向かって静かに身体を温めるトカゲ類の姿をご覧の方もいよう．あのようすは生理学的に恒温化できなかった爬虫類が，体温維持戦略を行動生態に委ねたことを，私たちに訴えてくれている．このように外部温度に対して受動的に体温が変動する性質は，外温性とよばれている．

　ところが，現生の哺乳類から類推される哺乳類の基礎代謝の戦略は，爬虫類とは大きく異なる（Altman and Dittmer, 1964；沢崎，1980；Schmidt-Nielsen, 1998）．爬虫類を外温性動物とよぶなら，哺乳類は内温性を獲得したグループといえる．自らのエネルギー消費によって温熱を生み出す戦略である．

　基礎代謝率の指標は酸素消費量・率で議論されることが多い．実際，内温性の実現のため，哺乳類の安静時における酸素消費率は非常に大きい（表1-4）．ある一定範囲内に体温を確実にとどめるために，つねに大量の酸素を消費することとなる．哺乳類は積極的な生理学的恒温性を獲得したといってよいだろう．かつては爬虫類が変温動物で，哺乳類は恒温動物だと表現されたが，重要なのは変温か恒温かということではなく，内温性を獲得しているかどうかということである．現生群でも貧歯類にみられるような比較的低代謝率のグループもあるため（Nowak, 1999），地球史の哺乳類全体に対して議論を拡大するのはむずかしい部分もあるが，それでも哺乳類の高基礎代謝率に関しては，多くの典型的な爬虫類とは異なる生理学的特徴であることはまちがいない．一部の絶滅大型爬虫類が，身体の大きな体積を活用していわゆる慣性恒温を獲得し，外温性でありながら体温を一定に維持したという議論は説得力がある．だが，哺乳類の内温性は，体重わずか2gの動物をつねに38℃に保つだけの，まったく"設計理念"の異なる基礎代謝システムであることを理解しておきたい．

　こういった内容は古生物学的な検出には向かないが，少しだけ形態学に戻れば，哺乳類では横隔膜が注目される．横隔膜は初期の脊椎動物にみられる

表 1-4 哺乳類，両生・爬虫類の酸素消費率

哺乳類		①	②
マスクトガリネズミ	Sorex cinereus	4.0	9.00
メキシコオヒキコウモリ	Tadarida brasiliensis	10.4	2.02
ハツカネズミ	Mus musculus	35.7	1.59
トウブシマリス	Tamias striatus	107	1.25
トウブホリネズミ	Geomys bursarius	278	0.90
ネコ	Felis catus	2500	0.68
イヌ	Canis familiaris	11700	0.33
ヒツジ	Ovis aries	42700	0.22
ヒト	Homo sapiens	70000	0.21
ウマ	Equus caballus	650000	0.11
アジアゾウ	Elephas maximus	3833000	0.07
両生・爬虫類			
カナダアカガエル	Rana sylvatica	6	0.1080
ミドリカナヘビ	Lacerta viridis	31	0.0147
フタユビアンヒューマ	Amphiuma means	213	0.0077
ダイヤモンドガメ	Malaclemys terrapin	720	0.0350
インドニシキヘビ	Python molurus	12370	0.0110
ミシシッピワニ	Alligator mississippiensis	53000	0.0073

① 体重 (g)
② 単位時間・体重あたりの酸素消費率 (liter/kg^{-1}h^{-1})
数値は Altman and Dittmer (1964) および Schmidt-Nielsen (1998) から引用．
測定条件による差がみられ，この表は目安と考えたい．
内温性の哺乳類は，両生・爬虫類に比べて酸素消費率が大きい．
哺乳類の値は指数関数に近似させて議論すると第4章のようになる．

横中隔要素を取り込んだ複雑な発生学的起原をもつ構造だが，機能的には骨格筋による積極的な可動装置で，肺と外界との間に大量のガス交換を可能としている．おそらく高基礎代謝率戦略は，この横隔膜の成立と深い関係があろう．実際のところ獣歯類に横隔膜にあたる構造が成立していたかどうか，興味深い問題だ．また，もうひとつの内温性グループである鳥類では，体腔の分割要素として斜隔膜を備えるものの，ガス交換に関しては気嚢が発達し機能的特殊化を遂げるため，哺乳類との比較検討が行いやすいものではない．ともあれ，横隔膜が哺乳類独自の基礎代謝戦略を支える重要な軟部構造であることは確かだ．

古生物学的にみて，この高基礎代謝率戦略がいつどのグループで始まったかは謎の多い話題だ．主竜類の系統が鳥類を生じる段階のどこかで生理学的

恒温性が獲得されたことは明らかで，一方の単弓類から哺乳類に至る歴史においても，どこかの時代で基礎代謝戦略のなかに革新的変化がもたらされたことは疑いない．化石からは，たとえば骨格の組織構造に恒温性が反映されるとされ，関連して中生代の爬虫類についてハヴァース管をはじめとした骨組織の構築が検討されてきたことはある (Currey, 1962 ; Reid, 1985 ; Rensberger and Watabe, 2000)．しかし，生命維持に基本的な生理学的機能を偶然化石に残る形質のみで判定することを，とりあえず躊躇したい．だれが恒温性を獲得したパイオニアかを探すことは本章ではあまり重要ではなく，現生哺乳類の高基礎代謝戦略を理解して，哺乳類の哺乳類たるゆえんについて考察することのほうが大切だからである．

　高基礎代謝率戦略は，哺乳類における独自の成長様式を生み出したことも指摘できる．爬虫類では，個体の成長は非常に緩慢である．生涯の大半を通じてサイズの拡大が継続すると考えてよい．これは爬虫類の各種あるいは各個体にとって，高度に定まった基礎代謝戦略のスタンダードが存在しないことをも意味する．一方で哺乳類は，誕生後，ある一定期間急速に成長を遂げると，以降は成長が持続しない．通常どの種も性成熟に達した少し後には骨の成長は停止し，以後，個体サイズは死ぬまで変わらないといえる．急速な成長そのものが，高エネルギー摂取と消費の結果であるとともに，個体の生理学的寿命より早く成長を完了することで，高基礎代謝率戦略を継続する生理学的・形態学的体制を，個体発生の途中で固定してしまうことを意味する．これは，個体が厳密に固定された条件で生きつづけるという基本的な"設計理念"が，哺乳類に存在することを示しているのだ．

（2）"生き方の幅広さ"

　内温性は，哺乳類の進化学的可能性をおおいに広げたことはまちがいがない．地球の環境を考えれば，寒冷地へ大々的に進出した陸生の脊椎動物は鳥類と哺乳類しかいない．地球全体が温暖か寒冷かという地球史的考察は別にあっても，高緯度地方への進出は哺乳類の進化史を著しく多様なものとしたことはまちがいない．"生き方の幅広さ"こそ，内温性が哺乳類にもたらした最大の恩恵である．

　この視点で，まずは行動生態における幅広い可能性が注目される．地球規

模で現生の哺乳類相と両生・爬虫類相を比較した場合，生態学的にみた生き方の幅広さにおいて，哺乳類は圧倒的に多彩だ．それを定量的に示すことは非常にむずかしいが，第3章以降にたびたび登場する哺乳類のバラエティーに富んだ生き様でご覧いただくことができるだろう．たとえば体重2gのチビトガリネズミ *Sorex minutissimus* は，間断なく餌をとりながらも体温を保ちつづける．ホッキョクギツネ *Alopex lagopus* はマイナス50℃の環境に追い込まれながら生涯を全うする．チーター *Acinonyx jubatus* は最高時速90 km/hで疾走し，オジロジカ *Odocoileus virginianus* は毎時30 km/hで何時間も走りつづける．さらに数多の齧歯類は寒冷地で夜間活動をつづけ，また，翼手類は長距離を飛翔して大洋島に分布を広げた．これらの生態のほとんどが，内温性に依存して実現しているものである．中生代に進化した絶滅爬虫類群のいくばくかが高基礎代謝率戦略を実現していたかどうかは別にして，われわれが比較しうる現生の両生爬虫類と比較して，生態学的な幅広さを哺乳類の内温性が実現しているのだ．

　いわゆる高度な知能の獲得に関しても，内温性によって余裕ある生理学的状態を実現したことが，大きな鍵を握っているとみられる．ヒト *Homo sapiens* に至る霊長類の知能は別格としても，たとえば食肉類が捕食者としてみせるような高度な問題解決能力は，高基礎代謝率戦略に依存した余力ある生活様式のなかで生み出されてきたものと考えられる．本書は，行動の多様性を生態学的見地から読み解く紙面をあまり提供できないが，それでも高度な知能が哺乳類の高基礎代謝率戦略の産物であることは容易に理解されよう．

　もちろん内温性には，つねに外界からのエネルギー摂取を強いられるという大きなデメリットが生じよう．それは栄養をあまり求めずに次世代の継承だけをねらう戦略に比べれば，環境適応として困難な点を含んでいる．しかし本書では，その生態学的多様性を著しく広げたという観点から，哺乳類の内温性を積極的に評価して検討をつづけていきたいと考えている．実際に高基礎代謝率戦略や内温性が有利か不利かということを考えるのは，低代謝・高代謝それぞれに十分な成功を収めたグループが存在することからして，まったくナンセンスだろう．だが，哺乳類の進化史を解き明かす本書は，優れていようがいまいが，脊椎動物の一部に生じたこの類希な生理学的方策を前向きにとらえて筆を進めていくこととなる．

付記すれば，本章後半の繁殖と基礎代謝の生理学的問題は，たんなる還元的分析で検討されればすむものではなく，現生哺乳類から明らかになる哺乳類各群の存在様式をにらみながら，比較・総合されるべき課題といえる．それが「哺乳類とはなにか」という本書の課題にとって，本章前半で議論した化石の検討と同じくらい重要な答えをもたらすことは，おわかりいただけるだろう．

　さて，ここから先は，本章で漠然とみえてきた哺乳類像を念頭におきながら，その進化の実態を俯瞰していくことにしたい．次章では，地球上に生じた哺乳類たちの実際の歴史を，古生物学の力を借りながら読み解いてみたい．それはちょうど顎の進化を化石から導こうとした本章前半部と似た挑戦になっていくだろう．つづく第3章と第4章では，その哺乳類たちが，どのような生き様を展開しうるに至ったかを，現生群からの解剖学的・生理学的視点を活かしながら迫ってみようと考えている．この2種類の"攻め手"は実際，哺乳類の進化に迫る二大方針となることが，読み進めていく読者に自ら理解されることを期待したい．

第 2 章　哺乳類の歴史

2.1　哺乳類を分ける思考

(1) 系統分類, そして歴史

　一見するとたかが顎関節かもしれないが, あまりに重要な形質を取り上げるために前章でモルガヌコドンに登場してもらった. これからも最古の哺乳類をめぐって新たな地質学的記録が登場することは容易に予測できるが, 論点は古さの年代を競うことではない. 顎関節の変換という境界線があるかぎり, 最大の問題は扱っている化石が哺乳類か否かという点である.

　本章では哺乳類の系統と分類の全体像を示さなくてはならない. 脊椎動物を門, 哺乳類をその下のひとつの綱ととらえるとして, より下位の体系には数多の考え方がつねに生じてきた. 20世紀半ば以降だけでも, Simpson (1945), Romer (1966), Novacek *et al.* (1988), Carroll (1988), Benton (1990), Colbert and Morales (1991), Wilson and Reeder (1993), McKenna and Bell (2000) などが, 分類体系の拠りどころとして貢献してきた. こういった著作物の絶え間ない発行が, 哺乳類の分類がつねに活発で健全に議論されてきたことを示す証明となるだろう.

　本章は私が自分なりの分類体系を示すために書く紙面ではない. むしろ私をして納得せしめるいくつかの議論を集約しながら, あえて私の意見を反映させるスタンスをとりたいと考えている. この点では, 近年高次群の和名に関して簡単なリストを提示している (遠藤・佐々木, 2001). このリストは古い体系にしたがっているが, 本論も出発点としては伝統的体系を重んじることとしよう. なお, すでに前章で登場しているが, 分類上の学名の片仮名

表記を採用するにあたっては前著（遠藤・佐々木，2001）に準拠し，とりたてて横文字圏の発音をまねて片仮名にしたわけではない．

また，本章は分類体系のみの紹介にとどまるものではない．系統を明示するとともに，哺乳類各群の歴史をひとつづりに通してみることのできる紙面を目指す．適応のテーマには別の章を用意するが，かといって本章はただ類縁関係を書き連ねるものではなく，どのような生存戦略を備えた群であるかをその目の歴史に則って記しておきたい．ある目がどの群と近縁かということは，化石がみつかったり遺伝子が読まれたりすることで容易に書き換わりうる．しかし，通史の記述は系統の読み替えよりも息の長いものである．本章で私が記すのは哺乳類各目の歴史なのであって，それは目どうしの縁が遠いか近いかを描く系統樹のパンフレットではないのである．

（2）目なるものの重要性

まず読者には，哺乳類を概観するときのもっとも有効な指標に「目」があることをご理解いただきたい．表2-1に哺乳類（狭義のママリア）の目を一括してみた．総数を51目と数え，本書の立場としておきたい．今後大きな成果が加わっても，このおよそ50目の存在意義が根本的に崩れるケースは少ないだろう．それは哺乳類の体系が昔から集約的に議論されてきた，かなり"煮詰まった"成果であることを示している．近作ではMcKenna and Bell（2000）が分岐分類学の主張をとり，伝統的体系に対して新たな考え方を提示しているように思われる．しかし，単系統群をくくりながら伝統的な全体像が刷新された結果を読者に伝えることは，そもそも本書の目的ではない．21世紀初頭までの系統分類学の成果には多くのデータと議論が刻まれているのであって，それを学ぶことこそが哺乳類の歴史性を扱う基礎として重要なのである．そのうえで必要な新しい客観的成果があれば，各章で逐一付加する方式を，私なりの読者への配慮とすることにしよう．したがって，本書の流れが，たとえば分岐分類学が生み出す新しい体系（McKenna and Bell, 2000）と異なる部分があっても，それは私の懐古趣味のためではなく，哺乳類進化学の当然の理解として必須だからこそ記されているものと認識していただきたい．

さて，これらおよそ50の目は，いくつかの点から哺乳類の歴史を語るう

表2-1 狭義のママリアの構成

トリコノドン目	Triconodonta †	紐歯目	Taeniodontia †
原獣亜綱	Prototheria	翼手目	Chiroptera
単孔目	Monotremata	貧歯目	Edentata
異獣亜綱	Allotheria †	有鱗目	Pholidota
多丘歯目	Multituberculata †	霊長目	Primates
真獣亜綱	Theria	齧歯目	Rodentia
全獣下綱	Pantotheria †	兎目	Lagomorpha
相称歯目	Symmetrodonta †	無肉歯目	Acreodi †
真全獣目	Eupantotheria †	鯨目	Cetacea
後獣下綱	Metatheria	肉歯目	Creodonta †
ディデルフィス目	Didelphida	食肉目	Carnivora
ボルヒエナ形目	Borhyaenimorphia †	顆節目	Condylarthra †
ケノレステス目	Paucituberculata	汎歯目	Pantodonta †
ミクロビオテリウム目	Microbiotheria	恐角目	Dinocerata †
ダシウルス形目	Dasyuromorphia	管歯目	Tubulidentata
ペラメレス形目	Peramelemorphia	南蹄目	Notoungulata †
ノトリクテス形目	Notoryctemorphia	滑距目	Litopterna †
双前歯目	Diprotodontia	雷獣目	Astrapotheria †
正獣下綱	Eutheria	三角柱目	Trigonostylopia †
幻獣目	Apatotheria †	異蹄目	Xenungulata †
パントレステス目	Pantolesta †	火獣目	Pyrotheria †
レプティクティス目	Leptictida †	奇蹄目	Perissodactyla
アナガレ目	Anagalida †	偶蹄目	Artiodactyla
無盲腸目	Lipotyphla	長鼻目	Proboscidea
クリソクロリス目	Chrysochlorida	海牛目	Sirenia
登攀目	Scandentia	束柱目	Desmostylia †
マクロスケリデス目	Macroscelidea	岩狸目	Hyracoidea
皮翼目	Dermoptera	重脚目	Embrithopoda †
裂歯目	Tillodonta †		

総計51目，絶滅群 (†) を24目としておく．

えでとても有益である．まずは各目の歴史が，一部を除けば相当な部分まで明らかにされてきていて，系統としてその地球史における位置づけをかなり明瞭に語ることができるのである．換言すれば，各目の出自や相互関係を新しいデータをもとに語ることが，過去数十年の哺乳類高次分類の中心的課題でありつづけている．

　もうひとつ目が大きな意味をもつ理由は，目単位で語られるグループの多くが実例を現生種に残している点である．目内に多様性があるなかで偶然現生する実例にどれほどの意味があるかという議論はあろうし，目によっては

2.1 哺乳類を分ける思考

現生種が目の全体像をほとんど伝えてくれないものもある．しかし，たとえば両生類や爬虫類に比べれば，哺乳類には現生種から得られる基本的なストーリーが非常に多い．51目のうち現生目がおよそ半数の27目として，その27目は，哺乳類全体の歴史を目単位で認識するうえでとても有効なのである．たとえば正獣類に関していえば，絶滅目はおおざっぱにいえば，中生代の初期群，新生代はじめの"実験的"な小群，隔離された南アメリカで放散した奇妙な有蹄獣，それにごく一部の対応するニッチェのわからない謎の目である．目の数でいえば，およそ半分が絶滅しているが，放散の実態に関しては，現生目の詳細な検討で，新生代後半のおおまかな全体像に迫りうるといえよう．このことは有袋類でも大同小異である．批判を受けることを承知で思い切った言い方をすれば，「たまたまではあるが，哺乳類の歴史上重要な諸目の大半がしっかりと生き残っている」と表現してよいのかもしれない．

　モルガヌコドンに代表される最古の哺乳類は，第1章で詳述したように，哺乳類たる境界線をわずかに踏み越えたばかりのグループである．前章でふれた比較的新しい見方をとれば，ママリアフォルムスとされ，狭義のママリアを外れる一群である．彼らに関してはとりあえず目を設定せずに話しておくこととする．伝統的に暁獣亜綱とされれば（表1-2参照），そのままトリコノドン目，あるいはドコドン目に帰属される扱いが通常だったが，ここでは整理されていない初期のグループとして棚上げしておく．

　本書ではまずトリコノドン目を掲げる．モルガヌコドンが抜けても，トリコノドン科をはじめ，一群のグループはママリアに帰属する．つづけて単孔目を原獣亜綱として1亜綱1目に配置しよう．後にふれるが，単孔目の系統性はまだ議論が揺れていて，その意味では原獣亜綱は再考の余地を生じる可能性がある．さらに絶滅群だが，多丘歯目を異獣亜綱として区別する．これは一定の発展の歴史を歩んだ，古いが確固たる系統だ．そして，最後に真全獣目とそれに近縁の相称歯目，さらに有袋類と正獣類を含めて真獣亜綱と大別しよう．

　こうなると哺乳類のメジャーな目が真獣亜綱に属すことが，おわかりいただけるだろう．亜綱が意味ある機能をするのは，かなり古いタイプの哺乳類を，それ以外から分けるための段階である．新生代の主流派の哺乳類は，もはや亜綱単位で区別して別系統として論じるものではない．この点で多くの

読者には安堵していただいてよいし，また，なおさら目が重要度を帯びることが理解されよう．近年，これらの諸目の全体像をいきいきと描いた図鑑を手に取れるようになった（冨田ほか，2002）．本書とともに紙面を繰られることをお勧めしたい．

2.2 中生代の先駆者

(1) パイオニアたちの意義

さて，前後するが，ふたたび話をモルガヌコドンに戻したい．科レベルくらいでモルガヌコドン類とされる最古の哺乳類，ママリアフォルムスの候補者は，ヨーロッパとアジアの三畳系から記録される．前章でふれたように，モルガヌコドン類から確認される顎関節は，新たにつくられた歯骨-鱗状骨関節からなるが，その一方で爬虫類時代の関節骨-方形骨関節を残している．

時代的に大差ないものだが，南アフリカからは獣歯類イクチドサウルス類のディアルスログナタスが見出され，属名のとおり歯骨-鱗状骨関節ができあがりつつあることが明らかになっている（Gow, 1980; Kemp, 1983; Sues, 1985, 1986）．イクチドサウルス類の全貌はまだまだ不明だが，それでもモルガヌコドン類はこの祖先の爬虫類ときわめて近い形態をみせていただろう．再三指摘するが，最初期の哺乳類はほとんど爬虫類に近似できる一群である．爬虫類と哺乳類が一目みて違うものだと考えるのは，現生群ばかりをみているためにかたちづくられる単純な認識の偏りなのである．また，残念ながら日本の動物学教育の場では，おそらく爬虫類の体制が教育されることはまれで，両グループの形態学的関係に関する基礎的な理解が今後も容易に広まるとは思われない．つけ加えるなら，獣歯類と初期哺乳類，両者の体表被蓋がどのようなものだったか，獣歯類が体毛に富んだ皮膚を備えていたかどうかはまだわからない．前章でふれた基礎代謝率戦略がどの段階で哺乳類的な革命を生じたか，泌乳・哺乳はどこで始まったか，まだほとんどなにもわかっていない．

ここで謎の多いドコドン類についてふれておこう．メガゾストロドンを広い意味で含めることもある一群で，北アメリカのジュラ紀の地層から見出さ

れる．後臼歯の幅が広く，上顎では特徴的な2つの咬頭が観察される．ジュラ紀後半に発展するボレアレステス Borealestes やドコドン Docodon を代表例とする (Colbert and Morales, 1991)．

さて狭義のママリアに話を進めてみよう．まずトリコノドン目である．伝統的な暁獣亜綱という分類 (表 1-2 参照) のなかでは，歯の形状を頼りに，トリコノドン目はモルガヌコドンを含む比較的大きな群として成立してきた (Kermack et al., 1973; Jenkina and Crompton, 1979; Jenkins and Weijs, 1979). しかし，後にこの目が多系統であることが指摘され (Rowe, 1988)，モルガヌコドンのグループが同目を外れ，顎関節を中心に比較的新しい形質を備えたグループが，トリコノドン目 (eutriconodonts) として，狭義のママリアに位置するとされている．そのなかには，サイズ的に小型のネコ科ほどの大きさに発展する種があった．トリコノドン Triconodon はかなり大型の部類に属し，中生代半ばにおけるトリコノドン目の優位性を示唆する．4本の切歯，1対の犬歯，合計9本の臼歯列が確認されている．臼歯は前半と後半で，4本の前臼歯と5本の後臼歯と思われるような分化を示し，祖先の獣歯類より合目的な，新しい咀嚼システムを備えていたことが推察される (Colbert and Morales, 1991)．トリコノドン目の歯列では，犬歯以外は本数が一定していないようだ．つまり切歯，前臼歯，後臼歯は，それぞれの下位群でさまざまな本数を示している (Jenkins and Crompton, 1979)．なお，トリコノドン目の多くは昆虫食だったと考えられている．

最近，肩甲骨や上腕骨が非常に進歩的な形態を示す重要な化石が，中国で発見されている．ジェホロデンス Jeholodens と命名されたこの化石は，ジュラ紀末から白亜紀初頭にかけてのもので，ほぼ完全な全身骨格が報告されている．肩甲骨や上腕骨は相称歯目ツァンヘオテリウム Zhangheotherium や原始的後獣類と酷似し，進歩的な形態を備えている．一方で後肢帯は，モルガヌコドンなどに類似した古い形態を示し，狭義のママリアから外れてしまう．Eutriconodonts に帰属するとしても，このグループ全体の単系統性は今後も議論されるだろう (Ji et al., 1999)．この時代の哺乳類の多系統的な進化の複雑さが解き明かされるのを待たなくてはならない．

モルガヌコドン類もトリコノドン類も，新生代に至らずに絶滅している．その理由は不明だ．第1章でふれた顎関節の改変による哺乳類の幕開けを告

げた一群は，それなりの時間を生き長らえたが，その生涯を中生代の爬虫類相に取り囲まれていた．彼らと並んで中生代はほかにもいくつかの重要な哺乳類を生み出している．以前考えられていた以上に，中生代には複雑で豊かな哺乳類相が確立されていたと理解するべきである．少しの間，中生代の哺乳類たちの足跡を追ってみよう．

(2) "実験"と"先駆け"

これから何度か進化の"実験"あるいは"実験室"という比喩を用いることがある．哺乳類は明確に分けられる各目に放散するが，時代や場所を選ばずに，どうやらその場しのぎの特殊化を繰り返しながら，袋小路に突入してそのまま短期的に絶滅する群が多数見受けられるからである．これらを称して進化の"実験"と表現していきたい．もちろん地質学的時間を結果として傍観できる私たちヒトが親しんでそうよんでいるだけで，数多ある実験群がそれぞれ相応の適応に成功したからこそ，目として認識される跡を残していることはまちがいない．自分たちに思いを馳せれば，かくいうヒト科など，科レベルとはいえ，かなり短命の破滅的失敗"実験"でしかないだろう．いずれにしても本章では，まさしくそのような進化の"実験"をいくつもみていくことになる．まずは中生代の相称歯目とされる一群が，まさしく実験の例のように，短い時間だけ歴史の舞台に登場してくる．

相称歯目 (図 2-1) は，亜綱レベルでその後の新しい哺乳類と同じ真獣亜綱にグルーピングされる．以前からよく知られるものは，ジュラ紀後期のス

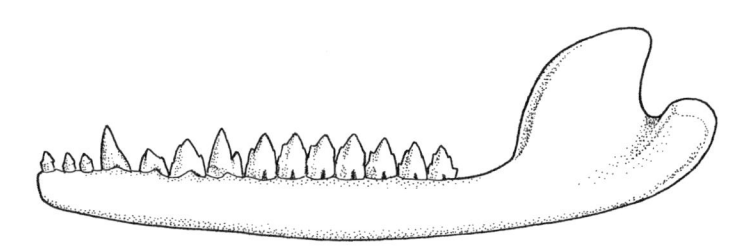

図 2-1 相称歯目スパラコテリウム *Spalacotherium* の下顎．ジュラ紀後期から白亜紀前期にかけて出現した，狭義のママリアのうち，とても原始的な一群と考えてよい．この系統内でも，歯骨-鱗状骨関節が成立したと推測される．（描画：渡辺芳美）

パラコテリウム *Spalacotherium* やキューネオテリウム *Kuehneotherium* である．もっとも後者の帰属はまだまだ議論の途上といえる．目名は後臼歯に発達する3つの咬頭が左右相称に配置されることから由来する．この目に関してはあまり多くのことはわかっていなかったが，近年ジュラ紀末もしくは白亜紀初期と推定されるツァンヘオテリウムのほぼ完全な化石がみつかり，全体像が明らかとなっている (Hu *et al*., 1997)．注目すべき点は2つあり，まず，単孔類に比べて前肢帯が派生的である．間鎖骨が小さく退縮し，鎖骨はよく発達して単独で肩甲骨と間鎖骨を結ぶようになっている．この点では，単孔類と後獣類の中間型のような発展を遂げているといえよう．一方，内耳では蝸牛が直線状であることが知られ，螺旋を描く後獣類以降の哺乳類に比べて古い形質といえる．これらを総合するとツァンヘオテリウムは，狭義のママリアとしては非常に原始的な一群と評価することができよう．

相称歯目の顎関節については謎が多い．少なくとも後期のものは，歯骨のみから下顎がつくられ，顎関節は歯骨-鱗状骨関節一式のみとなっている．しかし，ジュラ紀半ばのシュオテリウム *Shuotherium* は，爬虫類型顎関節を備えていたと推測され，おそらく顎関節改変過程は，モルガヌコドン類やトリコノドン類との間の並行的なプロセスだったことが推測される (Chow and Rich, 1982 ; Colbert and Morales, 1991)．

さて，栄誉ある先駆者を紹介しておかなくてはならない．伝統的に真全獣目と集約されている一群である．本書で用いる真全獣類ということばもそれを訳すもととなった Eupantotheria という目相当の系統も，けっして普遍的に承認されるものではないが，この点では本書は Colbert and Morales (1991) とその訳書の議論に同意している．本書の真全獣類にあたるものとしてクラドテリア Cladotheria という群を想定したり，ほぼ同じ意味でドリオレステス類 Dryolestes とザテリア類 Zatheria というグループを設けることが多いだろう (McKenna and Bell, 2000)．また，本書では相称歯目としているツァンヘオテリウムの，真全獣目周囲での位置づけも議論がつづいている．時間とともに本書の真全獣目の系統性について，再検討が進むことが予期されよう．

真全獣目はジュラ紀後半に発展するが，実際中生代の哺乳類としてはもっとも重要な目であると考えることができる．アンフィテリウム *Amphither-*

ium やヴィンセレステス *Vincelestes* が代表例とされる．すでに歯列の特殊化は十分に成立しているが，彼らに特筆すべき点は後臼歯における咬頭の発達である．おおざっぱだが，咬頭は咬合面からみて三角形に配列されている．上顎ではその三角形がひとつの頂点を舌側，すなわち口の内側へ向けて並んでいる．つまり上顎舌側の咬頭どうしは，隣接する歯の間で十分な距離をとることになる．そして驚くべきことに，この咬頭どうしの空間に下顎の咬頭がはまり込むのである．下顎の咬頭の三角形は，上顎と反対に，ひとつの頂点を頬側，すなわち口の外へ向け，底辺と2頂点を舌側に向けている．要するに上下の後臼歯の咬頭がつくる三角形が，咬合時にはたがいちがいにはまり合うのである．

　一見単純だが，確実に咀嚼機能を営むこの歯列こそ，その後につづく正獣類および有袋類の進歩を直接支えた鍵である．この三角形の咬頭配置については，トリボスフェニック（tribosphenic）型後臼歯とよばれる"哺乳類史上最大級の発明品"として，正獣類の節で詳述しよう．これがほんとうに高い機能性を示すのは正獣類や有袋類だろうが，ジュラ紀のこのタイプの後臼歯はその萌芽としてとても重要なものである（Kraus, 1979; Colbert and Morales, 1991）．なお，これらのグループでは前恥骨が確認されるものがあり，有袋類にみられる育児嚢支持機構があったのかどうか，興味深い謎を投げかけてくれている．

　ここまでに登場した諸目は，新生代に移行するころまでにはすべて絶滅する（表2-2）．彼らの多くは，爬虫類が放散していた中生代に進出を試みた，

表 2-2　相称歯目と真全獣目の構成

相称歯目	Symmetrodonta †
	キューネオテリウム科　Kuehneotheriidae †
	スパラコテリウム科　Spalacotheriidae †
	アンフィドン科　Amphidontidae †
真全獣目	Eupantotheria †
	アンフィテリウム科　Amphitheriidae †
	ペラムス科　Peramuridae †
	ヴィンセレステス科　Vincelestidae †
	パウロドン科　Paurodontidae †
	ドリオレステス科　Dryolestidae †
	エギアロドン科　Aegialodontidae †

すべて絶滅群である（†）．

2.2 中生代の先駆者

初期の"実験"にすぎないのかもしれない．しかし，真全獣目と関連の深い系統は，後の地球に限りない可能性を秘めた哺乳類たちを生み出しながら，地球上から姿を消していったのである．

(3) "早すぎた佳作"

ここでせっかく進んだ真獣亜綱をもう一度離脱するが，多丘歯目なる比較的大きな一群をあげておきたい．亜綱レベルでは異獣亜綱とされる興味深いグループであり，狭義のママリアのなかでは，最初期のグループとして認識できる (Miao, 1993). これは哺乳類進化の"実験"とたとえるには申しわけないほどの，大きな成功を収めたグループである．ジュラ紀に端を発するが，最終的には新生代初期にまで足跡を残している．代表的なものとしてテニオラビス *Taeniolabis* やプティロドゥス *Ptilodus*，プラギアウラクス *Plagiaulax* をあげることができる．

本目をなにより特徴づけるのは咀嚼機構である．結論から示せば，哺乳類で最初ともいえる本格的な植物食への適応群と考えることができる．頭骨には丈夫そうな頬骨弓が備わっている．化石から咬筋の実際の走行と運動を記すのはむずかしいが，それでもこの目が独特の顎運動の動力を備えていたことは推察できる．

歯列の特殊化の程度は，その時代の哺乳類としては群を抜くもので，暁新世のプティロドゥスのデータが豊富だ（図 2-2）．まず巨大な 1 対の切歯が吻端部にみられ，後方に大きな歯隙を空けながら臼歯列につながっていく．後臼歯には 2 列もしくは 3 列に並んだ咬頭が発達し，おそらく植物を潰していたものと思われる．一方でいくつかのグループでは，下顎前臼歯が類例のない形状を示す．縦に並ぶ畝を幾重にも備えた，相対的に非常に大きい前臼歯が萌出しているのだ．以上の光景から，あまりにもあたりまえの正獣類の適応を思い浮かべた方もいよう．さよう，多丘歯目の咀嚼様式は齧歯目との間にみごとな収斂を示すものとされることがある (Colbert and Morales, 1991). 深く追求せずに，巨大な切歯と草食用臼歯列の組み合わせと考えるなら，そう認識できないこともないだろう．ただし，齧歯類との機能的類似性を議論するには，もう少し慎重な態度で臨まなくてはならないと，私は警鐘を鳴らしておきたい．少なくとも齧歯目との収斂を評価できるだけのデー

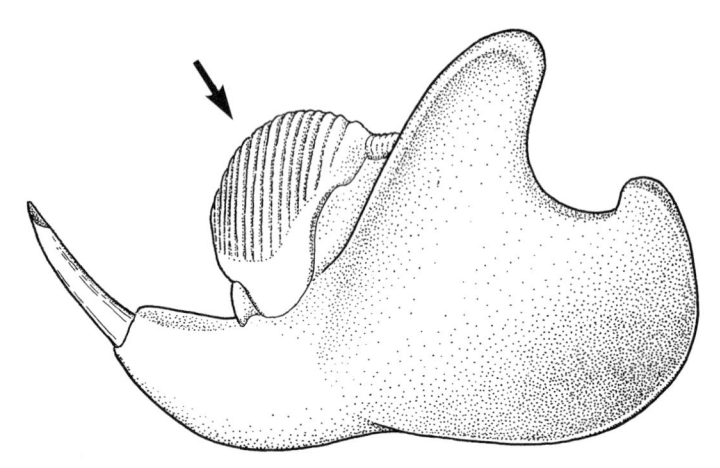

図 2-2 暁新世の多丘歯目プティロドゥス *Ptilodus* の下顎．長く伸びた切歯と巨大な前臼歯（矢印）が特徴的で，おそらく植物食に適応していたと推測される．真偽はともかく，齧歯類との収斂と評価されることもある．
（描画：渡辺芳美）

タを多丘歯目から得る努力は今後の課題だ．

　その後，多丘歯目は初期の哺乳類としては異例の，大きな発展の道を歩む．古生物学的データは，多丘歯目が新生代半ばにみえてくる齧歯目の成功を何千万年も前に実現しかけたことを示している（Clemens and Kielan-Jaworowska, 1979）．表2-3に示すように，およそ4つの亜目と多数の科が記録され，中生代を中心に生きた哺乳類としては群を抜く多様化の跡だ．

　多丘歯目は，その進歩的な咀嚼機構のためか，けっきょくは新生代まで生き延びている．中生代の支配的爬虫類の繁栄と絶滅を乗り越えて，十分な機能的適応を遂げ，生態学的ニッチェを手にしていたものと思われる．新生代に突入してからは大型化の様相も呈する．暁新世のテニオラビス類は，頭骨が15 cmを超えるサイズに達していた．こうなるとむしろ，謎は新生代はじめにおける衰退と絶滅の要因である．少なくとも伝統的イメージでは，この時期の哺乳類群は来るべき正獣類の時代に備えるかのように，放散の初期的段階を迎えていたばかりである．一足早く齧歯目的な環境利用を遂げた可能性のある本目は，この時代の陸生動物としてニッチェ獲得競争を生き抜くには，非常に完成度の高いものだったに違いない．彼らに止めを刺すほどの

表 2-3　多丘歯目の構成

多丘歯目　Multituberculata †
プラギアウラクス亜目　Plagiaulacoidea †
アルギンバータル科　Arginbaataridae †
パウルコファティア科　Paulchoffatiidae †
プラギアウラクス科　Plagiaulacidae †
プティロドゥス亜目　Ptilodontoidea †
ボフィア科　Boffidae †
ネオプラギオラクス科　Neoplagiaulacidae †
キモロドン科　Cimolodontidae †
プティロドゥス科　Ptilodontidae †
テニオラビス亜目　Taeniolabidoidea †
テニオラビス科　Taeniolabididae †
エウコスモドン科　Eucosmodontidae †
チュルサンバータル科　Chulsanbaataridae †
スロアンバータル科　Sloanbaataridae †
ハラミヤ亜目　Haramiyioidea †
ハラミヤ科　Haramiyidae †

多丘歯目が多様なグループであることを物語っている．ハラミヤ亜目に関しては，帰属の異論もみられる．すべて絶滅群である（†）．

破壊的要因とはなんだったのか．示唆的な意見としては，発展を開始した齧歯目そのものと競合し，ニッチェを奪われたのではないかといわれている．真偽を確かめるには知見はまだ少なすぎる．だが，多丘歯目の意義ある発展を遮るものがあるとするなら，より進歩したきわめて洗練された次世代の哺乳類の名をあげるのが，説得力のある主張となるだろう．"早すぎた佳作"は，後から来る"文句なしの傑作"にとっては，敵ではなかったのかもしれない．現生種から齧歯目の完成度をよく知る私たちには，そう考える合理的知識があるといえよう．

　さて，本書ですでにふれてきたように，初期のママリアフォルムスとして，モルガヌコドンのみならず，メガゾストロドン，ドコドン，さらにハドロコディウム，そして狭義のママリアとして，ツァンヘオテリウムのような相称歯類，プティロドゥスのような多丘歯類，アンフィテリウムのようないわゆる真全獣類など，さまざまなグループが哺乳類相を彩っている．しかも，それぞれの系統が程度の差はあっても，適応放散を遂げようとしたことが明らかである．これらの群はほとんどが中生代末までに滅び，新生代まで生きつづけたものにも遠からず絶滅の結末が待っていた．しかし同時に，単孔類や

後獣類や正獣類の初期のものが中生代に確かな放散の道を踏み出していると考えることができる．近年の新しい化石情報は，まさしく中生代の哺乳類の姿を，豊かなママリアフォルムス・ママリア像として急速に書き換えつつあるといえるだろう．

（4）現生群を残す

いわゆる原始的な哺乳類として語られるもうひとつのグループに，単孔目がある．単孔目はカモノハシ Ornithorhynchus anatinus と2種のハリモグラ類の現生種を残している．残念ながら化石の乏しいグループとはいえ，原始的・中生代的な哺乳類の一群を，海洋隔離のいたずらが現代まで生きた姿で受け継いだといえる．その偶然のおかげで，私たちはこのわずか3種から，哺乳類進化のごく初期の姿をある程度の確かさをもって把握することができるのである．

現生種からは頭蓋の形態学的特徴が比較され (Zeller, 1993)，繁殖が卵生であることや，汗腺が単純に変形しただけの乳腺を備えること，前肢帯に烏口骨と間鎖骨が発達し肩甲棘が発達しないことなどが認められ，単孔類が爬虫類的な古い形質を多数備えていることが確認されてきた（図2-3，図2-4）．さらに名前の由来にもなるように，直腸と泌尿生殖器が総排泄腔として単一の開口部をもつ．単孔類の化石は白亜紀の初期から記録されるが，起原の問題を解決するには依然として乏しい (Archer *et al.*, 1985, 1993 ; Kielan-Jaworowska *et al.*, 1987)．モルガヌコドン類，トリコノドン類，ドコドン類などとの比較は行われたが，明確な結論はない．いずれにしても現生する3種は特殊化した種であると推察され，これだけをもとに地球上の単孔類の歴史を跡づけることは困難といえよう．単孔類を生残させた海洋による哺乳類群の隔離，また，二系統で進化したトリボスフェニック型後臼歯の一方にトレースされる単孔類の歴史については，後でまたふれることにする．

単孔類は現生種が存在するため，さっそく分子遺伝学の材料が提供されることになる．ミトコンドリア DNA を用いた系統関係の結論は，単孔類と有袋類の近縁性を提示し注目された (Gemmel and Westerman, 1994 ; 長谷川・岸野，1996 ; Janke *et al.*, 1996)．一方で核ゲノムの解析からは，単孔類を広義の真獣類（表2-1）のクレイドから隔てる結論が得られている (Kil-

図 2-3 単孔類カモノハシ *Ornithorhynchus anatinus* の剝製．（スミソニアン研究所収蔵標本）

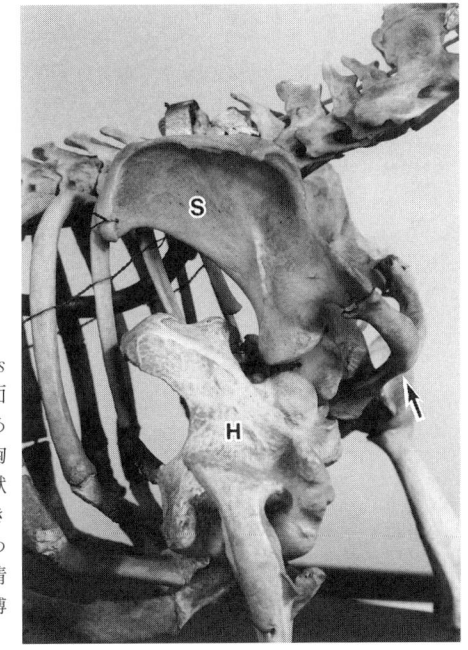

図 2-4 単孔類ハリモグラ *Tachyglossus aculeatus* の前肢帯付近の骨格．右側面観．肩甲骨（S）の肩甲棘が未発達である．鎖骨と間鎖骨が合して，肩甲骨と胸骨柄を結ぶ（矢印）．H は上腕骨．正獣類および後獣類とは形態学的特徴が大きく異なり，特異な系統史を示唆する．わずかでも現生種がいることで，豊富な情報を手にすることができる．（国立科学博物館収蔵標本）

lian *et al*., 2001)．

2.3 正獣類の多様化

（1）主役のなかの主役

　もっとも進歩した哺乳類の一群が，ほかならぬヒトを含む正獣類（下綱）である．高度に発達した繁殖機構から，「有胎盤類」とよばれることも多い．現生哺乳類およそ 4300 種のうち，単孔類と有袋類はわずか 8 目 300 種足らずにすぎない．残るすべては正獣類で，27 目 4000 種以上が現生する．分類学の成果であるので細かい数には議論は尽きないが，一応の内訳を表 2-4 に記しておく．

　最初の手続きとして少し繰り返しにもなるが，ことばの問題を解消しておきたい．本書は真獣亜綱という分類群を設定し，それを全獣下綱と後獣下綱と正獣下綱に分けている．全獣下綱は中生代のものとしてすでに語った．今後しばしば登場する後獣下綱は有袋類と同義である．後に詳述するが，有袋

表 2-4　各目の現生する種数

原獣類		皮翼目		2
単孔目	3	翼手目		986
		貧歯目		30
後獣類		有鱗目		7
ディデルフィス目	77	霊長目		181
ケノレステス目	7	齧歯目		1750
ミクロビオテリウム目	1	兎目		69
ダシウルス形目	58	鯨目		79
ペラメレス形目	23	食肉目		274
ノトリクテス形目	1	管歯目		1
双前歯目	104	奇蹄目		17
小計	271	偶蹄目		211
		長鼻目		2
正獣類		海牛目		5
無盲腸目	343	岩狸目		7
クリソクロリス目	18		小計	4013
登攀目	16		総計	4287
マクロスケリデス目	15			

種数の大半を正獣類が占めている．

類ということばはかつては目として用いられてきたが，いまではいくつかの目を束ねるより高次の名称にふさわしいとされる．あえて有袋下綱とよぶことはまずないが，論理は後獣下綱＝有袋類である．そして，いまから語る正獣下綱は有胎盤類と同義だ．この正獣下綱に対して，実際には真獣類ということばを同義語として使う事例は多い．しかし，本書では真獣類ということばを，亜綱段階をさす広義でのみ用いていくことにする．真獣類＝有胎盤類として狭義で真獣類ということばを用いる場合には，まさしく有袋類と対比される概念が真獣類となるのだが，本書では真獣類は有袋類をも含む広義の概念である．

　ここでちょっと不可解な思いをした読者は少なくあるまい．ほとんどの書物では，中生代の哺乳類を語った後は，判で押したように有袋類がきて，その後に正獣類がやってくる．だが，本書はあえて有袋類を後に回した．もちろん正獣類と比較した有袋類の体制の原始性を否定する意図はまったくない．真意はただひとつ，正獣類の歴史を学び終えた人間にとってのほうが，有袋類の歴史を学ぶのに圧倒的に好都合だからである．有袋類の系統に生じたさまざまな歴史の波を理解するには，地質学，古生物学，形態学，生態学，生理学などへの習熟を必要とするだろうが，最初に正獣類の世界を学びながら，これらを総合する道筋を読者と共有していきたい．それが成就されれば，有袋類の理解はむずかしいことではなくなる．逆に有袋類の歴史的規模から学び始めると，また正獣類で論理構成の訓練を繰り返さなくてはならない心配があるのだ．いずれにせよ本書のページはしばらくの間，主役のなかの主役，正獣類——有胎盤類を語るために費やされる．

（2）正獣類の特質

　ほかの哺乳類と比較して，正獣類は多様なグループである．現生種にとどまらず，中生代の原始的哺乳類，単孔類，有袋類に比べて，正獣類は明らかに豊かな系統を誇るといってよかろう．新生代に関していえば，正獣類が競合する可能性のあるグループは有袋類であるが，生物地理学的に隔離傾向の強かった南アメリカ大陸とオーストラリア大陸の周辺でのみ多様化を許された有袋類に対して，正獣類は極端な高緯度や一部の大洋島を除けば，全地球的規模で広く適応・放散するに至っている．

有胎盤類の骨学的特徴は，まず脳函の拡大があげられる．第1章で語ったように，高エネルギー消費を大前提に，高度な情報処理能力を備えて，グループ全体として高い適応力を備えてきた．今後本章でふれることだが，ニッチェ獲得競争において，正獣類に対し有袋類がしばしば敗北してきた歴史が古生物学的に示唆されている．その要因は複雑だろうが，確実に影響をおよぼしたこととして，知能の発達の差をあげることができよう．有袋類の大脳は，正獣類ほどの拡大に成功しなかった．おそらくは有袋類の頭蓋は，その当初から正獣類よりもサイズ的に発展性のない脳函を備えていたものと推測される．有袋類は正獣類と同様に真全獣類を祖先にもちながら，基本体制においてすでに，中枢神経の進歩が限定されていたものと考えることができよう．

　また，骨学上の多くの点で有袋類に似ているにもかかわらず，第3章で詳述するロコモーションの多様化に合わせて四肢は多彩な変貌を遂げる．有袋類でもオーストラリアを舞台に歩行様式の多様化は進んだが，この点では正獣類のほうがはるかに幅広いバリエーションを示す．とりわけ遊泳や飛翔のための四肢の適応は正獣類に特異的なものである．そのほか基本的には，7個の頸椎，腰椎肋骨突起の発達などの有袋類と共通する特徴がみられ，逆に，前恥骨がみられないこと，骨口蓋が丈夫に発達することなど，正獣類に特異的な形質が確認される．

　有胎盤類という別称が示すとおり，この一群はもっとも進歩的な胚子養育装置として高度な胎盤を備えている．その構造は第1章で語ったとおりだ．母体内に完全に保護された状態で，胚は発生と成長をつづける．有袋類でも本質的にはこのシステムを使ってはいるものの，短期間の妊娠を経てかなり未成熟な新生子を分娩するのみである．それに対して正獣類は，個別の繁殖戦略の差はあっても，一般にかなり成長を終えた新生子が出産される．とりわけ有蹄獣は親と同程度の活動能力を備えた子が生み出されるため，胎子の保護システムとしては完成の域にあるものといえよう．

（3）トリボスフェニック型後臼歯

　さて，正獣類の最大の特質は歯である．まず歯列だが，歯式で，I 3/3・C 1/1・P 4/4・M 3/3と表現されるように，切歯（I）・犬歯（C）・前臼歯

(P)・後臼歯（M）の基本型が，古い正獣類から確立される．切歯は咀嚼対象を切断し口に入れるために，たとえば杭やシャベルのようなかたちに変形する．獣歯類で特殊化の始まっていた犬歯は，獲物を殺すための武器としての機能が高まり，巨大で鋭い剣状となる．前臼歯・後臼歯は複雑な咬頭を備える．その本質的機能は嚙みつぶしと切断である．臼歯列はさまざまな咀嚼生態に適応し，歯式はしだいに多様な変異を遂げていく．

ここで後臼歯の咬頭について語らなくてはならない．正獣類における後臼歯の咬頭の形態は，トリボスフェニック（tribosphenic）型とよばれる（Simpson, 1936）．これはギリシア語に由来する単語で，tribo はすりつぶす，sphenic は楔形という意味だ．だが，含意として sphenic は，鋏のように切断機能を果たすことを表わしている．2 単語を訳して並べれば，トリボスフェニック型は，"破砕切断型"となるのが当を得た翻訳だ（大泰司，1986 ; Colbert and Morales, 1991）．

トリボスフェニック型後臼歯は，図 2-5 に示すような基本的には三角形を連ねたような咬頭の配置を示すものだ．このような咬頭を咬合面に備えたことで，上顎と下顎の後臼歯はたがいにひとつの咬頭を 2 つの咬頭で挟むよう

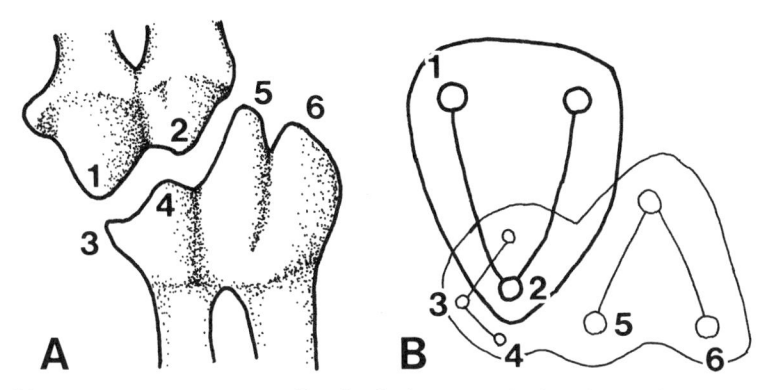

図 2-5 トリボスフェニック型後臼歯の概念図．A：舌側観．右手が近心．B：A 図を背腹方向観の透視でみた．下方が舌側，右方が近心となる．咬頭が嚙み合い，背腹方向にみると，三角形に配置された咬頭が，上下歯列でたがいに嚙み合うことになる．その結果，咬頭・咬頭間の凹凸，稜線がさまざまな咀嚼機能を果たす．舌側からみやすい咬頭に番号をふった．1；メタコーン，2；プロトコーン，3；ハイポコニュリド，4；エントコニッド，5；メタコニド，6；パラコニド．（描画：小郷智子）

に嚙み合う．咀嚼筋を動かして下顎骨をもち上げて嚙み合わせれば，ある部位では下顎歯の2つの突起が上顎歯のひとつの咬頭を挟み，ほかの部位では下顎歯の咬頭がひとつ挙上して，待ち構える上顎歯の2つの咬頭に挟み込まれることになる．

　この運動が行われる結果，トリボスフェニック型後臼歯は，多彩な様式で咀嚼対象を破壊することができる．まずはたがいちがいに配置された咬頭に直接挟まれた食物は確実に保持され，外部から力が加われば，嚙んだものがちぎられることになる．つぎに，咬頭間の稜線や歯の辺縁は，ナイフのような切断機能を示す．さらに，上下どちらかの咬頭と対向する歯の間に食塊が挟まれば，それは圧力で砕かれる可能性が高い．さらに派生した群はもう少し進歩した咬合面をもっていて，顎運動に応用が利くならば，上下の咬頭をすり合わせ，咀嚼対象をすりつぶすことが可能だ．このように，上下顎歯の咬頭が咀嚼に有効に配置されたことで，トリボスフェニック型後臼歯は，万能ともいえる破砕機能を実現する基本となりえたのである．なお，図2-5はあくまでも基本あるいは概念にとどめてある．実際には，各咬頭は，相同性を考慮した解剖学者によって詳細な記載がなされ，数多の名称を与えられている (Osborn, 1888 ; Osborn and Gregory, 1907 ; Gregory, 1916 ; Simpson, 1936 ; Bown and Kraus, 1979 ; 大泰司，1986 ; Colbert and Morales, 1991)．

　後にふれる無盲腸目などでみられるこのトリボスフェニック型後臼歯は，新生代の哺乳類各群で多様な咀嚼様式に適応し，実際にその咀嚼様式を実現していった．切断機能を主体とした咬頭の配置や稜線の改変からは，肉食獣の臼歯列が生まれた．一方で，すりつぶす機能に集約することで，トリボスフェニック型後臼歯は草食獣の臼歯列を完成させることになる．おそらくは多くの形態学者が頭を悩ましたように，トリボスフェニック型後臼歯の咬頭がそれぞれ相同関係を保ちながら派生型咬頭に対応するかという議論は，実際には解決のむずかしい問題である．ともあれ大切なことは，トリボスフェニック型後臼歯によって正獣類の歯の進化が多くの局面で適応的に成功し，正獣類に多様性をもたらしたという事実である．もちろん幅広い食性に対して，たんに後臼歯の咬合面の変形だけで適応できるものではない．しかし，正獣類が食性を多様化させ，多彩なニッチェを獲得するために必要な基盤として，トリボスフェニック型後臼歯はとりわけ有能な形態だったと結論でき

る (Thenius and Hofer, 1960).

　さて，先ほどトリボスフェニック型後臼歯の咬頭は，発生学的な検証を経て固有のよび名をもっているということにふれた．祖先の単錐歯から，どのようにして最終的にトリボスフェニック型後臼歯が生み出されたかは，20世紀後半まで長く議論のつづくテーマだった．代表的なセオリーは，単錐歯がいくつも癒合して哺乳類の多咬頭歯をつくりだしたとする，いわゆる癒合説である．一方で，1本の単錐歯がいくつかの咬頭を分化させて多咬頭歯に進化したとする，いわゆる分化説が提示され，しだいに支持を得るようになっていった (Osborn, 1888 ; Osborn and Gregory, 1907 ; Gregory, 1916). 癒合説はいくつかの点で合理性に欠けることが示唆されたが，とりわけこの説では，多咬頭歯に生じるバリエーションごとに哺乳類全体が多系統群であることを疑う必要性が出てきてしまう．分化説のほうは個別の咬頭の相同性では誤りは見出されるものの，多くの検証に耐えるものだ．今日，哺乳類の多咬頭歯の起原は基本的に分化説で理解されている．

　その主たるセオリー (Osborn, 1888 ; Osborn and Gregory, 1907 ; Gregory, 1916) は三結節説とよばれ，単咬頭から三咬頭を経て，初期正獣類の多咬頭歯を生み出したことが語られている．トリコノドン類，相称歯類，真全獣類の段階をそれぞれ主咬頭ひとつに対する2つの副咬頭の付加ととらえ，それがさらに新たな副咬頭を分化し，最後にはトリボスフェニック型に至るというストーリーである．三結節説は発生学的な細かい相同性には難点が見出されたが，それを批判することよりも説全体の妥当性を認識することが重要である．その意味を込めて，後年正獣類の後臼歯のプロトタイプに，トリボスフェニック型という呼称が与えられたと認識するべきだ (Simpson, 1936).

　ここまで，トリボスフェニック型後臼歯を正獣類の領域に限定して議論してきたが，すでにふれたように，このタイプの臼歯の起原は古いもので，正獣類ほどの機能性はないかもしれないが，トリコノドン類，相称歯類，真全獣類さらに有袋類にも臼歯形態の起原からの影響が広まっている．ここ数年の議論は，トリボスフェニック型後臼歯の地球規模での初期の放散を，かつてより古めにジュラ紀から白亜紀に想定することが普通になっている (Cifelli, 1999 ; Flynn et al., 1999). これらのデータの蓄積を経て，トリボスフェニック型後臼歯は二系統的に生じたとされ，ゴンドワナとローラシアの両陸

塊でオリジンが生じ，一方の子孫が単孔類として，もう一方が有袋類と正獣類として現生するに至るというセオリーが示された（Luo et al., 2001b）．これを支持するデータも増え（Rauhut et al., 2002），上記は哺乳類の初期放散の基礎的ストーリーとして確立されてきている．

（4）歯と歯列の発展

トリボスフェニック型後臼歯の登場以外にも，爬虫類から完成された哺乳類に至る段階で，歯の周辺になにが起きたのかをここでまとめておこう．まず歯の数であるが，多くの爬虫類は哺乳類に比べて歯の数が明らかに多いうえ，幅広い種内変異がみられる．一方の哺乳類はハクジラ類を例外とすれば，歯の数は種と歯種に関してかなり安定的に決まっている．種ごとの歯式が固定するという結果に至るわけだ．

つぎにこれらの歯の顎骨への固定様式が，哺乳類ではまったく新しいものだ．哺乳類では歯根が歯槽にはまり込み，歯根が歯槽の壁に歯根膜を介して結合している．槽生とよばれる構造だ．一方，多くの爬虫類ではバリエーションはみられても，基本的に歯槽ができずに歯が顎骨に対して直接的な骨性の癒着を起こす（疋田，2002）．ただし，この違いの機能的解釈はむずかしく，槽生が進化した明確な理由はいまでも十分に説明されていない．

さらに爬虫類と哺乳類の歯の相違には，交換，すなわち生歯のパターンがある．爬虫類は歯が生涯に何回も交換する多生歯性であるが，哺乳類は原則として乳歯を永久歯に交換するだけの二生歯性だ．より正確にいえば，成長期までに乳歯の生える部分は二生歯性で，その後の顎骨のゆったりした成長に対応する部分は一生歯性というべきだ．後でふれるが，若齢期に急激な成長を経る哺乳類にとって，顎骨の著しい成長に合わせて合理的な歯列を整備するには，歯そのものをこの時期に一度交換することが有効なのだろう．その期間を過ぎれば，たとえば遠心寄りの臼歯は一度だけゆっくり萌出すればよいことになり，一生歯性が定着する．

さて，新生代に放散する各群では，さまざまな咀嚼様式が生じ，歯式は多様となる．たとえば偶蹄類では，雑食性のイノシシ Sus scrofa は正獣類の基本型を保つが，草食適応が進んだウシ Bos primigenius の歯式は I 0/3・C 0/1・P 3/3・M 3/3 となる．この歯式は，まず舌と下顎の切歯・犬歯が餌

植物の採取を行い，上顎切歯が不要となっていることを反映したものだ．さらにこの歯式は，犬歯を武器として用いる必要がなかったことと，臼歯列が植物のすりつぶし運動に適応していることを示唆している（遠藤，2001a）．

一方，齧歯類ネズミ科の例としてハツカネズミ *Mus musculus* を話題にすると，I 1/1・C 0/0・P 0/0・M 3/3 という特殊化した歯列を備えている．切歯によって咀嚼対象を把握したり破壊したりできるうえ，後臼歯でそれを破砕するという適応である．切歯は武装としても機能する．この点では，おそらく切歯の能力が高いため，犬歯は消失してもかまわないのだろう．

3つめの例として，肉食獣のネコ *Felis catus* を取り上げると，I 3/3・C 1/1・P 3/2・M 1/1 である．同種が獲物を殺すための犬歯を大型化し，臼歯を単純化してナイフのような切断機としてのみ使っていることが，この歯式に表現されている．

ここにあげた3種，ウシ，ハツカネズミ，ネコは，じつはかなり特殊化した例を取り上げている．おそらくはつぎなる適応を起こすことがほとんど望めないほど，特殊化した袋小路である．しかし，彼らをざっと概観したことで，正獣類が多様化する要因として，歯列がいかに重要なものかおわかりいただけただろう．歯と咀嚼の進化は第3章の中心的テーマにすえてあるので，また後で深く取り扱いたい．ここではふたたび時代を戻して，正獣類の各目をみていくことにしよう．

(5) "恐竜ファウナの居候"

一昔前までは，中生代末期における正獣類の概念は，ある程度固定化されたものだった．それは，「食虫目（Insectivora）のなかでも原正獣亜目とされるもっとも原始的な一群が，白亜紀の間に地道に進化を進めながら，恐竜類に代表される爬虫類のファウナに，隠遁生活を強いられていた．その隠遁生活の何千万年かの間に，原正獣類は体制の洗練を進め，一部霊長類や顆節類などが進化を開始したころ，恐竜類の絶滅が起きた．まったく主を失った地球上のニッチェへ，"満を持した"食虫類が一気に放散していった」というものである（Colbert and Morales, 1991）．

"恐竜ファウナの居候"．この固定化されたイメージのいくつかの部分，とくに本質的な，哺乳類の生態学的位置づけに関する部分は，中生代の哺乳類

に関する知見が急速に蓄積されている現在でも，けっして放棄する必要はない．本章後半でふれるが，正獣類初期放散の古典的イメージに対して，たとえば分子遺伝学は放散時期を1億年以上前と推測し，示唆に富む理論を提示している．また，比較形態学は原正獣類全体をいくつかの目に解体し，中生代の正獣類の像をすっかり書き換えつつある．しかし，それでもまだ，「爬虫類時代を隠れて生きる初期の正獣類」というファウナの構図は意味をもっている．本書では，初期の正獣類に関する系統分類学上の新しい議論を納得して取り入れるが，中生代の正獣類相が占めた生態学的位置づけについては，伝統的な認識を棄却するにはおよばないだろう．

初期正獣類の系統性や放散時期や動物相の見直しが進んでも，中生代後半はあくまでも爬虫類時代なのである．正獣類の起原や多様化の歴史が新知見をふまえてさかのぼったところで，白亜紀の陸生脊椎動物相の多様性において，圧倒的な主役が爬虫類であることを忘れてはならない．

（6）原正獣亜目の解体と最初期の正獣類

長く最古の正獣類の代表例とされてきたものに，白亜紀のザランブダレステス *Zalambdalestes* があげられる（図2-6）．モンゴルで発見されたザランブダレステスは，細長い頭蓋と貧弱な下顎骨をもつ．ザランブダレステスはかつて食虫目原正獣亜目（Proteutheria）に帰属された代表例である．現在，ザランブダレステスを含むいくつかの最初期の正獣類が，アナガレ目に帰属されている（McKenna and Bell, 2000）．かつて，アナガレ目を原正獣亜目──"旧・食虫目"の一員としたことは，中生代の特殊化の程度の低い正獣類を食虫目に機械的に封じ込める，誤った判断だったと指摘することができる．また，アナガレ目が齧歯目や兎目の原型を生み出した可能性が指摘されてきた．帰属は議論がつづくものの，8500万年前から9000万年前のクルベキア *Kulbeckia* は初期の齧歯目や兎目との類縁を示唆する特徴を備えている（Archibald *et al*., 2001）．この時代のものとしては，ザランブダレステスやクルベキアとは少し離れた系統らしいが，ウズベキスタンの8700万年前の地層からダウレステス *Daulestes* の頭蓋や歯が見出されている（McKenna *et al*., 2000）．

一方で近年，古さにおいてザランブダレステスらをはるかに上回る正獣類

図 2-6 ザランブダレステス Zalambdalestes の想像される外貌．現在のツパイ類に似た，小型でほっそりとした食虫性の一群だったと考えられている．（描画：渡辺芳美）

の一群が発見されてきた．まず一連のプロケンナレステス Prokennalestes の化石がアジアと北アメリカで見出され (Kielan-Jaworowska and Dashzeveg, 1989; Sigogneau-Russel et al., 1992; Cifelli, 1999; Averianov and Skutschas, 2000)，形態学的に明確に識別されるムルトイレステス Murtoilestes がロシア領で確認された (Averianov and Skutschas, 2001)．いずれも白亜紀といっても1億1000万年前から1億2000万年前と推定されるきわめて古い記録である．さらに驚くべきことに，1億2500万年前のものと確定される，正獣類のほぼ完全な全身骨格の化石が中国で発見された (Ji et al., 2002)．これはエオマイア・スキャンソリア Eomaia scansoria と命名されたが，ラテン語の属名は早暁＋母親，種小名は登攀・樹登りを意味し，原記載の内容をセンスある語句に集約してある．報告のストーリー性は説得力に満ち，正獣類の放散がその最初期群たるザランブダレステス，クルベキア，ケンナレステス Kennalestes，ダウレステス，そしてそれにつづくキモレス

テス Cimolestes，プロトゥングラタム Protungulatum などによって，9000万年前から7000万年くらい前に起こっていたという伝統的な記述を，一挙に書き換える発見である．すなわちこの発見は，正獣類の初期放散の時代がこれまでの議論よりはるかに古く，本章後半で語る分子遺伝学的に推定される年代よりもさらに古いことを示唆するものである．また，全身骨格が見出されたゆえ，機能形態学的適応に関しても検討がなされ，ほかの白亜紀の正獣類にみられない明らかな樹上性の適応形質が指摘されている．その論拠は手根骨・足根骨と指骨・趾骨の相対的サイズおよび形状だ．白亜紀の正獣類のイメージを大きく変える発見として，これからも議論の舞台に登るだろう．なお，最古とされるこれらのグループに関しては記載後まもないものが多く，系統的位置づけの論議が成熟したり帰属の目レベルの議論が行われたりするには，まだ時間を要すると思われる．

さて，ザランブダレステスのように原正獣亜目に帰属された初期の正獣類は，再検討の結果，現在ほとんどが独立した目に再編されている（表2-5）．形態が類似していることから，初期の正獣類を原正獣亜目なる"ゴミ箱"に入れ，どうやらみえてくる系統性を科レベルの分類に反映させるということ

表2-5　解体された原正獣亜目のゆくえ

幻獣目　Apatotheria †	
アパテミス科　Apatemyidae †	
パントレステス目　Pantolesta †	
パントレステス科　Pantolestidae †	
ペンタコドン科　Pentacodontidae †	
プトレマイア科　Ptolemaiidae †	
レプティクティス目　Leptictida †	
ケンナレステス科　Kennalestidae †	
ジプソニクトプス科　Gypsonictopidae †	
レプティクティス科　Leptictidae †	
プセウドリンコキオン科　Pseudorhyncocyonidae †	
アナガレ目　Anagalida †	
ザランブダレステス科　Zalambdalestidae †	
アナガレ科　Anagalidae †	
プセウディクトピス科　Pseudictopidae †	

すべて絶滅群である（†）．表のほかにも，キモレステス類に帰属されたものや，皮翼目に移されたものなどがある．原正獣亜目は，雑多な系統を包含した人為的分類群だったといえる．

が長く行われてきた．しかし今日の結論は，原正獣亜目を解体し，目レベルで独立させるというものである．けっきょく，パントレステス目，レプティクティス目，幻獣目が，中生代末期から新生代はじめにかけてそれぞれ独立した系統を歩んでいたことが明らかとなった．

　まず，パントレステス目について簡単にふれておきたい．よく知られるのは，始新世のパントレステス *Pantolestes* である．低くて幅の広い頭蓋がなによりの特徴だが，半水生適応した一部のイタチ科を思わせるかのような，高度な特殊化の跡を残す．歯列には，"旧・食虫目" の一員としてはかなり大きい犬歯を備える．また，頬舌方向に幅広い臼歯が並んでいる．捕食性・肉食性の生態をとったことはまちがいなく，おそらくは水生の生活をも営んでいたものと思われる．明らかに独自に派生した形質に占められていると結論できよう．本目はたんなるパントレステス科という小集団で，"恐竜ファウナの居候" として細々生きつづけたとされてきた．しかし，原正獣亜目の解体と並行して，白亜紀末から新生代初期における，ある程度進んだ生態学的特徴をもった独自の系統として認識されるようになっている（McKenna and Bell, 2000）．

　パントレステス目と対比されるのが，やはり原正獣亜目のメンバーとされていたレプティクティス目である．漸新世のレプティクティス *Leptictis* が典型的な知見をもたらしてきた．頭骨は，現生の無盲腸目（食虫目）とは多くの点で明確に異なっている．吻鼻部や顔面頭蓋が前後に伸長し，頬骨が遺残することが確認される．後頭骨近傍で頭頂骨が目立つ三角形の形状をみせる．機能的には解釈がむずかしいが，これらの特徴から，本目の系統としての独自性は明らかだろう．

　幻獣目は，暁新世に現れて漸新世に絶滅した一群である．やはり原正獣亜目に帰属されることがあった．どうやら発展の歴史は乏しいもののようだ．漸新世のシンクライレラ *Sinclairella* が比較的豊富な情報を残している．シンクライレラでは短い下顎骨が特徴的である．また，湾曲した大きい切歯を備え，食肉目や齧歯目との類似が指摘されるほど，分類学的には解釈のむずかしい一群といえる．上記の特質が，地味ながらも肉食性に生きた幻獣目にとって，多分に適応的な形質だったことはまちがいない．

　原正獣亜目は，キモレステスという重要な，おおよそ科レベルに相当する

孤立した一群を含んでいた．代表となるキモレステスは，白亜紀から暁新世にかけてのもので，北アメリカとアフリカで見出されている（Clemens, 1973）．キモレステスは臼歯列が保存よく伝えられていて，下顎後臼歯のトリゴニドとタロニドの高さの特徴がもっとも原始的な霊長目と類似するといわれ，また，肉歯目と食肉目の究極的起原とも密接な関連をもつと考えられている．キモレステス類は実際，いまのところ帰属目が明確でなく，キモレステス目を設定し，幻獣類，パントレステス類，後述の紐歯類，裂歯類，そして現生群の有鱗類をまとめて帰属させる体系がみられ，一定の説得力をもっている（McKenna and Bell, 2000）．キモレステス類から派生した可能性のある目については，肉歯目と食肉目があげられることがあるので，各項でまた語ろう．

さらに，原正獣亜目は化石群のミクソデクテス科も包含していた．このミクソデクテス科は，今日では原始的な皮翼目に属するとされている．いくつかふれてきた原正獣亜目に関する比較的新しい議論を考え合わせると，原正獣亜目というグループは，白亜紀末と新生代初期の，いまだ実態のわかりにくい正獣類の初期放散の大きな部分を収めた，便利な人為的"ゴミ箱"だったと批判することができる．重要なことは，単系統性を考慮しながら彼らを解体していく過程で，正獣類の初期放散をより的確に把握できるようになりつつあることである．そして，その大きな産物は，"旧・食虫目"から現生する無盲腸目を洗い出したこと，その結果，無盲腸目に対する認識自体にも有益な変化がもたらされたことである．具体的には，また無盲腸目の紙面で語ることにしよう．

さて，ちょっと流れを乱すのを恐れずに，付記しておきたい．本項では，原正獣亜目を解体し，白亜紀に実際になにが起こっていたのかを明らかにしてきた．それは，たんに細分主義者がゴミ箱をみつけて壊していくこととは重みがまったく違う．原正獣亜目の解体は，正獣類が古典的定説よりも早期に最初の分岐・放散を起こしているのではないかという主張の一端でもあるのだ．つまり，分類学的に白亜紀の目を多数承認することは，"恐竜ファウナの居候"が，実際には恐竜の絶滅より早く，いくつかの群に分かれ始めていたのではないかという考え方を許容しやすい．本章後半で詳述するが，正獣類の放散が早いという意見はもはや絵空事ではなく，一定の可能性を示唆

される主張になっている．一方で，その主張に沿って中生代の正獣類像を描くほど，まだ議論は成熟していない．多くの読者の方々には，正獣類の初期の放散が暁新世・始新世なのか，それとも白亜紀に本格的な多様化がすでに始まっているのか，両ストーリーの間を行き来していただければ幸いである．

（7）白亜紀以来のグループ

多くの点で特殊化の程度の低い正獣類として，無盲腸目を語ることとしよう．

無盲腸目とは，現生のハリネズミ形亜目，トガリネズミ形亜目，それにテンレック形亜目からなる（表2-6）．ここで最初に，無盲腸目ということばと食虫目ということばの関係を整理しておきたい．

無盲腸目は，議論の末に成立した，"食虫目の再編結果"ととらえていた

表2-6 無盲腸目の構成

無盲腸目　Lipotyphla
　　ハリネズミ形亜目　Erinaceomorpha
　　　　ハリネズミ上科　Erinaceoidea
　　　　　　ドルマーリウス科　Dormaaliidae†
　　　　　　アンフィレムール科　Amphilemuridae†
　　　　　　ハリネズミ科　Erinaceidae
　　トガリネズミ形亜目　Soricomorpha
　　　　パレオリクテス上科　Palaeoryctoidea†
　　　　　　パレオリクテス科　Palaeoryctidae†
　　　　トガリネズミ上科　Soricoidea
　　　　　　ゲオラビス科　Geolabididae†
　　　　　　モグラ科　Talpidae
　　　　　　プロスカロプス科　Proscalopidae†
　　　　　　プレシオソレックス科　Plesiosoricidae†
　　　　　　トガリネズミ科　Soricidae
　　　　　　ニクティテリウム科　Nyctitheriidae†
　　　　　　ソレノドン科　Solenodontidae
　　　　　　ミクロプテルノドゥス科　Micropternodontidae†
　　　　　　ディミルス科　Dimylidae†
　　テンレック形亜目　Tenrecomorpha
　　　　テンレック科　Tenrecidae

†は絶滅群．原正獣亜目が外れたことで，このグループの歴史は，ほとんどが新生代に限られてくる．後述のように，テンレック類を別系統にするデータが説得力をもちつつある．

だければ好都合である．前項でふれていたように，食虫目は，アナガレ目の一部，パントレステス目，レプティクティス目，幻獣目，皮翼目の一部を包含していた．しかしこれら各目は，原正獣亜目という"ゴミ箱"に投じられた独立グループと認定された．さらに食虫目は，現生するクリソクロリス目とマクロスケリデス目，かつては登攀目をも，亜目以下のレベルとして含んできた経緯がある．これらの現生群に関しては，いまや別目であることを疑う余地はない．このような意味では，原正獣亜目が"ゴミ箱"であるということと同時に，食虫目全体が巨大な"ゴミ箱"だったと理解できる．クリソクロリス目とマクロスケリデス目については比較的小さい話といえるが，多くの成書が原正獣亜目を認めてきた影響は大きく，かつては「白亜紀の最初の正獣類＝食虫目」という図式が成り立っていたのである．

　独立していった各グループを除くと，以前から目より下位の階級で「無盲腸類」（あるいは真無盲腸類）とされてきた系統が，系統の本体として残ってくる（Haeckel, 1866；Gregory, 1910；Butler, 1972；McKenna and Bell, 2000）．現生群を扱う範疇では，実際のところかつての食虫目ということばが，実際上は無盲腸目をさす目的で使われてきた傾向はとても強い．また，和名にプライオリティーのルールはないので，内容が解体されて横文字の目名が変わっていったとしても，「無盲腸目」ということばを使っていかなくてはならない規則はない．

　しかし，あえてここではかつての食虫目と区別する意味でも，無盲腸目ということばを採ることにする．今後本書で，原正獣亜目やクリソクロリス類やマクロスケリデス類を含む意味で，つまり古い意味で食虫目ということばを使うときには，あえて"旧・食虫目"と記してみたい．クォーテーションマークも旧・も，ことばの遊びと考えていただいて差し支えない．

　"旧・食虫目"と異なって，無盲腸目の単系統性はテンレック類の扱いを除けば，いまのところ支持されている．原正獣亜目を失った無盲腸目は，主体となる部分は始新世以降に出現したことになり，"恐竜ファウナの居候"という概念を脱して，一気に新しい正獣類のイメージを感じさせる．しかし，一部はやはり白亜紀にさかのぼり，ゲオラビス科やパレオリクテス科は中生代末の哺乳類相の一角を占めていた．前者に帰属するバトドン *Batodon* が，最古の無盲腸目のひとつであると示唆されている（Carroll, 1988）．

一連の原正獣亜目が除外され，年代的に新しいものを中心としたグループに印象が変わっても，無盲腸目には意義深い生物学的重要性が残されている．現生群から正獣類の原始的な形態を考察するうえでは，"旧・食虫目"時代の意義はなにも失われていないのである．無盲腸目のなかでもとりわけトガリネズミ科は，多くの点で正獣類におけるもっとも単純で，特殊化していない形態を示す．一般にサイズは小さく，典型的なトリボスフェニック型後臼歯を備え，昆虫やそのほかの土壌性の無脊椎動物を捕食する種が多い．3亜目を合計して現生種はおよそ350種とされる．

(8) "旧・食虫目" のなれの果て

少しくわしくふれてきた"旧・食虫目"の経緯だが，そこから最近独立したものとしてクリソクロリス目とマクロスケリデス目をみておこう．

キンモグラとか golden mole とよばれる奇妙なグループがアフリカ南部に分布している．地中生活に適応し，近年まで"旧・食虫目"に帰属されていた．和名・英名が影響されているように，退化した視覚，掘削のために発達した前肢などを備え，一見すると無盲腸目のモグラ科に似た外貌を示す．しかし，これは高度な地中生活への収斂と考えるのが正しい見方だろう．本目の独立は分子遺伝学的解析に拠る部分が大きい (Springer et al., 1997)．およそ17種の現生種が記録されるが，化石証拠は乏しい．ラテン語の属名を使って，本書ではクリソクロリス目とよんでいくこととする．キンモグラ目とよぶ可能性もあろうが，無盲腸目との無意味な混乱を避けるためには，属名の片仮名表記が有効である (遠藤・佐々木，2001)．

一方，マクロスケリデス目は，ハネジネズミとか elephant shrew というよばれ方をする，やはり"旧・食虫目"の遺物だが，特異な形態学的形質を示すため，比較的早くから独立目とされる傾向があった (McKenna, 1975)．遺伝学的検討においても，食虫目に包含されるという主張は一貫して否定されている (McKenna, 1991; Madsen et al., 1997)．アフリカに現生種15種が分布するが (図2-7)，化石記録は乏しい．

上記の2目に比べると，たんに"旧・食虫目"との関係だけではすまされないのが登攀目である．いわゆるツパイのなかまで，英名では tree shrew となる．これを"旧・食虫目"としていくのか，霊長目に認めるのかで，数

図 2-7 コミミハネジネズミ *Macroscelides proboscideus*．掌より小さい動物で，伸長した吻鼻部が特徴的．スミソニアン研究所で飼育中の個体．

十年にわたる議論が巻き起こり，"Tupai-problem" とよばれるに至る，華々しい論戦史を残した一群である (Le Gros Clark, 1924a, 1924b, 1925；Simpson, 1945；Martin, 1968；Campbell, 1974)．もともと"旧・食虫目"の一員であったものが，シンプソンらの主張のなかで，完全な眼窩輪や樹上性に適応した四肢が霊長目に近いとされたものである．最大の争点は，樹上性の適応形態をどう評価するかという点と，ツパイ類内での種間変異をどう扱うかという問題が大きかったように思われる．その後，化石証拠が霊長目の起原をかなり古くさかのぼったことや，分子遺伝学がツパイ類と食虫目・霊長目との類縁性を否定することが多くなり，ツパイ類は新生代初期から独自の道を歩んできたグループであるとされるようになった．"もっとも古いサル"という栄誉をつかみ損ねた登攀目は，論壇上ではすでに落ち着いた一群に戻っているが，原初的な樹上性ロコモーションの例として機能形態学的には意義深い題材である (Endo *et al*., 1999d)．登攀目は東南アジアを中心に現生種およそ 16 種が確認される．和名の目名はツパイ目や登木目なども

使われているが，本書では登攀目としておく（Colbert and Morales, 1991；遠藤・佐々木，2001）．

（9）飛行する哺乳類

この辺で，きわめて特殊化していながら，最大級の多様性に富んでいるコウモリ類，すなわち翼手目を概観しよう．現生種はおよそ1000種とされ，齧歯類に次ぐ大きな目である．ちなみにこの両目を合わせれば，もはや哺乳類全体の6割近くの種を数えようかという，種数に関する寡占状態が明らかとなる．

翼手目は，前腕部が発達し，長く伸長した指骨群とともに翼を形成，それを後肢と尾椎が支持する．巨大な肩甲骨が荷重を負担し，発達した胸骨からは強大な胸筋が前肢へ伸びて翼を動かす．これらの構造は，飛行のために翼手目が獲得した，特殊かつ優秀な設計といえよう．翼構造の機能に関しては次章でくわしくふれよう．

一方，翼手目の起原を探る立場からは，初期の化石翼手目が興味をひく．始新世のイカロニクテリス *Icaronycteris*，パレオキロプテリクス *Palaeochiropteryx*，漸新世のアルケオプテロプス *Archaeopteropus* とされる最初期のものは，すでに完成されたコウモリであって，中間形を明示してくれるものではない（図2-8）．高度に特殊化したグループの起原の解決につねにつきまとう，形態学の弱みでも，またおもしろみでもあろう．後臼歯の咬合面の稜線は，無盲腸目との類似性を暗示するものだ．だが，解体された白亜紀の原正獣亜目から直接の祖先を見出すことはむずかしい．おそらく無盲腸目と翼手目の共通祖先が白亜紀に存在したことはまちがいない（Jepsen, 1970）．

翼手目は長距離飛行ができるため，新生代に海洋で隔離される傾向の強かったオーストラリア大陸，南アメリカ大陸，大洋島にも分布を広げた．系統分類学的には，大翼手亜目（オオコウモリ科）とそれ以外の小翼手亜目に大きく二分される（表2-7）．現生種は前者が170種程度，残りはすべて小翼手類である．小翼手類は夜行性種が多く，エコロケーション（反響定位）の機能が一般に発達している．食性は，昆虫食，果実食，肉食，魚食，花粉食などきわめて多彩だ．

翼手目に関しては，最近まで単系統性を巡っての激しい論争が生まれてい

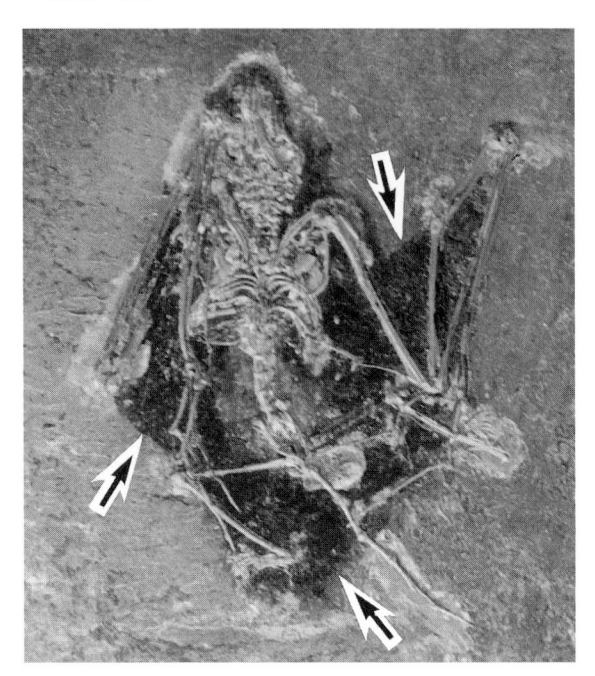

図 2-8 パレオキロプテリクス・ツパイオドン *Palaeochiropteryx tupaiodon*. ドイツ・メッセルより発見された化石標本のレプリカ. 翼が張っていた跡が黒色にみえる（矢印）. 始新世に登場した最古の翼手目のひとつであるが，すでに飛翔には完全に適応し，祖先群との中間形態を示すものではない．（国立科学博物館収蔵標本）

た（遠藤，2000）．2大亜目が進化学的に著しく隔たっているのではないか，という主張から始まっている（Jones and Genoways, 1970）．飛行という高度な特殊化に対する収斂が，系統の解釈を誤らせる可能性が指摘されたのである．オオコウモリに対し，「飛行に適応した霊長類」ではないかという考え方も漠然と提示されたことがあった（Hill and Smith, 1984）．その後の翼手類2系統説は，1980年代後半にある研究グループの手で発表されたものである（Pettigrew, 1986, 1991a, 1991b; Pettigrew and Cooper, 1986; Pettigrew and Jamieson, 1987; Pettigrew *et al.*, 1989）．神経系の形態や，タンパク質のアミノ酸配列などを根拠にした主張である．当時，単系統説との間で，激しく議論が闘わされている（Wible and Novacek, 1988; Baker

表 2-7 翼手目の構成

翼手目　Chiroptera
　　大翼手亜目　Megachiroptera
　　　　オオコウモリ科　Pteropodidae
　　小翼手亜目　Microchiroptera
　　　　イカロニクテリス上科　Icaronycteroidea †
　　　　　　イカロニクテリス科　Icaronycteridae †
　　　　　　パレオキロプテリクス科　Palaeochiropterygidae †
　　　　サシオコウモリ上科　Emballonuroidea
　　　　　　サシオコウモリ科　Emballonuridae
　　　　キクガシラコウモリ上科　Rhinolophoidea
　　　　　　アラコウモリ科　Megadermatidae
　　　　　　キクガシラコウモリ科　Rhinolophidae
　　　　　　カグラコウモリ科　Hipposideridae
　　　　ヘラコウモリ上科　Phyllostomatoidea
　　　　　　ヘラコウモリ科　Phyllostomatidae
　　　　ヒナコウモリ上科　Vespertilionoidea
　　　　　　サラモチコウモリ科　Myzopodidae
　　　　　　ヒナコウモリ科　Vespertilionidae
　　　　　　オヒキコウモリ科　Molossidae

大翼手亜目と小翼手亜目に大別される．現生種の 8 割以上が後者に属す．†は絶滅群．

et al., 1991 ; Simmons *et al*., 1991 ; Thiele *et al*., 1991 ; Kaas and Preuss, 1993)．

　分子系統学から多くの発表がなされ，たとえば DNA ハイブリダイゼーションにおいては単系統説が主張されてきた (Cronin and Sarich, 1980 ; Kilpatrick and Nunez, 1993)．また，12S rRNA，チトクロームオキシダーゼ・サブユット 2 などのシークエンシングからは，目の単一起原が支持された (Adkins and Honeycutt, 1991 ; Mindell *et al*., 1991 ; Ammerman and Hills, 1992 ; Knight and Mindell, 1993 ; Springer and Kirsch, 1993)．Simmons (1994) は，単系統説の立場から，これらの論議と，得られてきた分子遺伝学的データを総括している．

　現在に至り，大量の分子遺伝学的データの蓄積とともに，翼手目全体を多系統的とするデータはもはやみられなくなっている．同時に，収斂に影響されやすいとはいえ，骨格系，血管系，筋系，雌性生殖器など，系統推定に重要とされる形態学的データの多くが，翼手目単系統説を支持しつづけている．

時期的に最近の論争ではあったが，翼手目が単一起原であることに疑いをかける議論は今後起こらないだろう．

ただし，分子系統学的データにより小翼手類の単系統性は否定されることがあり，とくにキクガシラコウモリ類（上科）が大翼手類と近縁とみなされる例が示されてきた（Teeling et al., 2000）．このセオリーは，飛行にともなっておもに小翼手類が発展させたエコロケーション（反響定位）機能が，おそらく大翼手類の祖先にも生じていて，その後の適応により大翼手類ではこの機能が衰退したことを暗示している．純粋な系統論が機能形態や生態の進化の議論に踏み込んでくる興味深いストーリーといえよう．

(10) 孤立する古い目

ここで，独自性の強いグループを4つ紹介しておこう．まずは現生群を含む皮翼目である（図2-9）．飛膜をもって滑空する特殊なグループで，東南アジアに2種が現存する．化石群は原正獣亜目に配列されていたことがあり，現在の理解では，暁新世以降独立目として存在しつづけてきた小さなグループということになる．初期の無盲腸目あるいは中生代の正獣類から進化したものと考えられるが，起原の解明はまだ困難である．

有鱗目はアジアとアフリカに7種が現生する小さなグループである．角質の鱗で背面が防備され，前肢の鉤爪でアリ・シロアリの巣を掘りながらなめとって食べる．頭骨は吻部が伸長しているが，歯は失われている．漸新世からわずかな化石が知られ，新生代を通じて細々と生きつづけてきたグループと考えられている．

紐歯目は暁新世に登場し，始新世には姿を消した，孤立した一群である．杭状の歯と大きな鉤爪を備え，植物を食べていたようだ．とりわけ始新世のスティリノドン *Stylinodon* は頭骨の長さが30 cmほどに達したと推測される．特異な歯は，スティリノドンのような後期に派生したグループでとりわけ特殊化した可能性が高い．

裂歯目は鉤爪をもつ大型の四足獣で，齧歯類に似た奇妙なノミ状の切歯を備えている．始新世には絶滅しているので，発展した時代はごく短い．しかし，ティロテリウム *Tillotherium* のように，現生の大型肉食獣のような体格を備えたものも生み出している．

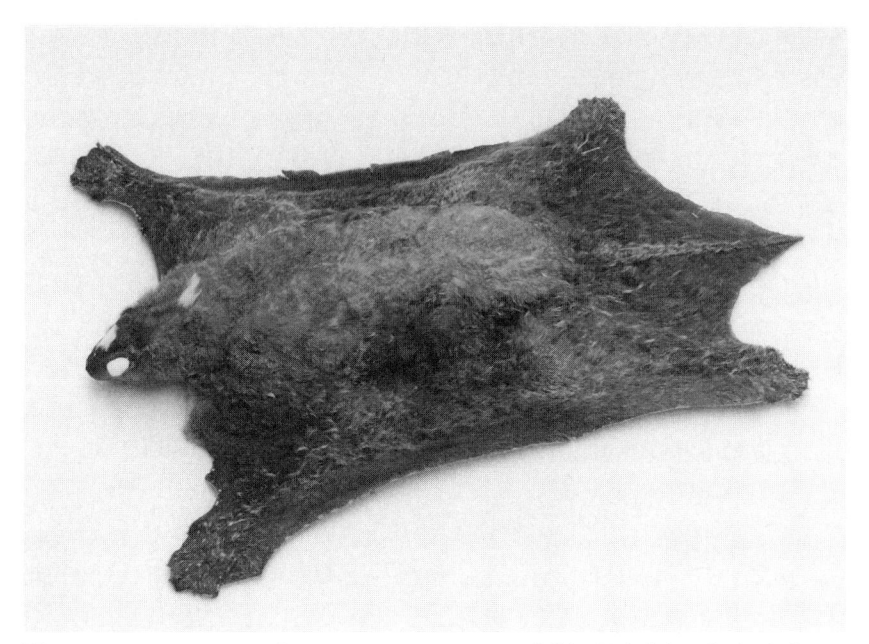

図 2-9 フィリピンヒヨケザル *Cynocephalus volans* の剝製．滑空適応を遂げた数少ない系統である．（スミソニアン研究所収蔵標本）

皮翼目と有鱗目はざっと数千万年は生き長らえたが，後の2グループはすぐに消え去ってしまった．このような目の運命をなにが決めていくのかは，今後の地道な検討以外に明らかにする途はないだろう．いずれにしても紐歯目と裂歯目は，比喩としてはあまりにふさわしい進化の"実験"にほかならない．一方で分岐分類学の成果が，キモレステス目を設定し，有鱗類，紐歯類，裂歯類を帰属させようとしている．ここでは，彼らの位置づけに関する議論に深入りするのはとりあえず避けておこう．

(11)"揺りかご大陸"

このあたりで，貧歯目を語ろう．貧歯目の理解に必要な概念は，大陸移動である．哺乳類はいくつかの特異なロコモーションを備えるとはいえ，基本的に歩く動物であり，地面から切り離して考えることはむずかしい．したがって，哺乳類はそれぞれの時代に海洋で遮断・隔離された大陸のなかで進化

を完結していく．勘のよい読者はもうお気づきだろうが，哺乳類の各系統にとっては，分布するそれぞれの大陸こそが，進化を起こしうる全空間なのである．ほかの大陸でなにが起こっていようと，問題とされる哺乳類の系統の進化は，ほかの大陸から隔離された生物相の出来事として独立して起こるのである．つまり哺乳類の進化は，各大陸ごとの収斂・並行進化の産物といっても過言ではない．

　以上を理解すれば，哺乳類にとって，いくつかの大陸がその時代時代にどのような"揺りかご"として機能したかが，本章の主要な題材として浮かび上がってくることが，おわかりになるだろう．そこで私が大陸として最初に取り扱うのは南アメリカである（Simpson, 1948, 1967；Carroll, 1988；Colbert and Morales, 1991）．本章後半ではオーストラリア大陸も同じ文脈で登場するので，気にとめておいていただけるとありがたい．

　南アメリカ大陸は第三紀の前半まで北アメリカ大陸と陸続きだった．その後，南アメリカ大陸はほぼ完全に海洋によって隔離され，鮮新世に再度南北アメリカ大陸が結合するまで，孤立した"揺りかご"として機能した．この何千万年という間，南アメリカ大陸は，たまたま侵入した哺乳類の系統を乗せながら，海洋にポツンと浮かびつづけたのである．当然，ほかの大陸では起こりえなかった独自の哺乳類の世界を形成しつづけた．じつは，隔離されて育てられたのは正獣類だけではなく，後獣類の祖先も南アメリカ大陸に侵入，やはり独自の動物相をつくりあげている．これについては本章後半の主要なテーマとなろう．

　いずれにしても，鮮新世に北アメリカ大陸と陸続きになると，北アメリカの進歩した正獣類がまさに堰を切って南アメリカ大陸に進出してきた．進出する"権利"は南北両大陸の哺乳類にたがいに平等に与えられたはずだが，生存をめぐる"勝敗"はみえていた．"揺りかご"でぬくぬくと養育された南アメリカ大陸の哺乳類は競争に敗れ，つぎつぎと滅んでいったのである．

　つまり南アメリカ大陸は，哺乳類の大陸隔離による進化とその劇的な終局をすべてみせてくれる，哺乳類進化学にとって最高の"実験室"なのだ．まずは貧歯目で，また後に語るいくつかの南アメリカ大陸特有の哺乳類相で，その"実験室"のすさまじい歴史を読み解いてみたい．歴史の最後には，私たちヒトが生物種として関与する局面まで到達することとなろう．

(12) "実験室の大作"

　貧歯目は多様な歴史をもつものではあるが，その"揺りかご"あるいは"実験室"として機能したのは南アメリカ大陸である．貧歯類の最古の記録そのものは北アメリカ大陸で，始新世のメタケイロミス *Metacheiromys* が記録されている．目の究極の起原がどこにつながるのか，まだ明確なことはわかっていない．中生代の食虫性有胎盤類に関連を求める主張は伝統的だが，確固たる証明をもち合わせない．一方，近年は正獣類のマクロな系統発生のなかで，比較的初期に南アメリカ大陸に封印された非常に孤立性の高いクレイドとしてのおもしろみが強調される．このことは本章末尾にもふれることになろう．ともあれ，メタケイロミスを生んだ原始的貧歯目は，まだ陸続きだった南アメリカ大陸にはほどなく侵入を終えたようだ．

　第三紀前半，南アメリカ大陸の隔離が起こるとほぼ時を同じくして，貧歯目はこの大陸だけの奇妙な多様化を進めていく（表2-8）．まずアルマジロ類・グリプトドン類のように，装甲を発達させたグループ，被甲亜目を進化させている．発生学的に皮骨として生じてくる骨性の支持体の周囲に角質の鱗を並べ，強固な防備を固めてしまった．能力的にはいまの食肉目にはおよばないだろうが，後獣類の有力な捕食者が，同じ"揺りかご"，すなわち南アメリカ大陸に揺られていたわけだから，この防備の意義は大きかっただろう．

表 2-8　貧歯目の構成

```
貧歯目　Edentata
    被甲下目　Cingulata
        アルマジロ科　Dasypodidae
        パレオペルティス科　Palaeopeltidae †
        グリプトドン科　Glyptodontidae †
    有毛下目　Pilosa
        フタユビナマケモノ科　Megalonychidae
        ミユビナマケモノ科　Bradypodidae
        メガテリウム科　Megatheriidae †
        ミロドン科　Mylodontidae †
        エンテロプス科　Entelopidae †
        アリクイ科　Myrmecophagidae
```

† は絶滅群．

被甲類を大別するなら，ひとつはグリプトドン類，もうひとつは現生するアルマジロ類である．前者からは巨大なグリプトドン *Glyptodon* が報告される．グリプトドンはヒトの身長に匹敵する高さの背甲を備えた大型獣だった．繁栄の時代は南北アメリカ大陸結合後の更新世からである．つまり貧歯目は，大陸が結合し北から有能な正獣類に侵入されても，かなりのグループが生き長らえ多様化したのである．もちろん大半の科が消えているから他大陸産の正獣類に駆逐された面は大きいが，ときに生き残るものがいたという事実は非常に重要である．そしてアルマジロ類は，20種が現在も低緯度の熱帯・亜熱帯地域で繁栄している．

　貧歯目という"大作"は，もうひとつの有毛亜目によっても彩られている．いわゆるナマケモノ類とアリクイ類である．ナマケモノ類の現生種は5種のみで，特異な鉤爪をもち樹上に暮らすものばかりだ．しかし，新生代後期には地上性のナマケモノ類が繁栄，科レベルでも多様性をみせている．メガテリウム *Megatherium* やグロッソテリウム *Glossotherium* のように巨大化するものも現れた（図2-10）．たとえばエレモテリウム・エオミグランス *Eremotherium eomigrans* とされる種のサイズは，現生のアフリカゾウ *Loxodonta africana* よりも大きいとされている（De Luliis and Cartelle, 1999）．地上性のナマケモノ類はやはり南北アメリカ大陸双方に分布を広げたものの，進歩した正獣類の捕食者にとっては比較的容易に手に入る獲物だったに違いない．しかし，止めを刺すのに加担したなかには，私たちヒトが含まれている．最後の地上性オオナマケモノは数千年前まで生息し，新大陸に渡来したモンゴロイドの狩猟対象になっていたらしいのだ．ヒトの優れた知力によっても，ナマケモノの地上性種は滅ぼされているのである．一方でアリクイ類は中新世から進化し，4種が現生する．吻部が突出し長い舌でアリやシロアリを捕食する．

　貧歯目は隔離された南アメリカ大陸で多様に適応し，新生代を通じて新大陸の動物相の主要部分を担ってきたといってよい．解剖学的に注目されるのは，もちろん系統全体を通じて歯列の発達が悪いとされる点である．だが，体幹部も特殊で，力学的な意義は明瞭ではないが，腰椎間に付加的な関節が存在する．それが理由で本目は横文字では Xenarthra と書かれることが一般的で，異節目とよぶことが的確なのかもしれない．そのほかにも系統史を

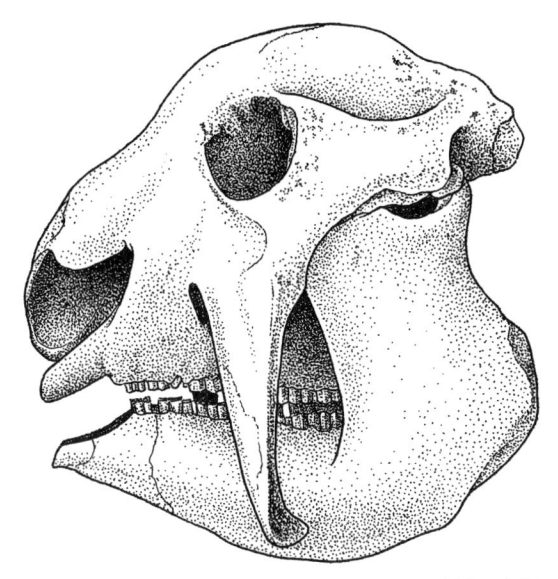

図 2-10 グロッソテリウム *Glossotherium* の頭蓋．左側面観．地上性に適応したナマケモノ類の一系統に属する．頭胴長は 3 m を超えていただろう．（描画：渡辺芳美）

通じて脳函が比較的小さかったという特徴がある．

(13) 樹に登る系統

　霊長目について語らなくてはならない．いわずと知れたサルのなかまであるが，もし読者が哺乳類の進化についてまったくの初学者だったとすると，まだ本章の半ばで霊長目が登場することを意外に感じるかもしれない．実際には，霊長目は確かに中枢神経こそ一般に高度化しているが，むしろ全体の体制を原始的にとどめたからこそ，脳の発展を図ることができたグループなのである．その意味で，後に控える肉食獣や有蹄獣のような，中枢神経を後回しにして特殊化の道に入ったものとはまったく異なる．あくまでも霊長目は，特殊化の程度の低い基本体制に支えられているのである．特殊性の低い構造の哺乳類を樹上生活に適応させたことが，脳が極度に発達した霊長目を確立した主たる要因とされている．これに関連して霊長目の機能形態の進化は次章の中心的課題でもあるので，また後で詳述することにしよう．ひとま

ずは霊長目の歴史をたどることにしたい。なお，現生群の分類に関しては便利なリストが出版されている (Groves, 2001)。

まずは霊長目の構成を表2-9にまとめた。霊長目がとても興味深いのは，キツネザル類からヒトまで，主要な下目や上科のレベルで，幅広く現生群を残してくれていることである (Napier and Napier, 1985 ; Nowak, 1999)。その理由はわからないが，生きた姿で大半の進化段階を並べることができるという点では，霊長目の大きな系統を研究するうえでは幸運だろう。しかも現生種は180種を数え，生態学的にも多様性に富む。

霊長目は白亜紀あるいは暁新世から記録のつづく古い正獣類である。登攀目がかつてもっとも原始的な霊長目とされたころは，登攀目様の化石証拠が期待されたこともある。しかし，正真正銘の最古の霊長目の姿は，たとえば，プレシアダピス科のプルガトリウス *Purgatorius* から知ることができ (Carroll, 1988 ; Colbert and Morales, 1991)，ヨーロッパや北アメリカ大陸の暁新世の化石として見出されている。プルガトリウスは，トリボスフェニック

表2-9 霊長目の構成

霊長目　Primates	インドリ科　Indriidae
プレシアダピス亜目　Plesiadapiformes †	アルケオレムール科　Archaeolemuridae †
パロモミス上科　Paromomyoidea †	パレオプロピテクス科　Palaeopropithecidae †
パロモミス科　Paromomyidae †	メガネザル下目　Tarsiiformes
ピクロドゥス科　Picrodontidae †	オモミス科　Omomyidae †
ミクロシオプス科　Microsyopidae †	メガネザル科　Tarsiidae
プレシアダピス上科　Plesiadapoidea †	真猿亜目　Anthropoidea
プレシアダピス科　Plesiadapidae †	広鼻下目　Platyrrhini
サクソネラ科　Saxonellidae †	オマキザル科　Cebidae
カルポレステス科　Carpolestidae †	狭鼻下目　Catarrhini
原猿亜目　Prosimii	パラピテクス上科　Parapithecoidea †
アダピス下目　Adapiformes †	パラピテクス科　Parapithecidae †
アダピス科　Adapidae †	オナガザル上科　Cercopithecoidea
キツネザル下目　Lemuriformes	オナガザル科　Cercopithecidae
キツネザル上科　Lemuroidea	オレオピテクス科　Oreopithecidae †
キツネザル科　Lemuridae	ヒト上科　Hominoidea
メガラダピス科　Megaladapidae †	プリオピテクス科　Pliopithecidae †
ロリス上科　Lorisoidea	テナガザル科　Hylobatidae
ロリス科　Lorisidae	オランウータン科　Pongidae
インドリ上科　Indrioidea	ヒト科　Hominidae

† は絶滅群。

2.3 正獣類の多様化

型後臼歯と大きな切歯を備えている.現生のキツネザル類との類似を見出したいところだが,系統的関係は難解である.プルガトリウスの化石はあまり状態がよくなく,ほぼ完全な頭蓋は暁新世中期のパロモミス科パラエクトン *Palaechthon* まで待たなくてはならない.

プルガトリウスがどの目から派生しているのかは謎めいているが,下顎後臼歯の咬頭が,キモレステス類に類似することが指摘されている(McKenna, 1975; Kielan-Jaworowska *et al.*, 1979).原正獣亜目というゴミ箱との関連を示唆されてきた各目の起原がさらに適切な検討を求められていることは事実で,霊長目の場合,白亜紀にその答えを見出すことになろう.後でふれる分子遺伝学の提示する霊長目の分岐は白亜紀の半ばまでさかのぼり(Madsen *et al.*, 2001; Murphy *et al.*, 2001a),プルガトリウスをもってしても化石証拠との年代的隔たりは大きい.最近,この点を化石の保存率に対する統計学的手法から検証し,年代的差異に整合性を見出そうとするセオリーが示されてきている(Tavaré *et al.*, 2002).

一方で始新世になるが,北アメリカからノタルクタス *Notharctus* という,現生のキツネザル類とよく似た化石がみつかっている.長い顔面頭蓋や伸長した四肢などから,樹上で現生のキツネザル類(たとえばレムール *Lemur*)と同等の暮らしぶりをみせていた可能性が指摘されよう.後臼歯も現生群同様,歯冠が低く,特殊化していない.なお,現生群はマダガスカル島にのみ分布し,祖先種がラフティング,すなわち流木などに乗って大陸からこの島へ漂着し,安全な環境のなかで分化・生残したと推測されている.

ロリス類については化石は乏しいが,アジアやアフリカに現生群が分布する.キツネザル類もロリス類も,始新世ころ各地に広まったと考えられるが,新生代を通じておそらく熱帯・亜熱帯に限局して繁栄したものと推測される.その後理由は定かではないが,キツネザル類はマダガスカル島に隔離されるかたちでしか生き残らなかった.

一方でもうひとつの原始的な霊長目であるメガネザル類は,小さな胴体に非常に長い尾を備えている.現生のメガネザル類タルシウス *Tarsius* は,長く伸びた後肢にジャンプ力を伝えるための踵骨が大きく発達している.樹間を跳躍することに特殊化した一群といえよう.化石では,始新世にすでにこれらの特殊化を遂げたテトニウス *Tetonius* が知られている.つまり,これ

ら原始的な霊長目は，始新世に最初の放散を進め，形態をあまり変えずに現在まで生き延びてきたと理解することができる．

真猿亜目に関しては，これまで語ってきた原猿亜目と異なり，進歩的な形質が目立ってくる．霊長目の特質ともいえる眼窩輪は，眼球をしっかり収めるような骨性の丈夫な構造に変化し，側頭窩を顔面から分離している．後臼歯は咬合面からみて四角いものとなり，祖先のトリボスフェニック型からだいぶ特殊化が進んでいる．時代的には原猿類の放散より遅れて，漸新世に多様化を開始したようである．

新世界ザル類すなわちオマキザル類に関しては化石証拠が乏しく，実際のところ，どのような起原で現生群が南アメリカ大陸に分布するようになったのかは理解が進んでいない．一方，旧世界ザル類すなわちオナガザル類は，第三紀の半ばには旧世界に広まっていたことが確実である．古いものでは漸新世のパラピテクス *Parapithecus* が初期の姿を伝え，鮮新世のメソピテクス *Mesopithecus* は今日の典型的なオナガザルと類似した全身の化石を残している．原猿亜目と同様，真猿亜目も樹上性に適応し，そのことで身体能力の洗練を重ねていたことが明らかである．オナガザル類には二次的に地上性に移行するものもあるが，いずれにしても霊長目の進化は森林生態から離れて語ることができるものではない．

最後に類人猿について簡単にふれておこう．類人猿の化石は，とても豊富に研究がなされている．現在のエジプト周辺から，漸新世のプロプリオピテクス *Propliopithecus*，エジプトピテクス *Aegyptopithecus* などが見出され，初期類人猿類の姿を伝えてくれる．中新世以降は，ドリオピテクス *Dryopithecus*，リムノピテクス *Limnopithecus* など一連の類人猿の系譜が解明されてきた (Moyà-Solà and Köhler, 1996)．類人猿類のサイズはたとえば大型のイヌに匹敵するもので，樹上で体幹を水平にして歩くものと，現生のテナガザル類ヒロバーテス *Hylobates* が示唆する樹間のブラキエーション（腕を使った樹上懸垂型のロコモーション）に移行したものとが大別されよう．ただし，ゴリラ *Gorilla gorilla* のようにナックルウォークで地上性に移行した群もある．中新世以降の人類に向かう系統をにらみながら，次章で紙面をとることができるので，そちらに系統史の議論を譲っておきたい．なお，現生類人猿としては，数種のテナガザル類とオランウータン *Pongo pygmaeus*，

チンパンジー *Pan troglodytes*，ピグミーチンパンジー *Pan paniscus*，そしてゴリラがみられることは説明を要しないだろう．これらすべての類人猿は著しく発達した大脳を備え，また類人猿共通の特質として，下顎後臼歯に咬頭が5つみられるという特徴を示す．

(14) 最大の現生目の謎

現生齧歯目の種数は，およそ1800とされる．現生哺乳類全種のざっと3分の1以上を占める大所帯だ．種数に応じて均等に紙面を割りあてたなら，私は事実上本書を齧歯目の本としなくてはならないだろう．事実，第3章で適応というテーマを扱う際にも，いくらかのページを齧歯目のために用意する必要に迫られるのである．

齧歯類の基本的な適応戦略は，巨大な切歯と，小さいが機能性の高い臼歯列，そしてよく発達する咬筋による，咀嚼システムの特殊化に代表される．頭蓋長が60 cmにもおよぶ化石種はあるものの（Dawson and Krishtalka, 1984），現生種から類推するかぎり，サイズは比較的小型で，多産を基調とする．しかし，ロコモーション適応をみると，地上性，樹上性，穴居性，半水生，滑空性などきわめて多岐にわたり，生態学的戦略は群を抜いて多様だ．

系統という観点に立ち返ると，最古の齧歯目の候補として，暁新世からパラミス *Paramys*（アクリトパラミス *Acritoparamys*），始新世からココミス *Cocomys* が確認される（Wood, 1962）．また，進歩的な高冠歯をもつこともあって分類学的位置づけはむずかしいが，ヘオミス *Heomys* も最古の齧歯目との強い関連を疑わせる（Dawson *et al.*, 1984）．けっきょくいくつかの形態学的類似性を頼りに，齧歯目の起原と関係するグループとして，アナガレ目あるいはそれに類似するいくつかの群があげられてきた（Li and Ting, 1985, 1993; Li and Chow, 1994; Archibald *et al.*, 2001）．

齧歯目の分類と系統の議論は困難を極める（表2-10）．その大きな理由は，齧歯目自体が極度に特殊化した一群といえるからである．齧歯目は一見どのような生態にも進出しうる柔軟性をもち，非特殊化群のように思われるが，齧歯目特異の形態形質は多くが機能的に高度な特殊性を備えている．たとえばコウモリが空を飛び，クジラが海を泳げば，二度と非特殊的正獣類に戻ることができないのと似たストーリーで，齧歯目ももはや行き着いた特殊化の

表 2-10　齧歯目の構成

齧歯目　Rodentia
　リス顎亜目　Sciurognathi
　　原齧歯形下目　Protrogomorpha †
　　　イスキロミス上科　Ischyromyoidea †
　　　　パラミス科　Paramyidae †
　　　　スキウラブス科　Sciuravidae †
　　　　キリンドロドン科　Cylindrodontidae †
　　　　プロトプティクス科　Protoptychidae †
　　　　イスキロミス科　Ischyromyidae †
　　　ヤマビーバー上科　Aplodontoidea
　　　　ヤマビーバー科　Aplodontidae
　　　　ミラガウルス科　Mylagaulidae †
　　リス形下目　Sciuromorpha
　　　リス上科　Sciuroidea
　　　　リス科　Sciuridae
　　ビーバー形下目　Castorimorpha
　　　　ビーバー科　Castoridae
　　　　エウティポミス科　Eutypomyidae †
　　ネズミ形下目　Myomorpha
　　　ホリネズミ上科　Geomyoidea
　　　　エオミス科　Eomyidae †
　　　　フロレンティアミス科　Florentiamyidae †
　　　　ホリネズミ科　Geomyidae
　　　　ポケットマウス科　Heteromyidae
　　　トビネズミ上科　Dipodoidea
　　　　トビネズミ科　Dipodidae
　　　　トビハツカネズミ科　Zapodidae
　　　　シミミス科　Simimyidae †
　　　ネズミ上科　Muroidea
　　　　キヌゲネズミ科　Cricetidae
　　　　ネズミ科　Muridae
　　　　メクラネズミ科　Spalacidae
　　　ヤマネ上科　Glíroidea
　　　　ヤマネ科　Gliridae
　　　　サバクヤマネ科　Seleviniidae
　　グンディ形下目　Ctenodactylomorpha
　　　グンディ上科　Ctenodactyloidea
　　　　グンディ科　Ctenodactylidae
　　　　チャパティミス科　Chapattimyidae †
　　　　ココミス科　Cocomyidae †
　　　トビウサギ上科　Pedetoidea
　　　　トビウサギ科　Pedetidae
　　　ウロコオリス上科　Anomaluroidea
　　　　ウロコオリス科　Anomaluridae
　　　テリドミス形上科　Theridomyoidea †
　　　　テリドミス科　Theridomyidae †
　ヤマアラシ顎亜目　Hystricognathi
　　デバネズミ形下目　Bathyergomorpha
　　　デバネズミ科　Bathyergidae
　　　ツァガノミス科　Tsaganomyidae †
　　ヤマアラシ形下目　Hystricomorpha
　　　ヤマアラシ科　Hystricidae
　　フィオミス形下目　Phiomorpha
　　　ヨシネズミ上科　Thryonomyoidea
　　　　フィオミス科　Phiomyidae †
　　　　ヨシネズミ科　Thryonomyidae
　　　　ディアマントミス科　Diamantomyidae †
　　　　ケニアミス科　Kenyamidae †
　　　　ミオフィオミス科　Myophiomyidae †
　　テンジクネズミ形下目　Caviomorpha
　　　デグー上科　Octodontoidea
　　　　デグー科　Octodontidae
　　　　アメリカトゲネズミ科　Echimyidae
　　　　ツコツコ科　Ctenomyidae
　　　　チンチラネズミ科　Abrocomidae
　　　　ヌートリア科　Capromyidae
　　　チンチラ上科　Chinchilloidea
　　　　チンチラ科　Chinchillidae
　　　　アグーチ科　Dasyproctidae
　　　　パカラナ科　Dinomyidae
　　　テンジクネズミ上科　Cavioidea
　　　　エオカルディア科　Eocardiidae †
　　　　テンジクネズミ科　Caviidae
　　　　カピバラ科　Hydrochoeridae
　　　アメリカヤマアラシ上科　Erethizontoidea
　　　　アメリカヤマアラシ科　Erethizontidae

齧歯目の分類に異論は多い．†は絶滅群．

極にあると認識するべきである．目内にさまざまな生態を完成しているようにみえても，それは目の形態学的特殊性が低いか高いかとは，まったく関係がない．問題は，その特殊化した機能形態が，齧歯目内の系統の相互関係をマスクしてしまうことである．たとえば形態学的に，齧歯目には2亜目 (Tulberg, 1899)，3亜目 (Brandt, 1855)，7亜目 (Wood, 1955)，9亜目 (Colbert, 1969) などの大別が無数に提唱されたといってよい．科の相互関係などに関しては，形態学が説得力ある体系の主張をなしえなかった部分でもある．

亜目については，現在ではリス顎亜目とヤマアラシ顎亜目の2亜目への大別が説得力をもっている．両者は咬筋の終止部を下顎がどのように用意しているかという点がもっとも重要な識別点である．ヤマアラシ顎亜目が下顎体腹外面を咬筋の付着面として外側へ伸長させるのに対し，リス顎亜目は付着面が大きく外側へ発達することはない (図2-11，図2-12)．3亜目に分ける説では，テンジクネズミ形亜目，リス形亜目，ネズミ形亜目を設定していた (Dubock, 1984)．確かにネズミ科を中心にしたネズミ形亜目がリス類と一定の形態学的差異をもつことが指摘でき，テンジクネズミ形亜目が亜目内の強い近縁性をもって集約できることも確かだろうが，齧歯目全体の系統を説明する明快な説として今後の検証に耐えうるものではない．なお，分子系統学によるリス顎亜目とヤマアラシ顎亜目の分岐年代は，古めに推測されている感があるが，およそ1億年 (Frye and Hedges, 1995) あるいは7500万年 (Adkins *et al*., 2001) という数字があげられている．

さて，少なくともリス顎亜目の最古のものとして，始新世以後に発展するイスキロミス類があげられている．リス顎亜目では，おそらくはイスキロミス類を起原に，漸新世以降急速に科レベルでの多様化が進む．漸新世初期のプロトスキウルス *Protosciurus* から，現在のリス科につながる系統が始まっているようだ．また，ヤマビーバー科は現在1種のみが北アメリカ大陸に現生するが，始新世に記録がさかのぼる古いリス顎亜目の一群である (Rensberger, 1983)．

また，分子系統のデータからも他科との系統関係が激しく揺れ動く謎の一群に，ウロコオリス類およびトビウサギ類がある．伝統的にはリス顎亜目に入れられていて，前者は始新世に始まる古い系統だが，ともに齧歯目のなか

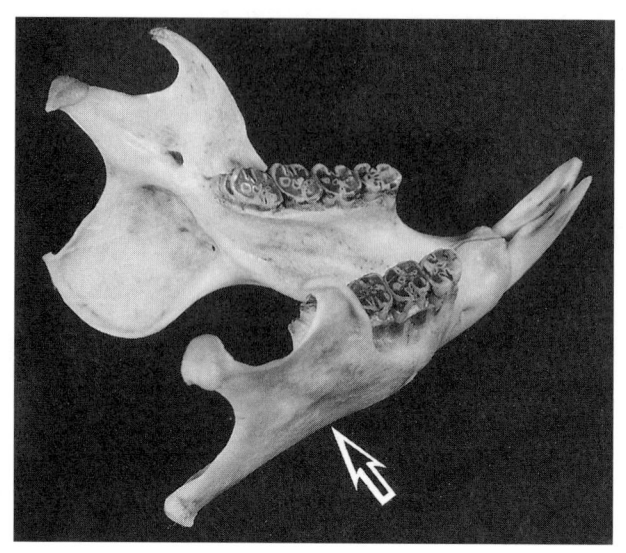

図 2-11 齧歯目を二分する形質．リス顎亜目の下顎外側面（矢印）を背側からみる．ムササビ *Petaurista leucogenys* の例．図 2-12 と比較できる．（国立科学博物館収蔵標本）

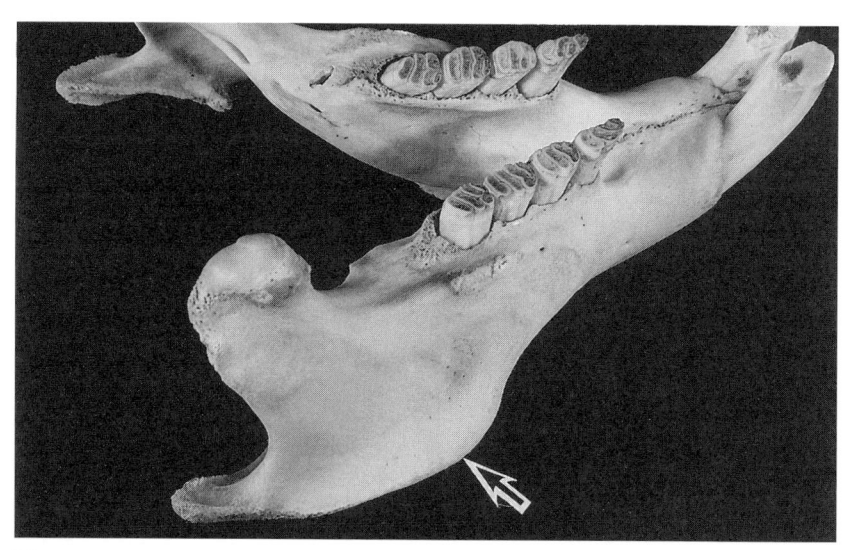

図 2-12 ヤマアラシ顎亜目（パカラナ *Dinomys branickii*）をみる．図 2-11 と比較して，咬筋の終止部が外側に大きく伸張することがわかる（矢印）．（国立科学博物館収蔵標本）

では孤立性が高いとする主張が多い．

　ヤマアラシ顎亜目は，リス顎亜目に比べると化石資料が乏しく，最古のグループも未解明といってよい．とりわけ南アメリカ大陸とアフリカ大陸に分断されて存在してきた点を，古生物学と生物地理学の両面から説明することは困難を極めてきた．南アメリカ大陸での多様化が漸新世とされ，完全に隔離された大陸に突如現れることが，起原や系統性の確たる議論を困難にしている．亜目内の系統解析は，臼歯の咬合面の特徴を議論することで行われてきたといってよい．一般にいわれることとして，ヤマアラシ顎亜目の古い一群は，始新世に発するフィオミス科やヨシネズミ科である．そしてこれらに関連する祖先群が，アフリカ大陸から流木などに乗って海を渡り南アメリカ大陸に到達したという，壮大で検証不可能なラフティングのストーリーが語られてきた（Lavocat, 1978, 1980）．同時に，アフリカ大陸に起原を求めずに，祖先群は中央アメリカ地域からやはり漂流によって南アメリカ大陸にもたらされたという説も提示されてきた（Wood, 1974, 1980, 1983 ; Patterson and Wood, 1982）．

　いずれにしてもヤマアラシ顎亜目の地理的に断続した分布は，ラフティングの可能性を真剣に取り上げることで解決策を見出そうとしている．逆にいえばヤマアラシ顎亜目の単系統性は強く支持されていて，新しい分子遺伝学的検討でもこの点は確固たるものといってよいだろう（Huchon and Douzery, 2001 ; Mouchaty et al., 2001）．これまでに核内にあるフォン・ヴィレブラント因子（vWF）の遺伝子などが検討されたが，亜目レベルの単系統性は揺るぎない．

　フィオミス科自体は早くに絶滅するが，旧世界ではヨシネズミ類とアフリカイワネズミ類がわずかな現生種を残し，ヤマアラシ科が中新世以降に発展する．南アメリカ大陸では，海洋を横断して侵入したと考えられる祖先群をもとに，漸新世から中新世にかけておびただしい科レベルの放散が起こり，北アメリカ大陸との結合後もその結果を残しつづけている．

(15) 齧歯目と兎目のゆくえ

　さて，齧歯目がほんとうに単系統か否かという問題は，ごく最近まで論議されてきた．代表的には，ヤマアラシ顎亜目のテンジクネズミ類（下目）を

扱った遺伝学的検討だけでも議論としては熟している（Graur et al., 1991, 1992；Kuma and Miyata, 1994；Cao et al., 1994a；長谷川・岸野, 1996；D'Erchia et al., 1996）．リス顎亜目あるいはネズミ科に対して少なくともテンジクネズミ下目は，目のレベルで別系統なのではないかという論議を生んできた．ミトコンドリアDNAのみならず核ゲノムを含めて，多くの遺伝子と大量の塩基配列が比較されるにつれ，遺伝子間の変異の速さの違いが注視されている．現状では単系統性を証明する主張（Frye and Hedges, 1995），単系統性を疑う意見（Reyes et al., 2000），確実ではないものの単系統性に分があるとする主張（Huchon et al., 1999；Cao et al., 2000；Nikaiolo et al., 2001a）などさまざまである．核ゲノムを用いると単系統性が示されやすいという傾向もみられている．結論を下すにはまだ慎重であるべきだが，ともあれ形態学が一貫して単一目を示してきた論理性は強固だ（Luckett and Hartenlerger, 1993）．

今後の大きな問題はネズミ科だろう．ネズミ科はほかの哺乳類の一科と同列には論じられないくらいの多様性を誇る．ネズミ科を語るページだけで書物が占領されるだけのものであり，ここでは科内の議論を避けよう．もう一度第3章で咀嚼機能を議論することで多少の補足となることを期待し，ひとまず齧歯目の系統の話を終えておきたい．

一方，兎目は，かつては齧歯目に帰属する科とされた．基本的には咀嚼機構が齧歯目に類似することがその理由である．ただし上顎に小さな第二切歯が萌出し，そのため重歯類というよび名が使われていたことがある．現在では，特異な顎と歯列の形態は齧歯目に対する収斂と解釈され，独立した目としての位置づけを求められている（Layne, 1967；Colbert and Morales, 1991）．モンゴルで確認された暁新世のエウリミルス *Eurymylus* が最古の例とされてきたが，その帰属には異論がある．化石記録からは齧歯目との類縁関係が提唱されることがあるが（Li et al., 1987），マクロな系統の位置づけについて議論は混乱している．遺伝学的検討の結果も，目の独自性が指摘されたり，齧歯目とクレイドをつくったり，偶蹄目との類縁関係も示されたり，論議の対象でありつづけている（Miyamoto and Goodman, 1986；Li et al., 1990；Madsen et al., 2001；Murphy et al., 2001a）．現生種は，2科およそ60種以上だ．

(16) 肉食獣の系譜

　白亜紀末に支配的な爬虫類が絶滅し，地球上の至るところでニッチェが空になった．そこへ正獣類を代表とする哺乳類が進出する伝統的構図は，すでに理解されているだろう．いくつかふれてきた草食性有蹄獣は，まさしくその主役である．一方で，肉食獣らしい肉食獣が放散したことも，正獣類発展の象徴的出来事だろう．典型的な肉食獣は，正獣類の歴史に2系統出現している．肉歯目と食肉目である（表2-11）．

　肉歯目はかつては"旧・食虫目"と微妙な線上と考えられたものを含み，時代を白亜紀にまでさかのぼっていたが，現在の考えでは，最古の記録は始新世あるいはさかのぼっても暁新世のものである．先にあげたキモレステスに類似点が多いとされ，祖先として取り上げられることが多い（MacIntyre, 1966）．いずれにしてもかつて原正獣亜目とされたような白亜紀の雑多な正獣類のなかに，その祖先を求めるのが妥当だろう．肉歯目は捕殺に適した犬歯や，肉を裁断するために機能する後臼歯など，肉食獣としての適応を一通り遂げていた．ただし目の歴史を通じて脳函は小さく，捕食者としての命運を握る知能が現生食肉目ほど高度だったとは考えられていない．始新世のオキシエナ *Oxyaena* や漸新世のヒエノドン *Hyaenodon* などが大型化し，系統

表2-11 肉歯目と食肉目の構成

肉歯目　Creodonta †	イヌ上科　Canoidea
ヒエノドン科　Hyaenodontidae †	イヌ科　Canidae
オキシエナ科　Oxyaenidae †	クマ下目　Arctoidea
食肉目　Carnivora	クマ上科　Ursoidea
バーバロフェリス科　Barbourofelidae †	アンフィキオン科　Amphicyonidae †
ニムラブス科　Nimravidae †	クマ科　Ursidae
ビベラブス科　Viverravidae †	アザラシ上科　Phocoidea
ネコ亜目　Feliformia	エナリアルクトゥス科　Enaliarctidae †
ネコ下目　Aeluroidea	アシカ科　Otariidae
ネコ上科　Feloidea	セイウチ科　Odobenidae
ジャコウネコ科　Viverridae	デスマトフォカ科　Desmatophocidae †
ハイエナ科　Hyaenidae	アザラシ科　Phocidae
ネコ科　Felidae	イタチ上科　Musteloidea
イヌ亜目　Caniformia	アライグマ科　Procyonidae
イヌ下目　Cynoidea	イタチ科　Mustelidae

† は絶滅群．

を代表する例とされる．第三紀前半の哺乳類相を彩るが，しだいに衰退し，漸新世にヒエノドン亜目が滅ぶのを最後に姿を消している．

　食肉目は，肉食に適した咀嚼機構や，捕食を可能にするロコモーション装置のほか，一般に大きな脳函をもち，高度な問題処理能力を備えているといえよう．現生種はおよそ270種におよぶ．その食肉目をもともと派生した目はなんだったのかという起原の問題は，じつはほとんど解決していない．一応は肉歯目と共通の祖先が生じていて，そこから分かれたとされることが多いが，その仮想の祖先もみつからず，極限的な祖先としてはキモレステスのような中生代の真獣類を漠然とあげることになってしまう．形態形質をどう評価するかで，起原の候補が変わり，議論が滞る．その点は前にあげたキモレステスと霊長目プルガトリウスの関係と同じくらい脆弱だろう．

　最古の食肉目については，かつては第三紀初頭にミアキス科という食肉目の共通祖先となる系統が成立したと考えられ，とくにビベラブス *Viverravus* やミアキス *Miacis* がミアキス科の代表例とされたことがあった．しかし現在，これは多系統群で，人為的グルーピングにすぎないことがわかっている．今日では，初期のグループとしてニムラブス科やビベラブス科が設定されていて，それら相互間とその後の新しい食肉目との系統関係を解明することが課題となっている．

　食肉目の本格的な多様化は，漸新世から鮮新世にかけてのことで，ほかの正獣類と比べてけっして古い話ではない (Flynn *et al.*, 1988)．イヌ亜目とネコ亜目に大別することが妥当で，科レベルでの絶滅群はあるものの，全体像は現生群からおおざっぱにつかむことができる．ただし章後半でもふれるが，放散の時期を従来の説よりも早めとする考えが分子遺伝学から強く提示され，とくにイヌ亜目とネコ亜目の分岐は，より早かったと考えられることが多いだろう．いずれにせよ第三紀半ばには，ニッチェにおける肉歯目との競合や交替が起こったことは確かである．

　イヌ亜目は，イヌ科，クマ科，アライグマ科，イタチ科のほか，海生適応したいわゆる鰭脚類を含んでいる．イヌ亜目の最古のグループは漸新世のヘスペロキオン *Hesperocyon* から，中新世以降にキノデスムス *Cynodesmus* やボロファグス *Borophagus* へと連なってイヌ科を構成する．そして中新世にはクマ科が派生し，ヘミキオン *Hemicyon* やウルサブス *Ursavus* を残し

ながら，現生のクマ Ursus へと連なる．アライグマ科は，イヌ亜目のなかでイタチ科と関連が深そうである．中新世にフラオキオン Phlaocyon という特殊化の進んだ属が確認されている．フラオキオンはイヌ科に帰属されることがあるが，いずれにしてもそれから知られるところでは，初期のアライグマ科はすでに樹上性らしく，細長い四肢をもっていただろうということである．なにより後臼歯の咬頭が鋭さをみせず，どうやらほとんど雑食的な生態をとっていたらしい．これらのことはそのまま現生のアライグマ類にもあてはまることである．またイタチ科はイヌ亜目とはするものの歴史が古く，早くから細長い脳頭蓋や，おそらくは柔軟な体幹と短い四肢をもって進化していたようだ．プレシクティス Plesictis というおそらく最古の部類のイタチ科は，漸新世にまでさかのぼる．その後のイタチ科は，複雑で多様な繁栄の道をたどって現在に至るようだ．現在でも60種以上を数え，全食肉目のおよそ4分の1を占める最大の科となっている．

　ネコ亜目は，ジャコウネコ科，ハイエナ科，ネコ科のみの小さなグループである．この亜目の幹となったのは，日本人にはなじみの薄いジャコウネコ科である．始新世後期には出現し，パレオプリオノドン Palaeoprionodon というグループがよく知られている．この段階ですでに現在のジャコウネコ類，たとえばハクビシン Paguma やジェネット Genetta などと類似の，特殊化の程度の低い雑食的な肉食獣として発展の道を歩んでいる．中新世にこのジャコウネコ科から，ハイエナ科が派生したと考えられる．イクチテリウム Ictitherium とよばれる原型が有名で，以後すぐに現生種に似た形態に進化したようだ．

　一方，捕食者としてもっとも洗練されているのがネコ科である（図2-13）．次章でも話題にするが，比較的大型の脊椎動物を襲うことに極度に高度化した体制を備えている．古生物学的には，始新世の終わりごろにプロアイルルス Proailurus とよばれるグループが出現，漸新世・中新世以降，近代的なネコ類に進化していったようだ．化石のネコ科には犬歯が短剣状に変化したものがよく見受けられる．なかでも更新世のスミロドン Smilodon が有名である．これは現生のトラ Panthera tigris くらいのサイズで，下顎骨を大きく開くことができたらしく，剣状の上顎犬歯は，捕殺装置としては最大級の武器となりえたようだ．北アメリカ大陸で進化を遂げ，パナマ地峡の結合と

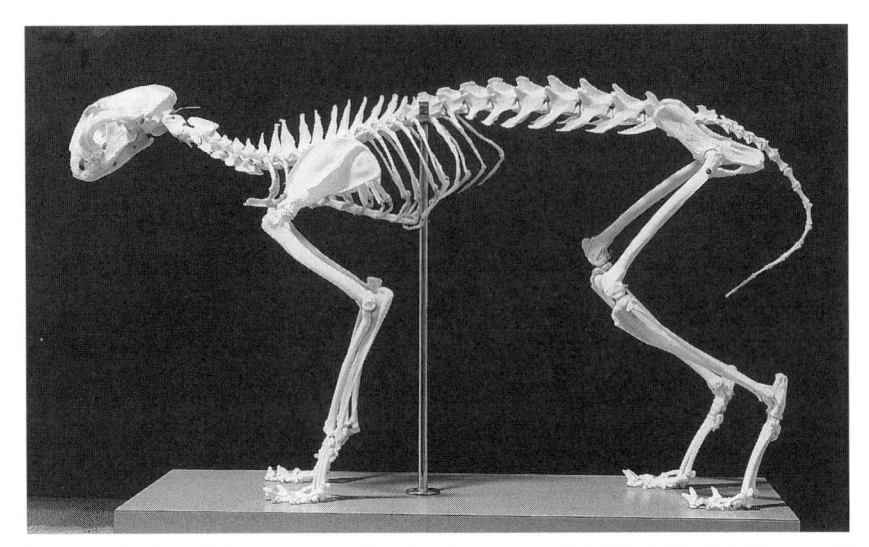

図 2-13　ネコ科の全身骨格の一例．カラカル *Felis caracal* の左側面観．頭胴長 70 cm 程度の典型的なネコ類で，アフリカからアジアにかけて分布する．（国立科学博物館収蔵標本）

ともに南アメリカ大陸にも進出，当時の南アメリカ大陸の動物相を攪乱する無視できない要因だったと考えられる．だが，更新世に新大陸域で草食獣が著しく絶滅すると，彼らも姿を消していった．スミロドンと，ベーリング海峡経由で新大陸にマイグレーションしたモンゴロイドとの間に同所的共存があったことが知られ，哺乳動物層の破壊には最終的にはヒトの狩猟圧が関与した可能性が高い．巨大な犬歯そのものは多系統的に出現する形質なので，一括して次章でもふれておきたい．

　さて，陸生群の機能形態に着目した適応的進化については次章の適応のなかでゆっくり述べたいので，ここは鰭脚類の系統について付記しておこう．かつて陸生の裂脚亜目と水生適応を遂げた鰭脚亜目を設定し，両者を独立目とする主張すらみられたが，上述のとおり落ち着いている．読者の一部には，鰭脚類がその特異な形態から本書の上科程度のレベルに収まることには感覚的な抵抗があるかもしれないが，系統性とは外貌の見た目を判断しているわけではもちろんない．ただしここに至るには，鰭脚類が高次分類群として妥当かどうかという激しい論議をみせたことも事実である．じつは，アシカ科・セイウチ科がクマ類から，アザラシ科がイタチ類から，たがいに独立し

て進化したとする2系統説が,一時期確立されていた(McLaren, 1960;
Tedford, 1976; De Muizon, 1982; Wozencraft, 1989; 伊藤, 1999). それ
に対して,鰭脚類が単一的に食肉目から分化したとする単系統説も継続して
提出されてきた(Sarich, 1969; Árnason, 1974; Wyss, 1987; Flynn et al.,
1988; Wyss and Flynn, 1993). 上述のように結論は単系統であるが,実際
どの陸生群から派生したかという具体的問題はまだ解決されずに残されてい
る(甲能, 1997). 遺伝学的にもイタチ科との関係を指摘するもの(Árnason
and Widegen, 1986), クマ科起原を示唆するもの(Vrana et al., 1994)など,
さまざまである.

(17) 蹄からの可能性

蹄をもつことが現実のものとなったとき,正獣類は新しい地球上の支配者
としての資格を得たといっても過言ではない. 恐竜類が譲り渡した開けた土
地を堂々と走り回れる,正確にいえば,走ることで生命を守ることのできる
動物たちが,ここに誕生してきたからである. 走ることの機能的な意味は次
章でじっくり語ることとしよう. ここでは蹄をもつ動物たちが繰り広げた,
地球上の大地の静かな奪い合いを,しばらくの間みていくこととしよう.

顆節目は有蹄獣の最初の姿である. 白亜紀末にさかのぼる最古の例は,プ
ロトゥングラタム *Protungulatum* という栄誉あるラテン語を授けられてい
る(Sloan and Van Valen, 1965). 以後, 始新世にかけて多様化した. 同時
期に発展した肉歯目との間で帰属の揺れたグループがあることを最初に指摘
してしまおう. つまり初期の顆節類は,れっきとした植物を食べる有蹄獣に
はまだ進化していなくて,肉食獣と草食獣の間をいくような動物だった. 四
肢の先には鉤爪や平爪が備わり,犬歯は武器として使えるサイズを示す. 後
臼歯はトリボスフェニック型に近かったり,噛みつぶしに適応した鈍い咬頭
を備えたりしていたのである. 暁新世から始新世にかけて,アルクトキオン
Arctocyon やフェナコドゥス *Phenacodus* という典型的な例を生み出す. 前
者は雑食的な生態をとったと思われるが,後者の後臼歯は咬合面が四角く変
形し,おそらく植物食に適応していたものと思われる(Colbert and Morales, 1991).

顆節目は小規模な放散を遂げながら始新世に絶滅するが,偶蹄目,奇蹄目,

南アメリカ特異の有蹄類，管歯目のほか，第三紀のいくつかの絶滅目につながると考えられる基幹的な目である．顆節目で認識すべきことは，このグループこそ，地上走行に適応する土台を築いたグループであるということだ．しかし，"旧・食虫目"同様，顆節目も雑多な系統のゴミ箱として利用されてきたという指摘は重要である．本書では保守的な見方をとってきたが，近年までに系統性を慎重に吟味しながら，新たな顆節目の認識がつくられていることに注意しなくてはならない (McKenna and Bell, 2000)．たとえば，プロトゥングラトゥムをはじめとして，本書に顆節目の一員として登場する基幹的な有蹄獣の多くの群が，伝統的な顆節目の系統に包含できないことが示されつつある．アルクトキオン類に至っては，前肉歯目として独立目を立てるだけの確固たる系統性が想定されてきた．

顆節目を起原とするとされる一風変わったグループをいくつか紹介しておきたい．まず管歯目はアフリカにツチブタ *Orycteropus afer* が現生するのみの小さなグループである．中新世以降細々と生きつづけていると考えられる．歯列は退化し，土を掘ってシロアリなどをなめとっている．奇妙な一種であるが，私は幸い解剖の機会を得ている．特殊化した咀嚼機構などは広がりをみせにくいテーマであるが，特異な肢端構造は原始の有蹄獣の姿を伝えるものと感じている．適応の項で再度ふれることにしよう．

一方，汎歯目は暁新世から始新世にかけて繁栄し，漸新世に絶滅したとされる有蹄獣である．顆節類を起原にすると考えられ，鈍重な全身骨格をもち，大きな犬歯を備えていた．恐角目も，顆節目を起原に暁新世から漸新世にかけて，アジアと北アメリカで進化した大型の有蹄獣である．重々しく短い四肢骨と大きな犬歯が特徴とされる．始新世のウインタテリウム *Uintatherium* は，第三紀前半としてはもっとも大きい哺乳類の一群である．おそらく体重2トン程度にまで大型化したと推測され，頭部には6本の角を備えていた．

(18) "揺りかご" に乗った有蹄獣

少し前に貧歯目を議論したとき，南アメリカ大陸が新生代の大半を海洋によって隔絶され，哺乳類の孤立した"揺りかご"となったことにふれた．同じように南アメリカ大陸に孤立して育てられた有蹄獣たちがいたのである．

祖先は暁新世にこの大陸に侵入した顆節類で，ディドロドゥス科とよばれる一群である．顆節目そのものはこの大陸でもすぐに滅んだようだが，それを原資に，"揺りかご大陸"はほかの大陸ではみられない奇妙な6つの目を進化させる．南蹄目，滑距目，雷獣目，三角柱目，火獣目，そして異蹄目である（表2-12）．

南蹄目は，確実な足跡は始新世にさかのぼり，南アメリカ大陸の"揺りかご"で，多様化を遂げた．いくつか他大陸の有蹄獣と収斂をみせる興味深い系統が生じている．トキソドン亜目は奇蹄類サイ科と並行進化したようだ．中新世のネソドン *Nesodon* や更新世のトキソドン *Toxodon* が好例で，後者は肩高が1.5mに達したようである．トキソドンはダーウィンがビーグル号の探検の際に，アルゼンチンでみつけたことでも有名である（Darwin, 1906）．進化論を構築するうえで，この"揺りかご"の有蹄獣の化石は無視できない影響をダーウィンに与えたのではないかと，検証のむずかしい巨人の心のなかをのぞいた気持ちで，私は愉しむことにしている．そのほか，ティポテリウム類やヘゲテリウム類は，偶蹄目や兎目の小型のものによく似た生態学的ニッチェを占めたものと思われる．指は5本から減る傾向があっ

表2-12 南アメリカ大陸の絶滅有蹄類の構成

南蹄目　Notoungulata †	ヘゲテリウム上科　Hegetotheroidae †
南祖亜目　Notoprongonia †	アルケオヒラックス科　Archaeohyracidae †
アルクトスティロプス科　Arctostylopidae †	ヘゲテリウム科　Hegetotheriidae †
ヘンリコスボルニア科　Henricosborniidae †	滑距目　Litopterna †
ノトスティロプス科　Notostylopidae †	プロテロテリウム科　Proterotheriidae †
トキソドン亜目　Toxodontia †	プロトリプテルナ科　Protolipternidae †
オールドフィールドトマシア科	マクラウケニア科　Macraucheniidae †
Oldfieldthomasiidae †	アディアントゥス科　Adianthidae †
アルケオピテクス科　Archaeopithecidae †	雷獣目　Astrapotheria †
イソテムヌス科　Isotemnidae †	アストラポテリウム科　Astrapotheriidae †
ホマロドテリウム科　Homalodotheriidae †	三角柱目　Trigonostylopia †
レオンティニア科　Leontiniidae †	トリゴノスティロプス科
ノトヒップス科　Notohippidae †	Trigonostylopidae †
トキソドン科　Toxodontidae †	火獣目　Pyrotheria †
ティポテリウム亜目　Typotheroidea †	ピロテリウム科　Pyrotheriidae †
ティポテリウム上科　Typotheroidea †	コロンビテリウム科　Colombitheriidae †
インテラテリウム科　Interatheriidae †	異蹄目　Xenungulata †
メソテリウム科　Mesotheriidae †	カロドニア科　Carodniidae †

隔離された大陸で，驚くほどに有蹄類が多様化した歴史を示す．すべて絶滅群（†）である．

たようだが，一般に蹄を備え，鉤爪で防備を固めたグループも確認されている．歯列も特徴的で，切歯から後臼歯まで形状が類似し，咬合面には草をすりつぶすための稜線が刻まれている．

滑距目も，南蹄目同様，第三紀前半に南アメリカ大陸で多様化を進めた一群である．やはり他大陸の有蹄獣との間に収斂を示し，プロテロテリウム科は奇蹄目ウマ科に類似している．まったく興味深いことに，後にふれる奇蹄目ウマ科が指の本数をしだいに減少させていったのと同じ過程をプロテロテリウム科も示してくれる（Colbert and Morales, 1991）．第3指を使いながら，第2指と第4指を遺残させている滑距類がディアディアフォルス Diadiaphorus だが，これはまるでウマ科のプロトヒップス Protohippus の状態である．1本指に減少したトアテリウム Thoaterium は，もちろんご存知の現生のウマ Equus に相当するといえる．滑距目のもうひとつの主役，マクラウケニア科は，あえていえば偶蹄目ラクダ科あるいは奇蹄目バク科の機能形態を備えたものと類推される．マクラウケニア Macrauchenia は外鼻孔が背側に寄っていることから，バクのような長い吻尾部を備えていたと推測されている．

雷獣目は始新世から中新世にかけての，同じく"揺りかご"有蹄獣である．鼻骨が後退し，奇妙に頭蓋の前後長が短い．これをヒントに，半水生だったという推測もなされている．上顎切歯は消失，上顎犬歯が巨大化している．また後方の後臼歯が非常に大型化していたこともわかっていて，特異な咀嚼パターンが推測されている．漸新世のアストラポテリウム Astrapotherium（図2-14）は肩高1.5m以上まで大型化していて，あえて探すと，それより少し前に北アメリカに分布した恐角目ウインタテリウム類と収斂の関係にあるといえるかもしれない．ここで本書は三角柱目という目を取り上げたい．これは雷獣目に含まれるとする意見も多い．新生代初期に南アメリカ大陸に分布していたらしい．全体的に雷獣目と類似し，トリゴノスティロプス Trigonostylops が知られている．

火獣目は，第三紀前半の南アメリカ大陸に生じた孤立群である．切歯が伸び，丈夫な頬骨弓を備えている．また鼻孔が後退していて，長鼻類との間の収斂を指摘されることもある．特殊化の程度が著しく，顆節目からの進化を跡づけるのがむずかしいほどだ．このテーマの最後は異蹄目で締めくくろう．

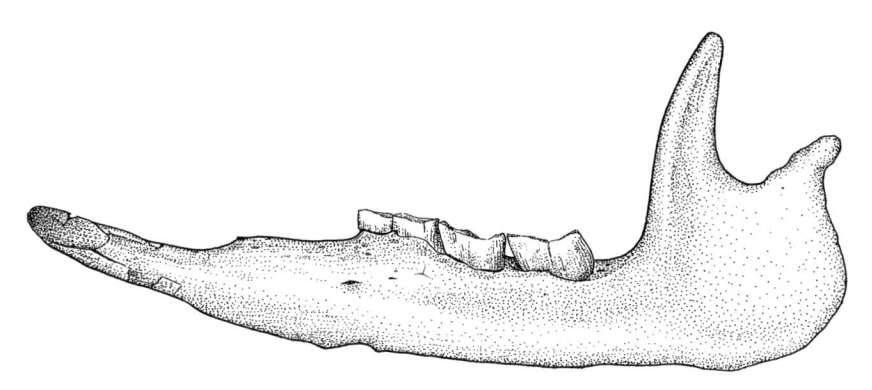

図 2-14 雷獣目アストラポテリウム *Astrapotherium* の下顎骨．中新世に南アメリカ大陸に出現した奇妙な一群である．（描画：渡辺芳美）

　経緯は火獣目と似ていて，新生代初期に南アメリカ大陸に孤立的に出現，どうやらすぐに絶滅した一群である．カロドニア科だけが知られる．短い四肢と幅広い足をもっていたとされる．犬歯は大きく，横走稜線のある後臼歯が特徴だ．上記の2目は顆節目からダイレクトに派生したと考えるのは無理があり，あるいは少し前に北アメリカ大陸で進化した恐角目ウインタテリウム類を直接の祖先とする可能性も指摘される．

　すでに読者は"揺りかご大陸"の有蹄獣の末路を正確にいいあてることができるだろう．鮮新世の終わりごろ，南北アメリカ大陸が久しぶりに陸続きとなった．このことで彼らの行く末は決まったといえよう．進歩した奇蹄目，偶蹄目，長鼻目らと，少し前まで楽園だった"揺りかご"の土地を，力づくで奪い合わなくてはならなくなったのだ．しかも北アメリカ大陸からは食肉目も多数侵入してきた．もちろん"揺りかご"の有蹄獣たちが，実際にどのくらいの形態学的・生理学的・生態学的競争力を発揮するものたちだったかは，ほとんどわからない．しかし彼らは，おそらく乱暴者を相手にした，"善良な子ども"のようなものだったろう．トキソドンとマクラウケニアの一部だけは，理由はわからないが，更新世まで生きつづけたことが確認されている．いずれにしても陸続きになっただけで，第三紀南アメリカ大陸の特異な有蹄獣の行く末は，絶滅以外になかったのである．

(19) 有蹄獣の栄光の一番手

有蹄獣には明確な成功を収めたグループがいくつかある．地球史を順に追ったとき，その第一番手は奇蹄目である（表 2-13）．奇蹄目が顆節類を起原にもつことはまちがいなかろう．例外はあるが，奇数本の指を備え，足の中軸が中央の指を通るグループである．最初に全体を見渡すと，奇蹄目はとても便利なことに主要な系統の化石証拠が非常に豊富だ．とくにウマ科はその進化史を跡づけられるだけの化石の系列がみつかっている．ウマ科ほどの化石が見出されると，たんに奇蹄目の一系統が解明できるという以上に，学界へ与える影響が大きい．たとえば，そもそも実際にどのようなものが過去の地球に生きていたかを化石を掘りあてながら調べることが，はたして現実的なのか否かという迷いが，進化学者のなかに生じることはごく普通だろう．そのような不安に対して，古生物学の可能性を最大規模にみせてくれている

表 2-13 奇蹄目の構成

```
奇蹄目　Perissodactyla
    ウマ形亜目　Hippomorpha
        ウマ上科　Equoidea
            ウマ科　Equidae
            パレオテリウム科　Palaeotheriidae†
        ブロントテリウム上科　Brontotherioidea†
            ブロントテリウム科　Brontotheriidae†
    鉤足亜目　Ancylopoda†
        エオモロプス科　Eomoropidae†
        カリコテリウム科　Chalicotheriidae†
    有角亜目　Ceratomorpha
        バク上科　Tapiroidea
            イセクトロフス科　Isectolophidae†
            ヘラレテス科　Helaletidae†
            ロフィアレテス科　Lophialetidae†
            デペレテラ科　Deperetellidae†
            ロフィオドン科　Lophiodontidae†
            バク科　Tapiridae
        サイ上科　Rhinocerotoidea
            ヒラコドン科　Hyracodontidae†
            アミノドン科　Amynodontidae†
            サイ科　Rhinocerotidae
```

†は絶滅群．系統の大半が滅んでいることがわかる．

のがこの系統である．また，たとえば，ある形質が決まった傾向に進んでいくウマ科をみて，いわゆる定向進化説が勢いを得たことがある．現象の認識だけでなく，一定の進化傾向が生物の側に内在する本質によって進むと考える立場である (Futuyma, 1986)．もちろん全面的に否定される考え方であるが，ダーウィニズムの歴史学的動向を探る科学哲学的関心からみれば，ウマ科が進化のメカニズムに対する人々の認識にバイアスをもたらしかねないことを確認することができるだろう．ウマ科の化石とはそのような意味をも，示しうるものである (Simpson, 1944; MacFadden, 1985, 1988, 1992)．

最古の奇蹄類は，始新世のウマ科ヒラコテリウム *Hyracotherium* にさかのぼる．エオヒップスという別名のほうが知られているかもしれない．ウマ科といっても中型犬くらいの大きさしかない．前肢に4本，後肢に3本の指をもち，蹄が備わっていた．脳頭蓋はあまり大きくなく，小さな切歯と犬歯を備え，前臼歯と後臼歯はまだそれぞれの基本的形態を保持したままだった．上顎後臼歯では，祖先の顆節目を示唆するかのように，6つの鈍丘歯型（ブノドント）の咬頭が歯冠をつくっていた．

その後は，始新世のオロヒップス *Orohippus*，エピヒップス *Epihippus*，漸新世のメソヒップス *Mesohippus*，ミオヒップス *Miohippus*，中新世のパラヒップス *Parahippus*，メリキップス *Merychippus*，鮮新世のプリオヒップス *Pliohippus* から更新世のエクウス *Equus* に至るという有名な系統進化のシリーズが十分な化石証拠とともに提示されているのである．もちろん古典的に，あるいはあまりに単純化されたかたちでこの系譜を認識することは正しくなく，とりわけ中新世以後はとても複雑な系統がつねに生じては滅んでいたことが確かである．

ともあれウマ科全体には，やはりはっきりした傾向がみてとれる．まず一般に体の大型化が進み，四肢の指の本数が少しずつ減少した（図2-15から図2-17; Lavocat, 1955; Woodburne and MacFadden, 1982; MacFadden, 1985, 1988, 1992)．前臼歯が後臼歯化し，臼歯列の歯冠が高くなった．このため頭蓋も高径が増す方向へプロポーションを変化させている．当然咬合面は複雑化し，草食性への一段の適応が進んでいる．さらに脳頭蓋が相対的に拡大をつづけ，おそらく知能が高まったものと推察される．奇蹄目全体に眼窩が骨性の柱で囲まれる特徴がみられるが，この点でも漸進的で，パラヒッ

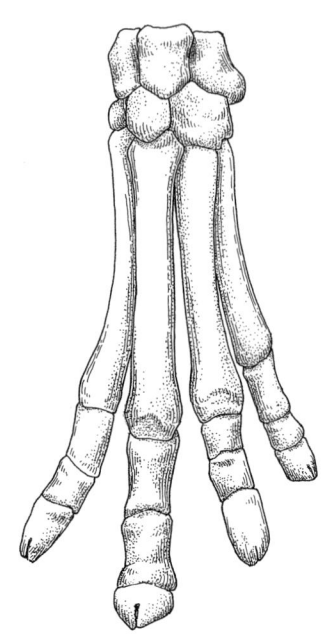

図 2-15 奇蹄目ウマ科の主要な系統で，肢端の指が減るようすを，図 2-17 にかけて示す．左前肢端背側面．これは始新世のオロヒップス *Orohippus*．第 2 指から第 5 指までの 4 本の指が機能している．（描画：渡辺芳美）

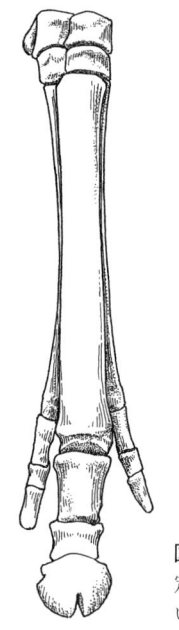

図 2-16 中新世のパラヒップス *Parahippus*．主たる機能は第 3 指に限定されている．その両側に，第 2 指，第 4 指が中手骨を含めて残存している．（描画：渡辺芳美）

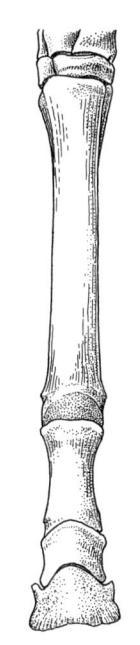

図 2-17　鮮新世のプリオヒップス *Pliohippus*．両側の指はすでに姿を消し，第3指しか確認できない．(描画：渡辺芳美)

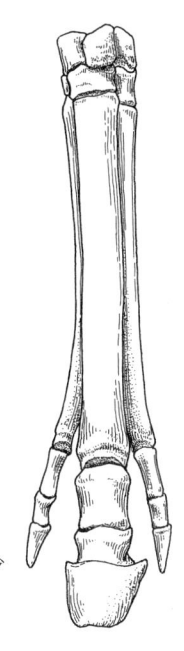

図 2-18　中新世のアンキテリウム *Anchitherium* の左前肢端背側面．図 2-15 から図 2-17 の系統からみると側枝だが，並行的に指数の減少が起こり，この段階は，第2指，第4指が痕跡化しつつある．(描画：渡辺芳美)

プスでは，あと少しで頬骨弓に届くかという突起が眼窩を囲む途中経過がみてとれる．いずれにしてもウマ科の進化の本質は，疾走に関して極限まで洗練された動物になっていったということである．肢端構造の簡略化と四肢近位部に集約された骨格筋が，ウマ科のランナーとしての成功を支えていたと考えられる．この点は次章でくわしくふれよう．

　このウマ科の系列はいくつかのかなり大きな枝をも生み出している．たとえば，ミオヒップスからは中新世にアンキテリウム *Anchitherium*（図2-18），鮮新世にヒオヒップス *Hyohippus* となる系統が生じている．また，メリキップスからはヒッパリオン *Hipparion* と周辺の一群が生み出されている．よくヒッパリオン動物相といわれるが，南アメリカ大陸を除く世界各地に共通に広まりつつあった動物相が，このヒッパリオンを代表格にしていることを表現している．プリオヒップスは鮮新世の南北アメリカ大陸結合時にどうやら南アメリカ大陸に侵入したらしい．その子孫はヒッピディウム *Hippidium* というものである．先の南アメリカ特有の有蹄獣にとって，侵入した一連のウマ科は直接の脅威だったろう．

　ウマ科は，このように地球史に大発展の跡を残したが，どれも絶滅を繰り返し，けっきょく巨大な系統のうちエクウスを除くすべてが絶滅してしまう．エクウス自体も，更新世に移りすんだアジアとアフリカに，わずかな種を残すのみで現在を迎えているのである．先にもふれたが幸運なことに，始新世以来のウマ科の跡を化石で詳細に追うことができ，その全体像は，北アメリカ大陸から見出すことができる．にもかかわらず，数千年前まで北アメリカ大陸に分布していたエクウスは，絶滅に追い込まれたのだ．ほんの一瞬後には家畜化されたエクウスが，ヒトを乗せながらまた北アメリカ大陸を闊歩するようになるのだが，もちろんそれは本書の主題ではない．

　なお，ウマ科に近縁のグループで，パレオテリウム類とブロントテリウム（ティタノテリウム）類が始新世から漸新世にかけて進化している．前者はヨーロッパに分布した現在のサイに似た動物だったのではないかと推測されている．後者は大型化したことが特質で，漸新世のブロントテリウム *Brontotherium* は肩高が2m以上はあったとされる．おもに北アメリカ大陸に分布していたことが明らかである．いずれも究極の祖先としては，ヒラコテリウムに近い最初期のウマ科を想定しなくてはならない．

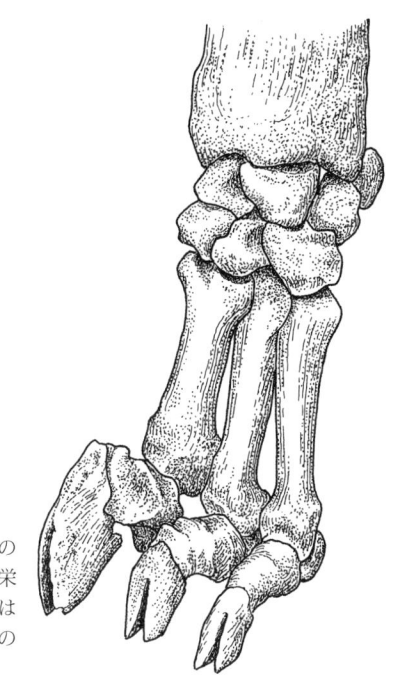

図 2-19　奇蹄目・鉤足亜目モロプス *Moropus* の左前肢端を前外側からみたところ．中新世に繁栄している．いわゆる草食獣でありながら，肢端はたんなる走行装置ではない．武装か掘削か，その機能は不明な点が多い．（描画：渡辺芳美）

　また鉤足亜目カリコテリウム類という奇妙なグループが，始新世から更新世にかけて存続した．このグループは草食大型獣としては例外的に，肢端に鉤爪を備えている（図 2-19）．これが捕食者に対する護身武装か，植物の根を掘る道具なのか，根拠の脆弱な解釈は多数提示されてきた．始新世のエオモロプス *Eomoropus*，そして中新世のモロプス *Moropus* やマクロテリウム *Macrotherium* が知られている．

(20) 華やかな奇蹄目

　サイ類（上科）に関しては，ヒラコドン，アミノドン，そしてサイの 3 科に大別される（表 2-13）．前 2 者は始新世から漸新世，中新世にかけて栄えて滅んでいる．最後のサイ科がやはりサイ類の中心だろう．ウマが高速で疾走するランナーとして草原へ適応したのに対し，サイ科は大型化・重量化を遂げ，さまざまな角をもつ方向へ進化した．適応から語れば，もちろん走るのも得意だろうが，からだのサイズで捕食者を蹴散らすことのできる方策を

選んだといえよう．

　中新世のカエノプス *Caenopus* がサイ科のひとつの区切りを示す．前臼歯の後臼歯化，高歯冠化を遂げ，肩高も1.5m程度には大型化している．もちろんある程度古い形質はもっているが，その後のサイ科の基本的形態を備えた，サイ科の中心ともいうべきグループである．同じころ，サイ科には肩高6mから7m，体重15トンから20トンに達したであろう最大の陸生哺乳類インドリコテリウム *Indricotherium* が登場する．以後更新世まで，サイ科は地球の大陸地域の大半に分布する有力な草食獣だった．ところが，今日わずか5種が現生するのみである．しかもその5種の多くは，保護の手を差し伸べなければ，すぐにも絶滅の鬼籍に書き加えねばならないものばかりである．もちろん最期に手を貸しそうなのは，ヒトの手による愚かな自然破壊ではある．しかし，長い奇蹄目の歴史のなかで，サイ科というグループ自体が地球史のなかで終わりを告げようとしていて，その最終局面に *Homo sapiens* が偶然出会っているというのが，系統史に対する正しい理解でもあろう．

　バク上科については，始新世ころから雑多な科をたくさん出現させては滅んでいるようだ．これらのなかから漸新世にプロタピルス *Protapirus*，中新世にミオタピルス *Miotapirus* が現れていて，現生バク科に直接つながるものと考えられている．更新世までは多くの種が世界的に分布を広げていたようだ．南アメリカ大陸へは南北アメリカ大陸結合後に侵入し，やはり"揺りかご"有蹄獣の最期に手を貸したものと推察される．ところが，これも理由は不詳だが，更新世末に北半球の大陸域でみな絶滅してしまう．残されたのはかくある南アメリカ大陸の集団と，東南アジアの小集団だけだった．バク科の進化戦略を一言で表現するのはむずかしい．ウマのように疾走する群でもなければ，サイのように巨体を旨とするグループでもない．アイデンティティーを問うならば，器用な吻鼻部の発達と，比較的特殊性の低い，あまり生息域を選ばないような体制だろうか．

　さて，それ以前からも長期的傾向は認められるだろうが，第四紀に入って奇蹄目全体が衰退したことは明らかである．現生するのは3科で20種に満たない．この原因はなにか．謎に満ちていることはまちがいないが，私たちは確実にはほぼひとつの理由しか思いついていない．それは，進歩した偶蹄

類との競合に敗れたのではないかという点である．すでに語ってきたように，奇蹄目は草食獣として十分適応したからだの仕組みを備えていた．だが，それでも上には上が出現したというところだろうか．この後の紙面と第3，4章につづく偶蹄類の草食獣としての適応的進化は，正獣類全体を見渡しても太刀打ちのいく群がいないほど，高度に研ぎ澄まされたものなのである．奇蹄目は，第四紀にそのハイレベルな競争に敗れたものたちではなかろうか．

(21) 遅れてきた勝者

奇蹄目にとってかわって，現在の地球を支配する草食獣の世界を一巡りしてみたい．偶蹄目である．ほとんどの場合，偶数本の指を備え，足の中軸が第3指と第4指の間を通るというのが形態学的な特質で，これは化石群にまでそのままあてはまる．現生種は200種を超え，今日の大型草食獣のほとんどが本目に帰属しているといえる．現生の正獣類がおよそ4000種だから，種数そのものは多くを占めているわけではないが，いまみられる有蹄獣の生き様のほとんどを偶蹄目が実現しているといえよう．偶蹄目の高次の伝統的分類を表2-14に示す．とても多様性に富んだ歴史をみせるので，亜目単位で理解を進めてしまおう．パレオドゥス亜目，猪豚亜目，核脚亜目，反芻亜目の4群である．このうちパレオドゥス類は初期のグループとしてあえて亜目を立てる必要はないかもしれない．残り3亜目のうち現生で圧倒的に有力なのは反芻亜目である．

さて，偶蹄目は顆節目を祖先に誕生したものと考えられている．ディアコデクシス *Diacodexis* やホマコドン *Homacodon* が，最古の偶蹄類としてあげられている (Colbert and Morales, 1991)．パレオドゥス亜目ディコブネ科とされる，大きさは中型獣レベルでとりたてて目立たない動物たちだったようだ．パレオドゥス類はいくつかの系統を残すものの，大きな発展をみせることはなかったとされる．ただし，近年このグループは，唐突にも鯨目の祖先の候補として注目されている．この点については後でくわしく語ろう．

偶蹄類が華やかな放散を開始するのは奇蹄目より少し遅れるイメージでとらえられているが，実際に漸新世以降が偶蹄目多様化の時代だ (Gentry and Hooker, 1988)．初期の歴史を飾るのが猪豚亜目のエンテロドン科である．漸新世のアルケオテリウム *Archaeotherium* や中新世初頭のディノヒルス

表 2-14 偶蹄目の構成

偶蹄目　Artiodactyla	アノプロテリウム上科　Anoplotheroidea †
パレオドゥス亜目　Palaeodonta †	カイノテリウム科　Cainotheriidae †
ディコブネ科　Dichobunidae †	アノプロテリウム科　Anoplotheriidae †
ヘロヒウス科　Helohyidae †	ラクダ上科　Cameloidea
猪豚亜目　Suina	ラクダ科　Camelidae
エンテロドン上科　Entelodontoidea †	オロメリクス科　Oromerycidae †
コエロポタムス科　Choeropotamidae †	反芻亜目　Ruminantia
ケボコエルス科　Cebochoeridae †	マメジカ下目　Traguloidea
エンテロドン科　Entelodontidae †	ヒペルトラグルス科　Hypertragulidae †
レプトコエルス科　Leptochoeridae †	マメジカ科　Tragulidae
イノシシ上科　Suoidea	レプトメリクス科　Leptomerycidae †
イノシシ科　Suidae	ゲロクス科　Gelocidae †
ペッカリー科　Tayassuidae	真反芻下目　Pecora
カバ上科　Hippopotamoidea	シカ上科　Cervoidea
アントラコテリウム科　Anthracotheriidae †	パレオメリクス科　Palaeomerycidae †
ハプロブノドン科　Haplobunodontidae †	ジャコウジカ科　Moschidae
カバ科　Hippopotamidae	シカ科　Cervidae
核脚亜目　Tylopoda	キリン科　Giraffidae
メリコイドドン上科　Merycoidodontoidea †	ウシ上科　Bovoidea
アグリオコエルス科　Agriochoeridae †	プロングホーン科　Antilocapridae
メリコイドドン科　Merycoidodontidae †	ウシ科　Bovidae

† は絶滅群．

　Dinohyrus に代表される．後者は頭骨だけで 90 cm という巨体を擁していた．現生のウシ科の最大級のものに匹敵しよう．基本的には短い四肢に鈍重な骨格をもち，イノシシ上科と比肩される姿のもち主だ．エンテロドン科は早くも肢端が 2 本指になっていた．エンテロドン科は確かに華々しい歴史をみせ，北半球には広く分布していたようだ．しかし，中新世にすっかり衰退し姿を消してしまった．

　エンテロドン科の絶滅は，イノシシ上科が彼らと競合したためという指摘がある (Colbert and Morales, 1991)．イノシシ科はエンテロドンと同じような適応戦略をとり，漸新世から多様化を開始していた．現在のヨーロッパ周辺に，漸新世のころプロパレオコエルス *Propalaeochoerus* という最古のイノシシ類の一群が分布していた．まだいまのイノシシ *Sus scrofa* に比べれば小型で，四肢端には 4 本の指が備わっていた．以後イノシシ類は，顔面が前後に伸長し，後臼歯が複雑化し，森林性のすぐれた雑食獣としての地位を固めていく．犬歯は大型化・湾曲化して，雄どうしの闘争が第一義だろう

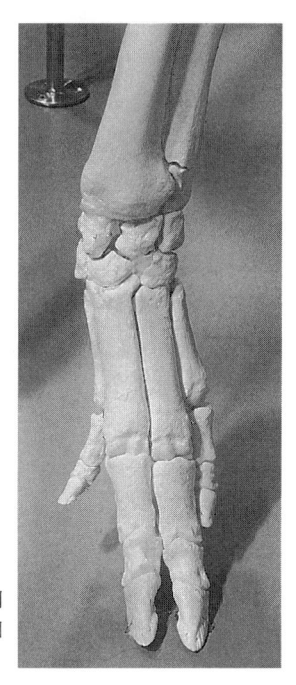

図 2-20 現生のイノシシ Sus scrofa の左前肢端骨格．背側観．主として，第3指と第4指が，体重を支えている．(国立科学博物館収蔵標本)

が，一般的に武装としての機能をもつようになっている．現生のイノシシ類についてはあえて解説するまでもないだろう（図2-20）．

 ペッカリー科について補足しておきたい．おそらくはイノシシ科から派生したものと思われるが，北アメリカ大陸の漸新世には，ペルコエルス Perchoerus という最初期のペッカリーが確認されている．一見するとイノシシ科に似てみえるが，より走行に重点をおいた変法で進化したようだ．肢端の指が2本に減少し，四肢は長めだ．ペッカリー科は北アメリカにおけるイノシシ上科として，他大陸のイノシシ科と同様のニッチェを占めるようになる．そして，陸続きになった南アメリカ大陸へ例によって侵入し，更新世の同大陸で無視できない動物相を形成することとなった．プラティゴヌス Platygonus はその時代の進歩したペッカリーである（図2-21）．現生のクビワペッカリー Tayassu は，肢端部などに古い形質を保持していると考えられる．残念なことに現在，新大陸では旧世界のイノシシ類が人為的にもち込まれて繁殖し，ペッカリー科の分布を脅かしかねない事態を迎えている．縁の遠い

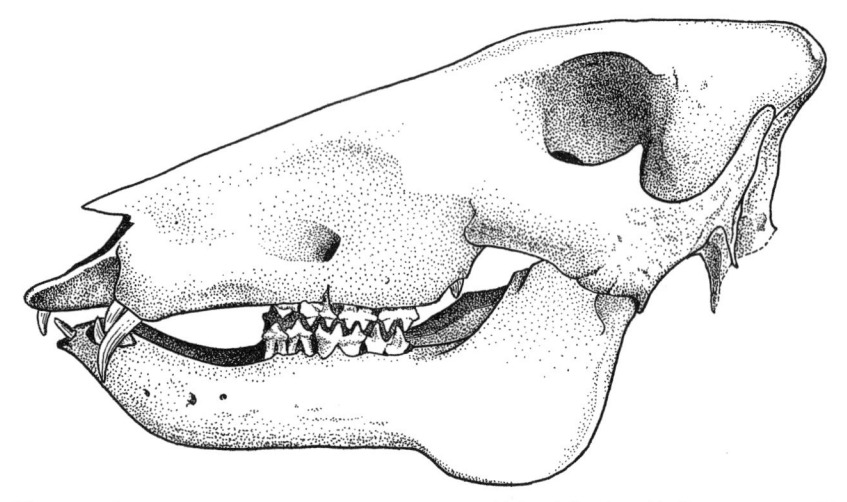

図 2-21　プラティゴヌス *Platygonus leptorhinus* の頭骨．左側面．更新世のペッカリー類である．（描画：渡辺芳美）

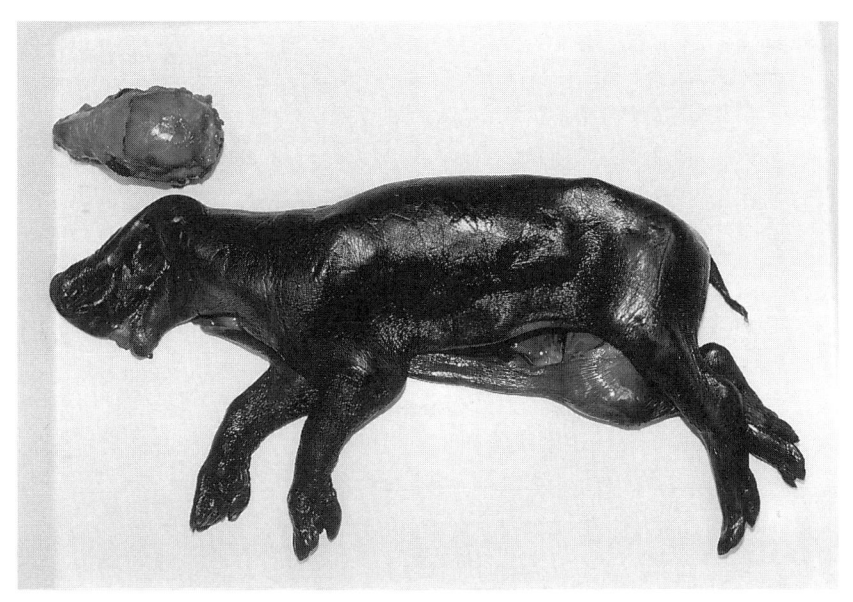

図 2-22　コビトカバ *Choeropsis liberiensis* 新生子の解剖体．

イノシシ科がアメリカ合衆国でごく普通の動物になりつつあるのは，真剣に嘆くべきことだろう．

一方，猪豚亜目はカバを含む系統である．いわゆるカバ上科にはアントラコテリウム科という初期の化石群が残されている．現生のカバ科2種は，化石が乏しく系統の解釈がむずかしい一群といえる．正真正銘のカバ *Hippopotamus amphibius* はめずらしくはないが，コビトカバ *Choeropsis liberiensis* は生息数の限られる動物である．後者はサイズが明らかに小さく，水生適応の程度は低いが，カバ科の進化史を知るためには，示唆に富む種といえよう．私は幸いにしてコビトカバの新生子で，胃の所見を報告する機会に恵まれている（図2-22；Endo *et al.*, 2001e）．

(22) ラクダを残す系統

核脚亜目という一群を扱っておこう．現生種はラクダとラマのグループを残すのみだが，その歴史は現生群から類推されるよりも，はるかに華々しい．多様化の歴史はほとんど北アメリカ大陸で始新世以後に継続されたものである．ところが，奇妙なことに現生種はアジア・アフリカと，南アメリカ大陸に分断して分布するのみである．じつはこのプロセスはウマ科やバク科に似た出来事で，進化の大半を起こした大陸で絶滅し，たまたま更新世ごろに渡りすんだ土地で生き長らえたというものである．

ラクダ科では，あまり実態のよくわからないポエブロドン *Poëbrodon* とヒドロソテリウム *Hidrosotherium* が出現している．ラクダ科の始まりはおそらく始新世と考えてよいだろう．つまり，核脚亜目と反芻亜目が形態学的に類似することとは別に，古生物学はラクダ科の出現がけっして遅い時代ではないことを示している．一方で，レトロポゾン（SINE）の挿入パターンから，偶蹄目のなかでラクダ類の分岐が早い可能性が示されていることから（Shimamura *et al.*, 1999），初期偶蹄目の分化に関しては興味深い議論がつづくだろう．その後ラクダ科は一般に急速に骨格の機能形態を高度化させたことがわかっている．犬歯はそのまま小さく萌出するが，後臼歯の歯冠は高く発達するようになる．ポエブロテリウム *Poëbrotherium* が漸新世に発展し，この時代にはラクダ科は指が2本に減少し，第3，第4中手骨および中足骨が癒合を開始している．走行を重視した高度な適応的進化だと理解でき

る．彼らが直接現生群へと連なっていく系統らしい．大型化も顕著だ．側枝にあたるだろうが，鮮新世には，おそらく頭まで3mはあったと思われる，まるでキリン様のラクダ科，アルティカメルス *Articamelus* が出現している．

　ここでメリコイドドン類，あるいはオレオドン類とされるグループにふれておこう．始新世から鮮新世にかけて北アメリカ大陸でのみ発展した一群である．アントラコテリウム科に縁があるともいわれ，また独立亜目とする考え方もある (Colbert and Morales, 1991)．本書では一応核脚亜目のなかにおいておくが，帰属と系統性については今後も議論が絶えないだろう．このグループは指を4本残し，四肢は短い．眼窩は骨性に囲まれていた．上顎犬歯は少し大きめで，下顎犬歯はかなりの程度切歯列に参加する傾向があるようだ．サイズ的には最大でも現在のイノシシ程度だろう．これらの特徴は，現生群の生態からはとらえにくい適応形質である．おそらく走行適応としては特殊化の程度は低く，森林性の生態をとって，ときには樹木に登るくらいの一群と考えておいてよいだろう．漸新世には代表例のメリコイドドン *Merycoidodon* やアグリオコエルス *Agriochoerus*，メゴレオドン *Megoreo-*

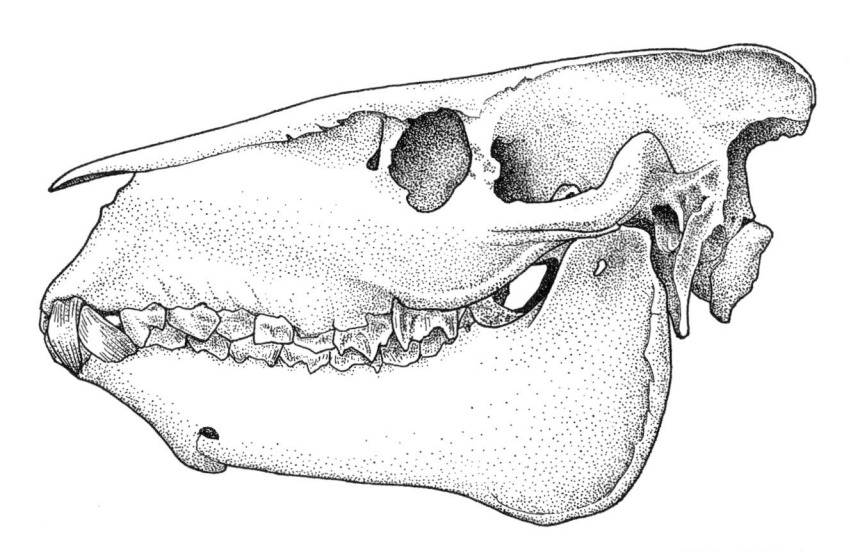

図 2-23　オレオドン類の代表，メゴレオドン *Megoreodon grandis* の頭骨．左側面．漸新世の北アメリカで発展した一群である．（描画：渡辺芳美）

don といったいくつかの系統が，北アメリカの動物相の代表格を占めていたようだ (図 2-23)．

(23) 究極の草食獣

偶蹄目の最後に，発展が比較的新しく，現時点でも最高潮にあると思われる一群を読み解くこととしたい．反芻亜目である．表 2-14 のように，現生群では，マメジカ科，シカ科，キリン科，プロングホーン科，ウシ科と並ぶ．ほかに漸新世から中新世にかけていくつか複雑な科が出現して，地質学的に短時間で絶滅している．逆にいえば，大成功を収めているようにみえるのは必然的に現生の各科にあたるかもしれない (Janis and Scott, 1988)．

別の書物で家畜ウシとその原種を扱ったとき，私は"究極の反芻獣"という見出しを使ってみた (遠藤，2001a)．ウシのみならず反芻亜目全体が，"究極の草食獣"にふさわしいグループだろうと考えられる．その理由は，おおざっぱに語れば，草を食べて肉食獣の攻撃を避けて子孫を残すという，草食獣の生涯を全うするための解剖学的構造が，最大限にまで合理化されているからである．次章で語る走行のための四肢，咀嚼のための歯列，第 4 章のテーマとなる反芻胃の開拓などが，ほかのいかなる系統よりも反芻亜目の有能さを引き出している．奇蹄目を筆頭に，長鼻目，猪豚亜目，核脚亜目，南アメリカ大陸の有蹄獣各目，兎目，齧歯目の一部など，生態学的ニッチェでいえば，第三紀後半に反芻亜目が競合しそうなグループは数え切れないほどあげられ，実際，そのすべてが自然分布として反芻亜目と顔を合わせている．定量的議論とはいえないかもしれないが，そのすべてに対して，反芻亜目は実質的な勝利者だろう．奇蹄目や長鼻目の長期低落傾向を演出したのも，イノシシ類やラクダ類，兎目や齧歯目を，草食性動物としてはそれ相応の限定的な位置に追い込んだのも反芻亜目である．"揺りかご"大陸に至っては，そこに乗り込んで，なかの赤ん坊をひとひねりに封じたようにすらみえる．それほど反芻亜目は適応的に能力の高い有蹄獣なのである．

反芻類の特色は，第一にその反芻胃である (遠藤，2001a)．くわしくは第 4 章でふれるが，科の間に多少の差はあるとはいえ，およそ 4 つの空間からなる微生物培養システムである．硬い植物繊維を細菌や原虫に与え，胃内で培養した微生物体自身を栄養源とする仕組みだ．安全なときに"食いだめ"

し，外敵が近寄ってくれば，逃げることができるシステムである．消化管の反芻機能の獲得と発展はおそらく漸新世のころと思われるが，各系統で並行的に生み出された可能性が高いものの，しょせんは軟部構造であるので古生物学的経緯は謎である．硬組織からは歯列の特殊化が指摘できる．ほとんどのグループが上顎の切歯・犬歯列を失い，下顎犬歯が切歯化している．下顎切歯列を受け止める上顎には，口腔粘膜が肥厚した歯床板が備わっている．臼歯列は多くの場合，すべて後臼歯の形態を備え，進歩した群ならば硬い植物に備えて高い歯冠を形成している．指は4本備えているといえるが，事実上第3指・第4指，第3趾・第4趾のみが機能している．さらに進歩した種では第3と第4の中手骨・中足骨の癒合が起こっている．各指ごとの機能を捨て，走行に特殊化しているといえよう．

(24) 反芻獣の歴史

　反芻亜目のもっとも原始的なものはマメジカ類（下目）だろう．ヨーロッパにゲロクス *Gelocus*，アジアにアルケオメリクス *Archaeomeryx* が始新世に登場している．北アメリカの漸新世にヒペルトラグルス *Hypertragulus* やレプトメリクス *Leptomeryx* が現れる．この間に四肢端の構造が簡略化し，指数の減少や，手根・足根骨の癒合が進んでいる．奇蹄目ウマ科がよく示す肢端簡略化の歴史は，偶蹄目ではマメジカ類によって達成されていく (Webb and Taylor, 1980)．マメジカ類は奇蹄類よりは少し遅れて放散を開始している．ただし，反芻亜目のほかの科の多様化は遅れ気味で，おおざっぱには中新世を多様化の時期と認識しておいてまちがいはない．

　シカ上科になると現生種から類推できるのは，消化機構，ロコモーション，神経系など，すべての面で，完全に完成された草食獣であるという点である．しかし，シカ類の系統のなかで，これらの洗練がいつ完成されたのかはまったくわからない．最古のシカ上科は漸新世のエウメリクス *Eumeryx* で，小型で枝角はないが，マメジカ類から派生したと推定されている．上顎犬歯は失われ，四肢は一般に長く，走行のために使う四肢近位部筋群の付着する骨格がよく発達してくる．シカ科はその後，特異な枝角を進化させる．現生種のほとんどが雄に繁殖期のみ生えるもので，繁殖生態学的な雄の競合にともなって生じてきたものだろう．ヨーロッパの更新世のメガロセロス *Megalo-*

ceros はオオツノジカ類と称されるが，左右の角の幅が 2.5 m ほどにも達し，おそらく個体の適応度を下げるほどの進化を遂げたものと思われる．新生代後半を通じてシカ科は，アフリカではウシ科と競合したためか，あまり発展しなかったが，それ以外の地域では代表的反芻獣となっている．

キリン科はおそらくはシカ科から派生したとされる．歴史は浅く中新世からと思われるが，現生する 2 種のうちのひとつオカピ *Okapia johnstoni* は，初期のキリン科と多くの点であまり変わっていないとされてきた．キリン *Giraffa camelopardalis* は中手骨・中足骨が伸長し，頸椎が長く伸びることで，雄では頭部まで 5 m もの高さを確保している (Endo *et al.*, 1997b)．視界の広さと身体の大きさで，アフリカのサバンナでは適応度の高い種だと考えられる．実際，体高を活かして，林冠の餌資源を独占する．なお，頸椎が 7 つのまま数を変えずに長さを伸ばすことで頸全体を伸長させたということは，中学校でも教わる内容だが，同等に中手骨・中足骨の伸長が重視されるべきで，頸椎だけが長い動物として扱うのは片手落ちの議論だろう．また近年，頸椎と腕神経叢の解剖学的特徴から，第一胸椎が実際には 8 つめの頸椎である可能性も議論されている (Solounias, 1999)．なお，絶滅したが無視できない一群に，シバテリウム類がある．更新世まで生きつづけた広義のキリン類であり，かなり大型のものが進化していたらしい．

プロングホーン *Antilocapra americana* というのは，北アメリカを代表する反芻獣だ．おびただしい個体数で群れをつくり，角の鞘が更新されることで有名である．類縁関係は解明が遅れていたが，形態学者のみならず遺伝学者の関与もあって，ウシ上科内の独立科が妥当とされた (O'Gara and Matson, 1975 ; Baccus *et al.*, 1983 ; Groves and Grubb, 1987 ; Scott and Janis, 1987 ; Janis and Scott, 1988 ; Solounias, 1988)．プロングホーン科全体は，古生物学的には無視できない発展を遂げたグループといえよう．

ウシ科はあまりにも多岐にわたるので，全体像の理解にとどめたいが，まずはっきりいえることは，やはり最高に進歩した草食有蹄獣ということである．現生群では，反芻亜目 170 種ほどのうち，じつに 120 種を占める．偶蹄目全体でみても 3 分の 2 がウシ科といったところか．さまざまな亜科に分かれるが，その詳細は本書の扱う内容ではないだろう．

形態学的にはシカ科よりも一歩進展したものとされる．長い四肢とそれを

動かす走行の動力源の配置などは類似していよう．臼歯の形態がとりわけ進歩的で，高い歯冠を有する．これは，シカ科が柔らかい葉を食べる種が多く，あまり高度な高歯冠を備えないことと対照的である．さらに第2指・第5指，第2趾・第5趾は，退化傾向が強い．また，一見してわかる違いは角だ．シカ科の枝角（antler）が本質的には種内の繁殖競争に使われるのに対し，ウシ科の洞角（horn）は外敵に対する強力な武器として機能する．時代とともに体サイズが増せば，武器としての角は肉食獣に対して十分な殺傷力をもつものとなる．洞角や枝角の進化については，また第4章でも語る機会をつくろう．

最古のウシ科はおそらく漸新世にさかのぼるようだが，実際には中新世初期のエオトラグス *Eotragus* が有名である（Ginsburg and Heintz, 1968）．ウシ科は鮮新世以降のユーラシア大陸からアフリカへ入り，おもに旧世界での多様化が目立つ．アフリカで現在みられる並居るレイヨウたちは，みなこうしてアフリカへ進出し，多様化した動物たちである．一方，当然北アメリカ大陸にも進出したが，あまり種分化していない．両地域の発展の差をきれいに説明する話はない．逆にウシ科が繁栄した大陸では，シカ科の旗色が悪いといえる．たとえばアフリカ大陸の南部では，シカ科がまったく多様化できず，分布していない．

(25) クジラの祖先たる可能性

顆節類の一部と考えられてきたメソニクス科周辺のグループを，無肉歯目として独立させる考え方が提示されることがある．このグループで化石情報が豊富なのは，たとえばアンドリューサルクス *Andrewsarchus* だ（図2-24）．しかし，系統進化学上の要点は，同グループを顆節目とするか無肉歯目とするかという問題ではなく，メソニクス類が形態学的に鯨目の祖先として有力候補であるという議論だ（Colbert and Morales, 1991；O'Leary, 1998）．メソニクス類は暁新世から始新世にかけてのプリミティブな肉食性群で，海岸沿いで肉食・魚食などの生活をしていたとされる．もちろんこの類推にすぎない生態から，鯨目のような高度な水生適応が容易に生み出されるとは信じられない．ともあれ，クジラが陸獣から派生する以上，候補者としてはメソニクス類を外すわけにはいかないというのが古典的な立場だった

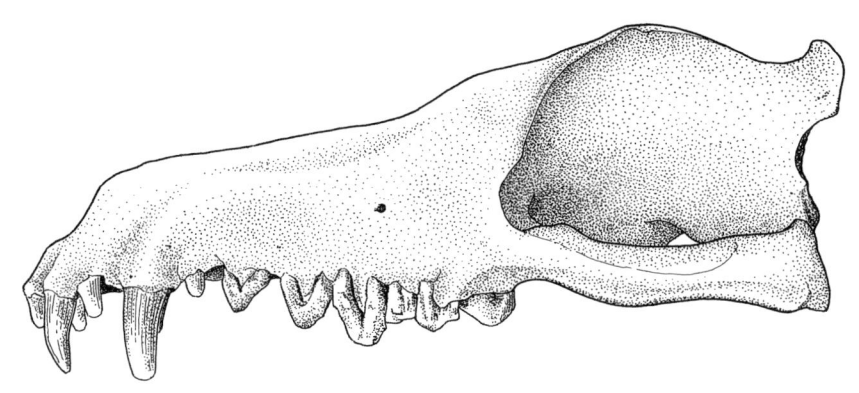

図 2-24　無肉歯目アンドリューサルクス *Andrewsarchus mongolensis* の頭蓋．吻尾方向に細長く，肉食性に適応した頭蓋である．初期の鯨類に酷似しているが，最近の研究で鯨類との類縁関係は否定されつつある．（描画：渡辺芳美）

のである．

　最近までメソニクス類の周辺のグループを祖先として，始新世に最古の鯨類が登場したことはまちがいないと考えられてきた．パキケタス *Pakicetus*，アンブロケタス *Ambulocetus*，ロドケタス *Rodhocetus*，レミングトノケタス *Remingtonocetus*，インドケタス *Indocetus* などの化石証拠が見出されている (Gingerich and Russel, 1981 ; Gingerich *et al.*, 1983, 1994 ; Maas and Thewissen, 1995 ; Williams, 1998 ; Thewissen and Hussain, 2000)．後述するが，初期の鯨類は立派な四肢を備えている．系統としては始新世に最初期のグループが出現した後，鮮新世以降になって現在の種につながる進歩した鯨類が進化したらしい．諸系統の情報は既存の報告をご覧いただこう (Barnes, 1984 ; Barnes *et al.*, 1985 ; Uhen, 1998 ; Fordyce and De Muizon, 2001 ; Nikaido *et al.*, 2001b)．

　鯨目の祖先がメソニクス類ならば，当然顆節目につながるものであり，現生群としては有蹄獣と鯨目との近縁性が証明されることが期待される．実際，分子遺伝学的検討から現生鯨目と有蹄類との近縁性が浮かび上がってきた (Milinkovitch *et al.*, 1993 ; Cao *et al.*, 1994b ; Gatesy, 1998)．後でふれるように，とりわけ注視されるのは偶蹄目との関係で，偶蹄目と鯨目の間の距離は，形態学的差異が著しいにもかかわらず，単一目の変異の範囲に収まる，あるいは両者は単系統群をなすという解析結果が，シークエンスや SINE

の挿入パターンのデータから見出されてきた（Graur and Higgins, 1994；Shimamura et al., 1997；Milinkovitch et al., 1998；Lum et al., 2000；Murphy et al., 2001a）．また，偶蹄目内の科レベルでみると，カバ科が鯨目にもっとも近縁であるとする成果が出されている．チトクローム b 遺伝子（Irwin and Árnason, 1994），カゼイン遺伝子（Gatesy et al., 1996），γフィブリノーゲン遺伝子（Gatesy, 1997）などの検討から，鯨目がカバ科の姉妹群であると推定されてきた．

偶蹄目との類縁関係については，鯨類の機能的特殊化が著しいため，形態学的データは見出しにくかったといえる．いくつかの比較解剖学的結果が有力な情報を与えてきたのみだが（Kamiya and Pirlot, 1974；Nakakuki, 1980, 1994；Zhou, 1982；Kida, 1990；Endo et al., 1999f），気管の気管支の分岐パターンは鯨目と偶蹄目で共有される派生形質だ．ほかに偶蹄類と鯨類の派生形質としては，現生種をみるかぎり口蓋に両側性に発達するケラチンのリッジがあげられるだろう．ともに食性に対する適応としても注目されるが，鯨類を分岐する前の初期偶蹄類がこの軟部構造を獲得していた可能性が強く示唆される．

(26) 新しいクジラ像

現生の鯨目が偶蹄目に包含され，カバ科の姉妹群となる可能性が指摘されたことに関しては，伝統的な古生物学のデータと整合しないという印象がもたれたことは事実で，現在でもさまざまな点で疑問が解けているわけではない．しかし最近，この疑問にヒントをもたらす初期鯨類の明瞭な姿が報告された（Gingerich et al., 2001）．パキスタンで発見された始新世中期とされる化石において，四肢のかなり正確な記載が可能となったのである．この研究で四肢を詳細に検討されたのは Artiocetus clavis および Rodhocetus balochistanensis と命名された 2 種の保存のよい化石である．両者は分類学的には明らかに初期の鯨類とするべきであるが，陸上で体重を支えることのできる四肢を備えている．両標本で精査を受けたのは，はじめて正確な情報がもたらされた肢端部である．とりわけ近位足根骨の情報が注目される．距骨は，関節面として，近位に脛骨と関節する滑車を，遠位に舟状骨（中心足根骨）に対する滑車をもつが，両者のなす角度が注視されている．両種の距骨にお

いては，原始的な偶蹄類（マメシカ下目）のそれとほぼ同じ角度で遠位と近位の二重滑車が構成されている．一方，これまで起原の候補として取り上げられてきたメソニクス類は，この点が明らかに異なっている．そのためメソニクス類と初期の鯨類の四肢が運動機能に大きな違いを有していたことが示唆されるが，そのことよりもこの特徴が原始的鯨類と原始的偶蹄類に共通する派生的な形質として認識されうることが重要である．つまり鯨類の起原として，メソニクス類にかわって初期の偶蹄類がクローズアップされてきたといえよう．

そのほかにもこの両種では，踵骨隆起が伸長し，腓骨と関節する凹面が大きく広がるなど，偶蹄類によく似た特徴を備えている．また，前肢端からは第3指がとくに太く発達することがわかるが，前肢における中軸がこの第3指に重なることが明らかとされてきた．この特徴は多くの偶蹄類とは異なっているけれども，最古の偶蹄類としてすでに紹介したディアコデクシスなどにはこの特徴が備わっている．また，発見された大腿骨には第三転子が存在し，これも最初期の偶蹄類に残された痕跡的形質と関係づけることができる．ディアコデクシスに代表されるもっとも原始的な偶蹄類の形質をみれば，これら2種の最初期の鯨類が重要な偶蹄類的形質を四肢にもっていることが，説得力をもって語られるわけである．さらに，この特徴に関しては，初期の鯨類と偶蹄目アントラコテリウム科との類似性が示唆される可能性がある．偶蹄目のなかでもカバ上科との関連を検討すべきこととなり（表2-14），現生カバ科との近縁性を指摘している遺伝学的結論とも一貫性が指摘されるようになってくる．

そしてほぼ同時に，始新世の鯨類，*Ichthyolestes pinfoldi* と *Pakicetus attocki* の形態形質に分岐分類学的検討を加えた結果，カバ科の姉妹群としては承認できないものの，メソニクス類よりは偶蹄類に近縁という報告がなされた（Thewissen *et al.*, 2001）．これは，偶蹄目のなかに鯨類を含め，目レベルのタクサ，ケタルティオダクティラ Cetartiodactyla（鯨偶蹄目）を設けることを支持する結論である．

これら2つの報告は，前者が分子遺伝学的データに合致するクジラの特質を求めたのに対し，後者は純粋な形態学的データの解釈であって，その方針は大きく異なるが，本書に記すべき最新の仕事として併記しておきたい．す

でにこれらの議論に対しては総説とよぶべき跡づけがなされているので,紹介しておこう (Gatesy and O'Leary, 2001).

いずれにせよ上記のことは,鯨目と偶蹄目が単一の目の範囲に収まるという遺伝学的解析結果 (Graur and Higgins, 1994 ; Milinkovitch et al., 1998 ; Murphy et al., 2001a) と一貫するもので,逆にいえば,メソニクス科と初期の鯨類の頭蓋や歯牙の形態学的類似性は,海浜環境での捕食性生態に対する収斂の産物ととらえなくてはならなくなる.メソニクス科を鯨類の祖先の候補から一気に外そうかという考えは,まだ慎重に論議しなくてはならないが,今後も西アジア地域で見出されるであろう化石群は,鯨類の祖先に関して画期的な議論の展開をもたらす可能性がある.

なお,現生の鯨目はハクジラ亜目とヒゲクジラ亜目に大別されてきたが,ハクジラ類とされてきたマッコウクジラ Physeter catodon が,シークエンスのデータからはほかのハクジラ類よりもヒゲクジラ類に近縁であることが示唆されている (Milinkovitch et al., 1993, 1994, 1996 ; Hasegawa et al., 1997).一方,新たにハクジラ類の単系統性を支持する結論が形態形質やSINE を用いた分子遺伝学的検討から投げかけられていて,この議論が落ち着くには多少の時間を要するだろう (Heyning, 1997 ; Nikaido et al., 2001b, 2001c).本項の最後に鯨目の構成を一覧に示しておこう(表 2-15).

表 2-15 鯨目の構成

鯨目 Cetacea	イッカク科 Monodontidae
ムカシクジラ亜目 Archaeoceti †	アクロデルフィス科 Acrodelphidae †
プロトケトゥス科 Protocetidae †	ネズミイルカ科 Phocoenidae
バシロサウルス科 Basilosauridae †	アルビレオ科 Albireonidae †
ハクジラ亜目 Odontoceti	マイルカ科 Delphinidae
スクアロドン科 Squalodontidae †	アカボウクジラ科 Ziphiidae
アゴロフィウス科 Agorophiidae †	マッコウクジラ科 Physeteridae
エウリノデルフィス科 Eurhinodelphidae †	ヒゲクジラ亜目 Mysticeti
ガンジスカワイルカ科 Platanistidae	エティオケトゥス科 Aetiocetidae †
ヨウスコウカワイルカ科 Lipotidae	ケトテリウム科 Cetotheriidae †
ラプラタカワイルカ科 Pontoporiidae	コククジラ科 Eschrichtiidae
アマゾンカワイルカ科 Iniidae	ナガスクジラ科 Balaenopteridae
ケントリオドン科 Kentriodontidae †	セミクジラ科 Balaenidae

科レベルの分類には異論も多い.現生種のおよそ半数はマイルカ科に帰属する.† は絶滅群.

(27) 顆節目のもうひとつの末裔

究極的に顆節目から派生したと考えられるシリーズとして，長鼻目がある．現生種はアジアゾウ *Elephas maximus* とアフリカゾウ *Loxodonta africana* の2種のみとされてきた．一方，アフリカゾウをサバンナタイプ *Loxodonta africana africana* と森林タイプ *Loxodonta africana cyclotis* に分け，両者が種レベルで分化しているとする考えもある．いずれにしてもこの現生集団についていえば，やはり長鼻目のもっとも新しいタイプを代表しているにすぎず，長鼻目の全体像は古生物学の範疇で語られるべき問題である（Osborn, 1936-1942；Tassy and Shoshani, 1988；Shoshani and Tassy, 1996）．

長鼻目をさかのぼれば，始新世のアントラコブネ *Anthracobune*，ヌミドテリウム *Numidotherium*，そしてモエリテリウム *Moeritherium* などが見出される．おそらく現在の北アフリカが彼らの放散の舞台だったと推測される．かつてはモエリテリウムが長鼻目の基幹的なものとされる時代もあったが，現在では特殊化した側枝の一群とされている．モエリテリウムから全身骨格の情報が豊富に得られるが，初期の長鼻目には体幹の背腹方向の高さが短いという特徴があり（図2-25），四肢も短いため，側面観はおそらく細長い動物だったと考えられる．頭骨は前後に長く，眼窩の位置がかなり吻側に寄っている．また，外鼻孔が頭蓋の前面に開口するため，上唇が前方へ伸長していたと推測される．

初期長鼻目のこれらの形質を水生適応と考える合理性はあり，次項でふれ

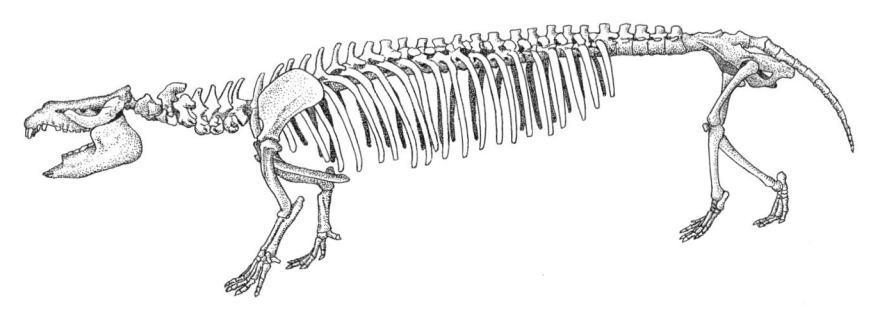

図2-25 モエリテリウム *Moeritherium* の全身骨格．初期の長鼻目の一例だ．細長い胴が特徴的．半水生適応を遂げていた可能性が指摘されている．（描画：渡辺芳美）

るが，最初期の長鼻目は半水生群だったというストーリーが成り立ちうるものである．伸長した上唇は，おおざっぱにいえば現在のゾウ類まで継続される軟部構造だろう．モエリテリウムなどの段階では，これを水中生活における気道，すなわちシュノーケル様機構と解釈する推測はあるが，説得力のある根拠をもつものではなかろう．伸長部はさほど大きくなかったと推測され，奇蹄目のバクのような復元画が描かれてきた．しかし，その後の大型の長鼻目が頭蓋の長さを減じていくことを考えると，むしろ上唇部の伸長は，初期の長鼻類から変化なしに引き継がれた形質かもしれない．つまり，上唇が長く進化したのではなく，逆に頭蓋が短く変化したという解釈が成り立ちうる．化石群の上唇を議論することは困難だが，頭蓋と上唇の相対的関係をどう考えるかは，今後も長鼻目の形態の理解を大きく左右しよう．

始新世末から漸新世にかけて，パレオマストドン *Palaeomastodon*，フィオミア *Phiomia* などを生み出しながら，デイノテリウム（ダイノテリウム）亜目とゾウ亜目に分岐する．デイノテリウム亜目は中新世から驚くべきことに更新世まで繁栄をつづけた．アジアやユーラシアで一定の繁栄を継続する亜目でありながら，多くの研究者が属としてはデイノテリウム *Deinotherium* しか認識しないという，単純な亜目でもある．最終的には肩高3m近くにまで大型化し，下顎切歯が湾曲しながら腹側後方へ伸長する特徴がみられる（図2-26）．デイノテリウムは一定の成功を収めながらも多くの長鼻目とともに，更新世に姿を消している．

一方のゾウ亜目は中新世以降，大発展を遂げたといってよい（三枝，1995 ; Shoshani and Tassy, 1996）．構成する各科の系統関係は煩雑でまだ議論の途上だ．漸新世にマムート科が分岐したことはまちがいなかろう．以降，中新世に基幹的な群としてゴンフォテリウム科が生じている．ゴンフォテリウム科から，ステゴドン科とゾウ科が分化したと考えられる．さまざまな議論はあったが，ステゴドン科とゾウ科は明らかな単系統群をなしている．

鮮新世以降，ゾウ科はマムート科，ステゴドン科との収斂を示したと考えられ，更新世に急速に進化して，大陸地域のほとんどに分布した．これらゾウ亜目で鮮新世以後も生きつづけたグループは，一般にサイズの大型化が著しく，上顎切歯が巨大化して武装となり，とくに進歩したグループでは臼歯列を水平交換するように特殊化している．またこの間に，ヌミドテリウムや

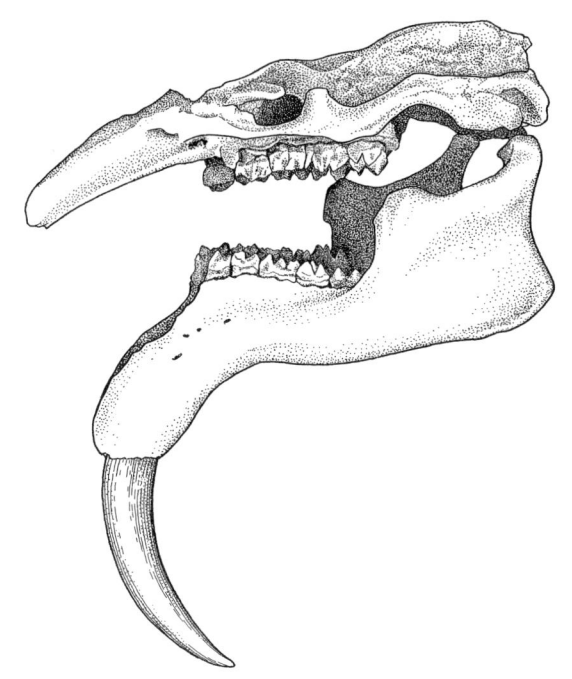

図 2-26 デイノテリウム *Deinotherium* の頭骨．下顎切歯が湾曲しながら腹側後方へ伸張する．(描画：渡辺芳美)

モエリテリウムの初期群と，マムート科，ステゴドン科，ゾウ科では咀嚼様式がまったくといってよいほど異なってきた．咀嚼筋も臼歯列も，時代とともにまったく異なる食物粉砕パターンを備えていたと考えられる．運動器のメカニズム論を主題とせずとも，系統議論を深化させるためにも，今後長鼻類の顎関節，咀嚼筋，臼歯の機能的議論は避けて通れないものとなろう（三枝，1991）．なお軟部構造としては，一連の進化の過程で上唇が伸長したと考えられ，最終的には把握機能をもつ長い吻部を形成するようになったと考えられる．現生種の吻鼻部の筋構築に関するデータはまだ豊富とはいえない(Endo *et al.*, 2001d)．

さらにステゴドン科・ゾウ科における系統関係は混迷を極めている．きわめて近いところでは，現生のアフリカゾウとアジアゾウの関係に加えて，ユーラシアや北アメリカには数万年から 8000 年くらい前まで，長い体毛をも

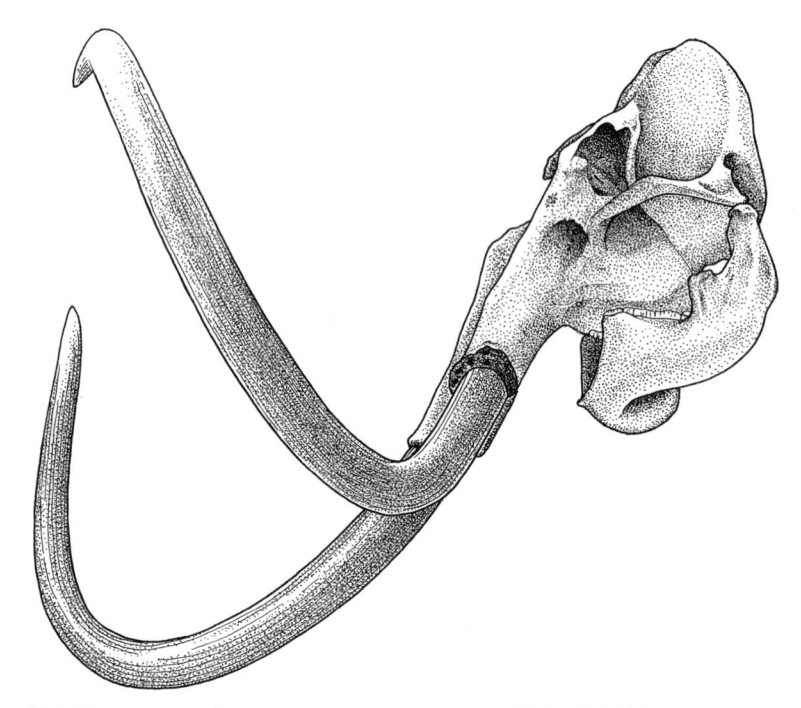

図 2-27 マンモスゾウ *Mammuthus primigenius* の頭骨を腹側前方からみた図.
巨大な切歯が目立つ.（描画：渡辺芳美）

つゾウ，いわゆるマムートゥス *Mammuthus* が生息していた．同属のマンモスゾウ（ケナガマンモス）*Mammuthus primigenius*（図 2-27）では，永久凍土の凍結遺体を材料にミトコンドリア DNA の塩基配列が読まれ，アジアゾウ・アフリカゾウとの類縁関係が検討されている (Yang *et al.*, 1996; Ozawa *et al.*, 1997; Noro *et al.*, 1998; Barriel *et al.*, 1999; Thomas *et al.*, 2000)．検討時の結果にはばらつきがあるが，実際にはアフリカゾウとの近縁性が支持される．また，マムート科のアメリカマストドン *Mammut americanum* も骨組織から遺伝学的データが得られている (Shoshani *et al.*, 1985; Yang *et al.*, 1996)．一方，複雑に分岐するステゴドン科まで見渡した新生代後半の系統関係に関する説は，まだおおいに揺れ動くだろう．

(28) テチテリアの構成

 長鼻目には，確実に近縁と思われる2つの目が付帯している．海牛目と束柱目である．少なくとも系統発生の後半は地上の獣として発展する長鼻目に対して，あとの2グループはかなり異なる適応的進化を示す．しかし，これら3目は多くの派生形質を共有し，3目の初期群は形態学的によく類似するグループと判断される．たとえば，切歯周囲に歯隙が広がっている．眼窩下孔が眼窩腹側へ移動し，椎体は頭尾方向へ圧縮されている，などのよく似た形質があげられる．現生種を残す海牛目と絶滅群の束柱目とでは知見の深度に差が大きいが，形態学的類似性を基盤に，テチテリア Tethytheria（テチス獣類）という，3目を包括する上位のクレイドが提唱されてきた（McKenna, 1975 ; Novacek, 1986 ; Domning *et al.*, 1986 ; Tassy and Shoshani, 1988）．テチテリアという名称は，テチス海周囲で初期の放散を開始したという内容を含意している．形質の評価によっては，パエヌングラータ Paenungulata という，岩狸目や重脚目を含めたクレイドが想定されることがあり（Simpson, 1945），ウラノテリア Uranotheria という巨大な目を設定して，長鼻類以下を下位群に収める考え方もある（McKenna and Bell, 2000）．古生物学と分子遺伝学からのこれらの目の近縁性に関するデータは豊富に提示されてきた（Novacek, 1992, 1993 ; Springer and Kirsch, 1993）．そこで，まずテチテリアとされるものたちの歴史を概観する．

 海牛目で現生するのは，ジュゴン科2種とマナティー科3種の5種だけである．もっとも前者には，200年前にベーリング海で狩猟圧により絶滅したステラーカイギュウ *Hydrodamalis gigas* を含めている．

 海牛目は一部の初期群を除けば完全な水生適応群で，鰭状の前肢と尾部を遊泳ロコモーションに用いる．化石記録は古く，始新世にさかのぼる（Kretzoi, 1953）．最近だが，水生適応は始まっているものの，陸上で体重を負荷できそうな仙腸関節を備えたペゾシレン *Pezosiren* が，ジャマイカの始新世の地層から確認されている（Domning, 2001a）．陸上を歩行できる初期海牛目の証拠が永く得られなかっただけに画期的な発見といえるだろう．一方，従来は始新世半ばのプロラストムス *Prorastomus* がよく知られてきた．始新世の初期長鼻目に似た前臼歯や頭蓋の特徴を残すことから，長鼻目から分

かれて海生適応が進んだグループと考えられる．プロラストムスにはすでに陸上歩行の跡はなく，十分な海生群として適応を遂げたものだろう．始新世からはプロトシレン *Protosiren* がみつかり，幸運にも全身の情報が得られている．頭蓋などには原始的な部分もあるが，やはり完全な水生二次適応を終えている (Domning *et al.*, 1982).

現生のジュゴン *Dugong* に連なると考えられているのが，北アメリカで確認されたエオテロイデス *Eotheroides* である．時代が下ると海牛目は大型化の傾向をみせ，1900万年前のデュシシレン *Dusisiren*，700万年前のヒドロダマリス *Hydrodamalis* と系統を進めながら，とくに冷たい海では体長10m近くにまで大きくなった．北太平洋沿岸が進化を進める重要な分布地だったとされる．ヒドロダマリスは先にふれたステラーカイギュウが事実上今日まで生きつづけたことになる．また，現生のもうひとつのグループであるマナティー類に連なる系統は，中新世のポタモシレン *Potamosiren* やリボドン *Ribodon* が見出される (Domning, 1982).

テチテリアの最後の一群，束柱目は，多くの点で謎に包まれている．長く海牛目の一群と類推されてきたが，1930年代以降，樺太・気屯からの保存のよい化石の発見などにより，全体像が把握されてきた．日本は束柱目化石の代表的な産地といってよく，きわめて状態のよい化石が多数見出されてきた．姿勢の復元をはじめとした業績は大きく，束柱目研究において重要な国といえる (Takai, 1944; Shikama, 1957, 1966; 井尻・亀井，1961; 犬塚，1980a, 1980b; Inuzuka, 1988).

束柱目の最古の例は漸新世のアショロア *Ashoroa* とベヘモトプス *Behemotops* にさかのぼり，初期の長鼻目と類似する形態学的形質が指摘される．アントラコブネとモエリテリウムとは，頭蓋全体の類似もあるが，鈍丘歯型の後臼歯がよく似ている (Tassy, 1981; Domning *et al.*, 1986; Inuzuka, 2000). また，顔面頭蓋が前後に伸長し，切歯と臼歯列の間に大きな歯隙がみられる．漸新世から鮮新世にかけての北太平洋沿岸にのみ，生息していたらしい．

アショロアはデスモスチルス *Desmostylus* を生み出す系統の起原に近く，一方，ベヘモトプスはパレオパラドキシア *Paleoparadoxia* と関連があろう．両者の系統的隔たりは大きく，収斂を考慮しながら比較解析が進められてき

た．両者とも円柱が束をなすような臼歯を備えている．ギリシア語に由来する言葉として desmo は帯，stylus は柱を意味し，臼歯がのり巻きのような異様な咬合面をもつことを示す．このタイプの典型的な臼歯は，束柱目でも初期のグループにはみられないが，象徴として目名に使われている．この臼歯は現生群に対応するものがみられないため，食性適応戦略の解明がむずかしい．束柱目の被捕食者として，海草，海藻，軟体動物，環形動物などが候補に上がり，結論がまとまっていない（Domning, 2001b）．デスモスチルスとパレオパラドキシアの間では，側頭筋を中心に咀嚼筋構築が大きく異なることはまちがいなく，顎運動の比較検討は今後も研究課題となろう（Werth, 2000）．化石中の放射性同位元素の分析が，食性の解明に貢献する可能性もある．

また，束柱目ではロコモーションの議論もさかんだ（澤村, 2001）．古くは鰭脚類を思わせる海獣として復元されたこともあった．その後，関節や筋群の機能形態学的検討により，姿勢や歩行について解析されている．現在，海中への遊泳が否定されたわけではないが，四肢を爬行させて，ゆっくりと歩行していた可能性が示されてきた（Inuzuka, 1984; 犬塚, 1984）．また，上述の復元では姿勢の維持に相当量の骨格筋が必要になるという観点から，丈夫で扁平な胸骨を接地させながら，のろのろと歩いたのではないかという議論がなされている（山崎・梅田, 1998）．

興味深いのは，テチテリアグループがみな半水生適応していただろうという推測である．祖先を顆節目に求めるとして，始新世から漸新世にかけての彼らは，すべて水生適応を示す群として放散を開始した可能性が高い．長鼻目だけはどうやら半水生から"二次的な完全陸生"への回帰を起こして，れっきとした陸獣の道を歩んだものと考えることができる．現生のアフリカゾウの胎子を使って，腎臓，精巣，肺の発生を観察し，水生適応群との発生学的類似を抽出しようという試みもある（Gaeth *et al.*, 1999）．もっとも半水生適応にも特殊化の程度は実際にはいろいろあり，ロコモーション様式を先鋭化して区別する表現はあえて重要ではないかもしれない．

(29) 謎めいたグループたち

さて，テチテリアほどではないが，長鼻目との類縁が指摘されることのあ

る2グループにふれておこう．岩狸目と重脚目である．

　岩狸目は，3属8種のみがアフリカから中東にかけて現生する（図2-28）．いわゆるハイラックス類とよばれる一群である．確かに大きな切歯を備え，外貌を単純にみれば齧歯目を思わせるところはあるが，両者間に直接の類縁関係はない．後臼歯咬合面の形態がサイに類似し，肢端には扁平な爪が備わる．上顎切歯は無根で，ノミのような形状をみせる（図2-29）．

　岩狸目は系統的には謎が多い．北アフリカから出る最古の化石は始新世のもので，以後アフリカとその周辺で華やかな多様化を遂げたと考えられる．漸新世のメガロハイラックス *Megalohyrax* は体重100 kgを超えるかという大型獣だった．新生代初期の有蹄獣に由来すると考えられ，顆節目や長鼻目との類縁関係が示されてきたが（Sudre, 1979 ; Colbert and Morales, 1991），いずれにしても独自に生きつづけてきたグループとされる．

　最後にあまりにも謎の深い目をあげて本項を終わりたい．重脚目である．事実上，エジプトからのアルシノイテリウム *Arsinoitherium* の状態のよい化石が知られるのみである．漸新世のものだ．サイズは大型のサイ類に相当し，鈍重な骨格が特徴的である．頭骨には大きな1対の角を備えている．起原も派生の実例もわからず，孤立した謎の目として扱われている．顆節目と

図 **2-28**　ミナミキノボリハイラックス *Dendrohyrax arboreus* の剝製．（スミソニアン研究所収蔵標本）

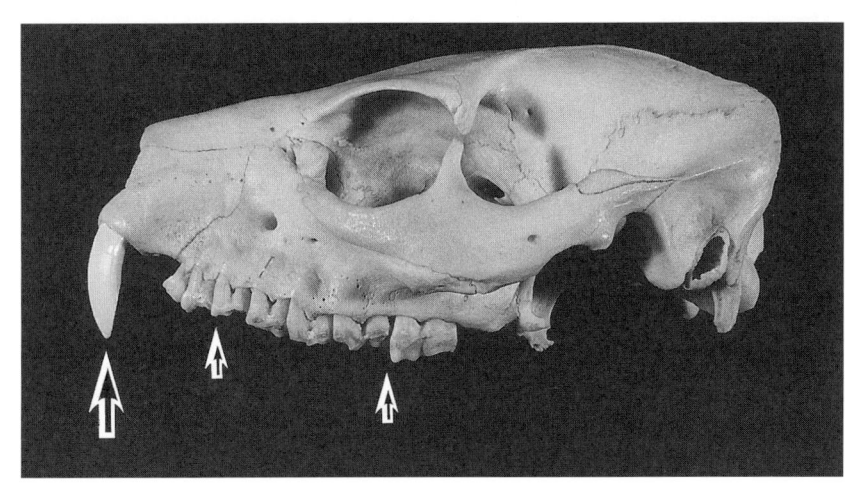

図 2-29 ケープハイラックス *Procavia capensis* の頭蓋．巨大な切歯（大矢印）と，離れた臼歯列（小矢印）がみえ，齧歯目との収斂が指摘されることがある．臼歯咬合面は奇蹄目・サイ科との類似も示唆される．（国立科学博物館収蔵標本）

されるフェナコロフス *Phenacolophus* の下顎臼歯列がアルシノイテリウムと類似するとされ，注目を浴びている（McKenna and Manning, 1977）．長鼻目との関連が疑われることはあるが，説得力のある根拠はない．

(30) 分子遺伝学からの展開

さて，正獣類の歴史を語ってきたが，本書は最初に記したとおり，おおざっぱにいって伝統的な分類体系にしたがって各目をたどってみた．各目を提示しながら，その相互関係をそれぞれの場所で記してきたものである．

ここで，過去数年の主として分子遺伝学から提示されてきたいくつかの重要と思われる提唱を読み解いてみたい．それは，正獣類の目どうしの関係を分子遺伝学的に解析し，目のとりまとめをし直そうという挑戦的な試みだったといえる．最大の問題は，およそ20の現生目間が，どのような高次の群に集約できるかという点である．だが，同時にそれは正獣類の放散がほんとうはいつ始まり，現実の大陸移動とどうかみ合っていくかという，非常に重大な問題を議論することでもある．目間の類縁関係の遠近そのものよりも，正獣類の放散の時間と空間を直接推論していくという"大仕事"なのだ．

幸か不幸か，これから扱う比較的新しい主張が，それぞれの目そのものに対する私たちの認識の変更を根本から要求する局面は少ない．しかし，地球規模の正獣類の放散に対する，いくつもの新しい見方を提示してくれていることは確かだ．正獣類がいつ放散したか，どのような時代的順序で分岐したか，などについて本書が沿ってきた伝統的な説に，重要な示唆をもたらしているのだ．

表 2-16 に最近主張されている高次群の集約体系を示そう（Madsen *et al.*, 2001；Murphy *et al.*, 2001a）．萌芽的には 1990 年代後半からアフリカ産各目の伝統的な系統樹が批判されるかたちで，少しずつ論旨が確立されてきたものといえよう（Springer *et al.*, 1997；Stanhope *et al.*, 1998；Van Dijk *et al.*, 2001）．データは，いくつかのミトコンドリア DNA および核ゲノムの

表 2-16 分子遺伝学から主張される現生正獣類の高次群構成

①アフロテリア　Afrotheria
　　パエヌングラータ　Paenungulata
　　　　長鼻目
　　　　海牛目
　　　　岩狸目
　　アフロソリシダ目　Afrosoricida（クリソクロリス目＋無盲腸目テンレック科）
　　管歯目
　　マクロスケリデス目
②貧歯目
③ユーアルコントグリレス　Euarchontoglires
　　グリレス　Glires
　　　　齧歯目
　　　　兎目
　　ユーアルコンタ　Euarchonta（霊長目＋皮翼目＋登攀目）
④ローラシアテリア　Laurasiatheria
　　ケタルティオダクティラ　Cetartiodactyla（偶蹄目＋鯨目）
　　奇蹄目
　　食肉目
　　有鱗目
　　翼手目
　　ユーリポティフラ　Eulipotyphla（無盲腸目の大半）

一応，目ということばを各群に残したが，多くの人々は，階級に関する煩雑な議論は望まないだろう．だれにとってもおもしろいのは，分子遺伝学的データが，全正獣類を 4 群に結びつけるという事実と，その地質学的・古生物学的知見との整合性である．Murphy *et al.*（2001a）や Madsen *et al.*（2001）が参考になる．

シークエンスから解析した結果にもとづいている．簡潔に記せば，全現生目は4つの大きな目以上のクレイドにまとめられるとされる（Murphy et al., 2001a）．当然クレイドは単系統群で，目より高く綱より低いものと考えてよいが，いずれにせよ相対的な階級として理解して差し支えない．

　第一のクレイドはアフロテリア Afrotheria（アフリカ獣類）とされる．ここには，長鼻目，海牛目，岩狸目，アフロソリシダ目，管歯目，マクロスケリデス目を帰属させている．アフロソリシダ目は，クリソクロリス目（図2-30）とテンレック類からなる一群で，古くからの概念ならアフリカ・マダガスカル産食虫目と考えればよい．

　このクレイドは伝統的な理解からは悩ましい問題を含んでいるが，分子遺伝学から推算されるに，おそらく1億年ほど前にほかの正獣類から分岐し，当時陸域として隔離されつつあったアフリカ大陸に祖先群が封じられたと考えられている．テチテリアあるいはパエヌングラータとして，長鼻目と海牛目，それに岩狸目までは関連性を認める形態学者は少なくなかろう．しかし，それ以上の議論は，アフリカという隔離大陸内での他大陸との収斂を大規模

図 2-30　ムクゲキンモグラ Chrysospalax villosus の剥製．クリソクロリス目の希少種．アフロソリシダ類に包含される．（スミソニアン研究所収蔵標本）

に想定しなくては理解・認識のできない概念である．その内容が古生物学と解剖学の多くの蓄積に矛盾を生じることは事実である．しかし，アフリカ大陸の隔離性という正獣類の放散パターンを強い根拠をもって指摘した点で，このクレイドが提唱された影響は大きい．

第二のクレイドは貧歯目と同値である．貧歯目については分子遺伝学的にも孤立性が明確となってきている．すでにふれたように，最古の貧歯目が始新世の北アメリカ大陸域から確認されることは確かで，その点でこの第二のクレイドが1億年ほど前に分岐して南半球の大陸に分布したという点は解釈に工夫を要する．ともあれこの2つのクレイドは，ジュラ紀後期から南半球に成立したゴンドワナ陸塊に祖先群が生じ，1億3000万年前ごろのアフリカ大陸と南アメリカ大陸の分離にともなって両大陸に隔離され分化したと，合理的に説明される可能性を含んでいる（Carroll, 1988）．その後，アフロテリアとほかのクレイドの分岐を1億300万年前とする推算が報告され，4つの大きなクレイドの分岐のようすがより確かなデータを使って推論されつつある（Murphy *et al*., 2001b）．

第三のクレイドはユーアルコントグリレス Euarchontoglires とされるが，齧歯目，兎目，ユーアルコンタ Euarchonta グループ（霊長目，皮翼目，登攀目）を包含している．後者3目についてはアルコンタ Archonta として目以上の集約が進められてきた経緯があり，それと齧歯目，兎目をつなぐクレイドの出現と考えればよい．伝統的な理論がこのようなクレイドを提案してこなかったことに示されるように，形態学・古生物学からはこれらの目を結合する積極的根拠を見出しにくいといえよう．

第四のクレイドはローラシアテリア Laurasiatheria（ローラシア獣類）とされるが，ケタルティオダクティラ，奇蹄目，食肉目，有鱗目，翼手目，ユーリポティフラ Eulipotyphla からなるとされる．ケタルティロダクティラとユーリポティフラの2目は本書の目構成とは異なっている．前者は先にふれたが，鯨目と偶蹄目が1目に融合できるほど近縁であるというデータ解析にもとづいている．初期のクジラと偶蹄目を結びつける古生物学上の重要な報告についても，すでにふれたとおりである．一方，後者のユーリポティフラは，本書の無盲腸目とだいたい一致する概念で，"旧・食虫目"のうち，現生群の大半を占めるものとして認識されるグループである．偶蹄目，奇蹄

目，食肉目の集約はある程度想定されるものの，やはり本群の提起される重要な本質は，ローラシア大陸内での放散という事象である．白亜紀にはおおざっぱにいえば，北アメリカ大陸とユーラシア大陸がひとつになったローラシア大陸が成立し，南半球の諸大陸とは隔離が進んでいたと考えることができる．そこに起原群が侵入して，ユーアルコントグリレスとローラシアテリアの放散を成立させたとする考え方が表明されている．つまり，クレイド間の結合の内容よりもむしろ重要なのは，ゴンドワナ・ローラシア両大陸の成立と各大陸への祖先群の隔離が，有胎盤類の遺伝学的データと整合する可能性が示されたということである（Madsen et al., 2001）．なお，第三，第四のクレイドは，第一，第二との関係に比べれば比較的近縁性が示されるが，そのため両クレイドを合わせてボレオユーテリア Boreoeutheria という高次分類群で一括されることもある．

本項で取り上げた 2001 年発表の 2 つの画期的な分子系統学的報告とほぼ同時に，過去 30 年のデータを顧みて，遺伝子と形態の両手法でつくられた哺乳類のマクロ系統樹を総合的に比較解析する仕事が提示された．その内容は上記の新しい考え方に同意しない点を含み，注目を集めている（Liu et al., 2001）．

(31) 放散はいつのことか

衝撃をもって迎えられた上記の分子遺伝学の業績であるが，目を集約することそのものと同じくらい，正獣類の放散の時期を推測するうえで大きな意義を示している．伝統的な議論は，すでにふれてきたように正獣類の初期放散時期を，中生代末から新生代初期と考えてきた．それは古生物学的に積み重ねられたデータにもとづくものである．横文字で記せば K-T boundary radiation theory といってよいだろう．

しかし，前項で示した比較的新しい分子遺伝学的理論を認める年代推定では，正獣類のクレイドの最初の分岐時期として，6400 万年前から 1 億 400 万年前という数字がつねに提示されている（Eizirik et al., 2001；Murphy et al., 2001a）．南アメリカ大陸とアフリカ大陸が分離するのが地質学的におよそ 1 億年前とされるので，この段階でアフロテリアの祖先がアフリカに落ち着いたというストーリーとなる．

第三,第四のクレイドは,地理学的ルートはともかく,その後北半球で放散することになったのだろう.分子遺伝学的には,正獣類のつぎなる大きな分岐は7000万年前と考えられている.この段階で貧歯目と残りのボレオユーテリアが分岐,後者はおそらく南アメリカ大陸から他大陸に分布を広げ,適応放散したという主張がなされる.こうなると伝統的な古生物学的成果とは矛盾して,中生代の終末以前に正獣類の祖先がおおざっぱに分岐を終えて,大陸ごとに配置され始めていなくてはならない.横文字で early-branching theory とよばれる本論は,いくつかの合致するデータの蓄積が進み,少しずつ説得力を備えてきた.近年明らかにされてきたおよそ1億2000万年前の正獣類の放散を示す化石証拠は,今後 early-branching theory に直接的に同意あるいは対立する内容を含んでいる(Kielan-Jaworowska and Dashzeveg, 1989 ; Averianov and Skutschas, 2000, 2001 ; Ji *et al.*, 2002)."白亜紀の正獣類"の放散はしばらくの間,教科書レベルの書き換えが頻繁に生じるだろう.

2.4 有袋類の大陸

(1) 初期の有袋類

正獣類の放散が,本章の紙面の多くを占めることに読者はお気づきだろう.かつての哺乳類の進化史の書物は,このテーマだけに終始したほど豊富な内容のあるテーマなのだ.だが,ここで正獣類の扱いを一度切り上げ,現生するもうひとつの大きなグループ,後獣類,すなわち有袋類の歴史を扱っておきたい(表2-17).正獣類において,すでに南アメリカ大陸が隔離された"揺りかご"であることを論じてきた.一方の有袋類の歴史は,まさしく"揺りかご"と一体化したものである.有袋類の"揺りかご"となったのは,おもに南アメリカ大陸とオーストラリア大陸,そしてその周辺の島々だ.

有袋類は真全獣類を祖先にしていると推察される.化石証拠から,白亜紀後期の北アメリカ大陸が初期の発展の場とされている.ディデルフィス目(オポッサム類)がプリミティブな系統である.もっとも古いもののひとつとして,北アメリカから白亜紀後期のアルファドン *Alphadon* が知られてい

表 2-17 有袋類（後獣類）の構成

後獣下綱　Metatheria	ミミナガバンディクート科　Thylacomyidae
ディデルフィス目　Didelphida	ノトリクテス形目　Notoryctemorphia
オポッサム科　Didelphidae	フクロモグラ科　Notoryctidae
ペディオミス科　Pediomyidae †	双前歯目　Diprotodontia
スタゴドン科　Stagodontidae †	クスクス上科　Phalangeroidea
ボルヒエナ形目　Borhyaenimorphia †	クスクス科　Phalangeridae
ボルヒエナ科　Borhyaenidae †	エクトポドン科　Ektopodontidae †
ティラコスミルス科　Thylacosmilidae †	ブーラミス科　Burramyidae
ケノレステス目　Paucituberculata	フクロモモンガ科　Petauridae
ケノレステス科　Caenolestidae	ティラコレオ科　Thylacoleonidae †
ポリドロプス科　Polydolopidae †	カンガルー科　Macropodidae
アルギロラグス科　Argyrolagidae †	フクロミツスイ科　Tarsipedidea
ミクロビオテリウム目　Microbiotheria	コアラ上科　Phascolarctoidea
ミクロビオテリウム科　Microbiotheriidae	コアラ科　Phascolarctidae
ダシウルス形目　Dasyuromorphia	ウォンバット上科　Vombatoidea
フクロネコ科　Dasyuridae	ウォンバット科　Vombatidae
フクロオオカミ科　Thylacinidae †	ディプロトドン科　Diprotodontidae †
フクロアリクイ科　Myrmecobiidae	パロルケステス科　Palorchestidae †
ペラメレス形目　Peramelemorphia	ウィニアルディア科　Wynyardiidae †
バンディクート科　Peramelidae	

科レベルの異論は多い．†は絶滅群を示す．

る．情報は臼歯と下顎体を中心に得られているが，驚くべきことにすでに現生のオポッサム属 *Didelphis* とほぼ同様の形態学的特徴を備えている（図 2-31；Clemens, 1979）．初期の有袋類が現在の北アメリカ大陸域で放散を開始したということはまちがいない．始新世にはオポッサム類が南アメリカ大陸に進出していたことは確かだ．ただし，白亜紀の北半球に放散した初期の後獣類を現生の系統と異なるとする考え方も提示されてきた．

　その後，北アメリカ大陸の有袋類は，中生代の末期から新生代の初期にかけて，南アメリカ大陸，ユーラシア大陸に進出（Clemens, 1979；Szalay, 1982），南極大陸を経由してオーストラリア大陸に到達したとされている（Woodburne and Zinsmeister, 1984）．しかし，大陸移動の時期と合わせて，その移動の実態は謎に包まれている．実際，有袋類のマイグレーションと大陸移動との関係は，大きな論争のテーマとなった（Keast, 1977；Marshall, 1980；Szalay, 1982；Woodburne, 1984；Woodburne and Zinsmeister, 1984）．ともあれ南極大陸やオーストラリア大陸で最初期の進化が起こりえ

図 2-31 シロミミオポッサム *Didelphis albiventris* の剥製．系統的に異論はあるが，形態は白亜紀の初期ディデルフィス類と類似している．(スミソニアン研究所収蔵標本)

る可能性はなく，北アメリカ・南アメリカ両大陸からオーストラリア大陸に至るマイグレーションが，なんらかのルートで必ず達成されるべきだということを念頭におかなくてはならない．

(2)"揺りかご"での歴史

アジアでの有袋類の歴史は限定的で (Benton, 1985)，ヨーロッパに関しても大きな歴史とはいえない．有袋類を各陸域で絶滅に追い込んだ要因は，正獣類の発展だろうと推測されてきた．すなわち，並行して適応放散を進めた正獣類との競合に，有袋類が負けたというストーリーが確立されている．しかし，南アメリカ大陸とオーストラリア大陸は，海洋に隔離されて正獣類をかなりの程度で遮断できた．南アメリカ大陸にはれっきとした正獣類相が成立するが，すでにふれたように第三紀を中心に，正獣類自体が"揺りかご"のなかで"非戦闘的な"ファウナを構成したことが明らかで，有袋類は南アメリカ大陸特有の正獣類と平和に共存することができたのである．一方，オーストラリア大陸とニューギニア周辺については隔離がほぼ完全で，わずかな悩ましいデータが異論を呈するものの，今日に至るまで一部の翼手類と

2.4 有袋類の大陸

齧歯類以外に正獣類の自然分布はなく，有袋類にとってはまさしく楽園だったと考えることができる．

南アメリカ大陸は一部の奇妙な正獣類とともに進化の"実験室"として機能し，有袋類にさまざまな適応・放散を生じている (Marshall, 1977, 1978, 1979, 1980, 1982a, 1982b, 1982c ; Szalay, 1982)．まずオポッサム類を祖先に肉食性有袋類が特殊化している．ボルヒエナ形目は暁新世から鮮新世にかけて多様化し，食肉目や肉歯目のような肉食性正獣類に対する明らかな収斂を示す．鮮新世のティラコスミルス *Thylacosmilus* は最大級のネコ科ほどのサイズを誇り，サーベル状の犬歯を備えていて，"揺りかご"大陸ではもっとも強力な捕食者だったことが推察される．

また，南アメリカ大陸の有袋類として，ケノレステス目とミクロビオテリウム目という謎の多いグループが，始新世，漸新世以降，小さな発展の足跡を残している (Marshall, 1982a, 1982b)．彼らは現在もわずか数種類が，チリ，ペルー，エクアドルなどに分布している (図2-32)．なお，ケノレステス目に含まれるとしておくが，ポリドロプス科のアンタークトドロプス *Antarctodolops* は南極大陸で発見された唯一の有袋類化石で，オーストラ

図2-32 エクアドルケノレステス *Caenolestes fuliginosus* の剥製．ケノレステス目の現生種である．(スミソニアン研究所収蔵標本)

リア大陸へのマイグレーションを示唆する重要な証拠である (Woodburne and Zinsmeister, 1984).

すでに本章で扱ったように,北アメリカ大陸との結合により進歩した正獣類の侵入を受け,南アメリカ大陸の有袋類の多くが滅んだ.現生するものはそれぞれが地味な生態や大きな繁殖率のような生存に有利な特質を備えていて,十分に正獣類との競合を生き抜けるものたちである.オポッサム類は生存競争においてきわめて頑強で,パナマ地峡をはるかに越えて北アメリカ大陸西海岸域を北上し,樹上性雑食獣のニッチェを正獣類から奪い取るまでに発展を遂げている.

(3) 完全なる隔離のなかで

一方のオーストラリア大陸と周辺の島嶼群は,いくつかの例外が示唆されるものの南アメリカ大陸以上に確実に隔離されたと考えてよく,有袋類の多彩な放散を示す (Rich, 1982; Szalay, 1994).ただし化石証拠は豊富とはいえず,比較的古い記録は,クイーンズランドの始新世初期の地層のものと (Godthelp et al., 1992),タスマニア島の漸新世後半のものである (Tedford et al., 1975).前者の動物相には正獣類顆節目に似た歯が見出され,その解釈はむずかしい.

ダシウルス形目,いわゆるフクロネコ類は,オーストラリア有袋類相の肉食性ニッチェを占めるものとして,南アメリカ大陸のオポッサム類と対比されるものである.おそらくはオポッサム類に起原を求めることはできようが,オリジンの詳細は不明な点が多い.また現生群は適応的には多様で,食肉目でいうイヌ科,ネコ科,クマ科,ジャコウネコ科などに相当する適応パターンを豊富に示してくれている.とりわけこのグループは,フクロオオカミ *Thylacinus cynocephalus* を含んでいる (図2-33).フクロオオカミは1930年代に飼育個体の死によりその最期が記録され,絶滅している.一方,同種は残された毛皮標本からミトコンドリアDNAが解析され,ダシウルス形目に帰属することが示されている (Thomas et al., 1989; Krajewski et al., 1992, 1997).フクロオオカミの進化学的位置づけは不明確で,ペラメレス形目,いわゆるバンディクート類との近縁性が提示されたことがあり,分子遺伝学のもたらした成果は大きい.一方のバンディクート類のほうは,現生

図 2-33　絶滅種フクロオオカミ *Thylacinus cynocephalus* の剝製．体側に暗色の縞が入るのが特徴的である．(国立科学博物館収蔵標本)

図 2-34　ヒガシシマバンディクート *Perameles gunnii* の剝製．(スミソニアン研究所収蔵標本)

群を残す小さなグループとして,オーストラリア大陸の哺乳類相を彩っている(図 2-34).

双前歯目は下顎切歯を1対しかもたないことで特筆され,基本的にはオーストラリア産有袋類として草食性の適応を進めたもので,同大陸域でもっとも多様化に成功した哺乳類の一群といえよう (Stirton *et al.*, 1967). まず漸新世から中新世にかけて,エクトポドン Ektopodon という絶滅群(科)が確認される. おそらくペラメレス形目から派生したといわれてきたが,くわしくはわかっていない. 代表するエクトポドン *Ektopodon* は,臼歯咬合面が近遠心に走るラインによって分断される特徴をみせている. エクトポドン科もしくはクスクス科が,双前歯目における原始的な形質を備えたものと考えてよかろう. 毛皮獣として飼育・繁殖されるフクロギツネ *Trichosurus vulpecula* は,クスクス科の代表例である(図 2-35). 和名や種小名の印象とは異なり,主として植物食に頼る双前歯類である. なお possum という英名は,系統関係を反映したものではないが,クスクス科,ブーラミス科,フク

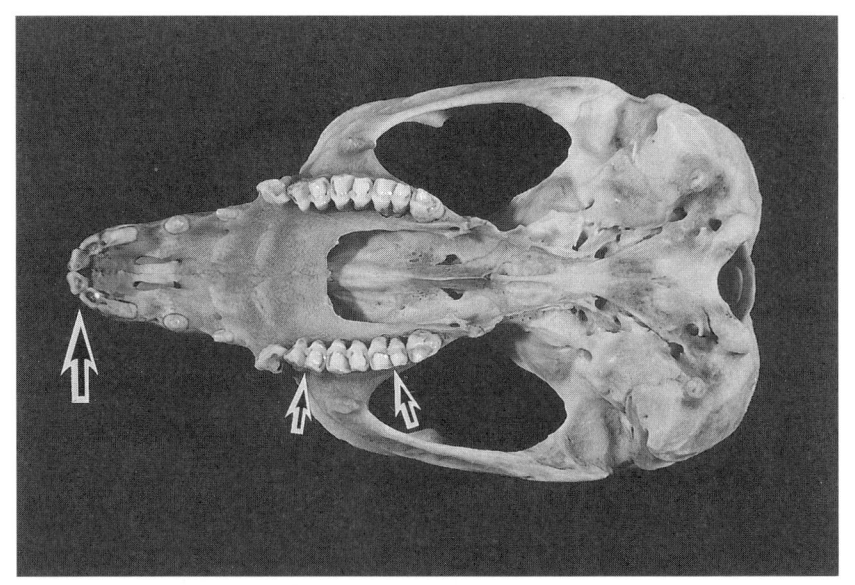

図 **2-35** フクロギツネ *Trichosurus vulpecula* の頭蓋腹側面. 特徴的な切歯(大矢印)と双波歯とされる臼歯列(小矢印)がみえる. 和名の印象と異なり,基本的に草食適応した歯列だ. (国立科学博物館収蔵標本)

ロモモンガ科，フクロミツスイ科といった双前歯目のうち，カンガルー類・コアラ類・ウォンバット類を除いた種をさすために使われている．

双前歯目のうち，現生群でいうと著しい多様性を遂げるカンガルー類は，化石証拠的には漸新世もしくは中新世から記録される．科レベルで分けるかどうかは異論があるが，とくにネズミカンガルー類が古い形質に富んでいるとされる．初期のものではステヌルス *Sthenurus* が知られている．クスクス類に似たところはあるものの，臼歯列などは特殊化が進んでいる．現生群のマクロプス *Macropus* のような進歩した系統はきわめて新しいもので，更新世以後に多様化したものと考えられている (Rich, 1982)．鮮新世のプロコプトドン *Procoptodon* は頭胴長3mに達したかという最大のカンガルー類で，おそらく大型反芻獣と同様のニッチェを獲得していたと考えてよいだろう (Stirton and Marcus, 1966)．現在，カンガルー科はおよそ60種程度を数える．マクロプスの大型種を想定することが多いかもしれないが，実際には形態も生態も変異に富んだ，多様なグループだと認識するべきである．

同じく双前歯類のコアラ類とウォンバット類は，おそらく直接の共通祖先をもつものと考えられ，両群とも化石証拠は中新世にさかのぼる．コアラ類はI3/1・C1/0・P1/1・M4/4の歯式を基本とし，犬歯が上顎に1本のみという特異な配列である．どうやら系統の多くは樹上性で，葉食に適応して

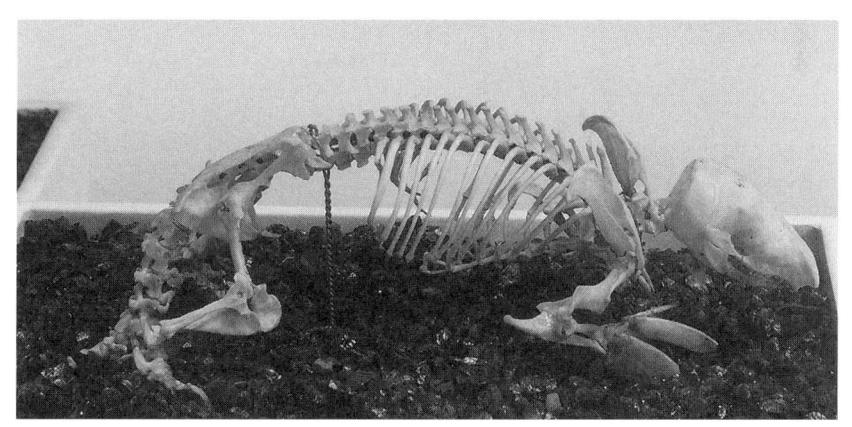

図 2-36　フクロモグラ *Notoryctes typhlops* の骨格．有袋類が掘削・穴居性に適応し，無盲腸目モグラ科やクリソクロリス目との収斂を示す例だ．（スミソニアン研究所収蔵標本）

いるようだ．ウォンバット類の歯式はI 1/1・C 0/0・P 1/1・M 4/4で，一見齧歯目のような適応様式を示唆する．ディプロトドン *Diprotodon* という大型ウォンバット類（上科）が更新世に出現している．現生のウォンバット類を大きくしたような鈍重なからだつきで，おそらく地球史上最大の有袋類のひとつである．

　本書ではフクロモグラ類を，系統的に離れた一群としてノトリクテス形目に帰属させている．地下生活に高度に特殊化したもので，まるで無盲腸目モグラ科の一員のようだ．現生するフクロモグラ *Notoryctes typhlops*（図2-36）のみが帰属し，化石記録はなく，現生個体の標本も非常に少ない．分布も不詳で，謎に満ちた種類といえよう．

（4）"もうひとつの地球"

　繰り返しになるが，新生代中期以降，オーストラリアの有袋類は，ほかの陸域の正獣類に対する収斂の好例を示してきたといえよう（Archer, 1982 ; Rich, 1982 ; Woodburne, 1984）．たとえばフクロネコ類の一部は，正獣類の食肉目に進化するスカベンジャーに該当している．ジャコウネコ科，イタチ科，アライグマ科，イヌ科などに多系統的に生まれてくる雑食的な食肉目と，多くのフクロネコ類は，きれいな並行進化の関係にあろう．特殊化したものではフクロオオカミはジャコウネコ類に酷似し，さらに，フクロアリクイ *Myrmecobius fasciatus* は，アリ食に特殊化したいくつかの系統の正獣類に類似する．フクロモグラは無盲腸目モグラ科のニッチェを獲得している．フクロギツネ類・クスクス類は，原始的霊長目や樹上性齧歯目を思わせる．また，滑空性のフクロモモンガ類は，皮翼目や滑空性リス科やウロコオリス科と酷似する生態を示す（図2-37）．また，バンディクート類は兎目や一部の食肉目のオーストラリア版といえるだろう．さらにカンガルー類は，あえていえば平地・草原を制覇した有蹄獣と同等の生態学的地位を占める．逆の見方をすると，有袋類が正獣類と比較して地球史のなかで欠いてきた適応戦略は，完全な飛翔適応と二次的水生（海生）適応くらいではなかろうか．正獣類で達成された多様な適応放散は，小規模ながら有袋類の歴史にも残されてきたのである．地理的相違や年代的差異があっても，異なる系統間の収斂によりニッチェは確実に埋められていくのである．

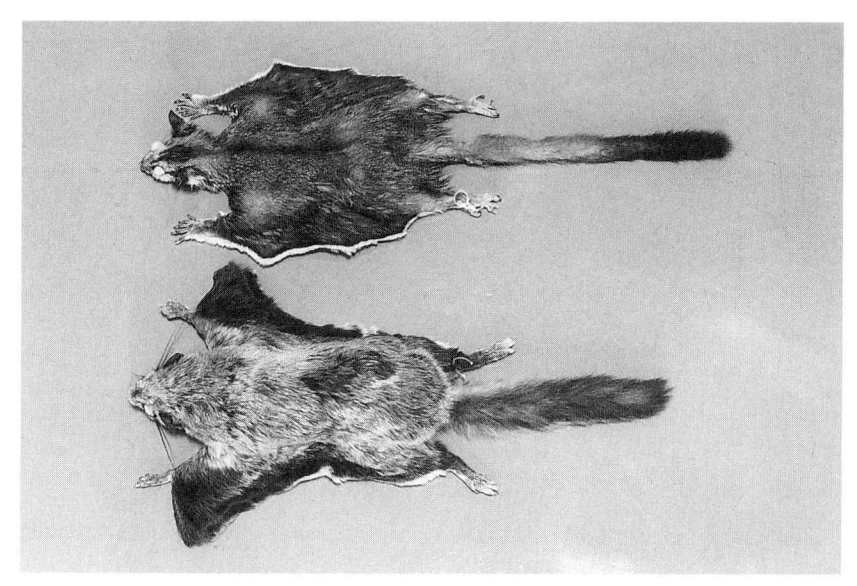

図 2-37 滑空性の収斂を剝製でみる．上は有袋類フクロモモンガ *Petaurus breviceps*．下は正獣類ホンドモモンガ *Pteromys momonga*．収斂は確かだが，飛膜支持のメカニズムは大きく異なる．（国立科学博物館収蔵標本）

　こうしてオーストラリア周辺の陸域は，哺乳類にとって，まさに"もうひとつの地球"ほどの可能性をもつ空間だった．その隔離はあまりにも厳重だったといえよう．正獣類でオーストラリア大陸に到達したものはわずかに2グループしかない．ひとつは海洋隔離を問題にしない翼手目で，漸新世後期より化石が見出されている．そしてもうひとつは齧歯目で，到達方法は不詳だが，鮮新世より化石証拠が得られている．

　なお，上記のような系統史を認識しつつ，遺伝学的成果などをふまえ，かつて単一目とされてきた有袋類を，多数の目に分割するのが妥当とされつつある (Kirsch, 1977; Szalay, 1982; Archer, 1976; Wilson and Reeder, 1993; Nowak, 1999; McKenna and Bell, 2000)．北アメリカに発する根源的有袋類としてディデルフィス類の位置づけが確立された．そして，南アメリカ大陸，南極大陸，オーストラリア大陸における有袋類の系統が明確に区別され，適応放散を遂げたオーストラリア産有袋類に対して，目レベルのサブグルーピングを認めるべきとの意見がまとまってきたためである．これま

で本書において有袋類の下位群に関して好んで「類」という日本語を使ってきたのは，この点での誤解を避けるためである．

（5）有袋類の形態形質

有袋類は胎盤が不完全で，未熟な新生子を母親が通常育児囊のなかで育てることが，その特質である．未熟新生子の分娩をみて，比較的劣った哺乳類という認識がなされてきたこともある．しかし，有袋類はそれ自体が十分に適応していると考えることが妥当で，むしろ正獣類との競争にさらされなければ，さまざまなニッチェを獲得することを重視するべきである．高基礎代謝率戦略のなかにあっては，有袋類はこの繁殖様式を採用したことで，子への投資を抑制できるという，ある意味で有利な生存基盤を備えているということができる．

有袋類の特徴は独特の繁殖様式にとどまらず，骨学的形質に関しても正獣類とは明確に区別できる．比較的小さめの脳函，高い矢状稜，内側へ曲がっ

図 2-38　オオカンガルー *Macropus giganteus* の前恥骨（矢印）．左側やや腹側よりみた．袋骨ともよぶ．これで育児囊への荷重を支えるとされている．F は左側の大腿骨．（国立科学博物館収蔵標本）

た下顎角などが，正獣類と識別されやすい特徴である．歯式は，I 5/4・C 1/1・P 3/3・M 4/4 がディデルフィス類で特定され，有袋類の基本的な歯式とされている．また，後臼歯の咬頭はトリボスフェニック型に包含されるが，正獣類の形態とは区別されることも多く，狭義では双波歯とよばれている（大泰司，1986，1998；Carroll, 1988）．硬口蓋が貧弱で小さな孔を多数もつことも大きな特徴だ．さらに，繁殖機能との関係で，前恥骨（袋骨）が発達することが多く，育児嚢を支持する骨学的構造となっている（図2-38）．

　本章では紙面を費やして，哺乳類の系統をグループに沿いながら確かめてきた．「哺乳類の進化」なる書物はこういう部分がすべてとなっていることもあろう．だが，最初に語ったように，「歴史性」にアプローチすることが，私の目標である．そのためには親戚関係の動物をまとめながら，節を立てていくだけでは片手落ちである．哺乳類が生きものである以上，その身体は，その「かたち」は，まぎれもなく生きている．生きているからには，存在する「かたち」そのものに意義があるのだ．次章以降しばらくの間，哺乳類がいかにその身体に意味づけを備えているかについて語ってみたい．すなわち，「歴史性」をつくりあげるもうひとつの鍵として，哺乳類が進化史上で手に入れた身体の機能について，適応的観点から掘り下げることとしよう．

第3章　運動機構の適応
——肢と口の進化

3.1　多彩なロコモーション

（1）生き様を支えるかたち

　前章でみたように，哺乳類はきわめてダイナミックな進化の足跡を残している．哺乳類の進化史を"ダイナミック"と表現するのは，諸群間の系統関係が多少複雑という程度のことが理由なのではない．哺乳類の生息環境への進化学的適応がきわめて幅広い可能性を示したという点をみすえて，ダイナミック——動的と表現しているのである．そして，そのダイナミックな進化が，哺乳類の哺乳類たる境界線を越えた段階から成功への途を歩みつづけてきたことは，すでに前2章でみてきたとおりである．

　本章と次章では，進化史が実際の各群各種に与えた生存のための優位性を解析してみたい．「哺乳類の生き様を支えている完成されたかたちの意味」が，これからしばらくの間の主題だ．ここでいう「生き様」とは普通の教科書では「生態」と表現される内容かもしれない．だが，遺体解剖から見出されるからだの意味づけから不必要な高貴さを排除したいという私の願いもあって，より世俗的にしばらくは「生き様」とよばせていただこう．

　生き様を支えるかたちの意味は，観察者の目線によっては，いかようにもとらえられる．たとえば，ある器官のかたちが生きるために少しも役立っていないのではないか，という疑いの目を哺乳類のかたちに対して向け始めると，おそらく旧来とはまったく異なる形態学の学問体系が芽生えることだろう．それくらいに形態の認識と理解は多彩な切り口をつくりうるものだ．しかし，ここでは問題を明確にするために，動物を扱う際に求められる昔から

の目線を改めて導入したい．すなわち「移動すること」「食べること」「殖えること」「暑さ寒さをしのぐこと」「考えること」といった哺乳類の基本的な属性を，形態学的適応と関連させて注目してみたい．このうち「殖えること」の基礎は哺乳類の哺乳類たる所以であるため，第1章で深入りしてある．

はたして，ここでは運動機構を取り上げてみたい．「移動すること」の全体と「食べること」の一部は，骨格と筋肉の運動から説明を果たすことができる．本章の対象はまさしくこれら骨格と筋肉で語られる，哺乳類にとってもっとも大切な「肢と口の進化」の全貌である．これを解き明かすべく，本書の筆は，骨や化石と対峙した解剖学・古生物学がおよそ300年間にわたり抱き続けた問題意識を，追い求めていきたい．"ダイナミック"な対象に向けられた，いわば正攻法のアプローチを楽しむページを連ねることとする．では，まず「移動すること」——ロコモーション機能から，哺乳類のかたちの意味に迫ってみよう．

（2）「把握肢端」

哺乳類の大半は，四肢を使って歩き，ものをつかむ．脊椎動物を見渡して，とりわけ哺乳類の生き様を多様化させる主役は，四肢の機能形態学的変異である．それをもっともおおざっぱに二分するなら，「把握のための四肢」と，「走行のための四肢」という大別が意義をもつ．両者の間では，四肢全体の"設計思想"が本質から異なっている．そしてその"設計思想"の明確な差異は，とくに肢端部に現れやすいといえる．そこで本書は，「把握のための四肢」を「把握肢端」とよび直し，一方の「走行のための四肢」を「走行肢端」と名づけることにしよう．最初に「把握のための四肢」——「把握肢端」についてくわしくみていくことにする．

図3-1はオランウータンの前肢端部である．前章でもふれたように，中生代の原始的有胎盤類，もしくはトガリネズミ類的な，地味な地上・地下性グループの四肢が，「把握肢端」の素材にされたと考えることができる．霊長類を取り上げたのは，このグループが実際にプリミティブな有胎盤類から派生してきたことが確実なうえ，把握運動において群を抜いて機能性が高い種を多数生み出してきているからである．その最たる特徴は，複雑に運動する手根・中手・指，足根・中足・趾の各骨格だ．これらの骨格群を三次元空間

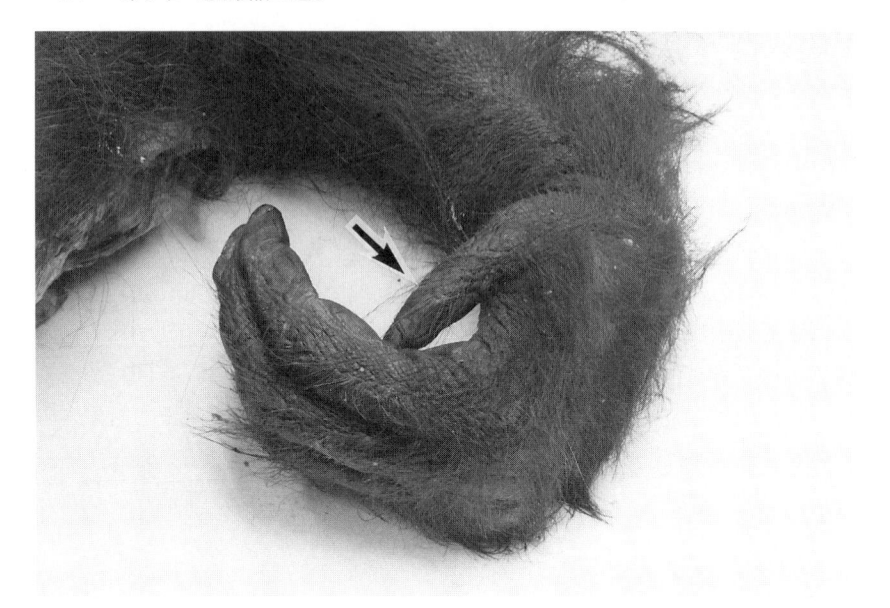

図3-1 オランウータン *Pongo pygmaeus* の解剖体．左前肢端．手背側観．たくさんの指が，発達した骨格筋と神経系により運動を制御され，把握機能を担う．矢印は第1指だが，母指が対向するヒトと比べると，把握の機能性は低い．

に大きく動き回らせることのできる関節構造の確立と，実際の動力となる骨格筋群の発達が，ものを把握する装置の実態である．「把握肢端」が異常ともいえるほど発達した例が，霊長類のなかでも私たちヒト *Homo sapiens* である（Toldt and Hochstetter, 1975；Kahle *et al.*, 1986）．説明のためにこの後しばらくヒトを取り上げたい．

　まず把握に関するもっとも単純な運動のひとつに，関節の屈曲・伸展があげられる．たとえば手根領域では，前腕の骨に対して，手根骨群とその先の中手骨群は関節面を境界に曲がったり伸びたりする（図3-2）．日常のことばでいえば，指が掌の側に折れたり，手の甲の側に反ったりすることが，屈曲・伸展である．一例をあげるなら，橈骨と橈側手根骨の間には屈曲に適した美しい曲面の関節がかたちづくられ，総指伸筋や浅指屈筋に代表される伸筋・屈筋群が動力源となって屈曲と伸展を実現する（Kahle *et al.*, 1986）．もちろん四肢の屈曲・伸展はなにも「把握肢端」の特権ではない．それ以外の行動・生態に適応した哺乳類でも屈曲・伸展は不可欠な運動として発達し

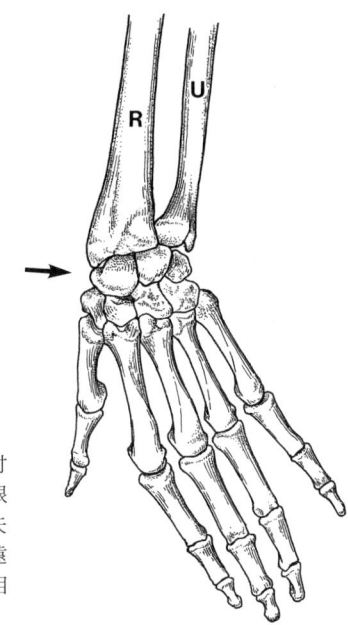

図 3-2 ヒト *Homo sapiens* の前腕と手根の関節付近．左側手背側観．屈曲運動ができるように，手根骨群には，滑らかな曲面の関節が備わっている（矢印）．前腕には橈骨（R）と尺骨（U）が並ぶ．図は遠位部を外転した状態．説明のために骨間の厳密な相互関係は実際と異なる．（描画：渡辺芳美）

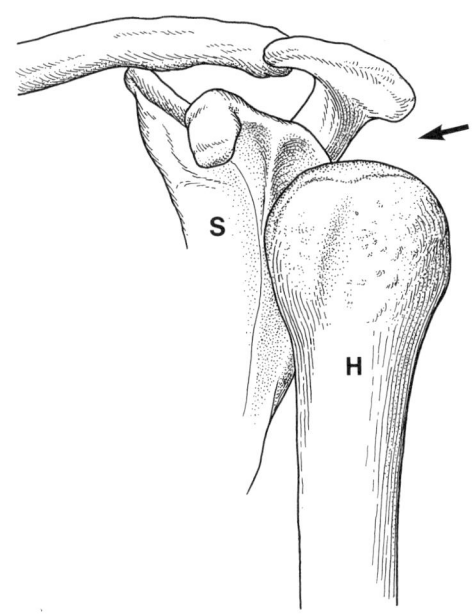

図 3-3 ヒト *Homo sapiens* の肩関節（矢印）．肩甲骨（S）と上腕骨（H）を示す．左側を腹側よりみる．上腕の大きな内転・外転が可能だ．説明のために骨間の厳密な相互関係は実際と異なる．（描画：渡辺芳美）

ている．だが，以下の内転・外転運動，内旋・外旋運動，回内・回外運動となれば，把握適応者たちが，とりわけ得意とする運動になる．

内転・外転機構をヒトの肩関節でみていこう（図3-3）．肩甲骨に関節する上腕を身体の正中線寄りに倒す運動が内転，逆に外へ広げる運動が外転である．この領域の内転はたとえば大胸筋が，外転は三角筋が司る．把握に適応した哺乳類では，この運動は不可欠な基本的動作である．たとえば樹の幹を前肢で左右から抱え込む運動は，肩関節の内転・外転機構によって達成される．接地する相手の形状が多彩な樹上では，この動作は普通の歩行のなかでも常時行われているといえよう．それに対し，ものをつかむことなく平らな地上を疾走する動物では，内転・外転は地表の凹凸に対応したり，走行方向を転換したりする際の補助的な運動に限られてくる．

回旋運動，すなわち内旋・外旋運動をヒトの股関節でみてみよう（図3-4）．寛骨臼にしっかり収まった大腿骨頭が大腿骨の縦軸を中心に回転する運動である．たとえば内旋には中殿筋が，外旋には大殿筋が機能するといわれている．やはり把握に適応した哺乳類では歩行に際して常時導入される運動だが，

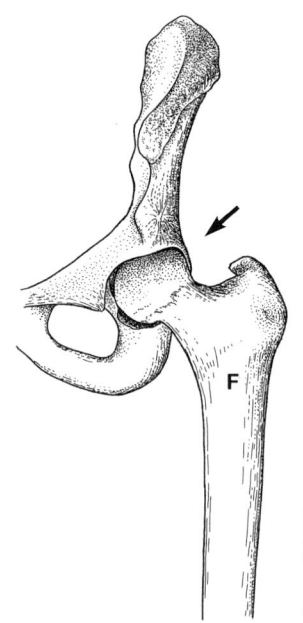

図 3-4 ヒト *Homo sapiens* の骨盤と大腿骨（F）．左側を腹側よりみる．臼状のくぼみに球状の大腿骨頭が収まる（矢印）．大きな回旋運動が可能だ．説明のために骨間の厳密な相互関係は実際と異なる．（描画：渡辺芳美）

平地をただ走行するためだけなら補完的な動作にすぎない．われわれヒトは腕をぐるぐる回す運動をする．これは肩関節の内転・外転，内旋・外旋，そのほか肩甲骨の上下運動などを加えた複合的運動である．このような運動が可能となるのは，肩関節がきわめて高い可動性を保証しているからにほかならない．多くの霊長類のように「把握肢端」を備えた群は，程度の差こそあれ，腕が幅広い運動をする可能性を肩関節に残している．さもなければ樹上の歩行も，掌での採餌もまったく困難となってしまうからだ．

　つぎに前腕を例に回内・回外運動をみてみる（図3-5，図3-6）．回内・回外運動は特異な運動である．前腕では，上橈尺関節と下橈尺関節で連結した前腕部が，上腕骨と尺骨の関節を軸に回転する運動で，とりたてて転換運動というよばれ方をする．本来なら肘関節で脱臼しそうな橈骨は橈骨輪状靱帯で保定され，上腕骨遠位の滑車領域を逸脱することなく回旋が可能だ．回内のおもな動力は方形回内筋で，回外のそれは名前のとおり回外筋である．現象としては，前腕を長軸を軸に回転している運動であることが理解できるだろう．ヒトが意識して肘だけを使わないかぎり，前腕の回内・回外には実際のところ肩関節の内旋・外旋運動が加わるため，結果的には掌は大きく内側や外側を向いてしまう．読者はこの運動の意義を日常生活で十分理解しているだろう．さよう，この運動は，掌の面——「把握肢端」の機能する面を，把握対象物に向かわせるためのもっとも本質的な動きなのである．

　じつは前腕で強い回外が可能なのは，二足歩行を実現したヒトにおける例外的な事例ともいえる．しかし，回内・回外がどのくらい可能かは，その群や種が，どの程度機能的な「把握肢端」を備えているかどうかのおおざっぱな目安になる．把握や樹上歩行に不可欠な回内・回外運動だが，地上を走るならほとんど不要である．ただし走行に適応した群ではあるが，一部の肉食獣が獲物を倒すときに爪の向きを獲物に向けるために使う動作では，回内・回外運動が重要となる．肉食獣における前腕の回内・回外運動については，後に「走行肢端」の項でつけ加えることにしよう．

（3）天空からみた「有爪獣」

　「把握のための肢端」——「把握肢端」．そのさす内容が哺乳類に生じたロコモーションの主要な戦略のひとつであることがおわかりいただけただろう

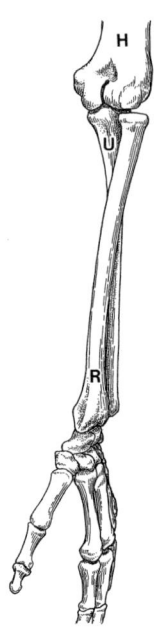

図 3-5　ヒト *Homo sapiens* の左側前腕部を腹側よりみる．橈骨 (R) と尺骨 (U) は交叉してみえる．肘関節から先の回内・回外 (転換運動) が可能だ．H は上腕骨．説明のために骨間の厳密な相互関係は実際と異なる．（描画：渡辺芳美）

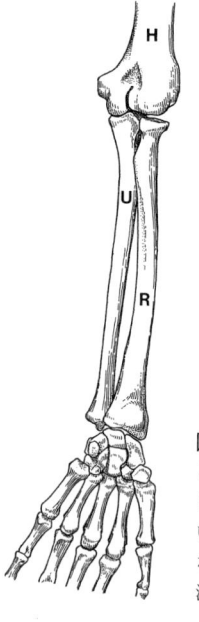

図 3-6　ヒト *Homo sapiens* の前腕骨．図 3-5 の状態から回外動作をとったところ．理想状態として，上腕骨 (H) を中心軸として橈骨 (R) が回転し，橈骨と尺骨 (U) が平行に並んでいるようすを示している．この状態で，手掌部は掌側面を腹側方向にみせていることになる．説明のために骨間の厳密な相互関係は実際と異なる．（描画：渡辺芳美）

か．具体例に霊長類をあげたが，もちろんこれは洗練度の差はあれ，異なる系統においても生じえた適応である．たとえば皮翼類や登攀類，一部の齧歯類は，「把握肢端」を"武器"に地味な暮らしぶりに徹している．

ところで伝統的分類体系では，原始的有胎盤類に直結する諸群に有爪区という区分けが与えられている．一方，私はこの有爪区ということばとは関係なしに，「把握肢端」の進化に関連して語ることのできる諸群を「有爪獣」とよぶことを心がけている．「有爪獣」ということばは学術用語として使われてきたものではなく，分類学的にまれに使われる有爪区とは異なる概念であることを確認しておこう．本書では「有爪獣」ということばを，「把握肢端」のもち主といういくぶんの曖昧さを残した意味で，あえて使っていきたい．

さて，読者はもう十分お気づきかもしれない．「把握のための四肢」――「把握肢端」はほとんどの場合，樹上性の生態を実現するための装置なのである．幹を抱え，枝をつかみ，木の上の餌を集める，といった動作はまさしく四肢を使った把握運動である．枝の上を移動し，樹から樹へ跳び移る行動の主要な部分は，ものを把握する運動とほぼ共通する運動なのである．「有爪獣」は，把握能力を備えながら樹上に適応した動物たちの総称ということになる．

ここで表現をがらっと変えよう．たとえば，地上の物体を大きさ 50 cm くらいまで識別できる人工衛星のカメラがあると想定しよう．天空からこれでとらえることのできる哺乳類の種類は，じつはきわめて限られる．野生動物ともいえないヒトはともかくとして，霊長類も無盲腸類も翼手類も齧歯類もあまり見出すことができないだろう．彼らは一般に身を隠して地味に暮らすことのために進化したグループだからだ．そしてその大半は，プリミティブな地上・地下性正獣類を祖先に「把握肢端」を進化させたものたち，すなわち樹上性適応を遂げたものたちであるといってよい．つまり天空からみて目立つほどの派手な生態をとることは，「把握肢端」を備える「有爪獣」の戦略ではない．派手な生き様をすることもできなければ，その必要もないのが，「把握肢端」の宿命である．

客観的表現ではないが，進化史を長らえて生き残るのは往々にして特殊化の程度の低い生物たちであることが多いと感じられる．「把握肢端」は，そ

の特殊化の程度の低い形態であり，あくまでも正獣類の基本的な機能形態の範疇にあるといえる．霊長類での高度な「把握肢端」は確かに進歩的・派生的な面もある．トガリネズミとオナガザルを比べれば，進歩したサルはかなり特殊化したものだと認識する人もいるだろう．だが，私の俯瞰では哺乳類に現れたほかのロコモーション適応に比べれば，「把握肢端」はプリミティブだ．そう考える決定的な根拠は，「把握肢端」が繊細な肢端の運動のために必要な構造を，肢端に維持しつづけているということである．機能の進化史においてプリミティブか特殊化かという問題は，機能のために装置を失ったかどうかということで判断されるべきである．「把握肢端」の代表例としてとらえられる典型的な霊長類は，一部を除けばプリミティブな有胎盤類の肢端構造を大きく失うことなくそのまま引き継ぎながら，把握機能を営んでいる．サルの把握機能が高度だからといって，その肢端が特殊化の極にあるとはとらえるべきではない．後でくわしくふれるが，その非特殊性を残した肢端のもち主に例外的な自然淘汰条件を加えることで，私たちを含むヒト科の爆発的進化史が始まることになる．

では先の人工衛星の眼が，つぎつぎと天空からとらえていく獣たちとは，いったいどのような哺乳類だろうか．じつは天空の眼がつぎつぎと見出していくのは，「把握肢端」とはまったく異なる宿命を背負う，もう一方の進化の帰結――「走行のための四肢」を備えた哺乳類たちなのである．土に潜ることなく，樹上に姿を隠すでもない．遮蔽物のない大地を堂々と疾駆する者たちこそが，天空の眼に認識されるグループなのだ．ここからは特化した肢端のもち主として，開けた土地を生きる哺乳類たちを読み解くことにしたい．

（4）開けた土地を生きる

中生代には恐竜類の一部が開けた土地を闊歩していたらしいが，およそ6500万年前に地質学的尺度からすればかなり短い期間で彼らが姿を消し，脊椎動物としては開けた土地のニッチェを地球に一度返上することになった．その開けた土地を哺乳類が取り返して暮らすようになったのは，哺乳類の歴史のなかではけっして極端に古い時代の話ではない．哺乳類の開けた土地への進出は，新生代に突入して以後，ある程度の時間を要したと考えられる．また地球史的には，どうやら新生代の初期に大型の鳥類が開けた土地に進出

した時代があったことを認める必要がありそうである（Carroll, 1988 ; Colbert and Morales, 1991）．新生代初期には以後の開けた土地の支配者がだれになるのか，見当もつかないような時代が1000万年くらいは継続したと考えてよいかもしれない．いずれにしてもそんな地質学的時代を過ぎて，先の人工衛星のカメラでとらえられるような哺乳類たちが，その時代その時代に，地球の開けた土地を征服するようになる．

　読者はまだ大きな意味合いを感じないかもしれないが，開けた土地はトガリネズミが生きる地下やサルが選んだ樹上と違って，空間としてはるかに厳しい直接的な生存闘争が繰り広げられる場である．遮蔽物が少ない土地では，せめぎあう動物どうしは，五感のすぐれたものが先に相手の存在を知り，攻めるか逃げるかを決めることができる．攻められても逃げられても，いずれは走ることに長けたものが勝つ．さらにいえば，逃げ場のない土地で生きつづけるものは，土地の上での殺し合いを制するものたちなのだ．つまり開けた土地に進出する哺乳類は，例外なく競争者と渡り合うだけの運動能力をからだに備えたものたちだ．その仕組みが闘争に用いる牙だったり，遠距離を見渡す眼だったりすることもある．さらに，単純に巨体のサイズを生きるための備えとする種もいるだろう．だが，開けた大地を生き抜くもっとも意義あるかたちは，「走行のための四肢」である．

　いいかえれば，先述の「有爪獣」たちは，けっしてすぐれたロコモーションシステムを競争に使うような連中ではないと考えることができよう．移動ということに限っていえば，その能力があまり高くないために，樹上に追い込まれたものが「有爪獣」である．さらには空にまで逃げざるをえなかったもの，地中にまで逃げおおせたものなどが，「有爪獣」の概念を周辺から補強している．

（5）「走行のための四肢」

　霊長類の場合と同じく，理解を早めるために一気にパーフェクトな走行肢端をおみせしよう（図3-7）．樹上適応を遂げた哺乳類のタイプを有爪獣とよんだのに対して，こちらを本書では「有蹄獣」とよぶ．その名のとおり蹄を備えた四肢である．系統で表現するなら，顆節類，奇蹄類，偶蹄類，食肉類，長鼻類などをさすこととなる．

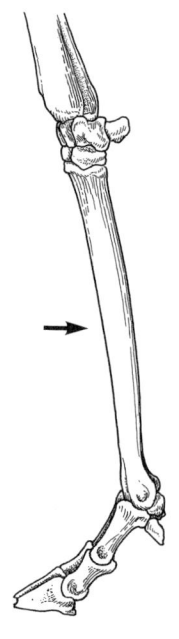

図 3-7 完全な走行肢端．オジロジカ Odocoileus virginianus の前肢端．左外側観．走行のために特殊化し，ものを把握することはできない．蹄行性の典型といえる．矢印は極端に伸長した中手骨．（描画：渡辺芳美）

　これら肢端の"設計思想"は，目的とする運動を地上走行に限定し，必要な構造をできるだけ単純化することである．「把握肢端」は，たくさんの骨格に，可動性を保証する関節面を備え，駆動力を生じる筋肉を結合させていた．それらが生み出す骨格の複雑な運動は，把握機能を全うするためにはどれも不可欠なものばかりである．しかし，運動を走行だけに絞ると，これらの構造を大幅に簡略化できることになり，つぎに速さを追求して走行機能を高度化できるようになるのである．
　哺乳類において走行に必要な基本運動は，体側の四肢が地面に垂直な面のなかで単純に回転すること，つまりは屈曲・伸展を繰り返すことである．実際には脊椎など体幹の運動がそれを補助するが，まずは四肢の回転こそが哺乳類の走行の基本である．内転・外転，回内・回外は申しわけ程度の運動性があればかまわない．そうしてしまえば，四肢骨はきわめて単純な関節面の組み合わせに落ち着く．近位は多少の複雑な運動性を残すかもしれないが，肢端へ向かうにつれて，関節面はまるで人工の滑車やローラーのように単調な曲面だけで構成されるようになる（図 3-8）．屈曲・伸展だけに限ってつく

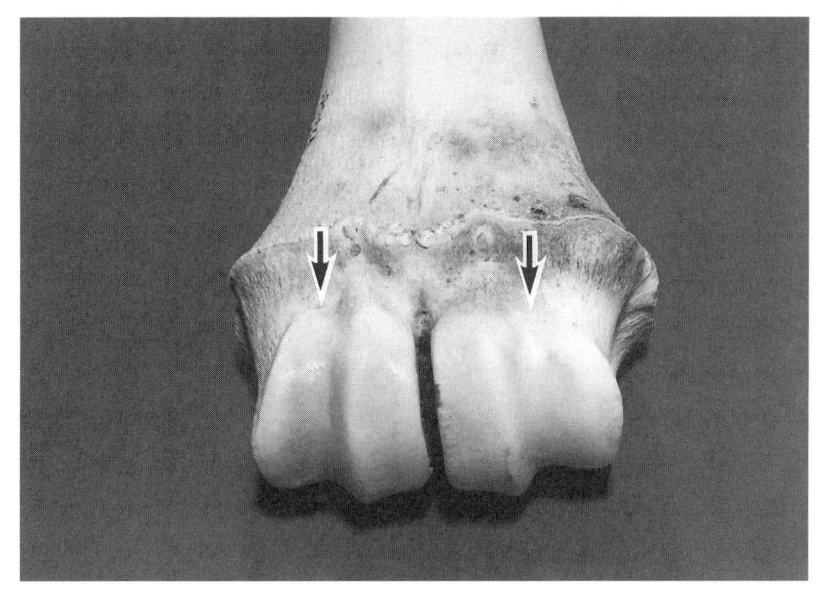

図 3-8　キリン *Giraffa camelopardalis* の第 3・4 中手骨遠位の関節面（矢印）．この先は 2 列の指骨が連なる．きれいな曲面で，屈曲以外の運動はほとんど不可能である．
（国立科学博物館収蔵標本）

られる肢端部は，回転の軸をたくさんもつ必要がない．

「走行肢端」は把握の機能を捨てることで完成していく．指骨・趾骨数の極端な削減を起こすのである．霊長類の巧妙な把握運動はそれぞれが独立して複雑な空間運動をこなす多数の指・趾によって実現しているが，物を握ることをあきらめれば，指・趾は自ら必要なくなる．奇蹄類ウマ科のさまざまな進化的傾向，そしてそれが"定向進化"なる誤謬を生み出したことまで，前章ですでにふれた（Edinger, 1948 ; Radinsky, 1976）．まさしくウマ科は指・趾の数の減少を，化石記録として私たちに示してくれている（Simpson, 1961 ; Radinsky, 1984 ; MacFadden, 1985, 1988）．できあがった新しいタイプのウマ類は，第 3 指・趾しか備えていない．現生有蹄獣のもうひとつの雄，すなわち偶蹄類の多くの科における指の減少は，ウマ科のような連続する証拠に乏しいが，ウマ科とは独立して起こった指・趾数減少への挑戦だったといえよう（Colbert and Morales, 1991）．

「把握肢端」は，指先まで把握機構の動力を張り巡らせる必要が生じる

(Lessertisseur and Saban, 1967a). 一方の「走行肢端」はこの点でも革命的だ．把握を捨て，指・趾数の減少を経たことで，動力源としての細かい筋肉群を肢端部に備えなくてもよいことになる．ウシの肢端をみればわかるように（図3-9，図3-10），その仕事は体重の負担と地面を蹴ることだけに集約されている．筋肉群の配置から解放された肢端部は，よけいなものを一切排除した地面への接触装置に特化している．もちろん「走行肢端」は，肢端だけを語って完結するものではない．四肢の近位に駆動装置たる骨格筋群が集中的に配置されていることに注目しよう（図3-11）．走行肢端の"設計思想"は，動力と接地を遠く隔てようとする．近位で生み出した力を腱で肢端へ導き，単純な屈曲・伸展運動だけを通じて地面を蹴る．

「有蹄獣」の走行運動では，「有爪獣」との大きな違いが手根・足根部にみられる．有蹄獣は手根・足根を地面から高く上げたまま走行する．屈曲・伸展が生む平面内の四肢の回転ならば，地面を蹴るために手根や足根を接地させる必要はない．接地に関与するのは，指・趾のもっとも遠位にある末節骨だけだ．いわゆる蹄行性とよばれてきた接地様式である．図3-12はキリンの第3・4中手骨である．長さ 700 mm を超えるサイズは驚異的だが，ここに蹄行性において確立される中手部の特徴をみることができる．典型的な「有爪獣」が手根・足根を必ず接地させるいわゆる蹠行性をみせるのに対して，地面を後ろに蹴るためだけの「走行肢端」の特殊化は，手根・足根の大きな上下動を省く．逆にいえば，手根・足根に複雑な運動性を残した「有爪獣」が，手根・足根の接地を省くことができずにいると表現することができる．

運動の単純化という観点から「走行肢端」を語ったが，実際の「走行肢端」は，キリンでみたように，往々にして肢端部の伸長，および近位部への筋肉の集約という進化的帰結をたどる．これは四肢を前後に振り子のように振る際の運動エネルギーを考えると，理にかなっていることがわかる．運動エネルギーは $1/2\,mv^2$ で書かれるが，この場合 m は四肢のセグメントの質量で，v はセグメントの速度である．同じように四肢を振り回しても，体幹からみた速度は，遠位部が近位部より大きい．走る獣が要する運動エネルギーは，質量をできるだけ近位部に集めることで節約できる．四肢の長さをある程度ほしい場合には，遠位部を軽いまま伸長し，質量は近位部に集めるほ

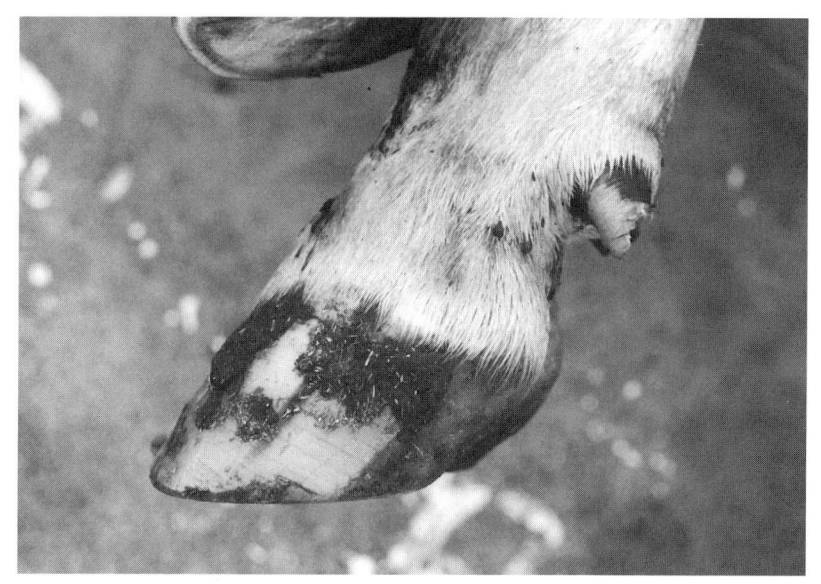

図 3-9 ウシ Bos taurus の前肢端部．左外側観．接地のために特殊化した末節骨が備わっている．

図 3-10 ウシ Bos taurus の前肢端部．接地面より観察．蹄は，末節骨部の外周を覆う，皮膚の派生物である．（遠藤，2001a より改変）

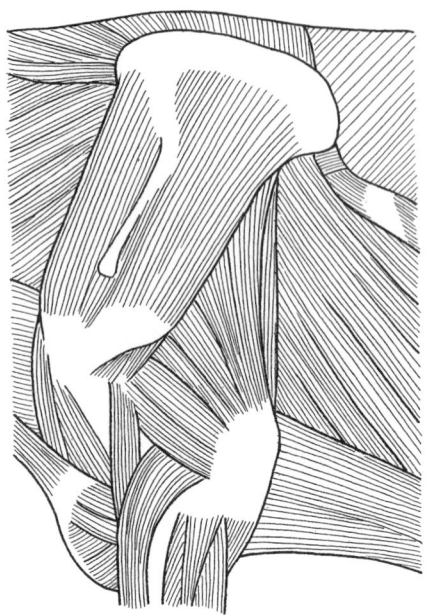

図 3-11 ウシ *Bos taurus* の前肢近位部．表層の筋肉を観察した．発達した骨格群が地面を蹴る力を生み出す．（遠藤，2001a より改変，描画：渡辺芳美）

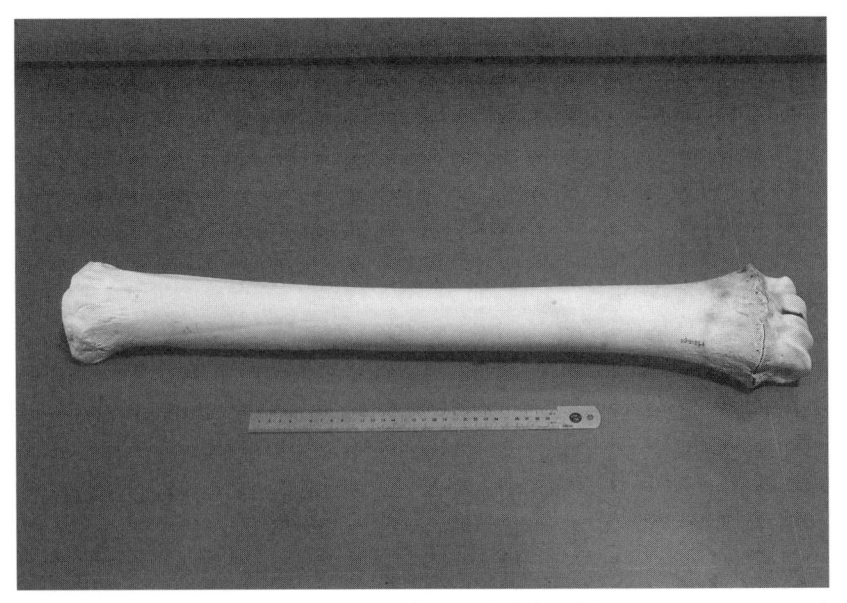

図 3-12 キリン *Giraffa camelopardalis* の第 3・4 中手骨．下は 300 mm のスケール．中手部が大きく伸長していることがわかる．（国立科学博物館収蔵標本）

うが有利となるのだ．四肢の動きが円運動で表現されるならば，これは慣性モーメントを極小に抑え込む適応といってもよい (Liem *et al.*, 2001)．

(6)「走行肢端」の"ゆらぎ"

「走行肢端」は走るためだけを目的とした，走ることだけを指標に淘汰を受けた，肢端構造の簡略化だ．ここまでは説明のためにあまりにも特殊化したウマ科やウシ科を例にあげてきたが，実際には簡略化には連続的で多様な"ゆらぎ"がみられる．

"ゆらぎ"の好例は肉食獣だろう．現生の食肉類だけでも説明には事欠かない．たとえば，もっとも「走行肢端」的特殊化を遂げているのはネコ科といえる．ハンターとして走ることで獲物を確保するネコ科は，食肉類のなかでは洗練された走行適応を示す．一方，ネコ科といえども捕食のための武装を備えなくてはならない．平たくいえば，逃げる側の偶蹄類は逃げるだけでよいが，追うネコ科には捕まえて殺す武器が必要なのだ．走行にかかわらない部分なら，たとえば犬歯と咀嚼筋の組み合わせは捕食に有効だ．だが，ほとんどの肉食獣に例外なくいえるように，肢端部にも相手にダメージを与える鉤爪をもたせる必要がある．

ネコ科は4-5本の指・趾を存続させている．末端には末節骨が連結し，体表では皮膚の派生物としての爪が備わる（図3-13）．爪を有効に運動させるためには，肢端の隅々まで筋肉を張らなくてはならない．霊長類のように指・趾の繊細な運動は必要なくても，肉食獣にとって運動性に富む指・趾は最低限の武装だ．ネコ科は指・趾の運動機能を走行性能より優先させなくてはならないのである．そのため指・趾の構造は複雑で，指骨・趾骨列が接地に関与するように"妥協"している（図3-13）．これが趾行性といわれる肢端の様態である．中手・中足は地面から高く上がっているが，指・趾の運動は走行に関しては蹄行性より明らかに不利といえる．またクマ科やアライグマ科では，ネコ科よりも走行機能を軽視して霊長類的な蹠行性にとどまっている場合がある．つけ加えれば，化石群の肉歯目は蹠行性を基本としていたとされている．いずれも走ることより，肢端の把握と攻撃機能を重く位置づけて進化を遂げた証拠である．これらの例から，先の「走行肢端」の合理的"設計思想"との間に，爪による武装という相容れない矛盾を抱えているこ

154　第3章　運動機構の適応

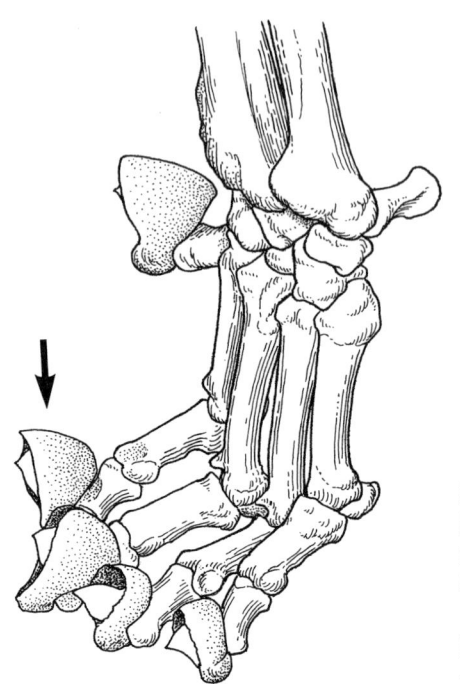

図 3-13 ライオン *Panthera leo* の左前肢端．特化した末節骨の形態に注目（矢印）．爪は末節骨にしっかりはまり，武器として機能する．これらの構造の運動を制御するために，肢端部の簡略化には限界がある．ほとんどの指骨が接地に関与する趾行性である．（描画：渡辺芳美）

とがみえてくるだろう．肉食獣は走るために肢端構造を簡素化したいにもかかわらず，殺すためにたくさんの指・趾を動かさなくてはならないのだ．

　ネコ科はこの矛盾を肢端の進化とはまったく別の方式で解決している．ネコ科がとった走行適応の補完策は，体幹の屈曲・伸展である．ネコ科は体幹筋・脊柱起立筋の動員で，脊椎を大きく屈曲・伸展させる．結果，ネコ科は肢端部の不利を，一歩様フェーズのスタンスの拡大で補ってしまうのだ（Hildebrand, 1959；Lessertisseur and Saban, 1967b；Frame, 1984）．ネコ科は，この脊柱による走行の補完がもっとも充実している群といえよう．イヌ科では脊柱運動の導入の程度ははるかに低い．ジャコウネコ科，アライグマ科，クマ科となれば，走行適応の程度がかなり低くなる．とりわけ樹上性の生態をとる種に関しては，把握に類似する運動が観察されるようになる．クマ科の前腕に多少でも回内・回外運動の仕組みが備わっていることは，肢端を好みの位置で使ったり，樹に登る動作をとる際には，とても有効だろう

(図 3-14). また，クマ科では樹上での歩行が可能な種が多くなり，手根・足根の接地が普通にみられる．アライグマ *Procyon lotor*，レッサーパンダ *Ailurus fulgens*，ハクビシン *Paguma larvata* などは，生態学的にはもはや樹上性の種とされるべきだ．

　脊柱運動による走行の補完は，脊柱起立筋の筋持久力が乏しいとされ，実際大きな欠陥を抱えてしまう．骨格筋線維の組織学的類型からは明確な結論はないが，体幹筋を動員する種で長距離走によるハンティングが可能なものはとても少ない．チーターが 80 km/h から 90 km/h に達するかという最高速度を 200 m 程度しか維持できないのはよく知られた話である．ネコ科では，ライオン *Panthera leo* もヒョウ *Panthera pardus* もヤマネコ類も，体幹筋を長時間使用して狩りを行うことはできない．体幹運動を用いたハンティングは，トップスピードの瞬間的な速さそのものと，短時間の加速力がもち味といってよいだろう (Frame, 1984 ; Nowak, 1999).

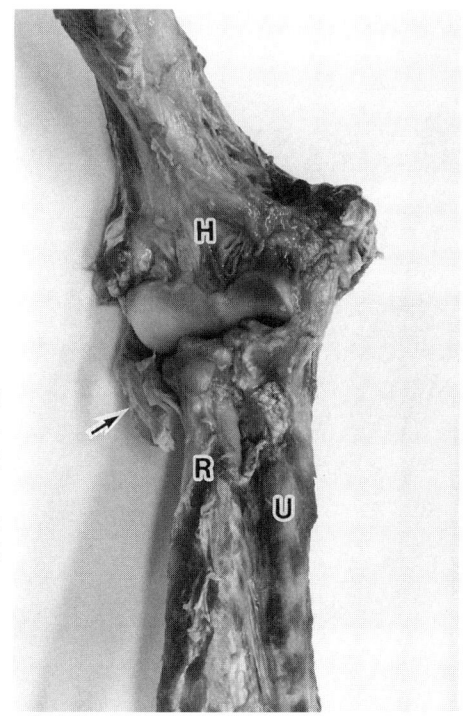

図 3-14　クマ科の一種，ジャイアントパンダ *Ailuropoda melanoleuca* の右側肘関節周辺．除肉をほぼ終えて，骨格標本につくる直前である．関節包を取り除き，橈骨輪状靱帯 (矢印) を切断したところ．橈骨 (R) の近位端は，輪状靱帯に保定されながら，回内・回外運動を起こす．区分としては走行肢端だろうが，前腕を比較的器用に使えることが推察される．左右は逆だが，ヒトの図 3-5, 図 3-6 と比較できる．H は上腕骨．U は尺骨．

"ゆらぎ"という意味では，むしろ「走行肢端」の適応性の低い科や種のほうが，生態学的な対処によりハンティングの可能性を有効に広げている．高いトップスピードの獲得をあきらめれば，体幹筋への依存の度合いは少なくてよいのだ．イタチ科のクズリ *Gulo gulo*（図3-15）は，獲物を長時間休まずに追走することで知られている（Stroganov, 1969）．15 km程度を休息なしに走り，1日50 km近く移動することが知られている．しかも降雪期には蹄が雪中に沈む蹄行性の獲物は走行性能を十分発揮できないことになり，クズリの趾行性に有利な状況が生まれる．走法のデータは乏しいものの，体幹筋の利用の程度が低いことは明らかで，持久力の高さを活かして捕食の可能性を広げている一例である．ハンティングの多様性ということで語れば，行動学的な側面が強くなるので，本章の議論はこの程度にとどめることとしたい．

図3-15 クズリ *Gulo gulo* の剝製．雄で体重25 kgに達し，イタチ科としては最大級の種だ．持久力に富む走行特性を示す．（国立科学博物館収蔵標本，Watson T. Yoshimoto 氏寄贈）

(7) ジャイアントパンダの"挑戦"

　肢端適応からすれば有蹄獣とするべきグループであっても，肉食獣を中心にその機能的特殊化の程度には差異がみられることがわかる．ここでは，現生食肉目からとりわけ異質な"試作品"を取り上げることとしよう．ジャイアントパンダ *Ailuropoda melanoleuca* とレッサーパンダである．両者の英名・和名は似るが，系統的に前者はクマ科，後者はアライグマ科に属する．すなわち，ともに「走行肢端」のもち主の範疇に含まれる．

　ところがこの両種は，いずれも前肢端を高度な把握装置として用いている．ジャイアントパンダを例に，その形態とメカニズムを考察してみよう（図3-16）．

　器用さは残していても，末節骨に爪がかぶったクマ科の指・趾は，単純な屈曲・伸展を主たる運動とし，対象物を掌に包み収めるような運動は不可能である．ジャイアントパンダの祖先はそういう肢端部を使って，おそらくは敏捷性に劣る鳥獣を爪で捕らえるような生態のもち主だったのだろう．ところが，時代は定かではないが，鮮新世の終わりか更新世に，東アジアの森に無尽蔵に育つタケ科植物を利用するべく適応した群が成立してくる．タケ科の採食には，把握機能の高い肢端部が有効である．相手は爪で殺すべき生餌ではなく，できることなら掌でしっかり把持したい竹筒や笹なのだ．しかし，ひとたび走行肢端を目指したクマ科では，その肢端部が把握装置としてすぐに設計変更されるものではない．

　ジャイアントパンダは劇的な方法で，その設計変更を成し遂げる．ジャイアントパンダは走行適応の始まっている指骨にほとんど改造を加えることなく，手根部にあった別のパーツを把握装置として採用するのである．そのパーツこそ，橈側種子骨である．元来が腱の内部に発生し，関節部で腱による筋力の伝達を円滑化する，いってみれば脇役の骨だ．ジャイアントパンダではこれを長さ30 mm以上に肥大化，指骨群の向かい側に隆起として突出させた．屈曲・伸展しかできない指骨でも，対側に"つっかえ棒"が存在すればみごとに物を把握できる．竹筒のような丸い相手でも，手掌部に固定することが可能だ．

　種子骨とは，骨格要素としては本来研究対象としてなかなか取り上げられ

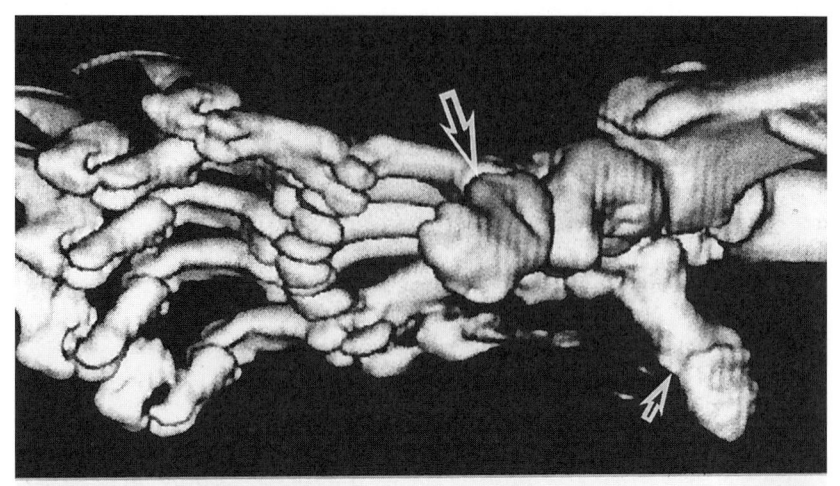

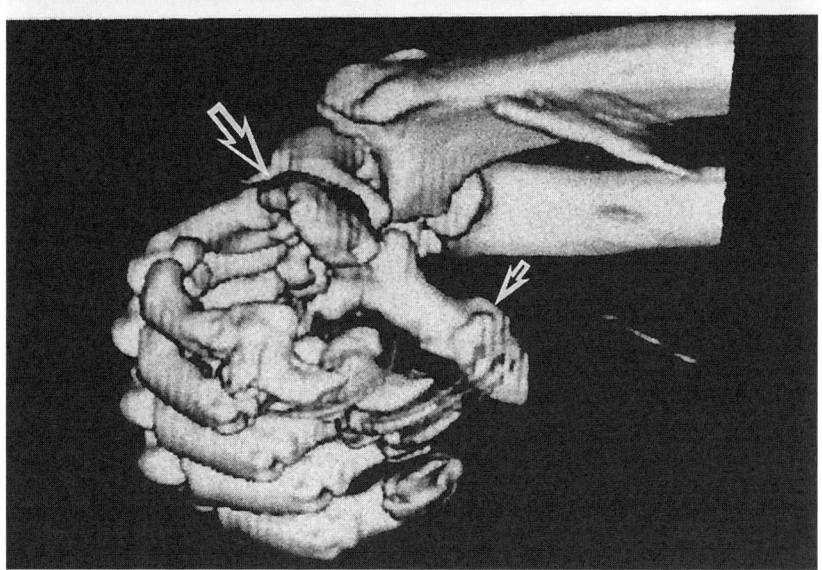

図 3-16 ジャイアントパンダ *Ailuropoda melanoleuca* の右前肢端部．上が開いた状態，下が把握時．大矢印が橈側種子骨．小矢印は副手根骨．把握に際し，手首を屈曲し，橈側種子骨と副手根骨，それに 5 本の指で囲まれた空間で，対象を固定していることがわかる．東京都恩賜上野動物園で飼育されていた雌（通称ホアンホアン）の遺体を CT スキャンで撮影し，三次元復構したデータ．（遠藤・木村，2000 より改変）

ない．膝蓋骨と踵骨だけは慣例的に骨格として教科書に記載されるものの，多くのテキストでは小さ目の活字で簡単にすまされることが多い．じつは，種子骨はほかの骨格要素とは発生パターンが異なり（Romer and Parsons, 1977），その意味からはかえって重要な研究対象であるが，医学・獣医学のなかのプラクティカルな外科学で，膝蓋骨の正常機能と損傷・診断・治療が取り上げられる以外に，ほとんど顧みられることはないといってよい．その背景への反動もあって，走行肢端の歴史に短時間で"挑戦"するジャイアントパンダの種子骨は，進化の驚異として多くの学術書・論文で扱われてきた（Lankester and Lydekker, 1901 ; Pocock, 1939 ; Wood-Jones, 1939a, 1939b ; Bourlière, 1955 ; Davis, 1964 ; Lessertisseur and Saban, 1967b ; Beijing Zoo et al., 1986）．とりわけ Davis の著作（1964）は，パンダの書物というよりも比較解剖学におけるまれにみる傑作とされ，橈側種子骨に関する記載もくわしい．さらにジャイアントパンダは，その愛くるしさから，学界のみならず一般出版界にも取り上げられやすい題材で，進化学や形態学の一般向け読み物では，橈側種子骨が格好の題材とされてきた（Schneider, 1952 ; Chorn and Hoffmann, 1978）．「パンダの親指」と題されたエッセーは多くの読者に親しまれてきている（Gould, 1978）．

　1999年であるが，私はそのジャイアントパンダの種子骨の機能が過去70年間の定説と明らかに異なることを発表するに至った（Endo et al., 1999a）．もちろんパンダの親指が走行肢端への類まれな，それもとりわけエレガントな"挑戦"であることに変わりはない．私の発見の要点は，①その種子骨がマニピュレーターとして運動する装置ではなく，掌といっしょに死ぬまで動きつづけるたんなる"つっかえ棒"であること，②橈側種子骨を掌から独立して動かす可能性が示されていた短母指外転筋・母指対立筋は，実際には把握対象に対する周辺からの締めつけ装置であること，③把握には第5指側の副手根骨も"つっかえ棒"として機能し，"double-pincer"とよぶにふさわしい橈側・尺側の両サイドでのつっかえ棒構造が成立していること，の3点といえる（図3-16 ; Endo et al., 1996, 1999e, 1999g, 2001b）．以上の成果で，ジャイアントパンダが挑んだ，特殊化程度の低い「走行肢端」を高度な把握装置につくり変えるという大改造の実態に，少しでも迫ることができたかと考えている．また，レッサーパンダがとった把握機能の獲得も橈側種子骨を

使ったものである．ただしレッサーパンダでは，橈側種子骨は中手骨から遊離していて，その把握システムは，ジャイアントパンダよりははるかに地味なものに落ち着いている（Endo *et al.*, 2001c）．

（8）特殊化した類人猿

さて，ここで話題を変えて，「把握肢端」のなかでもとりわけ重要な例を扱いたい．私たちヒトのなかまである．議論の対象を高等霊長類のロコモーションに移そう．

中生代末期以降，プリミティブな正獣類が樹上に登り，「把握肢端」を備えつつ霊長類が成立していく（高井，1999）．樹上で「把握肢端」を高度化させた霊長類は，いずれ類人猿段階にまで至った．まずここで，現生類人猿のロコモーションの特殊性を確認しておこう．

彼らの移動様式の基本戦略は，樹上での懸垂である．発達した前肢を用い

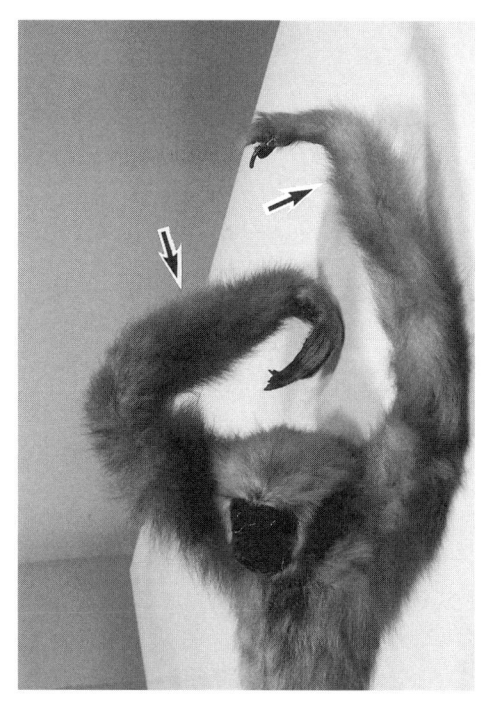

図 **3-17** シロテテナガザル *Hylobates lar* の剝製．前肢（矢印）を用いた懸垂移動・ブラキエーションを模して製作されたもの．（国立科学博物館収蔵標本）

た懸垂運動を基本とし，樹上を移動する．もっとも特殊化したテナガザル類は，前肢で懸垂しながら全身を前後に振り，つぎの枝を把握していく（図3-17）．ブラキエーションとよばれるこの移動様式が，祖先の類人猿のロコモーションに対して，あくまでも派生的な形質であることは理解されよう．つまり初期に樹上で暮らした霊長類は体幹を水平に近く保ち，四肢で樹上を歩いたことが推測されるのだ．体幹水平型の四肢歩行こそ，類人猿の基本的なロコモーションであり，現生種はあくまでも特殊化したものばかりである．

　一方，ヒトのロコモーションと「把握肢端」を語ることは，そのままヒトの二足歩行の起原と特殊性を議論することである．そのためには比較するべき，特殊化していない類人猿の材料が必要となる．ところが，樹上での懸垂移動に適応してしまった現生類人猿は，すでにヒトの比較対象として適切な材料とはいえない．確かにチンパンジー，ピグミーチンパンジーや，オランウータンと自分たちを比べる研究は枚挙に暇がない．だが，ロコモーション適応に関するかぎり，特殊化したものどうしの比較から，得るものは多くない．非特殊化類人猿とヒトを結ぶ化石証拠の検討が求められるのである．

(9) プロコンスルと最古の人類

　プロコンスル *Proconsul* は，まさしくその要求に応える重要な化石証拠だ．彼らは中新世のアフリカで分布を広げていた類人猿である（Napier and Davis, 1959; Ward *et al.*, 1993）．およそ体重10 kgのプロコンスルは，四肢を使って脊柱を水平に維持しながら樹上を歩き回り，果実や昆虫などを食べて暮らしていたらしい．体幹水平型で特殊化の程度が低い類人猿として，人類と比較される価値は大きい（Rose, 1997; Ward, 1997）．2000万年前から1000万年前のアフリカ・アジアには，系統的にもロコモーション的にもプロコンスルと同様の意義をもつ，特殊化の低い類人猿が分布していた．体幹水平型の類人猿は，種数を増やしてかなり多様化していたらしい（諏訪，1999）．ケニアピテクス *Kenyapithecus* も，その好例となる可能性がある（Nakatsukasa *et al.*, 1998）．また，シバピテクス *Sivapithecus* （Ward and Kimbel, 1983）やサンブルピテクス *Samburupithecus* （Ishida and Pickford, 1997），ドリオピテクス *Dryopithecus* （Moyà-Solà and Köhler, 1996）など，1200万年前から900万年程度前のものと推測される解釈のむずかしい化石

が発見されている．シバピテクスはオランウータンの，サンブルピテクスはゴリラとの系統的関連が疑われ，いずれにしても人類へ向かう以前に機能形態学的特殊化を開始したものたちと考えられている．現生のゴリラは雄で200 kgに達するかという巨体を武器に，樹から降りた類人猿である．ゴリラの身体のサイズは，走行適応を遂げた肉食獣を相手に，闘争で勝ちを収められるだけの大きさであり，大型化により地上で安全を確保できる種になりえているのだ．そのゴリラのロコモーションは，樹上性の前肢端を再度四足による平地運動に適応させた，いわゆるナックルウォークという歩行様式である．把握機能の高い指骨を屈曲させ，その背面で体重を支える (Raven, 1950)．だが，ゴリラのような戦略で再度地上に降りたものは，ほかならぬゴリラの祖先だけだろう．樹上懸垂に特殊化した類人猿は，再度地上に降りたとしても，二足歩行への口火を切ることはできなかった．特殊化してから地上に降りるか，祖先形を維持したまま樹上生活に見切りをつけたかが，ヒトとゴリラの間に埋めることのできない差異を生じる要因だったと推察される．

　話を戻してプロコンスルは，類人猿とヒトの共通祖先に程近いと考えることができる．残念なことに，プロコンスルが栄えていた時代以降1000万年間ほどは，類人猿類の化石証拠は豊富とはいえない．だが，その時代を過ぎると，ラミダス猿人 *Ardipithecus ramidus* の化石証拠に至る (White *et al.*, 1994 ; 諏訪, 1999)．これこそ440万年前の，最古の人類の化石証拠である．類人猿から分かれて大きな時間を経ていないラミダス猿人は，直立二足歩行の最古の可能性を暗示するものだろう．さらに，顔面が扁平な *Kenyanthropus platyops* がラミダス猿人よりも古い時代のものとして見出され (Leakey *et al.*, 2001)，また590万年前から580万年前の中新世にさかのぼるとされる *Orrorin tugenensis* が報告されている (Senut *et al.*, 2001)．後者からは二足歩行と前肢の樹上性が示唆されているようだが，系統や適応に関する評価が定まるにはまだ時間を要するだろう．加えてごく最近，中央アフリカのチャドから600万年以上前までさかのぼるとされる *Sahelanthrops tchadensis* が記載され (Brunet *et al.*, 2002)，同種と類人猿との境界に関して論争が生じるなど，初期人類の出現年代とその生物学的理解はおおいに揺れているのが現状だ．

(10) ヒトたるものの機能

 東アフリカは，以後の一連の猿人が進化した舞台だ．アウストラロピテクス類 Australopithecus から，初期の人類の確実な生物学的情報を得ることができる．およそ350万年前から出現するアファール猿人 Australopithecus affarensis は，きわめて保存のよい"後肢"，もとい"下肢"の化石を残している．直立二足歩行に不可欠な強大な殿筋群を付着させる，幅の広い骨盤が確認されている (Johanson and White, 1979)．それは体幹水平型の非特殊化類人猿とも違えば，現生類人猿とも明確に異なる適応戦略を示す骨盤である (図3-18)．現生のヒトとは若干異なる姿勢ながらも，この段階で二足歩行が確立されていたことは確かである．プロコンスルのような類人猿が，人類に至った"地質学的瞬間"ということができる．さらには280万年前のアフリカヌス猿人 Australopithecus africanus (図3-19)，咀嚼器官が特殊化したロブスト型猿人 Australopithecus robustus などから，猿人が多様化を遂げていったことが明らかだ．
 特殊化の程度の低い類人猿が，どのようなプロセスを経て，あるいはどの

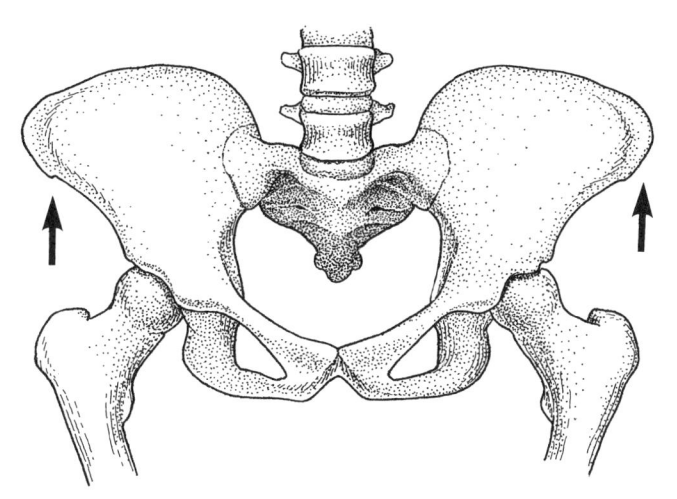

図 3-18 アファール猿人 Australopithecus affarensis の骨盤の復元図．外側に広がり (矢印)，二足歩行に必要な殿筋群に付着部を与えている．(描画：渡辺芳美)

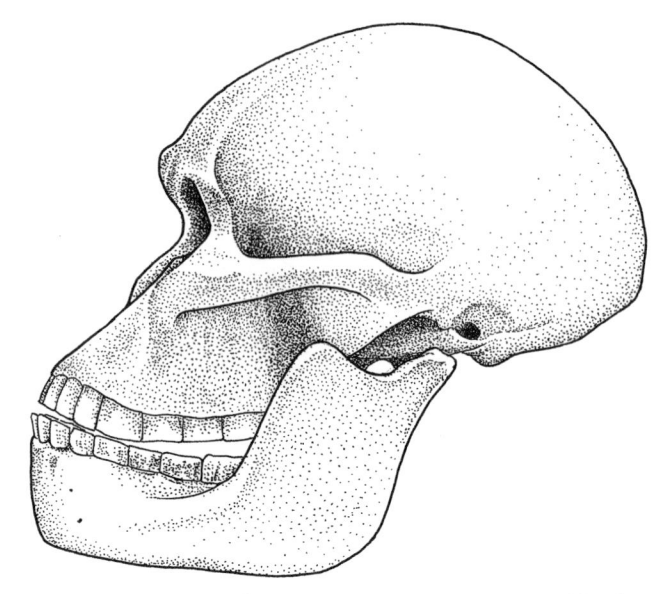

図 3-19　アフリカヌス猿人 *Australopithecus africanus* の頭蓋の復元図．左側面観．（描画：渡辺芳美）

ような必然性に直面して，地上性の二足歩行をする人類を生んだかについては，まだ謎が多い．しかし，プロコンスル段階で予測される樹上生活が運動器や中枢神経の発達を促し，二足歩行の準備段階として経過していたことは推察される．最終的には森林での樹上生活を捨てることが，類人猿から人類への飛躍を確実にする方途だったと結論することができるだろう．ちょうどその時代に，東アフリカ地域の気候変動による森林の減少が示唆され，森林環境を失った樹上性類人猿が，登るべき樹木を失ったという興味深い推測もある．アファール猿人で 400 cc とされる脳容積は，その後の人類の系統では飛躍的に増大していく．およそ 150 万年前の原人 *Homo* 属では，850 cc を超える．肢端把握機構の急速な進歩が，この大脳の発達からうかがい知ることができる．それはまた道具の製作と使用を示唆する．さらに初期の人類の段階で，二足歩行により喉頭が下垂し，咽頭空間が拡大，声帯を構音装置として用いることができるようになったとされる．こうして二足歩行を引き金に，高度な社会性を急速に獲得していったと考えられる．

人類進化の話の最後に，読者には自らの掌をみていただきたい．ヒトの前肢は特例として，第1指を大きく外転・内転させながら，ほかの指と向かい合わせることができる．母指対向性とよばれる高度な把握機構である．母指対向性は，母指対立筋と短母指屈筋により第1中手骨を内転させ，あるいは短母指外転筋により外転させることによって実現されている．第1中手骨は手根骨（大菱形骨）との間に鞍関節を構成し，屈曲・伸展のほか，外転・内転の自由な特殊構造を備えているのだ（図3-20）．母指対向性による把握運動を実現できた脊椎動物は，われわれヒトの周辺のごく一部の高等霊長類だけである．やはりヒトは並外れて高度な肢端把握機能を備えている．「把握肢端」のなれの果てとして，われわれヒトの肢端を解釈することができよう．

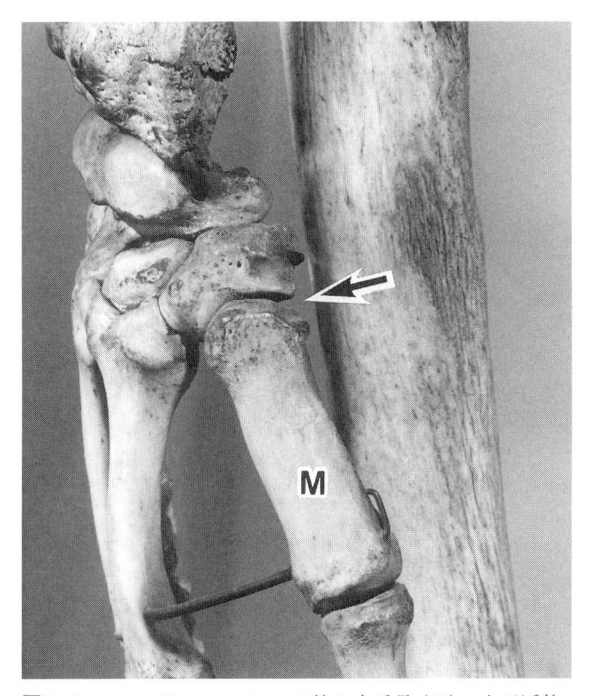

図3-20　ヒト *Homo sapiens* の第1中手骨（M）．上が近位，下が遠位．近位の大菱形骨との間に鞍関節（矢印）を構成している．母指対向性を実現する仕組みである．（国立科学博物館収蔵標本）

(11) 近位肢骨のストラテジー

　本章は「把握肢端」と「走行肢端」の本質をみながら，走行や登攀などの適応に目を向けてきた．ここで四肢とくに前肢の近位部について機能形態学的な議論を加えておこう．

　先に「走行肢端」において，疾走に特化する草食獣と捕食・捕殺のために走行適応に"ゆらぎ"をみせる肉食獣という図式を描いてみた．それが四肢遠位部の伸長に反映されているわけだが，これはそのまま肩甲骨の側面観にも表現されてくる．走行適応の進んだ反芻獣では，ほぼ二等辺三角形で背腹方向に長くなり，対照的に肉食獣は後縁を直径に見立てた半円のような形状で，前後方向の長さを確保している（図3-21，図3-22）.

　こういう特徴を純粋に系統的に固定された相違という見方もできるだろうが，適応的に解釈することが可能な形質ともいえる．よくみると，反芻獣のものは肩甲棘より頭側のいわゆる棘上窩が極端に狭くなり，逆に肉食獣はこの棘上窩がある程度の面積を広げていることがわかる．つまり，両者の相違は相対的な棘上窩の大きさであり，それは棘上窩を起始とする棘上筋の発達の程度に違いがあることを示唆している．棘上筋は肩関節の前方を走って上腕骨の大結節や小結節に向かう筋で，肩関節を直接的に伸ばす機能を担う．肉食獣の運動においては，肩関節の伸展が重要なのである．もちろん走り回るだけの反芻獣でも肩の伸展は不可欠だが，上腕骨を前方へ投げ出すようなこの動きは，走行においてはほとんど筋力を必要としない．肢端に負荷を生じる状態で肩を伸ばすということは，捕食・捕殺行動にみられることが明らかだろう．すなわち，走行機能と捕殺行動を兼ね備えなければならない肉食獣の肢端の"ゆらぎ"が，棘上窩の発達に現れているのだ．

　先に反芻獣を例にあげたが，たとえば猪豚亜目のように走行適応が極度に進化していないグループでは，反芻獣ほど棘上窩は狭くなっていない．また，逆に食肉目内でも，走行に重きをおく群は，相対的に棘上窩が小さく，棘下窩の発達が指摘される．つまり，適応の傾向は，程度の差はあれ，系統内でも系統間でも認識されるといえる．いくつかの系統にわたるデータの豊富な報告があるので（犬塚，1991a），ご覧いただきたい．

　さて，この論理をそのまま拡大すると「把握肢端」の動物にも棘上窩が過

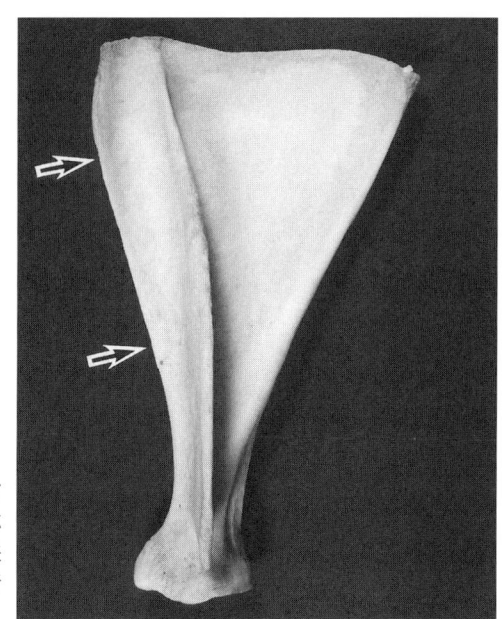

図 3-21 キョン *Muntiacus reevesi* の左肩甲骨外側観．純粋な走行適応の結果，棘上窩（矢印）がとても狭くなっている．（スミソニアン研究所収蔵標本）

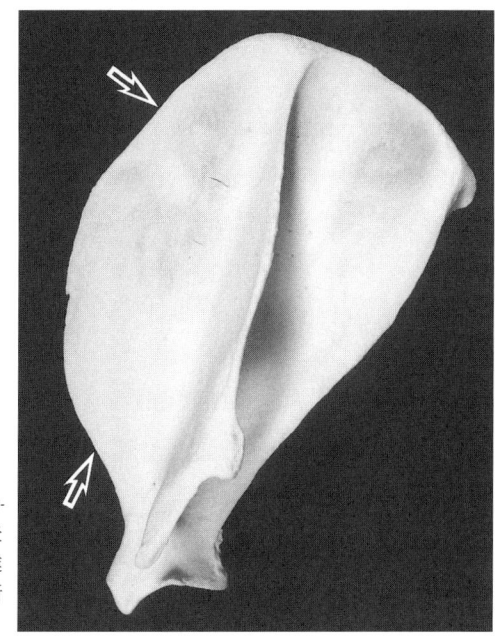

図 3-22 チーター *Acinonyx jubatus* の左肩甲骨外側観．棘上窩（矢印）が広く維持され，棘上筋の発達が示唆される．（スミソニアン研究所収蔵標本）

大に発達しそうに思われるが，実際はそれほど単純ではない．先述のように，「把握肢端」のグループの肩関節には伸展・屈曲機能のみならず，前肢を大きく可動させる複雑な運動が求められる．おそらくは，そのためこのグループは鎖骨を発達させてしまう．じつは，鎖骨についての機能形態学的に意味あるセオリーは少なく，その存在意義については推測の域で語らなければならないのだが，前肢にかかる複雑な負荷の支持体として肩甲骨を体幹に固定しておく役割があることはまちがいないだろう．そうなると肩甲骨の様相は一変し，関節窩の腹側に肩峰を伸ばして鎖骨との関節を確保する（図3-23）．この点に注目すると，肩峰の計測値は把握適応の指標としても意義をもつことが明らかとなる（犬塚，1991a）．

霊長類や翼手類ほどの高度な可動性が求められると，ついには棘下窩の極端な拡大が確認される（図3-23）．相対的に棘上窩は小さくみえる．発達する棘下窩後方内面は腹鋸筋の付着部位で，この筋は元来は体幹の重みを肩甲骨から吊り下げる重要な機能を果たしているが，付着部位が後方に移動すれば，この腹鋸筋の収縮により上腕の外転が可能となり，前肢の運動性の拡大

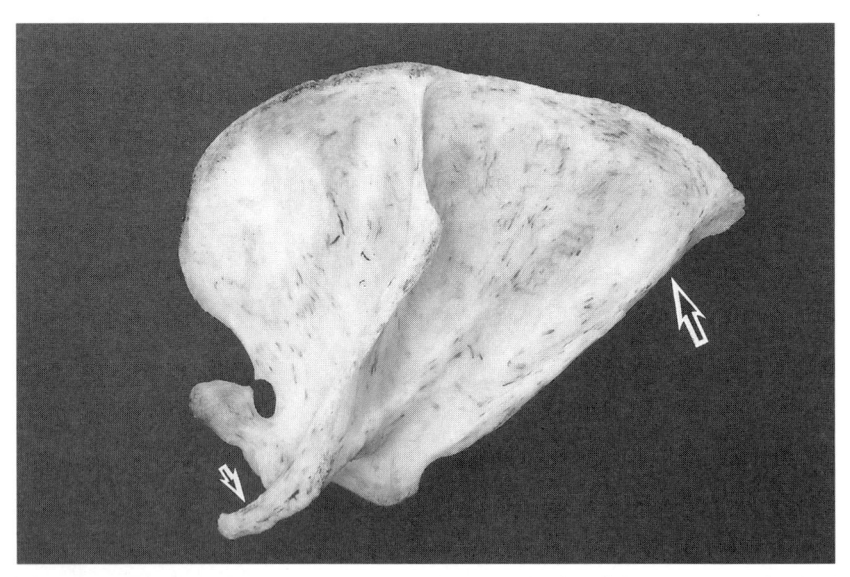

図3-23 アカホエザル *Alouatta seniculus* の左肩甲骨外側観．後縁が尾側へ（大矢印）肩峰が腹側へ（小矢印），それぞれよく発達する．（スミソニアン研究所収蔵標本）

につながる．このように意義ある鎖骨をもつようになると，肩甲骨には新たな適応戦略が生じてくるといえるだろう．

　意味は異なるが，棘下窩の後方への拡大は長鼻類内の大型種に多系統的にみられる．これは大きな体重を支持する棘下筋の発達を示唆するといわれる（犬塚，1991a）．実際，体重が2トンを超えるような，恐角類ウインタテリウム *Uintatherium*，奇蹄類ブロントテリウム *Brontotherium*，異論はあろうが貧歯類エレモテリウム *Eremotherium* にも，類似の形態が並行的にみられるといえよう．この特徴は，棘下筋に関連するのみならず，体重支持装置としての腹鋸筋の発達も意味している．

　このように肩甲骨には運動を反映した形態がみえやすいが，おおざっぱにいえば，後肢近位部の形態とロコモーション適応の関係はけっして明確とはいえない．系統的規制に機能的特性が埋没して，認識されにくい状態ともいえる．四足の哺乳類は重心が頭側にあることが普通で，走行の推進力を単純に生み出せばよい後肢よりも，前肢にロコモーションの特質が現れやすいのかもしれない．また，運動機能以前に，妊娠を中心とした生殖機構に形態を規定されやすいことも，近位後肢の適応が不明瞭になる要因だろう．

　実際に寛骨の形態をみると，それぞれの系統で並行的に，走行，大型化，遊泳などに適応した形質が確認されるといわれている（犬塚，1991b）．しかし，多くのファクターが形態を修飾するため，骨盤の機能的解釈はむずかしい．比較的わかりやすいのは「把握肢端」の代表例としての霊長類で，各適応パターンを形態学的にみると，後肢でもロコモーションの特質が明らかになってくる（Jouffroy, 1971；Baba, 1988；Hamada, 1988）．また，放散の内容が正獣類に比べて単純でばらつきの均一な有袋類を用いて，正獣類を比較対象として近位後肢部を扱うケースも多い（Jenkins and Camazine, 1977；Anemone, 1993；Szalay and Sargis, 2001；Argot, 2002）．これは逆に考えると，適応的変異を認識しやすい系統とそうでない系統があることを示している．たとえば，偶蹄類の骨盤は元来あまりにも走行への特化が著しく，また，齧歯類のものは特例をあげないと，おおざっぱにはみな似てみえてしまう．そういう一見理解のむずかしい群への研究が集約的に行われてこなかったことも指摘されよう．

　寛骨において多くの系統でわかりやすい適応形質は，まず腸骨翼の相対的

拡大である（図3-24）．これは体サイズの大型化にともなって必ずみられる傾向で，ここから大腿骨に伸びる外転筋（伸筋）群が体重を支えるための発達を余儀なくされるからだろう．寛骨臼が深くなり大腿骨頭をすっぽり覆うようになるのも大型獣の特質である．股関節にかかる重量の大きさを考えれば，その意義は理解されよう．一方で坐骨の形態は理解しにくい．坐骨結節が顕著に発達し坐骨全体が拡大するのは，後肢の走力を生み出す大腿筋群の付着と関係するので，走行への適応を示唆していることはまちがいない（図3-24）．しかし，実際のところ，生態学的に走行を得意としない種でも，帰属系統内では坐骨が発達している例はめずらしくない．

このように肢端の基本構造をふまえながら，哺乳類の四肢は解剖学者の発想をはるかに超えるロコモーションの機能形態学的バリエーションを生み出してきた．読者のみなさんがそれを考察するのに有意義な古典をお勧めして，本項を終わりたい．Lessertisseur および Saban（1967b），De Blainbille（1839-1864），Flower（1885），Hue（1907），Pales and Garcia（1971）など

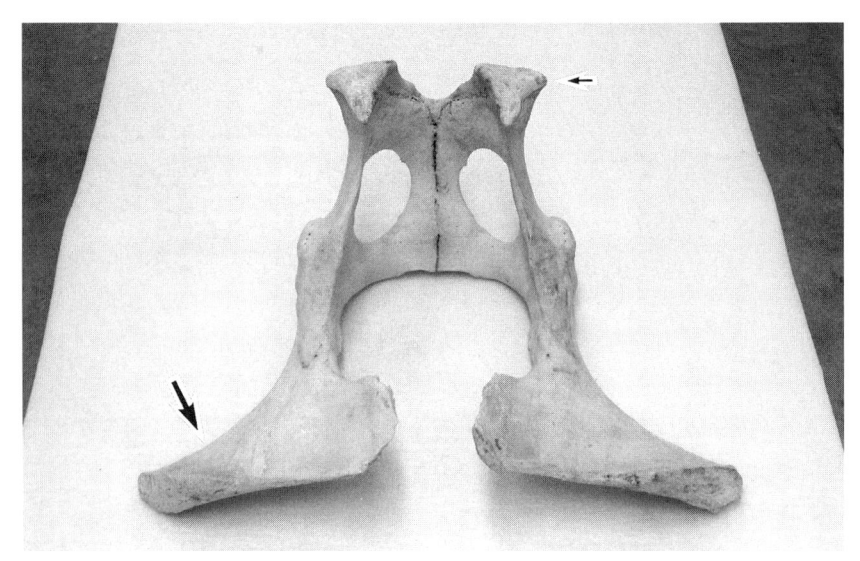

図3-24 アフリカスイギュウ *Synceros caffer* の寛骨．背側少し前方よりみた．走行適応し，しかも体重の大きい同種では，腸骨翼（大矢印）の拡大と坐骨結節の発達（小矢印）が明らかである．（スミソニアン研究所収蔵標本）

から入られることをお勧めする．セオリーが記された総説のほかに，とくに美しい哺乳類・脊椎動物骨格画集をあげてみた．この機会にロコモーションの機能形態に思索を巡らせながら，四肢骨の適応の全貌をまずは優れた画集から自身の眼で読み取られてはいかがだろうか．画集の内包するつくり手のエネルギーに気づいていただければ幸いである．形態学を軽視する人間にはけっしてみえないナチュラルヒストリーの真の姿が，文字とは異なる表現で読者を魅了するはずだ．

(12) 空への進出

ここで話題を変えて，ロコモーションとしては特異だが，飛翔についてふれておこう．いまでは無盲腸類を思わせるような原始的正獣類から，飛翔に活路を求めた群が翼手類であるとされている．つまり肢端特殊化の道のりが進む以前に，プリミティブな肢端構造を備えたグループが，空へ進出したことになる．中生代の翼竜，鳥類につづく，脊椎動物の生み出した第三の翼となる（図3-25）．2群の先駆者と比べてコウモリ類の翼支持体の特徴は，前腕部が発達し，第1指を除く中手・指骨群が伸長して翼の全域を支持することである．翼運動を行うために鎖骨が発達し，胸骨や椎体からの筋群が付着する（図3-26）．軽量化のために長管骨は厚みのない管状に変化し（図3-27），翼の後部の運動には，大腿骨から遠位の後肢骨および尾椎が全面的に参加する．

先述の肩甲骨の適応パターンでいえば，翼手類は「把握肢端」的なグループに包含される．前肢に要求される複雑な運動性は，霊長類の樹上性適応に勝るとも劣らない．棘下窩を後方へ伸ばすことで，腹鋸筋の力を前肢の外転に用いている．肩峰と鎖骨の発達も霊長類的な進化の延長線上にあるといえるだろう．

鳥類と翼竜類とまったく同じで，コウモリ類の起原の議論は，飛翔性脊椎動物が祖先の地上生活者から生じる際の，中間型が謎に包まれているために行き詰まる．あまりに高度に特殊化した器官は中間型の適応を理解することがむずかしい．ときに前適応なる概念で，たとえば不完全な鳥類は不完全な翼を広げて地上を走り，捕虫網のごとく昆虫を捕まえて食べていた，というイメージがまことしやかに提示される．率直にいえば，トガリネズミ様の哺

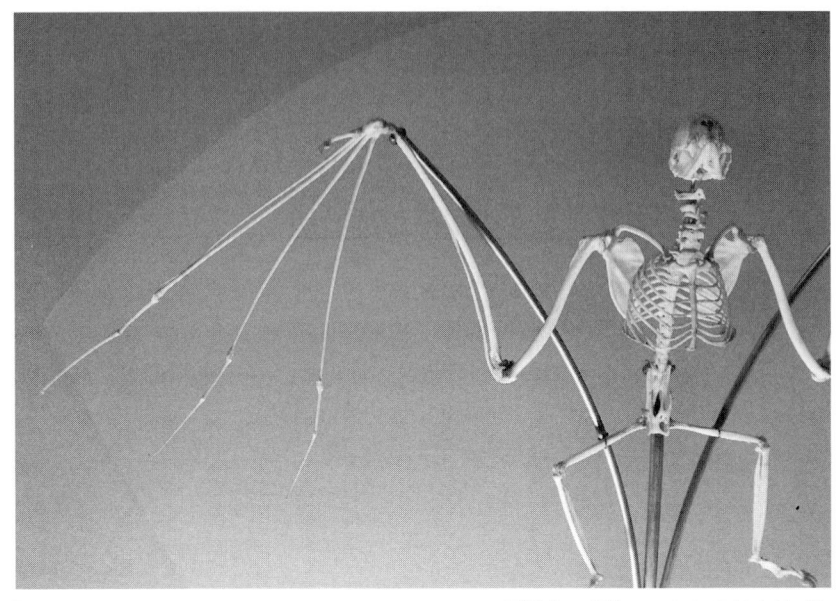

図 3-25 ナミチスイコウモリ *Desmodus rotundus* の翼構造の骨格．とりわけ長く伸びた前肢の指が重要である．（スミソニアン研究所収蔵標本）

乳類とコウモリの間にどのような適応生態とそれを支える形態がありえたか，私たちはなんらの証拠も説得力のある仮説も得てはいないのだ．

　実際のところ哺乳類に限っても，まったく違う基本設計の翼でもって，おそらく飛翔は十分に成功したはずである．しかし，コウモリの翼の基本設計は新生代の初期に確立され（Grassé, 1955 ; Savage and Long, 1986），異なる構造の翼は哺乳類には出現していない．正獣類以外の哺乳類グループに完全な飛翔適応は生じることもなかった．おそらくは，新生代に関しては翼手類が空へ進出すれば，奪うべき空のニッチェはコウモリ類と鳥類と昆虫類に占められ，つぎなる翼構造を進化させ定着させる生態学的余地がなかったと考えることができるかもしれない．

　前章でふれたように，翼手類は1000以上の現生種を誇り，翼には飛翔特性を反映したいくつもの小規模なバリエーションがある（Norberg and Rayner, 1987 ; Ransome, 1990）．航空力学の応用で語られるのがアスペクト比の設定である（図3-28）．獲物や天敵との争いにおいて，高速直線飛行で対

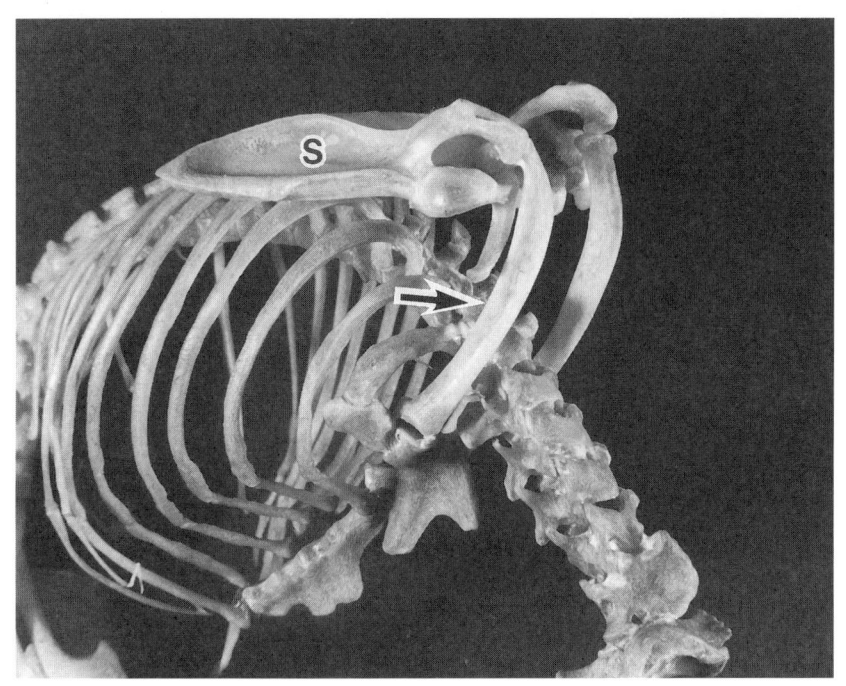

図 3-26 クビワオオコウモリ *Pteropus dasymallus* の体幹を右側前方よりみる．よく発達した鎖骨（大矢印）は，翼と体幹を結ぶ，翼手類にとってとても重要な構造だ．S は肩甲骨．（国立科学博物館収蔵標本）

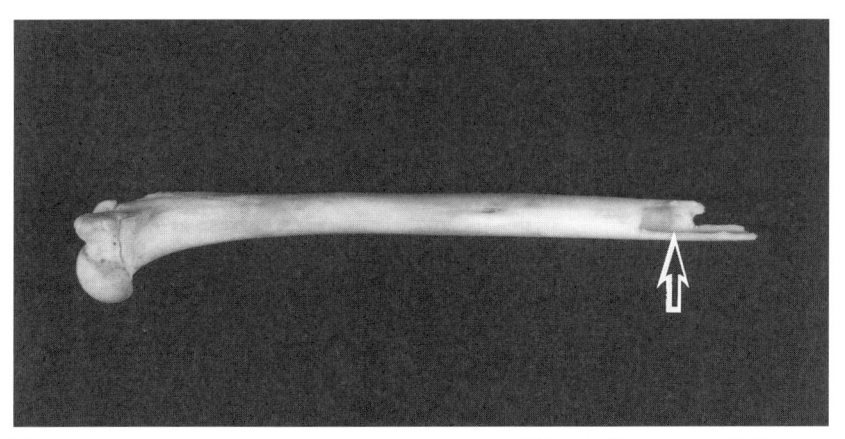

図 3-27 クビワオオコウモリ *Pteropus dasymallus* の上腕骨を切断したもの．長管骨はこのように著しく薄くなり（矢印），軽量化がなされている．（国立科学博物館収蔵標本）

第3章 運動機構の適応

図 3-28 翼手類における翼設計の相違．高速飛行性の種は前後幅がなく遠位に長く伸びるタイプ（上：ユビナガコウモリ *Miniopterus fuliginosus*）と，旋回運動性を重視した前後幅が広く相対的に遠位方向に短いタイプ（下：キクガシラコウモリ *Rhinolophus ferrumequinum*）に明確に分けられる．ただし，これをアスペクト比における適応と解釈すべきかどうかには，慎重な議論が必要だろう．（国立科学博物館収蔵標本）

抗する種と，運動性に頼る格闘戦を挑む種とでは，当然翼形状に異なる選択が生じるだろう．高速飛行で有名なユビナガコウモリ *Miniopterus fuliginosus* は狭くて長い翼を，旋回戦闘を好むキクガシラコウモリ *Rhinolophus ferrumequinum*，コキクガシラコウモリ *Rhinolophus cornutus*，トウヨウヒナコウモリ *Vespertilio superans* は広く短い翼をもつという対比が有名で，生態学データとの関連で興味深い題材である（横山ほか，1975；Norberg and Rayner, 1987；大泰司，1998；船越・福江，2001）．コキクガシラコウモリのような広短タイプの翼は，狭長タイプに比べて翼面荷重が小さいことが推察され，それによって小回りの旋回飛行が可能で，飛翔中の比較的重い昆虫を捕捉できるというストーリーである．ただし私は，コウモリ類にアスペクト比の議論が安易に導入されることには，いくつかの疑問を抱いている．航空力学の大前提として飛翔体のサイズの問題が基礎にあることは明らかで，掌程度の極小サイズの飛翔体において同等の議論が可能かどうか，さらなる

検討が必要と考えている．また，そもそもコウモリの翼は，はばたきを担う動力であって，揚力を確保するだけの静的な構造体ではない．運動や姿勢の制御も，航空力学から単純に読み替えられる話ではなかろう．飛翔・滑空能力のある生物に対し，工学的な数値計算をたやすく一般化することに対して慎重であるべきというのが，私の主張だ．一方，胸筋の炭酸脱水素酵素アイソザイム LDH_1 の量的比較から，コキクガシラコウモリの胸筋は複雑な運動を可能にする大きなエネルギーを産生しているという結論があり（北原ほか，1974；Yokoyama *et al*., 1979），マクロ形態学的な適応の議論とは別に，一定の説得力をもつストーリーとして理解されよう．

空への進出には，飛翔とは別に滑空という方式がある．飛膜を利用しての，樹間移動が主たる行動様式である．滑空機能を支える飛膜は，体幹部の皮筋

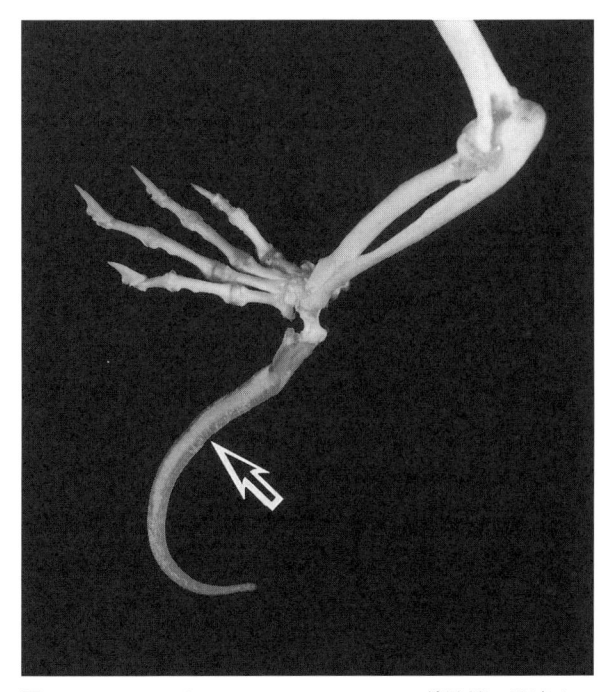

図 3-29　ムササビ *Petaurista leucogenys* の前肢端に発達する針状軟骨（矢印）．左側をみた．手根部から遠位後方へ伸び，手掌骨格全体よりはるかに大きい．飛膜を支持し，その運動をコントロールする構造とされてきた．（国立科学博物館収蔵標本）

が大きく伸長したものと考えてよい．興味深いことにこの方式は，リス科とウロコオリス科，さらに有袋類のフクロモモンガ類で並行的に進化したと考えられる（図 2-37 参照）．ウロコオリス類はデータが少ないが，リス類とフクロモモンガ類では，飛膜部の皮筋構築が著しく異なることが知られている．リス科では，皮筋に強度を与えるとおぼしき前後方向の特異な筋走行が飛膜の外縁部に走るが，フクロモモンガ *Petaurus breviceps* の同部位では明瞭な筋走行はみられない（Endo *et al.*, 1998b）．また，正獣類の 2 群は飛膜を支える軟骨あるいは骨性の支持体を前肢から突出させるが，リス類が手根部から細長い軟骨を出すのに対し，ウロコオリスは尺骨近位部から支持体を伸ばす．この点も両者の飛膜が並行的に成立したことを物語るといえよう．リス科では手根部から生じるこの突起を針状軟骨とよぶが（図 3-29），その起原と相同性についてはいくつかの説が提示されている段階である（Gupta, 1966；Thorington *et al.*, 1998；Oshida *et al.*, 2000a, 2000b）．

(13) 掘削力を支えるもの

ここで孔を掘る，あるいは土を崩すという機能について簡単にふれておきたい．第 2 章でカリコテリウム類という一風変わった奇蹄類を紹介しておいた．始新世から更新世まで生きつづけた一群だが，系統的に新しい属には，蹄ではなく鉤爪のような構造が備わっている（図 2-19 参照）．彼らは，「走行肢端」の草食獣ではあったが，肢端に走行とは別の特異な機能を進化させたことが明らかである．防御用の武器として備わったという解釈が成り立つが，掘削に適応していたことを否定する根拠もない．

掘削は，「走行肢端」にも「把握肢端」にも進化しうる生態だ．白黒のつかないカリコテリウム類を離れても，モグラ類，クリソクロリス類，フクロモグラ類，ツチブタ類，アリクイ類，センザンコウ類，イノシシ類などの肢端は強力な掘削機だろう（図 3-30）．

モグラ類やクリソクロリス類，フクロモグラ類では大型化した前肢端がシャベルとして機能する．モグラ類ではシャベルの主動力は上腕骨から指骨群へ伸びる深指屈筋の上腕骨頭である．弛緩時に手根関節を過伸展して掘削の準備動作に入り，収縮時に土砂を崩すような後方への屈曲運動を起こす（Jouffroy, 1971）．手掌ではジャイアントパンダで話題にした橈側種子骨が

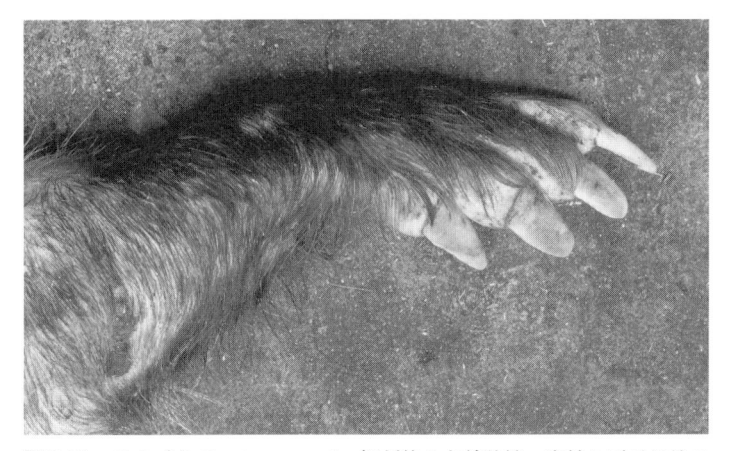

図 3-30 ツチブタ Orycteropus afer 解剖体の右前肢端．奇妙な平爪が並ぶ．掘削に特化した機能性の高い肢端だ．

ここでも肥大化し，橈側にリッジをつくっている．このリッジのおかげで，掘った土を手掌からこぼれないように囲い込み，体側へ押しのけることができる (Flower, 1885; Lessertisseur and Saban, 1967b)．前肢端の肥大とともに前腕の運動性が適応の重要なポイントで，内転・外転，回内・回外を繰り返す前腕部によって，肢端での掘削機能が完成されている．これらの運動をこなすための骨格筋群の付着部位として上腕骨と橈骨・尺骨はよく発達するが，掘削力そのものは深指屈筋に依存しているといえる．また，円回内筋と回外筋が強度に発達して回内・回外運動を司る．妙に細長い肩甲骨は後縁に細長い大円筋起始部を確保するべく特殊化したらしく (図3-31)，これは上腕の強力な内転運動を示唆している (Hildebrand, 1974)．肩甲骨は腹側端を大きく頭側へ伸ばし，胸骨から太い鎖骨を介して支持されている．フクロモグラに関しては (図2-36参照)，100年前の秀逸な記載に全情報を頼ることになるが (Carlsson, 1904)，正獣類とは大きく異なる掘削機構を採用しているようだ．

ツチブタ Orycteropus afer は掘削量がはるかに大きい．爪状の前肢端で固い土砂を砕く (図3-30)．一定時間内に排除する土の量からすれば，おそらくツチブタが現生種では最高度の掘削機能を備えているだろう．手根の伸展と屈曲の運動はほとんどの場合，前腕の回内・回外と同時に起こるように伸

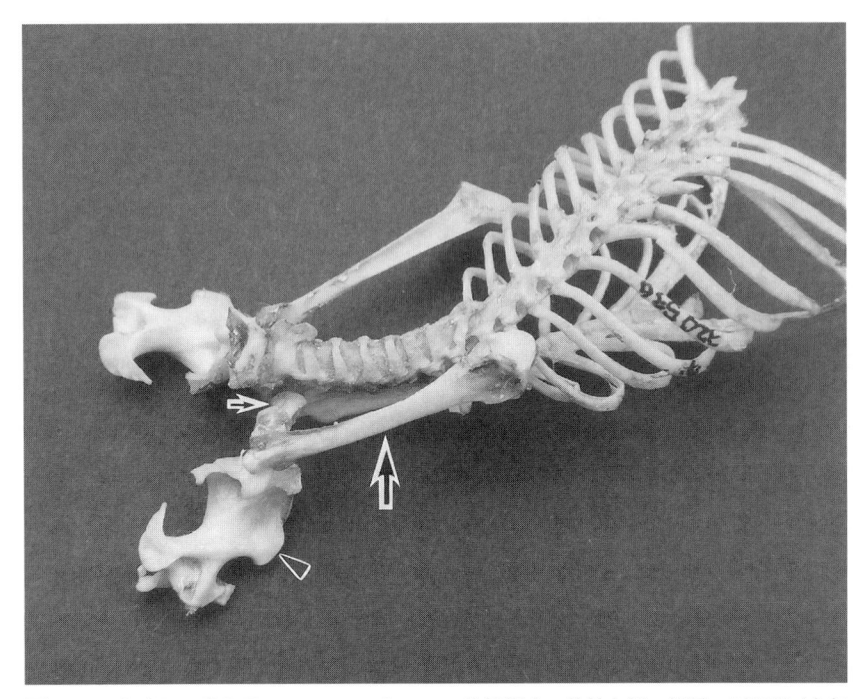

図 3-31 チビオモグラ *Euroscaptor micrura* の骨格標本．体幹左側．細長い肩甲骨（大矢印）が発達した鎖骨（小矢印）を介して胸骨に関節している．矢頭は上腕骨．軟部組織を乾燥させてつくった標本で骨どうしの角度は実際とは異なる．（スミソニアン研究所収蔵標本）

筋・屈筋群が配置されている．モグラ類のサイズと異なり，砕いた土砂は手掌部で排除することが困難なほど体積が大きい（Thewissen and Badoux, 1986）．そのため，砕きながら四肢で土を後方へ蹴り飛ばすのがツチブタの掘削運動である．しかもツチブタは，地表では捕食者を避けるために走力を備えなくてはならない．そこで前肢端の掘削用の指骨列に運動性を残しながら，長い中手骨を地面に対して立たせて趾行性を確保し走行適応を実現している．掘削時には手根関節をあまり屈曲せずに，基節骨を屈しながら土を破砕する（Thewissen and Badoux, 1986）．一方でアリクイやセンザンコウのグループの前肢端は，アリ類やシロアリ類の巣の破壊が主目的なのでツチブタのような高度な穴掘りを要求されているわけではないようだ．

　数多の齧歯類や兎類の前肢や切歯は，土も樹木も選ばない穴あけドリルで

ある．穴居性に特殊化した齧歯目タケネズミ類の咀嚼装置を検討した経験があるが，これも瞬く間に孔を掘り進む，高度な適応に着目しての仕事となった (Endo et al., 2001f)．また，同じく掘削に特殊化したデバネズミ類では，切歯で掘削後の土を腹面の下を通して後方へ送るために，薄い腹壁が柔軟に変形することが示唆されている (Endo et al., 2003a)．

　総じて掘削・穴あけ装置は材料を選ばない．飛翔やこの後ふれる遊泳のように，適応策が自ずから絞られてしまうほど，条件の厳しい機能でもないからだろう．このことは掘削・穴あけ装置が，実際にはほかの機能への適応の副産物として存在していることが多いことを意味する．とても多い例は，弱者が備える防御武装が掘削・穴あけ装置としても使われるというものだ．あるいはその逆もあろうが，掘削・穴あけ適応のこのような側面については，次章でもふれよう．

(14) 泳ぐ哺乳類

　哺乳類の代表的ロコモーションとして，遊泳をあげることができる．泳ぐこと自体は，幅広い系統で生態学的に観察されるもので，大きな形態学的変異をともなわずに，陸生種の生態学的多様性の一環として生じるものである．たとえば正獣類に限っても，無盲腸類，齧歯類，裂脚類，偶蹄類には，それぞれ形態学的には陸獣と大きく変わらないままに，泳ぎを基本的なロコモーションとしている種がみられる．正獣類以外のグループでも，形態学的特殊化をあまり行わずに水生生態をとる種や群はめずらしくない．もっともこの場合，必然的に化石からは十分な水生生態の証拠が得られないことになり，実態としては謎に包まれる．

　一方，からだ全体の形態学的な変化をともなう高度な水生適応は，鯨類と鰭脚類，そして海牛類にみられる．前者はもっとも特殊化した遊泳適応であるが，陸生祖先と鯨類の間に生じる中間段階が，適応として解釈されにくい．しかし，およそ過去10年程度の間に鯨類の起原をめぐる化石証拠の発見が相次いだ．初期の鯨類はまだ機能性のある後肢を残していたことはまちがいない (Gingerich and Russel, 1981; Gingerich et al., 1983, 1994; Maas and Thewissen, 1995; Gingerich et al., 2001)．もちろん遊泳への中間移行段階の四肢の機能については確固たるセオリーはないが，最初期のグループで前

肢端における強度十分な趾行性が指摘され，体重を支えながら陸上歩行した生態が現実味を帯びている (Gingerich *et al.*, 2001 ; Thewissen *et al.*, 2001).

ちょうど翼手類が中生代の翼竜類に対する収斂を示したのと同じで，鯨類の場合，よく似た収斂の相手を見出すことができる．爬虫類の系統から考えれば，魚竜類，そして海生トカゲ類やウミヘビ類などを生み出した鱗竜類，系統関係には異論もあるもののウミガメ類を産んだ無弓類，さらに最終的に鯨類に至る単弓類，そしてあえていえば海生鳥類を生じる主竜類と，多系統的に完全な水生二次適応の群を生み出している．しかし，鯨類の収斂は，明らかに魚竜を対象に考えるべきだろう．知られるかぎりの外貌は非常によく似ている．ただし，たとえば前肢を鰭状に改変したときの骨格要素の使い方は両者ではかなり異なる（図3-32，図3-33）．上腕骨以下，ある程度の前肢構造を，指骨の本数や関節数に至るまで後追いできる鯨類に対し，魚竜の前肢は，前腕が前腕らしい形態学的特徴を失い，指は10本程度に増加し，遠位への関節の数は最大25ほどにおよぶ．たとえばHox遺伝子の議論からこれらの相違が発生学的に解読されることはあろうが，そのことよりはるかに大切なのは，魚竜類と鯨類が手近なパーツを用いながら"どのようなスペックの遊泳装置をつくりあげたか"という，かたちそのもののもつ機能的意義の比較だろう．

前章でふれたように，分子遺伝学的考察から鯨類は現生群のなかでは偶蹄類に比較的近縁とされ (Milinkovitch *et al.*, 1993 ; Cao *et al.*, 1994b ; Irwin and Árnason, 1994 ; Gatesy *et al.*, 1996 ; Gatesy, 1997)，新しい化石でもいくばくかの証明がなされつつある (Gingerich *et al.*, 2001 ; Thewissen *et al.*, 2001). 関連して，鯨類の気道部に，偶蹄類との興味ある一致が見出されてきた．私は，現生種のなかで原始的とされるガンジスカワイルカ *Platanista gangetica* で，CTおよびMRI断層撮影を胸部に対して進めたが，右前葉に分岐する気管の気管支の発達が確認され，鯨類と偶蹄類の共通する形質として注目している (Endo *et al.*, 1999f). 同部位が海獣特異の呼吸機能に与える意義はよくわかっていないが，将来，海生適応に重要なガス交換の問題として議論できるかもしれない．

現生の鯨類は後肢を骨盤の痕跡程度にまで消失させて，完全な水生・遊泳群として特殊化を遂げている．鯨類の紡錘形のシルエットは，流体力学的に

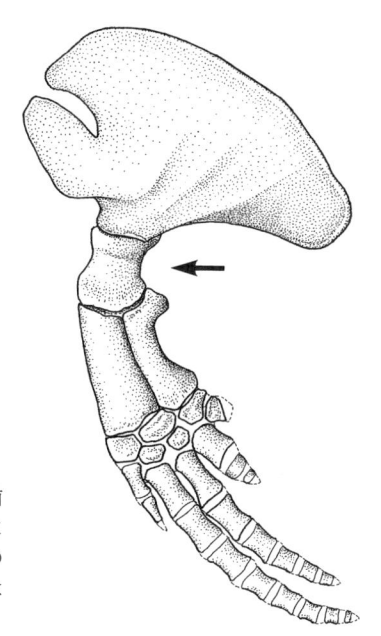

図 3-32　スジイルカ Stenella coeruleoalba の左前肢骨格．外側観．図 3-33 と比べて，おおざっぱには収斂を認識できるが，使われている骨格要素の発生はかなり異なることが明らかである．矢印は上腕骨．（描画：渡辺芳美）

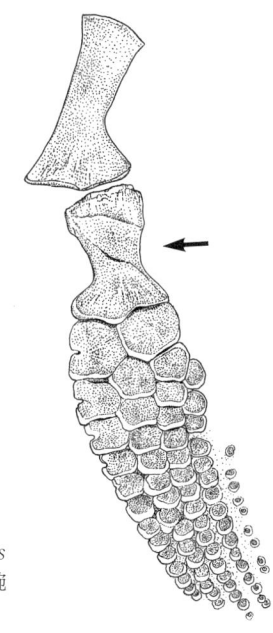

図 3-33　ステノプテリギウス Stenopterygius quadriscissus の左前肢の化石．ジュラ紀前期の魚竜類である．矢印は上腕骨．（描画：渡辺芳美）

遊泳推進に合理的な形状を備えていると考えることができる（Hertel, 1969）。また，後肢を用いない鯨類の主たる遊泳推進は，体幹の背腹方向への運動と，鰭状に変形した前肢の運動によって実現される。重力の影響を大幅に軽減された体幹は椎骨形態が変化し，前後の椎体は平面になった関節面どうしが合致する。前後の関節突起は単純化し，体重を負荷する機能を免れて遊泳運動装置に特殊化しているのである（Crovetto, 1991; Zhou et al., 1992; Buchholtz, 1998）。背腹方向の脊柱の運動は明らかに陸獣のそれを受け継ぐものだ。その運動を推力に変えるように，尾鰭は水平方向に広がっている。

なお，本項は遊泳機能にのみ注目するが，高度な遊泳適応はロコモーション機構の特殊化を起こすばかりでなく，水中という特殊環境への適応のため，呼吸装置，聴覚系，咀嚼器官にも大幅な変更を起こすものであることを覚えておきたい。これらについては次章でもふれることとしよう。

(15) 水に生きる策の数々

鯨類以外にも，完全に水生二次適応を遂げ，陸に上がらなくなったグループがいくつかみられる。系統ごとに異なる適応戦略で水生ロコモーションを成立させた経過は，比較解剖学にとってなにより興味深い研究対象となる（Berta and Sumich, 1999a）。

まず海牛類から扱ってみよう（Petit, 1955）。現生種は少ないが，長鼻類や束柱類との類縁関係を示唆しながら，たとえば鮮新世の太平洋沿岸では多様化を遂げていたようだ。始新世の初期群には四肢を備え陸上を歩行したと思われるものも確認されている（Domning, 2001a）。海牛類の遊泳ロコモーションに関しては体系立てられた研究成果は少ないが，やはり脊柱の背腹運動にその主体を委ねている。尾鰭も系統間で形状の差はみられるものの，水平に広がることで背腹運動を推進力に変換するようにつくられている（Hartman, 1979）。しかし，流体力学的にみた海牛類の体型全体は，高速遊泳を目指した淘汰は受けていないと考えてよかろう。一方，海牛類の水生適応はまったく別の問題を含んでいる。それは彼らが草食獣であり，水域の植物を食物としていることである。植物を特異な胃と盲腸で発酵させた場合，発生する大量のガスが個体の比重を小さくし，潜水遊泳を困難にする可能性があるのだ。これに対して，海牛類は骨格の比重を上げて対応しているとされる

(Kaiser, 1974 ; Domning and De Buffrénil, 1991). つまり，ほかの哺乳類より重い骨格を備えて，潜水用のバラストとして用いているようだ.

一方，食肉目において高度な遊泳に適応した群が，鰭脚類である (King, 1983 ; Berta and Adam, 2001). 前章ですでにふれたように，鰭脚類の単系統性は確実に支持される (Wozencraft, 1989 ; Wyss and Flynn, 1993 ; 甲能，1997). 起原となる陸生群の科レベルの系統が不詳なものの，陸生食肉類が水生適応を進めた実例として，鰭脚類に属す複数の科はおおいに注目される題材となる. 絶滅群も含めそれぞれ科レベルで，遊泳ロコモーションに特異的な機能形態学的適応を遂げ，四肢や椎体，筋群にその質的量的証拠を求めることができる (Howell, 1928 ; Tarasoff et al., 1972 ; English, 1976 ; Giffin, 1992, 1995).

現生する3科は，水生ロコモーションという観点からはアシカ科とアザラシ科に分けられ，セイウチ科が両者の中間的な遊泳パターンをとっている (Bonner, 1984). アシカ科における基本的遊泳推進装置は前肢であるとされている. 尾は発達しない. 後肢は鰭状に変化しているが，後肢の主たる役割は陸に上がったときの歩行補助である. 対するアザラシ科においては，地上では体幹の屈曲と若干の前肢の支持により移動する. 後肢に駆動力を期待しない歩行だ. したがって，陸上の移動はアシカ科・セイウチ科に比べて，"苦手"といえる. 一方，アザラシ科は，水中では後肢を鰭状に垂直に立て，からだの後ろ半分を左右に振ることで推進力を得ている. 後肢は地上で体重を支える構造ではなく，水中で鰭として展開することがその主たる役割といえるだろう.

以上のように，哺乳類はおもに3つの独立した系統で，かなり高度な水生適応を実現してきたと考えられる. 中生代の海生爬虫類の絶滅により空いた海中のニッチェに，3系統が適応を試みたといってよい. これら3つの系統は遊泳装置だけをみてもそれぞれに確固たる戦略があり，違いのはっきりわかる水生適応を私たちに示してくれているといえるだろう.

また本項のはじめにふれたように，形態学的な変更をあまり受けずに水生生活を送る哺乳類はめずらしくない. たとえば単孔目カモノハシ科，無盲腸目，齧歯目ネズミ科・リス科，食肉目イタチ科などのいくつかの種は，細長い椎体を並べて (Buchholtz, 1998)，体幹を左右にくねらせて遊泳するほか，

尾を鰭として変形させる，肢端を水搔きに進化させるなどの収斂が認められる（図 3-34）．偶蹄目ではカバ科が半水生といわれるほど水中での生活時間が長く，また実際四肢を利用した遊泳が得意だ．奇蹄目ではバク科が水中を好む例である．まったく類縁関係はないが，食肉目クマ科ホッキョクグマも生活域を北極海の海中に求め，呼吸のため頸部が，遊泳のため四肢が伸長しているとされてきた．もっとも頸部の伸長に関しては，私は否定的な見解を示している（Endo *et al.*, 2001a）．また，化石群で貧歯目に水生適応を示唆する形質が示され話題となったことがある（De Muizon and MacDonald, 1995）．マイナーな水生（半水生）適応について深入りすることは避けるが，いずれにしても水生適応は多系統的に容易に派生しやすいという印象をもつ．なお，循環生理学にかかわる水生適応の問題は，次節でふれよう．

図 3-34 テンレック類ポタモガーレ *Potamogale velox* の仮剝製を側面尾側よりみた．長く背腹に平たく発達した尾が水中での推進装置として機能する．骨学的には明確な水生適応を示さなくても，水中生活に高度に適応しているといってよい．（スミソニアン研究所収蔵標本）

3.2 咀嚼様式の特化

(1) "虫"を食べる

　第1章で繁殖を，本章前半でロコモーションを，適応の観点から扱ってみた．つぎなる哺乳類の適応のおもしろさは多様な栄養摂取様式の進化にあるといえる (Hiemae, 2000)．すでにふれてきたように，獣歯類から進化を遂げるなかで，顎関節構造は試行錯誤を経ながら歯骨-鱗状骨関節に集約されていく．このことは，もちろん顎運動そのものに大きな影響を与えている (Bramble, 1978 ; Crompton, 1972, 1995 ; Crompton and Hylander, 1986 ; Crompton and Jenkins, 1968, 1979 ; Crompton and Sun, 1985)．

　例外がみられるので大枠でとらえたいが，獣歯類から哺乳類へ向かう途中で臼歯列の重要性が増したことは明らかだろう．獣歯類は歯型の分化は確かに進んでいたが，あくまでも切歯・犬歯列で捕殺することに大きなウエイトがおかれていた．実際，トリナクソドンのような獣歯類とママリアフォルムスを比較すれば，後者の臼歯列は相対的に長くなり，臼歯そのものが発達することが確認できる．

　一方，歯骨-鱗状骨関節の機能的比重が大きくなるとともに，下顎骨の側方への運動が容易になった．獣歯類の関節骨-方形骨関節が下顎体の水平面での運動をどのくらい制限するかは厳密な議論はないが，それとは別の形質の変化として，頭蓋腹側で翼状骨が側方へ張り出す獣歯類に対して，初期の哺乳類は翼状骨の幅が減少していることが明らかである．獣歯類では事実上，下顎骨が翼状骨にぴったりとはまるような形態を示し，おそらく下顎骨は単純な両側性の開閉運動しかできなかったと推測される．ところが哺乳類において，幅が狭くなり空間が空いた下顎内側背方では，翼突筋が走行空間を広げ，下顎骨を内側へ引く運動が優位になってきたものと思われる．これは，臼歯列を片側ずつ用いて食物を破砕する運動につながる．獣歯類段階では直接嚙み合うことのなかった上下の臼歯（後犬歯）列が実質的な咬合を開始した瞬間である．ほぼ同時に，前臼歯と後臼歯の明確な分化，後臼歯におけるトリボスフェニック型形状の獲得が進む．

　後でもふれるが，このことは実際の食性を変えたということを意味する場

合もあろう．しかし，哺乳類につながる獣歯類は，おそらく食物を選ばない雑食性だった可能性が高い．実際，獣歯類の多くと初期の哺乳類は，ともに肉食・昆虫食性の生態はとっただろうから，激しい食性の変更を起こすような進化ではなかっただろう．哺乳類型の顎運動は，より幅広い食性適応の可能性を生み出したという点で重要視しなければならない．獣歯類から哺乳類への進化過程で，顎関節要素に相同性が途絶えることは最高に興味深い進化史ではあるが，それと同じくらい，下顎を水平に振り，トリボスフェニック型後臼歯を片側ずつ用いるという咀嚼様式は，驚異的な進展である．

　食物を昆虫に頼るという食性は，最古の哺乳類についてだけあてはまることではない．中生代に放散した哺乳類の基幹的な群や，新しいタイプにつながる真全獣類，そしてそれを引き継ぐ最初の有袋類や有胎盤類は，基本的に動物質を摂取する，広い意味での肉食生態をとっている．"広い意味"と付記したのは，多くの場合，昆虫類やそのほかの無脊椎動物を食べているからで，大型の脊椎動物を捕食する"狭い意味"の肉食との違いを明らかにしておきたいからである．大事なことは，これらの哺乳類がキチン質で効果的な防備を固めた昆虫類，あるいは節足動物を咀嚼・消化していることである．

　前章でトリボスフェニック型後臼歯の形態についてはくわしくふれている．歯の機能としては，キチン質で固められた被捕食者に対する対応はこのトリボスフェニック型後臼歯により完全なものとなる．おそらくトリボスフェニック型後臼歯を備えた段階で，行動生態学的に捕食可能な節足動物の咀嚼は，例外なく可能となったに違いない．双波歯とよばれる有袋類の臼歯列も，昆虫食・肉食に適応しているものである．キチン質を破砕することさえできれば，数多ある昆虫類から栄養摂取ができるわけで，臼歯列の高度な機能性が基幹的哺乳類の栄養摂取の問題を解決したといえるのである．

　このまま消化管の問題を扱うこともできるが，最初にふれたように，本章の議論は運動機構の進化に集約させよう．食性適応を完成させる内臓の進化については，次章で読者の疑問に答えることとしたい．

（2）草食への壁——歯

　こうして築かれた哺乳類の基本的な食性適応，すなわち機能的な歯列による外骨格の破砕という咀嚼パターンは，とりわけ新生代を迎えるに至り，広

い系統で多様化を開始したと考えられている．そのなかでも草食性は，咀嚼・消化器官におけるもっとも劇的な機能形態学的変更を示すものといってよい．ここでいう草食性とは「植物食性」と同義である．文字どおりの草を食べるという意味ではなく，植物繊維を摂取しているという意味でとらえていただければ幸いである．

　前章でふれたように，最初の明確な草食性適応は多丘歯類の一部に進化したものと考えられてきた．多丘歯類は，おそらく初期の齧歯類との競合により絶滅への道に追い込まれたと考えられ，現在はいかにも齧歯類と並行進化したと思われる顎構造と臼歯のみから，その草食性が認識されるだけである(Clemens and Kielan-Jaworowska, 1979)．いうまでもないが，一般に古生物学的に得られる食性のデータは，歯や顎構造の化石形態から得られるに限られ，消化管軟部構造に関しては，化石種からはなにも証明されないと考えてよいだろう．

　同様に新生代の正獣類の草食性も，化石群に関しては歯列と顎構造のデータがすべてではある．しかし，大きな目に関してほとんど現生種を残している正獣類では，現実の採食行動をデータ化し，説得性のある議論が可能となる．正獣類で明らかに草食性を獲得したのは，顆節類，偶蹄類，奇蹄類，兎類，岩狸類，長鼻類，海牛類，齧歯類などである．また，有袋類では双前歯類が草食性の主要な系統ということができる．化石群の顆節類は明らかな草食群ばかりでなく肉食性のグループを多数生み出しているので，草食性適応の議論は現生種を多数含む目のほうが有効だろう (Janis, 2000)．

　まず奇蹄類からふれておこう．奇蹄類の歯列はウマ科で証拠が豊富だ．ウマ科は時代とともに大型化し，臼歯の歯冠が高くなるが，最後は現生種のパターンをとって完成する．大型で幅広い切歯とすべて後臼歯化した臼歯列が，その特質である．これらの機能は切歯による植物の切断と，臼歯列によるすりつぶしである．どの歯がどの機能に関連するかはともかく，咀嚼の草食適応は植物体を切断する装置とそれを破砕する装置の組み合わせで成り立つといってよい．ウマ科では，切歯と臼歯列がその機能をシェアしている．そしてこの咀嚼戦略は，ウマ科のみならず，現生群に限ればすべての奇蹄類にあてはまることである．

　つぎに偶蹄類である．ここでは雑食的な性格を示すイノシシ類と，進歩し

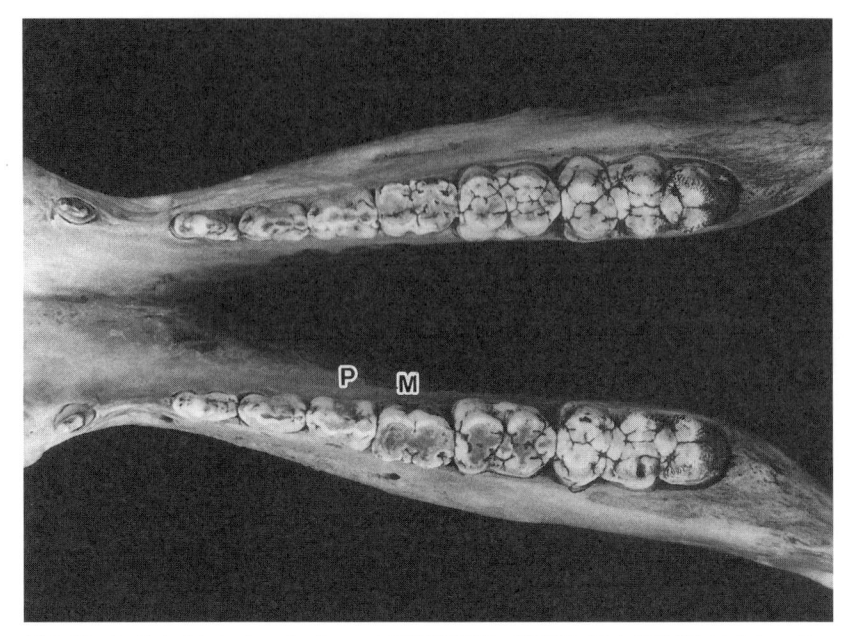

図 3-35　ヒゲイノシシ Sus barbatus の下顎背側観．前臼歯（P より吻側）は小さいが，切断に適している．後臼歯（M より尾側）は，鋭さはなく，並んだ咬頭が植物繊維のすりつぶしを行う．（国立科学博物館収蔵標本，遠藤，2001a より改変）

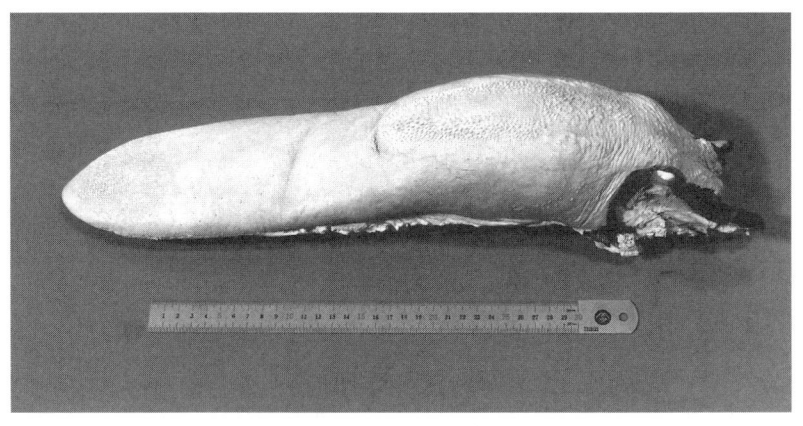

図 3-36　ウシ Bos taurus の舌．草を切り取る装置は，この軟部構造に依存している．下は 300 mm のスケール．若い個体の舌からつくられた精巧なレプリカである．（国立科学博物館収蔵．レプリカ製作：円尾博美）

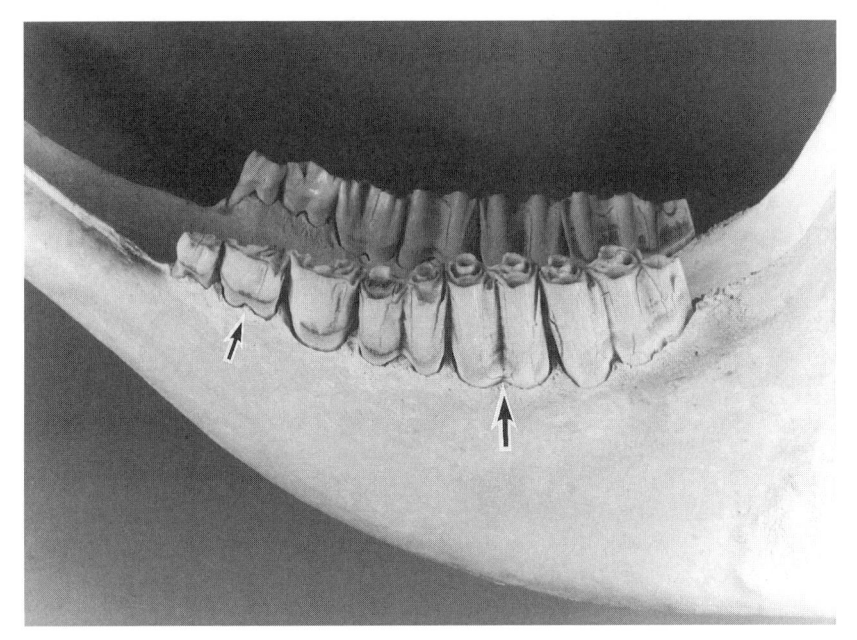

図 3-37 ウシ *Bos taurus* の下顎臼歯列．左側面観．小矢印は前臼歯，大矢印は後臼歯．しかし，前臼歯も後臼歯様の形状を示す．草食獣の食物破砕装置として高度に特殊化している．（遠藤，2001a より改変）

た反芻獣をみることにしたい．イノシシ類 *Sus* は，正獣類の基本といわれる I 3/3・C 1/1・P 4/4・M 3/3 の歯列を備える．これはときにイノシシ類の歯牙形態がプリミティブなのかという誤解を招いているが，あくまでもイノシシ類は草食適応に進んでいく途中経過のもので，けっして歯の形態そのものが原始的なわけではない．

さて，イノシシ類の切歯はシャベル状ともいわれるが，草食性とはいえ，草や樹木を切り取ることだけでなく，土を掘って土壌性小動物を捕食したり，植物の根を掘り出したりすることに適応している．前臼歯は本来の前臼歯の切断機能を有し，後臼歯はすりつぶしに適した扁平な土台に多数の咬頭を備えている（図 3-35）．この特徴は典型的な草食獣のものではないが，植物性の食物にも対応しうるような，特殊化の程度の低い雑食性がイノシシの状態といえよう．なお，このあたりで議論となる"雑食"という漠然とした切り口について，本章後半でもう一度まとめる機会を設ける．

一方，進歩した反芻獣の歯列はイノシシ類とはまったく異なる．ウシでI 0/3・C 0/1・P 3/3・M 3/3と表現できるが，まず上顎切歯が消失し，下顎切歯列には，ほとんど切歯と同じかたちをとる下顎犬歯が加わっている．そして，この下顎切歯・犬歯列と直接対面するのは，歯床板という切歯骨の上に発達した厚い弾性線維の塊である．植物の切断は，この下顎切歯・犬歯列と歯床板の間の嚙み合わせで行われている．同時に，生きている植物を実際に切断する装置としては，長く器用な舌が大きな役割を担っている（遠藤，2001a）．舌で巻き取って引きちぎる行動で，植物塊を口腔に運んでいるのだ（図3-36）．一方，臼歯列はすべて後臼歯のような形態で，すりつぶし機能のために特殊化している（図3-37）．個々の臼歯にはエナメル質の襞が高く発達し，硬い植物塊を破砕することができる．

（3）餌植物への対応

草食における歯列の適応は，肉食に比べるときめ細かいといってよいだろう．それぞれの時代，それぞれの場所に応じて変わる餌植物の内容に対して，歯列も咀嚼装置も，それぞれの系統で並行的に改変を起こしていく．草食獣のなかでもウシ科は，第三紀後半の温帯地域における草原の拡大に呼応して多様化を進めた可能性が示唆される（Colbert and Morales, 1991）．つまり，森林で軟らかい葉を食べていたものを祖先に，草原での粗剛な生草の採餌を行うものが派生したという推測が説得力をもつ．このことを，ブラウザー（browser）からグレイザー（grazer）が進化したと表現できよう（Lamprey, 1963）．生態学では，実際のフィールドにおける資源利用という観点から，多彩な両者の実態を類型化することができる（Kleiber, 1961；Gwynne and Bell, 1968；Bell, 1970；Jarman, 1974；高槻，1998）．

現生種でみるかぎり，ウシ科がもっともグレイザー化が進んでいるということはまちがいない．それに対して，シカ科や奇蹄類がブラウザー段階をよくみせてくれるというおおざっぱな傾向はあるだろう．しかし，ブラウザーとグレイザーということばは生態学では資源利用に着目して使われ，一方で形態学では咀嚼・消化器官の形態を第一義にとらえて両者を分類するので，それぞれの分野がどの種をブラウザーと考え，どの種をグレイザーと認識するかは，必ずしも一致しているとは限らない．

ウシ科からいったん離れて，有袋類のカンガルー類がオーストラリア大陸で更新世に草食獣としての多様化を遂げたことをみておこう．彼らもまた，ウシ科でもみられるような，ブラウザーからグレイザーへの変化をみせたのである (MacFadden, 2000). 鮮新世・更新世のプロテムノドン *Protemnodon* が典型的なブラウザーで，更新世の草原の拡大とともにグレイザーのマクロプス *Macropus* を派生したとされる (Sanson, 1978, 1980; Hiemae, 2000). さらに霊長目内でも，あるいは奇蹄目内でも，古生物学的にはグレイザーへ成熟する明確な足跡が残されている．いずれも歯冠が高くなり，咬合面のエナメル質が激しく折れ込んで，生草を破壊する機能を獲得していく (Janis, 1990, 1995). この適応はみごとなまでに多系統的に進化するので，私たちはその認識をひとつの系統群だけでみていては認識不足に陥ってしまう．

　ウシ科と一部のシカ科で頭蓋を高度なグレイザーに機能適応させる内容は，以下のような点である (Solounias and Dawson-Saunders, 1988; Janis, 1995). グレイザーでは口吻部の幅が広がり，前臼歯列付近の顔面の高さが増す．これで口輪筋などの付着面を増やし，口唇付近の運動を細かく制御することができるようになる．また，グレイザーは頬骨弓を吻側に伸ばし，咬筋浅層の起始部を広げ，同時に上顎骨吻側の面積を拡大し，咬筋深層の起始部も拡大する．咀嚼筋や顔面筋の発達を反映し，顔面域の拡大が起こるため，相対的には眼窩が後方へ移動する．脳頭蓋を基準にすれば，顔面部が純粋に拡大するグレイザーは，ブラウザーより頭蓋と下顎骨の長さが大きくなると解釈できよう．逆に考えれば，脳頭蓋の前後長は，グレイザーのほうが相対的に短いはずである．後頭骨の高さでみれば，グレイザーはブラウザーより，相対的に低いことが多いだろう．機能的解釈はむずかしいが，グレイザーでは最後臼歯が吻側のほかの臼歯より大型化する傾向が強く，前臼歯列の長さが相対的に小さいことが多い．切歯はブラウザーでは正中寄りの切歯が大きいはずだが，グレイザーではどの切歯もほぼ同サイズとなる．下顎では，グレイザーは発達した咬筋を終止させるため，後臼歯列付近の外側面から咬筋窩にかけて，深い凹部を形成する．発達した側頭筋に対応して，グレイザーの筋突起はやはり相対的には高さを増す可能性が高い．

　このグレイザーへの進化傾向は，臼歯の咬合面の形態にも現れている

(Janis, 1995). たとえば，かなり原始的な形質を考えるなら，イノシシやシロクロコロブス Colobus guereza のような雑食獣が適切だが，鈍丘歯型（ブノドント）とよばれる，咬合面にあまり高くない咬頭を配列するタイプが基本となるだろう．そこからしだいに咬頭間に隆線を発達させた皺壁歯型（ロフォドント）の臼歯へと進化する．シロサイ Ceratotherium simum やサバンナシマウマ Equus burchelli が典型的な現生群であるが，両種をみれば皺壁歯型でもグレイザーを進化させうることが明らかである．そして進歩的な偶蹄類，奇蹄類や滑距類にみられる段階が，三日月型の咬頭を備えた月状歯型（セレノドント）である．月状歯型は，当然多くのグレイザーによくみられる臼歯形態といえよう．少なくとも皺壁歯型の確立が，植物繊維の利用可能性の指標にすらなりえるという指摘もある (Sanson, 1991; Janis, 1995)．

草食歯列の最後の例として，長鼻類をあげておこう．長鼻類は化石群がきわめて多様で，やはり本来的には草食獣的な，臼歯列によるすりつぶしを歯

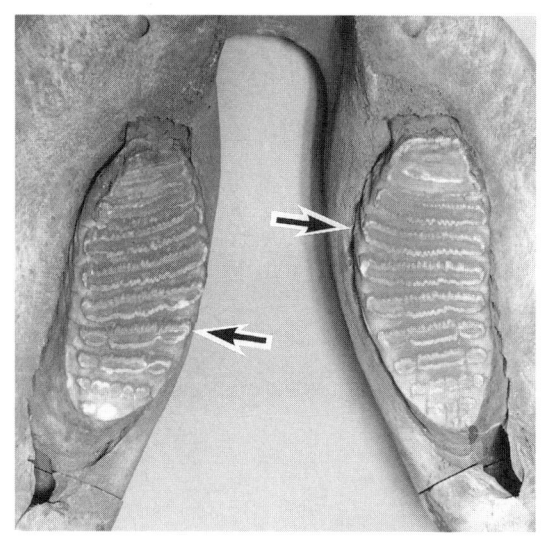

図 3-38 アジアゾウ Elephas maximus の下顎臼歯．標本は亜成獣のもので，みえている臼歯（矢印）はまだ小さい．この後，後方からつぎの臼歯が萌出し，水平交換する．横走する稜が硬い植物体を破砕する．（国立科学博物館収蔵標本）

列の機能の中心にすえている．長鼻類の採食戦略としては，少なくとも中新世以降については，身体を巨大化させたことでほかの草食獣が利用できない植物種を咀嚼できるようになったことが重要だ．大きくて堅い木本や果実に関しては，奇蹄類や偶蹄類には咀嚼できないものが多種あり，長鼻類のサイズだけがそれを利用可能にしてきたことは系統の繁栄を支える基本的要因だったともいえよう．注目すべきは比較的新しい系統に生じた水平交換する臼歯である．通常1本，交換時でも2本程度しか萌出・機能しない臼歯は，その形態があまりにも特異である（図3-38）．横走する歯稜が上下の臼歯で噛み合い，咀嚼筋の大きな筋力もあいまって，硬い植物塊を粉砕してしまう．臼歯の水平交換を個体発生に組み込んだ新しいゾウ類の"成長戦略"については前章でふれたが，機能的には，並外れて大きい咀嚼筋力が臼歯1本による食物の破砕を可能にしたと理解することができるだろう．

（4）殺すための歯

少し残酷な表現かもしれないが，ほかの動物を的確に殺すのが肉食獣の生き様である．最初にプロトタイプとして取り上げた，無盲腸類やいくつかの中生代の正獣類にみられる食虫性の適応とは，ここでは明確に区別する．比較的大きなサイズの獲物を襲って命を奪い，そのからだを切り裂いて口腔に運ぶことに，とくに長けた正真正銘の肉食獣の歯が，本項のテーマである．

化石群をさかのぼれば，肉食性適応は，新生代前半の哺乳類においても，成立している．しかし，現生群における高度な肉食性適応をみることで，その本質は明らかとなろう．まずはベンガルヤマネコ，ブチハイエナ，オオカミの頭骨と歯列をみよう（図3-39から図3-41）．これらの種に共通してもっとも目立つ歯は，巨大な犬歯だ．顎の前方で，顎の幅限界にまで広がる犬歯は，肉食獣の武装としてもっとも殺傷能力の高いものである．捕食行動を観察すれば，ほとんどの場合，犬歯で獲物の頸部を捕らえていることが明らかである（Macdonald, 1984）．脊髄の破壊や頸動脈の切断や気管の圧迫が致命傷となることを学習し，該当する部位に犬歯を打ち込んで，捕殺を繰り返す．

捕殺装置として完成の極にあるのは，多系統的にみられる剣状の犬歯だろう．俗に剣歯ネコやサーベルタイガーなどとして啓蒙されたが，食肉目ならニムラブス科やネコ科が典型的な種を進化させている．前者では漸新世のホ

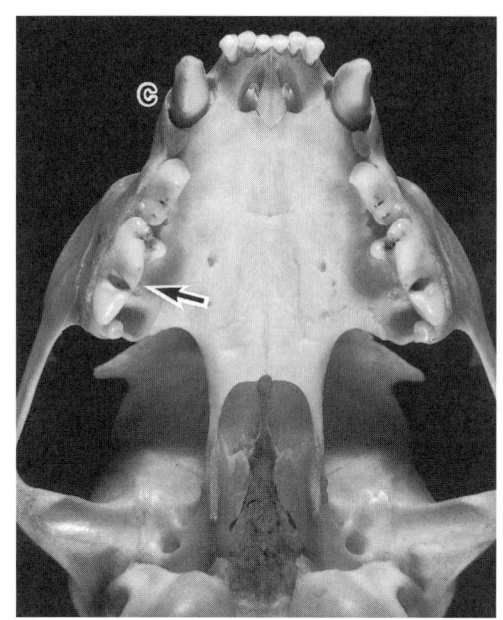

図 3-39 ベンガルヤマネコ（ツシマヤマネコ）*Felis bengalensis euptilura* の上顎歯列．犬歯 (C) は捕殺装置として進化している．臼歯列は数を著しく減らし，裂肉歯（矢印）ばかりが目立つ．（国立科学博物館収蔵標本）

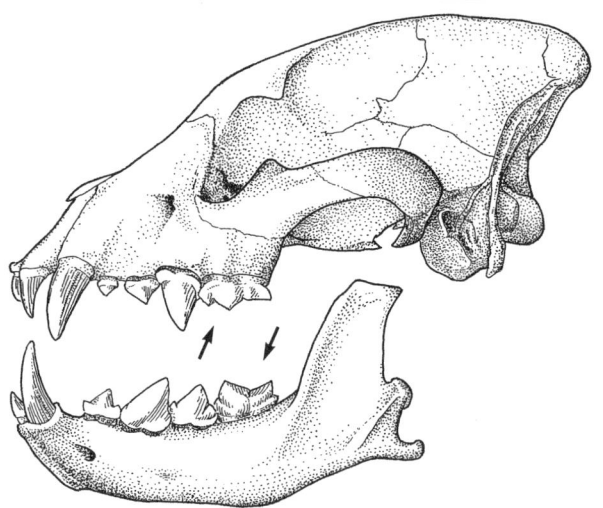

図 3-40 ブチハイエナ *Crocuta crocuta* の歯列．頭骨を左側面からみた．裂肉歯（上顎第4前臼歯と下顎第1後臼歯）（矢印）の前方に前臼歯列が備わる．前臼歯は頭蓋のサイズと比較して非常に大きく発達している．上顎では微小な第1後臼歯が内側に隠れている．（描画：渡辺芳美）

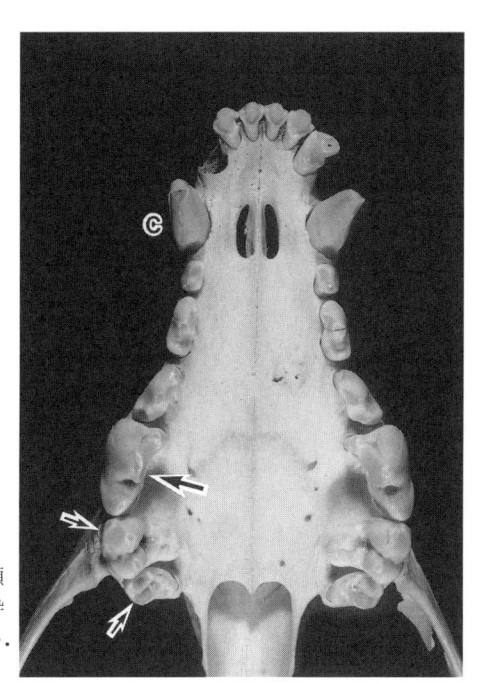

図 3-41 オオカミ *Canis lupus* の上顎歯列．裂肉歯（大矢印）の後方にも破砕用の後臼歯（小矢印）を発達させている．C は犬歯．（国立科学博物館収蔵標本）

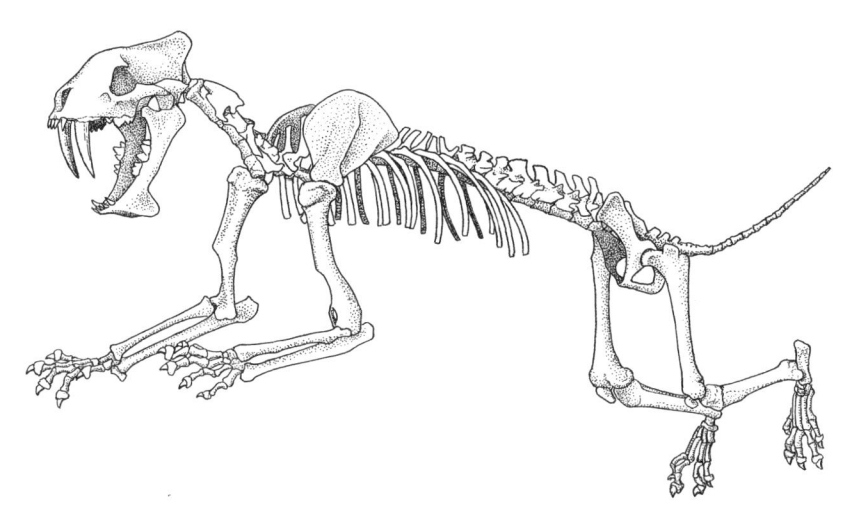

図 3-42 ホプロフォネウス *Hoplophoneus* の全身骨格を左前方からみる．剣状の犬歯が目立つ．下顎は大きく開き，巨大な犬歯は捕殺装置として有効に使われていたらしい．頭胴長 120 cm 程度と推測される．漸新世の北アメリカに分布していた．（描画：渡辺芳美）

プロフォネウス *Hoplophoneus*（図3-42）やエウスミルス *Eusmilus*，後者では更新世のスミロドンや少し古いマカイロドゥス *Machairodus* が有名である．バーバロフェリス科かニムラブス科かという帰属の論議はあるが，中新世のバーバロフェリス *Barbourofelis* も同様の適応を示す．さらにこの適応は肉歯目にも並行進化した形跡がみられる．始新世の北アメリカに分布したマカエロイデス *Machaeroides* がその例といえるだろう．正獣類を離れれば，肉食性有袋類としてすでにふれた鮮新世のティラコスミルスがきれいな収斂の関係を示す．食肉目を中心に，このサーベル状犬歯をどう機能させるかについては，議論が蓄積している (Greaves, 1978, 1983; Emmerson and Radinsky, 1980; Radinsky, 1981; Bryant and Russell, 1995)．簡潔に語れば，下顎骨の可動（開口）範囲が大きく，巨大な犬歯を対象に突き立てるに十分な開口をしたうえで，それを動かす咀嚼筋がトルクを確実に下顎に伝えるように構築されていた，ということになる．現生のライオンやトラと比較して極端に大きな犬歯は，頸部の血管，神経，気道を確実に破壊する機能を担っていたと推察される．

犬歯による被捕食者の捕殺は一見あたりまえのようであるが，現生の脊椎動物で咀嚼筋と鋭い歯牙の組み合わせで被捕食者への殺傷行動を示す例は，けっして多くない．口腔に引き込んで丸呑みにするような捕食様式のほうが，適応としては一般的で容易に成立すると考えることもできる．なお，化石有袋類になるが，オーストラリアの更新世のティラコレオ *Thylacoleo* では，犬歯ではなく切歯が巨大な牙状を呈する変り種だ (Finch and Freedman, 1982)．系統的に双前歯類に属することもあって，このくらい奇妙になると，この動物が生態学的に肉食性だったかどうか疑われることにもなるが，現在では双前歯類における二次的な肉食適応と考えられ，この歯列は食肉目の犬歯同様に使われただろうと推察されている (Wells *et al*., 1982)．

（5）肉食性の臼歯

犬歯の特化に対して，肉食獣の臼歯列はどのような適応を遂げているのだろうか．理解を助けることを期待して，あえてあまり注目されない現生群をここで取り上げたい．ハイエナ科である（図3-40）．現生で4種からなるハイエナ科は，昆虫食に特殊化したアードウルフ *Proteles cristatus* を除けば，

典型的な捕食者の生態をとる．比喩にも定着したハイエナのイメージは，獲物を横取りしたり，死体を求めて徘徊したりというネガティブなものが圧倒的である．残念だが，これは西欧社会に根づく，ハイエナ類に対する文化的・社会的偏見にすぎない．3 種のハイエナは十分な走行適応にもとづいて生きた獲物を走って追いつめる，れっきとしたハンターである．シマハイエナ *Hyaena hyaena* がライオンの殺した獲物を奪うシーンは映像的に有名になってきたが，あくまでもハンターとしてのシマハイエナとライオンの競合が，第一義的には指摘されなくてはならない．当然，ハイエナ類の歯列は十分に大きな犬歯を備え，生きた獲物の頸部を刺すために特殊化を遂げている．だが，より注目すべきは捕らえた獲物の骨を砕く行動である（Richardson and Bearder, 1984 ; Savage and Long, 1986）．そして，おそらくはそこに関与する前臼歯の存在だ．

　アードウルフを除く現生 3 種のハイエナについて語っていくが，その歯式は I 3/3・C 1/1・P 4/3・M 1/1 である．典型的捕殺者であるネコ科の多くが I 3/3・C 1/1・P 3/2・M 1/1 を示すのに対し，前臼歯の数が異なる．ネコ科の前臼歯が退化傾向の極にまで達していて，最小限に減少したのに対し，ハイエナ 3 種の前臼歯が 1 本ずつ多いことには，十分な意味がある．ハイエナ類の各前臼歯の，頭骨に対する相対的なサイズはかなり大きい（図 3-40）．ハイエナ類は体重 30 kg から 80 kg 程度のサイズの動物であり，咀嚼筋の力もそのサイズから類推される範疇のものだが，大型で数の多い前臼歯列の発達は，獲物の骨を徹底的に砕くという採餌パターンに適応したものだと推測することができる．残念ながらハイエナが骨をどのくらいまで細かく砕き，それが個体の栄養摂取にとってどのくらいの貢献をしているかは定量的報告が乏しく，その意味では，骨を壊す実際の咀嚼行動がどの程度適応的かの判断は慎重になされなくてはならない．しかし，ハイエナ類の巨大な前臼歯列を，ただの肉切り装置として限定的に解釈する必要はない．肉食性適応における前臼歯のもっとも基本的な機能が餌動物体の粉砕であることを，ハイエナ類は示してくれる（Savage, 1977）．

　すでに犬歯の説明にネコ科のような進歩した食肉類を取り上げてしまったが，肉食獣の臼歯列を理解するうえでは，ネコ科は特殊化・単純化が進みすぎた一群といえるだろう．餌のほとんどを脊椎動物の身体に依存するネコ科

にとって，臼歯は肉を切るたんなるナイフであればよく，歯数は減少し，歯列は単純化する（図3-39）．あえてハイエナ科で理解を試みた前臼歯による破砕機能は，肉食獣の進化史にしばしばみられる咀嚼機構である．新生代前半に発展した肉歯目はかなり多様なグループだが，たとえばクエルキテリウム *Querchytherium* やメギストテリウム *Megistotherium* などは，現在の食肉目ハイエナ科から想起される破砕能力の高い前臼歯を備えていたことが明らかだ．イヌ科では中新世のボロファグスがこのタイプの典型である（Savage and Long, 1986）．ネコ科のような臼歯列全体の単純化はけっして一般的でないことを理解しておこう．

（6）さまよえる裂肉歯

さて，肉食獣は後方臼歯列に，ナイフ状の刃が発達した「裂肉歯」を備えている．裂肉歯は，たとえれば洋食のナイフのような肉切り器として働く．先にふれたような破砕機能のある臼歯列とは異なり，純粋に肉を切る部分である．ネコ科の臼歯の単純化というのは，この切断機能だけに特化した現生ネコ科の形態をさしてきたのだ（Savage, 1977）．では，肉食獣の系統のなかで裂肉歯とはどのような存在だったのだろうか．

現生食肉目では，裂肉歯は必ず上顎第4前臼歯と下顎第1後臼歯の組み合わせである．しかし，これは絶滅群を含むほかの系統ではまったく様相を異にする．肉歯目では上顎第1・第2，下顎第2・第3あたりの後臼歯を組み合わせて，裂肉歯としている．どの系統でも後ろ寄りの前臼歯あるいは前寄りの後臼歯を裂肉歯化するが，現生群と異なり，2対あるいは3対の裂肉歯をもつものも少なくない．南アメリカ・オーストラリア両大陸で放散した食肉性有袋類ではこの傾向が一般的で，絶滅種フクロオオカミも3対の後臼歯を裂肉歯化している．なお，現生の有袋類に肉食性の高い機能をもつ歯列を見出すのはむずかしい．あまり特殊化していないと考えられるが，チャイロコミミバンディクート *Isodon obesulus* の例を紹介するにとどめよう（図3-43）．現生群としては，犬歯の発達，鋭い前臼歯など，ほかの群に比べてバンディクート類は肉食性の形質を明瞭に示す．

さて，おおざっぱには特殊化の程度の低いグループほど，裂肉歯の刃を体軸に対して斜めに走らせることが多く，現生のネコ科が体軸に平行なのに対

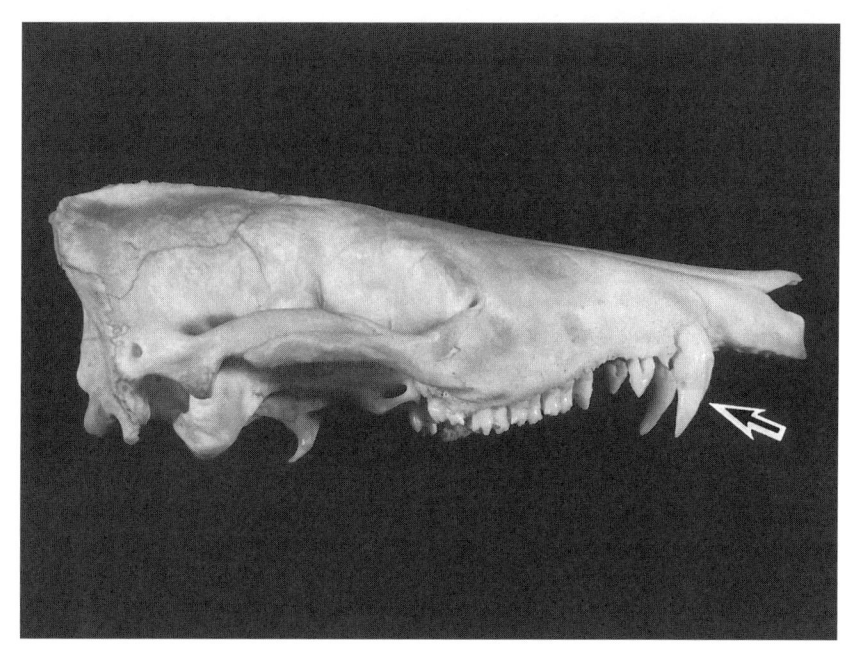

図 3-43 チャイロコミミバンディクート *Isodon obesulus* の頭骨．右側面観．巨大な犬歯（矢印）が目立つ．前臼歯列が鋭い．（国立科学博物館収蔵標本）

して明らかな違いをみせる．これは，裂肉歯より後方にさらに臼歯列が配列されているグループでは，斜めに切断しながら，後方の歯で圧迫してつぶすということが行われていることを示唆している．現生群でこのような咀嚼パターンをとる典型は，イヌ科やジャコウネコ科のグループだ（図3-41）．

一方，系統的に食肉目であっても，ある程度の草食適応を示す一部のクマ科やアライグマ科では，裂肉歯にあたる大きなナイフがみあたらないグループもある．これらは裂肉歯たるべき臼歯列を，植物体をターゲットにした咀嚼装置として使っているのである．これらの雑食性の適応については，すぐ後で別にふれよう．

（7）咀嚼筋とは

さて，すでに読者は，歯牙そのものや歯列の形態学的特徴が，たんにそれだけで一人歩きして咀嚼機構や食性を支えてはいないことにお気づきだろう．

歯を扱うからには，それを動かす筋肉群や運動を規定する関節構造にふれなければならない．ここでは歯列を機能させる咀嚼筋に関して概観してみよう．

哺乳類で咀嚼にかかわる筋肉は，咬筋，側頭筋，顎二腹筋，翼突筋の4グループに大別することができる．もちろんほかにも補助的に咀嚼運動にかかわる筋肉はあるが，主たる動力を4つの筋に集約していることは，脊椎動物としては合理化が行われた後のものだと考えることができる．

咬筋はおもに頬骨弓から発して，下顎骨の外側に終わる．頬骨弓とは，頭骨の側面に張っていて，上顎骨の後方から側頭骨の腹側外側面をつなぐ骨の梁である．内臓頭蓋から頬骨という部品を得て上顎骨に連結してかたちづくられるが，側頭骨からは頬骨突起なる突起が出ることが多く，頬骨は両者を橋渡しするように"弓"を形成する（図3-44）．頬骨弓はそれ自体，咬筋に起始部を与えることが最大の役割である．

広く発達する草食獣，たとえば反芻獣の咬筋を外側面からみる（図3-45）．頬骨弓から後方腹側へ走る強靱な筋肉だ．ちょうど下顎骨後方の外側面をすっかり覆うように終止する．本質的意義は読者の顎にも同じことが起こっているからすぐ理解できようが，この筋が弛緩すれば下顎は自分の重さで開き，収縮すれば下顎が閉じて，歯列による咀嚼が行われることになる．正確に表現すれば，下顎を前方へ引く筋である．この筋を大型化する道を選んだ草食獣，たとえば反芻獣は，これを左右交互に使うことで，運動している側の前・後臼歯列を嚙み合わせることができる（Smith and Savage, 1959；遠藤, 2001a）．草食獣は典型的な咬筋優位の咀嚼システムを備えているのだ．咬筋優位の戦略は，奇蹄類・兎類・草食性齧歯類の多くでも一般的で，並行的に進化する食性適応とみなすことができよう．

つぎなる咀嚼筋，側頭筋は，頭頂骨，側頭骨，そして一部前頭骨からなる脳函側壁全面，いわゆる側頭窩を起始部とする．起始部の面積が広い筋である．そのまま普通は腹側前方へ走り，頬骨弓の裏を通って，下顎骨の筋突起周辺に終止する（図3-46）．あまり強調されていないが，側頭筋には表層を吻尾方向に走り，頬骨弓内壁を起始とする筋束がある．また，下顎枝付近の深部では，咬筋と密着してしまう場合は少なくない．第1章でふれたが，じつはこの2筋は祖先段階の爬虫類では，M. adductor mandibulae externus とされるひとつの筋肉である．先に咀嚼筋を4つの筋にまとめて合理化した

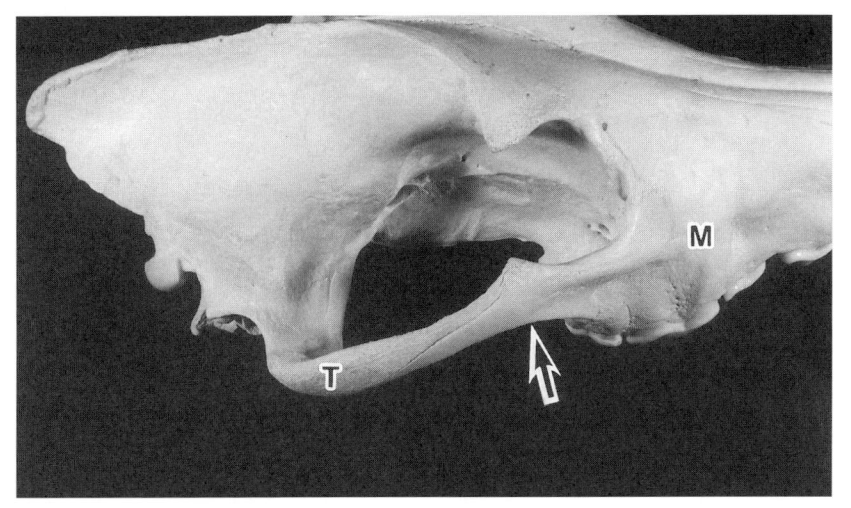

図 3-44　オオカミ *Canis lupus* の頬骨弓．右背側面観．上顎骨 (M) から伸びて，頬骨（矢印）を介し，側頭骨頬骨突起 (T) に連なる．（国立科学博物館収蔵標本）

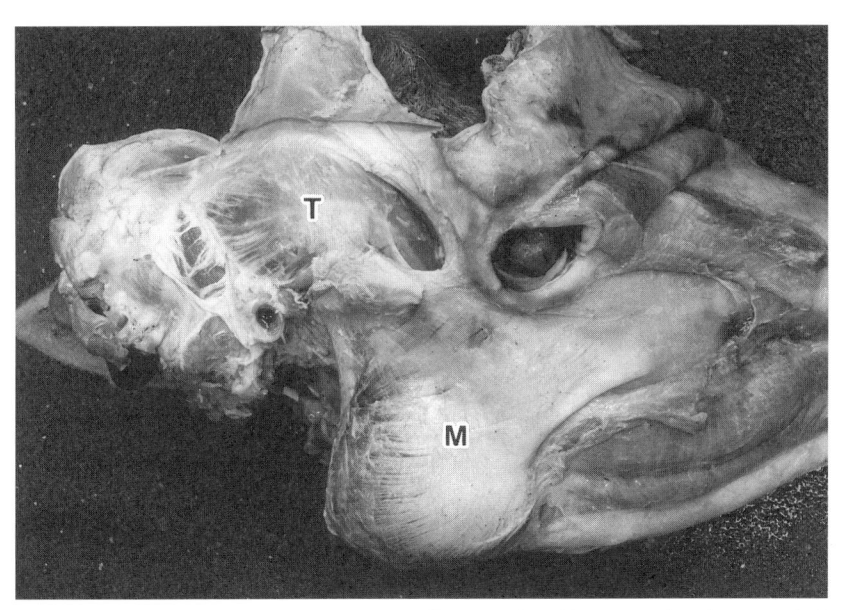

図 3-45　キリン *Giraffa camelopardalis* の咬筋 (M)．解剖体の右側面観．頬骨弓・頬骨から下顎骨外側の間を走る．一般に草食獣は咬筋をよく発達させるといえるだろう．T は比較的小さな側頭筋．

と語ったが，咬筋と側頭筋の分離に関しては，単純化ではなく，合理的な機能分化だろう（Crompton, 1963）．

側頭筋を優位にすえた例は肉食獣である（図3-46；Sasaki *et al*., 2000a, 2000b, 2001）．このグループでは，頭の側面は強大な側頭筋が輪郭を決めているといってもよい．とりわけ側頭窩から矢状稜にかけての形態は性的二形が認識されやすいが，雄で矢状稜が高く立ち上がる領域は，すべて分厚い側頭筋が空間を埋めているのだ（Endo *et al*., 1999c）．私はよく講義や実習では，側頭筋を理解したかったら，自分のこめかみを触って硬いものを嚙んでみるようにと教えるようにしている．ヒトの側頭部から顎に伸びる側頭筋は，起始近くの背側の運動を外から触診することが可能だ．逆に咬筋優位で設計された草食獣の側頭筋はとても貧弱である．私はその役割を脱臼防止と下顎骨の相対的な位置決め程度と論じてきた（遠藤，2001a）．

ところで，これまで咬筋優位が草食獣の系統にみられ，側頭筋優位が肉食獣の系統に成り立つと単純に類型化してきた．しかし，そう区分けされる要

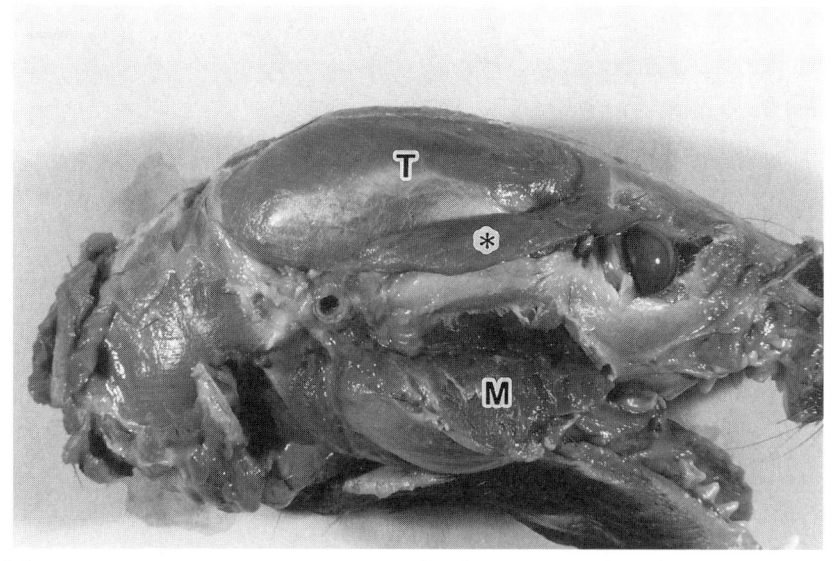

図 3-46 ハクビシン *Paguma larvata* の側頭筋．解剖体の右側面観．側頭窩から下顎骨筋突起へ伸びる（T）．一方で表層を吻尾方向に走り，頬骨弓から起始する筋束もある（アステリスク）．M は頬骨弓から切断しつつある咬筋．

因は，実際には，食性に適応して，顎関節と歯列咬合面の高さをどう形態学的に決めていくかという問題に帰着する（大泰司, 1998）．肉食獣の系統では，顎関節が臼歯の咬合面とほぼ水平な位置に配置されている．そうすることで，単純な二次元の顎運動で，食物を鋏のように切る動作を行っている．当然，鋏の円運動を加速させるのに有効な筋肉，すなわち顎を背側後方へ引く側頭筋がもっとも効率よく働くことは明らかで，側頭筋優位が確立される．一方，草食獣の系統では，一般に顎関節が歯列の咬合面より背側，すなわち高いところに位置している．同時にその顎関節をかなり緩やかに連結しておくことで，下顎は単純な鋏ではなく，三次元的に振り回す運動を行うことができる．高い位置にある顎関節を中心として下顎を挙上するとなると，筋力を背側前方に効かせることが効率的となり，いきおい，動力の主役は起始を吻側にもつ咬筋となる．かりに草食性群で顎関節を咬合面と水平におき，関節を緩やかに設定して，側頭筋で三次元的に振り回そうとするなら，もはや下顎を上顎に押さえつけておくことができず，すぐ脱臼してしまうだろう．つまりこの問題では，どの筋肉で咀嚼するかという選択は筋肉側にあったのではなく，食性に対する有効な運動をするために必要な顎関節の高さが，その決定権を握っていたと推測されるのだ．

　さて，側頭筋が前方へ回り込む部分は眼窩だ．ところが，眼窩は眼球の収納場所であるから，視覚の発達に依存して形状を変える．つまりは眼球を大型化して視覚のウエイトを大きくした種においては，大きくえぐれた眼窩のために側頭筋の走行が影響を受けるのである．バイカルアザラシ *Phoca sibirica* の頭部を CT スキャンにより検討していた私は，このもっとも著しい例に出会う機会を得た（Endo *et al*., 1998c, 1998f, 1999b）．祖先種に対して，透明度の高いバイカル湖で眼球と眼窩を大きく進化させたバイカルアザラシは，側頭筋の起始部を大きく失うことになっていた．おそらくはこの状況では，側頭筋と咬筋との間に，新たな機能配分が設定されたものと推測される．まだ明確な理論を打ち立てるにはおよばないが，感覚器官の適応から咀嚼機構の機能形態が影響を受ける例として注目してよいだろう．

　一方，少し問題は異なるが，咬筋を眼窩の前方へ著しく伸長する齧歯類では，樹上性に適応すると，咬筋が物理的に下方への視界を遮る可能性が高い．それを補う意味から，大後頭孔の角度を改変して，下方の視野が咬筋によっ

て邪魔されないよう，頭部全体を下方に傾けるような適応まで生じることが示唆されている（佐藤, 2001）.

顎二腹筋（図3-47）. この筋肉は起始部が後頭骨・側頭骨の腹面である. 多くの哺乳類では内耳を収めた聴胞が突出する部分なので，聴胞の一部分に接着面をもつ種はめずらしくない. 逆に聴胞があまりに大きく発達する種では，顎二腹筋の走行する空間が乏しくなると解釈することができる. この観点から，私は近縁のアザラシの種間で，聴胞の大きさと顎二腹筋の機能分担の程度に強い関連があることを示唆してきた（Endo *et al.*, 1998c, 1999b）. 先の，眼窩の拡大と側頭筋の機能の関連に類似する現象といえるだろう. 顎二腹筋は後頭部から前方へ走行し，そのまま下顎骨腹縁から内側にかけて細長い終止部をもつことが多い. 名称に反して，この筋肉が典型的な二腹を備えること（筋肉が数珠のような2つの太い部分をもつこと）は，あまりない. しかし，筋腹の形状にかかわらず，この筋肉が収縮すれば，下顎骨を後ろへ引く運動を生じる. ただし顎関節の運動制限がある以上，下顎が後ろへ平行移動するようなことはほとんど起きえない. 要は咬筋・側頭筋が収縮していないフェーズで，開口機能を担っていると考えればよい. また，先の反芻獣のような顎構造では，顎二腹筋の機能としては，下顎の位置決め・脱臼防止

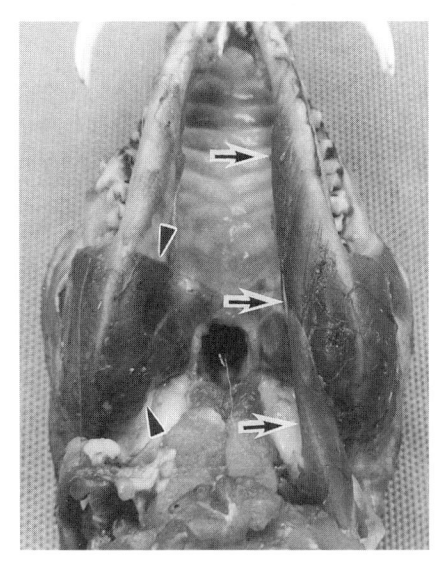

図3-47 ジャワマメジカ *Tragulus javanicus* 解剖体の頭部を腹側後方からみる. 顎二腹筋（矢印）と内側翼突筋（矢頭）が観察される. また，外側翼突筋は内側翼突筋に隠されている場合が多いが，偶蹄類などでは痕跡化していて，実質的に内側翼突筋しか機能しないこともある.

を第一にあげる必要がある．開口に不可欠な筋肉ではあろうが，これが主たる咀嚼筋として働くものでないことは確かだ．

最後は翼突筋である（図3-47）．これは内側翼突筋と外側翼突筋に分けられるが，両者の発生学的起原は異なり，系統の異なる筋がほぼ同一の機能を果たしている例である．内側・外側という位置を表わす形容詞は，実際の位置関係を表わしていないことが多い．いずれも口蓋後方の翼状骨付近から，下顎骨後方の内側面を結んでいる．多くの哺乳類では，内側翼突筋がよく発達し，下顎骨を背側正中寄りへ引き上げる力を発する．すでにふれたように，哺乳類的な咀嚼の特性として，翼突筋により下顎を内外に動かし，上下の臼歯列どうしを横滑りさせる機能が進化するが，その動力としての主役が翼突筋である．

現在みられる哺乳類の基本的な臼歯の使い方は，片側ずつを交互に用いる片側咀嚼である（Kallen and Gans, 1972 ; Herring and Scapino, 1973）．そして基本的には，嚙み合わせている歯列とは反対側の咀嚼筋群が筋力を与えることになっている．たとえば，肉食獣が左の裂肉歯を使っているとき，その主たる動力は右側の側頭筋の収縮によって生み出されているといえる（Smith and Savage, 1959）．ところが反芻獣の多くは，同じ片側咀嚼でも，動力を同側の咀嚼筋群に頼っている．たとえば左側の臼歯列を使っているシカでは，その主動力は左側の咬筋である．このあたりの咀嚼筋の収縮パターンを系統上の必然性と関連づけて議論するのは困難だが，咀嚼様式の多様性はそれぞれの顎構造と咀嚼筋配置における"設計思想"を示すものだ．さらに齧歯類では，目内に多系統的に両側咀嚼が進化している．これについては次項でふれることにしよう．

（8）巨大な切歯の意義

咀嚼筋を知ったところで，齧歯類の歯列・顎構造パターンを取り上げよう．ある意味で獣の象徴とまでなじみの深い齧歯類だが，咀嚼に関するかぎり，ほかの群に類例をみないほど特殊な戦略をみせる．

たとえば，パカラナ Dinomys branickii の歯列は，I 1/1・C 0/0・P 1/1・M 3/3 である（図3-48）．食塊は巨大な切歯で切り取ることが行われている．そして切歯から離れて並ぶ臼歯列が食塊を破砕する．図からも読み取れるよ

うに，歯列のなかでは切歯が桁外れに大きい．この切歯に関連して，齧歯類の咬筋の起始は眼窩より前まで伸び，鼻部側面や眼窩下孔に付着するという特徴をもつ．咬筋がよく発達するヤマアラシ顎亜目の種では，一見すると眼窩そのものが小さくみえるくらいに眼窩下孔が大きく広がる（図3-49）．こうして切歯（作用点）に力点（咬筋）を近づけることで，齧歯類は切歯をとりわけ機能性の高い切断機にしていることが明確だ（佐藤，2001）．

さて，多くの齧歯類の場合，主要な栄養源が植物で，切歯がそれを切断しながら口腔に運ぶ役割を果たす．ところが，切歯はじつはたんなる切断装置の域にとどまらず，実際のところ対象物の把握機構——マニピュレーターとして機能している．すなわちネズミの切歯は，ヒトの掌同様に，モノをもち運ぶという機能を備えているのだ．さらにいえば，切断能力を有する切歯は，摂餌を超えた目的に適応している．自分の前の障害物を破壊する装置として，至極一般的に使われる．樹上性のリス類が樹洞の周辺を齧る生態，身近なイエネズミが人工建造物を破壊する動作は，多くの読者にとってなじみ深いだろうが，切歯は"万能工具"のようなものである．むろん対捕食者という光景を思い浮かべれば，切歯は多くの齧歯類にとって最大の抵抗を試みる武器となる．つまり切歯にとって，食物の切断機能はたくさんある機能のうちのひとつでしかないのだろう．ドブネズミのような典型的齧歯類の頭骨を観察すると，必要以上に切歯が大きすぎるように思われるが，彼らの生態を考慮すれば，これはたんなる摂餌装置として理解するべきものではない．

切歯の後方に小さく控える臼歯列は，齧歯類の食物咀嚼の主役となる．前章でふれたように齧歯目はリス顎亜目とヤマアラシ顎亜目に二分されることが多く，両者は咀嚼筋の機能分担が大きく異なっている．前者は内側翼突筋が短く，臼歯下のほぼ垂直な下顎骨側面が咬筋の付着部になるのに対し，後者は下顎骨腹側寄りが外側に張り出して咬筋専用の付着部をつくっている．オリジナルな状態はリス顎タイプで，派生型がヤマアラシ顎タイプだろう．

この系統的な両者の分離とは別に，齧歯目内ではいわゆる両側咀嚼が多系統的に収斂をみせる（Weijs and Dantuma, 1975；Woods and Howland, 1979；Kesner, 1980；Offermans and De Vree, 1990；Endo et al., 2001f）．両側咀嚼とは，たとえば多くのネズミ科にみられるものだが，左右両側の臼歯列を同時に利用して食物の破砕を行うものである．両側の臼歯を同時に使

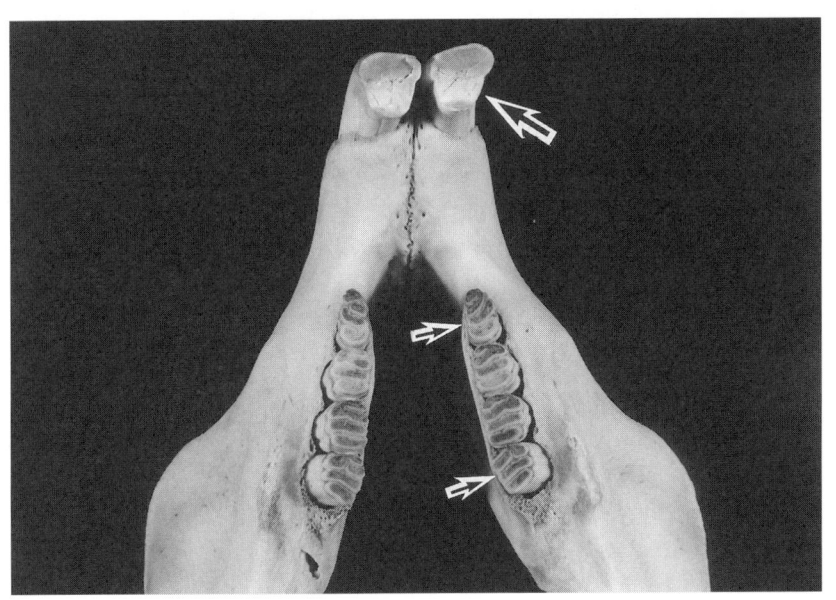

図 3-48 パカラナ *Dinomys branickii* の歯列．切歯（大矢印）と臼歯列（小矢印）からなる．本種は前臼歯を機能させているが，臼歯列が後臼歯のみからなる齧歯類はめずらしくない．（国立科学博物館収蔵標本）

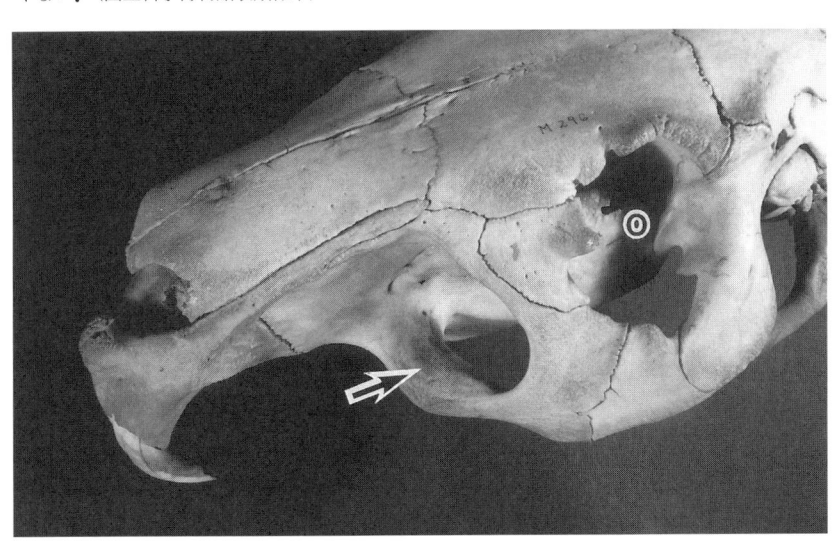

図 3-49 カピバラ *Hydrochaerus hydrochaeris* の頭骨を前方左側よりみる．巨大な孔（矢印）は眼窩下孔で，吻側の咬筋の起始部位である．O は眼窩．（国立科学博物館収蔵標本）

うということは，下顎が左右に運動する片側咀嚼と異なり，下顎が上顎に対して前後方向の運動を繰り返すことである．先に咬筋は下顎を前方へ引くと書いたが，まさしく両側咀嚼は下顎の前後運動をみせる．両側咀嚼を行う齧歯類では，下顎間連合が柔軟に変形するため，左右の下顎骨が別々の筋力で引かれているのを，正面から観察することができる．両側下顎体の前後方向への引き寄せが左右同時に起こっていることの証拠だ．

両側同時・前後方向の咀嚼は，通常の片側咀嚼を祖先型として齧歯目内で派生した，きわめて特殊な咀嚼様式と考えられる（佐藤，2001）．咀嚼の目的からすれば，両側咀嚼にとりたてて利点があるとも思われない．しかしこれもまた，齧歯類の特異な歯列がさらに適応を進めた，多様化の一例である．先にふれた反芻獣における臼歯列と同側性の咀嚼筋収縮といい，この齧歯類における両側咀嚼といい，必要な機能を全うするならば，進化史は新たな機能形態学的変革をつぎつぎと生み出しうるものなのである．

齧歯類を語ったところで，アマミノクロウサギ Pentalagus furnessi の頭骨をみよう（図3-50）．プロポーション的にみて，頭骨が前後に細長い印象はあるものの，巨大な切歯をはじめとする歯列の特徴は一般的齧歯類に近い．前章でみたように，実際，これらの特徴から20世紀初頭までは，兎類は齧歯類に属すサブグループだと主張されていた．咀嚼機構的にも，齧歯類の幅広いバリエーションから逸脱する顎運動のもち主ではないのである．とりわけリス顎亜目の咀嚼様式を多くの点でもち合わせている．形態学的な齧歯類との相違としては，上顎に第2切歯が萌出するという大きな特徴はある．しかし，第2切歯の機能性はきわめて低く，兎類に特異な顎運動を必要とするものではない．

齧歯類様の巨大な切歯は，適応的に優れた機構とも考えられ，有袋類でも進化している．双前歯目ウォンバット類やケノレステス目アルギロラグス類が典型的だ（図3-51；Simpson, 1970）．ただし，彼らの咀嚼様式がほんとうに齧歯目と照応されるべきものかどうかは，まだ検討を要する．

最後に長鼻類について補足しておこう．長鼻類が切歯を巨大化させたことは系統史において一般的なことで，上顎下顎ともに枚挙に暇がない．現生種では性的二型が明らかで，個体間のコミュニケーションやディスプレイに使われることが多い．一方で樹皮を剝がしたり，食物を一時的に運んだり，ま

3.2 咀嚼様式の特化　209

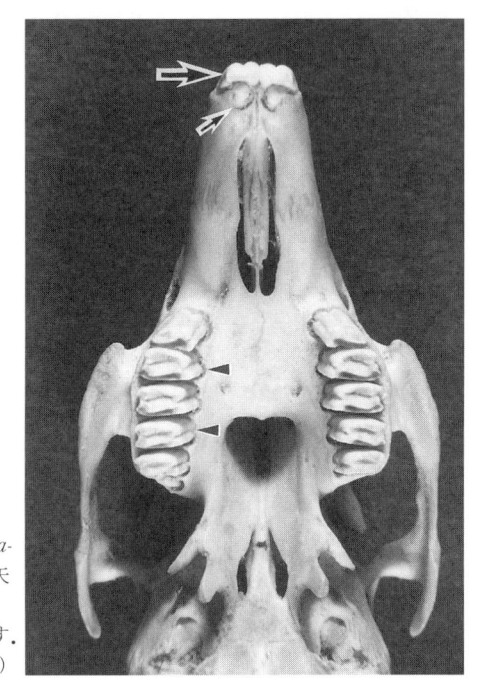

図 3-50 アマミノクロウサギ *Pentalagus furnessi* の上顎歯列．切歯（大矢印），第 2 切歯（小矢印）が萌出するが，そのほかの点では齧歯類様の特徴を示す．矢頭は臼歯列．（国立科学博物館収蔵標本）

た，多分に儀式的な闘争に使われていることもある．化石群で特筆される例として，前章でふれたデイノテリウム類の下顎後方へ屈するもの（図 2-26 参照；Owen, 1866）や，1500 万年前のゴンフォテリウム類・プラティベロドン *Platybelodon* のシャベル状のものがあげられる．機能的には木の根を掘り起こしたなどという推測がなされてきた．

（9）"雑食性" とはなにか

歯列構造と咀嚼筋配置についてふれ，それぞれが食性に対して示す形態学的適応について論じてきた．ここでときどき登場してきた雑食性という概念を点検してみよう．もちろんそれはあまり説明なく用いられてきた，肉食性，草食性ということばを再点検することでもある（Langer and Chivers, 1994）．

食性とは，第一義には，食物の選択性として生態学的に観察される内容である．すなわち生態学的適応として認識すればよく，形態学的な食性への適応は，現生群では実際になにを食べているかというデータがあって，はじめ

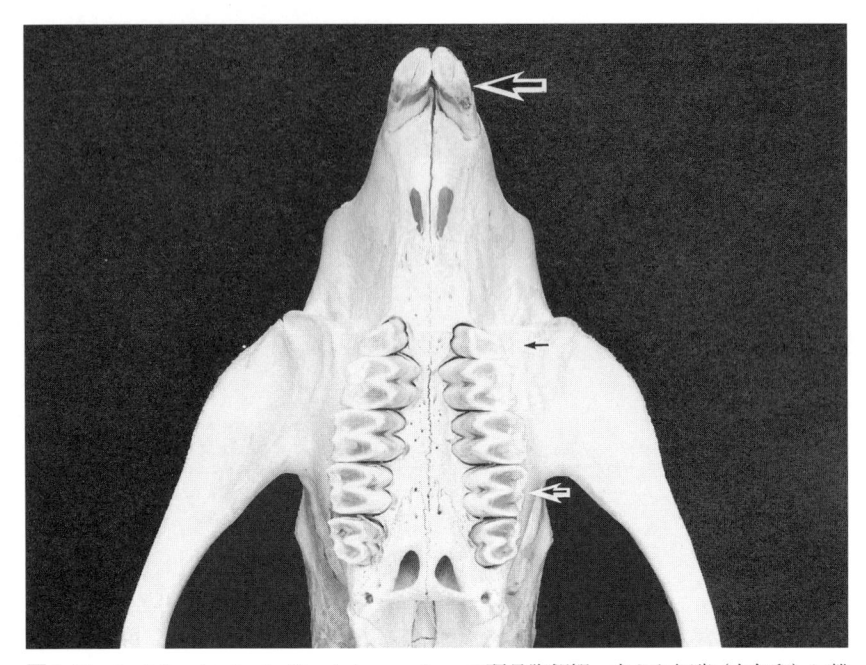

図 3-51 ヒメウォンバット Vombatus ursinus の頭骨腹側観．大きな切歯（大矢印）と離れた臼歯列（小矢印）は一見齧歯目を思わせる．（スミソニアン研究所収蔵標本）

て議論の土俵にのる．ところが雑食性というのは，生態学的データからも漠然としか表現されない．そして，それは歯列や咀嚼筋の形態学的形質としては混迷を極め，これらの形質に関しては，雑食性に"適応"するということがそもそもなんなのか，不明瞭になる．

　一方，肉食性といっても完全に動物性タンパク質ばかりに依存しているのは，たとえばネコ科とホッキョクグマ Ursus maritimus 程度しかあげられない．肉食性を，昆虫食を含む"広い意味"で解釈しても，多くの種がそれだけで生きているわけではない．系統分類学的にいう食肉目はもちろん，多系統で並行的に進化する動物性タンパク質利用種の多くは，植物体も食べているのだ．同一種内で，地理的に食物利用が異なることは普通のことで，個体単位としても気候・季節に対応して食物利用を変化させることはめずらしくない．これらをみていくと，肉食性といわゆる雑食性は明確に区分されるものではない．肉食的傾向が強い種・集団・個体も，草食的傾向の強い種・

集団・個体も，けっきょくは雑食と表現されることが多いのである．

　以上のような"雑食"という曖昧な性質は，咀嚼装置の機能形態学的な記述においてもあてはまる．先にふれたように，ネコ科の歯列が臼歯の数を減らし，被捕食者のからだを切断するという単純な咀嚼にのみ適応していることは明らかである．一方，現生食肉目のほかの科においては，それぞれが曖昧な歯列形態を残しているといえる．

　クマ科は中新世に分岐した初期には，純粋な肉食性を示す鋭い臼歯列を備えていたようだ．たとえば，ヘミキオンがよい例である（Savage and Long, 1986）．それが，後臼歯をしだいに前後に長く伸ばし，エナメル質の襞を発達させて，雑食に近い姿を整えていく．現生のクマ類は，かりにホッキョクグマが肉食専門の種であっても，すでに雑食傾向の扇のなかに包含されてしまっているのだ（Kurten, 1968; Kurten and Anderson, 1980）．試みにクマ科各種の歯列を並べると（図3-52，図3-53），臼歯の咬合面の形状が大きく異なっている．ホッキョクグマの後臼歯はナイフ状だが，とくに草食傾向の強いマレーグマ *Helarctos malayanus* とジャイアントパンダでは，すっかり背の低い皺の配列をみせ，植物体の破砕装置としての適応を遂げる．後者2種ではとりわけ頬骨弓が側方へ大きく広がり，草食獣的な咬筋への依存を強める．一方，肉食傾向の強いホッキョクグマでは，頭蓋が前後に長く，力点が顎関節からの距離を保つ．このように，雑食は完全肉食との間で変異しうる，一般性の高い適応ということができるだろう．実際の系統の例でいえば，食肉目では雑食生態をとるのが圧倒的に普通で，わずかに一部が完全肉食性の行動をしているという実態が明らかとなる．

　ただし，逆に草食性に特殊化した種は，ほとんど肉食傾向をみせないということに気をつける必要がある．本章でふれた，草食獣の顎構造や咀嚼筋配置，そして歯列の特殊化は，いわば進化の"袋小路"的帰結といえる．さらに次の章でふれるが，消化管の草食適応は，雑食・肉食に後戻りしにくいほど特殊化した結果を示す．草食獣の食物は，肉食獣が必要とする動物性タンパク質と比較すれば，安定的に供給される．すなわち，食物連鎖の低い位置にいる動物たちの食性適応は，頂点に位置するものたちよりはるかに安定した基盤に立っているため，雑食という逃げ道を用意しておく必要がないと考えればよい．草食性への機能形態学的適応は，ほかの食性への適応が不可能

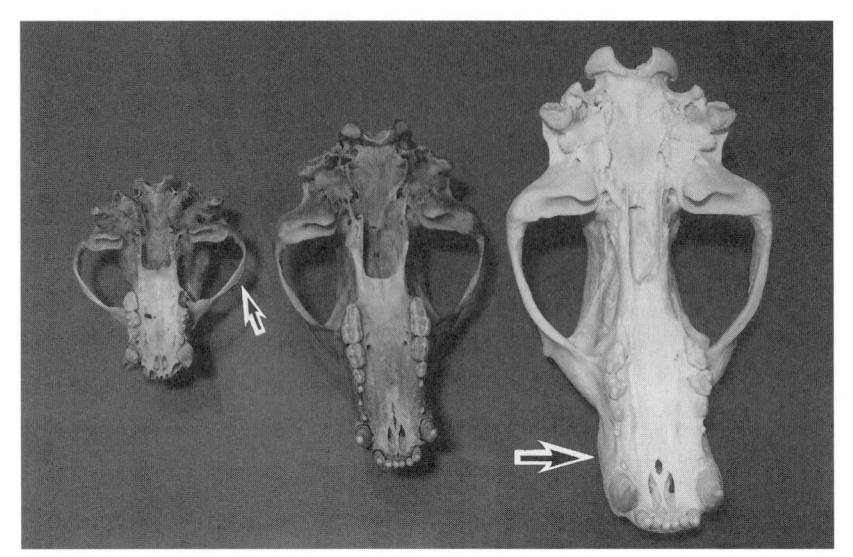

図 3-52 クマ科の頭蓋・歯列を比較する。左からマレーグマ *Helarctos malayanus*, ヒグマ *Ursus arctos*, ホッキョクグマ *Ursus maritimus*。草食性のマレーグマでは, 頬骨弓が外側へ広がり (小矢印), 植物を圧砕する文字どおり臼状の臼歯が発達する。一方, 肉食性のホッキョクグマは頭蓋が吻尾方向に長い (大矢印)。(国立科学博物館収蔵標本)

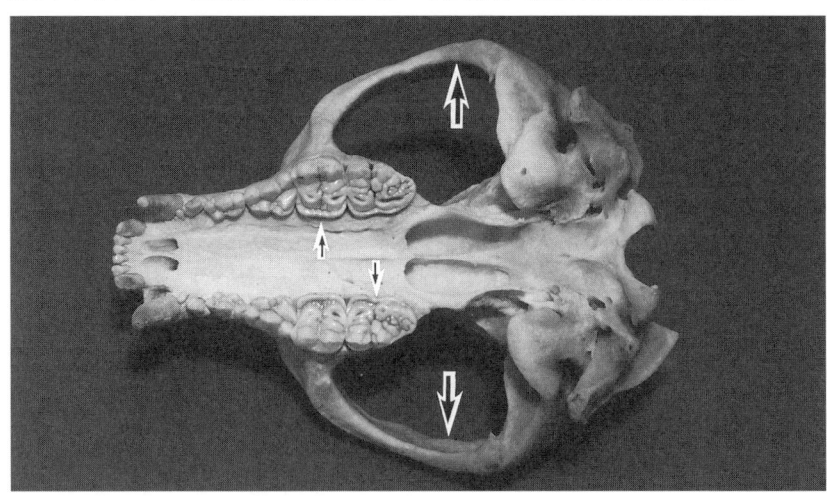

図 3-53 ジャイアントパンダ *Ailuropoda melanoleuca* の上顎歯列。臼歯は植物質に対応した臼状に変化している (小矢印)。頬骨弓も幅広く広がっている (大矢印)。東京都恩賜上野動物園で飼育されていた通称ホアンホアンのものである。脳を取り出すため, 脳頭蓋の一部が切断されている。(国立科学博物館収蔵標本)

なくらい高度であると同時に，食物を得るという面からすれば，磐石な基礎を備えていることを意味している．

(10) アリ食適応の収斂

哺乳類で無視できない食性適応に，アリ食適応がある．「アリ食」ということばは明確に定義されているわけではないが，本書では，おもにアリ類やシロアリ類（両者は系統分類学的には縁の遠い群である）を捕食することに特殊化することをさそう．哺乳類においていつもプリミティブな食性は，"広い意味"での肉食，つまりは昆虫食をさすと書いてきたが，ここでいうアリ食はそれとは明確に異なる．可能性を秘めた初期の状態というよりは，ほかの可能性を捨て，アリ類・シロアリ類の捕食のみに合致するよう形態学的退行を完了した状態である．進化の袋小路としての位置づけが適当だろう．

有鱗目では，下顎骨全体が痕跡化している．マレーセンザンコウ *Manis javanica* の頭部でX線を用いた私は，顎構造に起こりうる究極の退化に驚きを禁じえなかった（Endo *et al.*, 1998e）．顎二腹筋をはじめとする咀嚼筋群は，下顎を動かすどころか，痕跡的下顎骨の空間的位置と口腔の立体的形状を決める以外の機能はない．採餌は食道壁にまで収納される長い舌のなめ取りだけで完結する．採食時には口腔の形状を決めることで陰圧をつくり，シロアリ類を嚥下する（Endo *et al.*, 1998e）．また，アリクイ類では舌と頬筋が強調して収縮し，食塊をベルトコンベアのように口峡から咽頭へ運ぶと推測されている（Naples, 1985）．

このアリ食は哺乳類にとってとても魅力的な適応らしく，多くの群で並行的に進化している．有鱗類やアリクイ類のほか，単孔類ハリモグラ科，貧歯類アルマジロ科，管歯類ツチブタ科，食肉類ハイエナ科，それに有袋類（ダシウルス形目）フクロアリクイ科と，まったく疎遠な系統間に，何度も並行的に生じる適応である．第三紀前半の古い化石をたどると，有鱗類のエオマニス *Eomanis*，貧歯類のプロタマンドゥア *Protamandua*，エウロタマンドゥア *Eurotamandua*，ステゴテリウム *Stegotherium*，管歯類のオリクテロプス *Orycteropus*（現生のツチブタと同属）など，それぞれの系統の比較的初期にアリ食への適応が開始されている（Colbert, 1941；Emry, 1970；Patter-

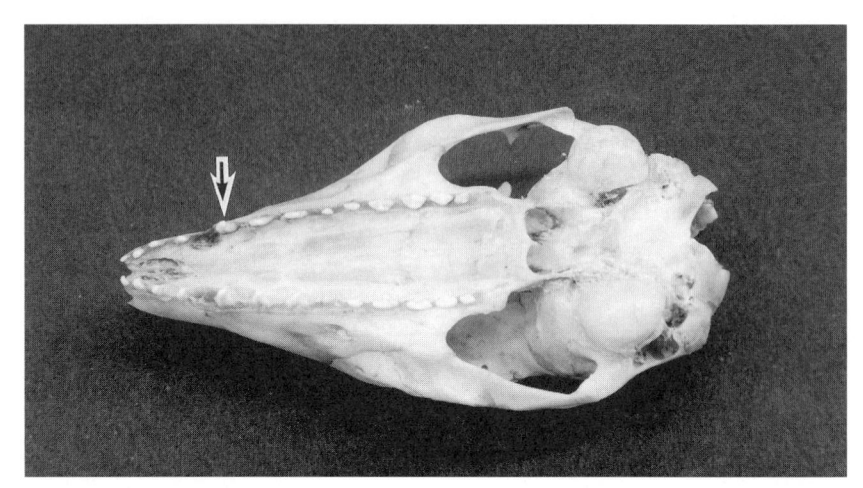

図 3-54 フクロアリクイ Myrmecobius fasciatus の頭骨腹外側面観．有袋類のアリ食適応種で，歯はどれも小さく歯隙が広がっている．矢印は犬歯．(スミソニアン研究所収蔵標本)

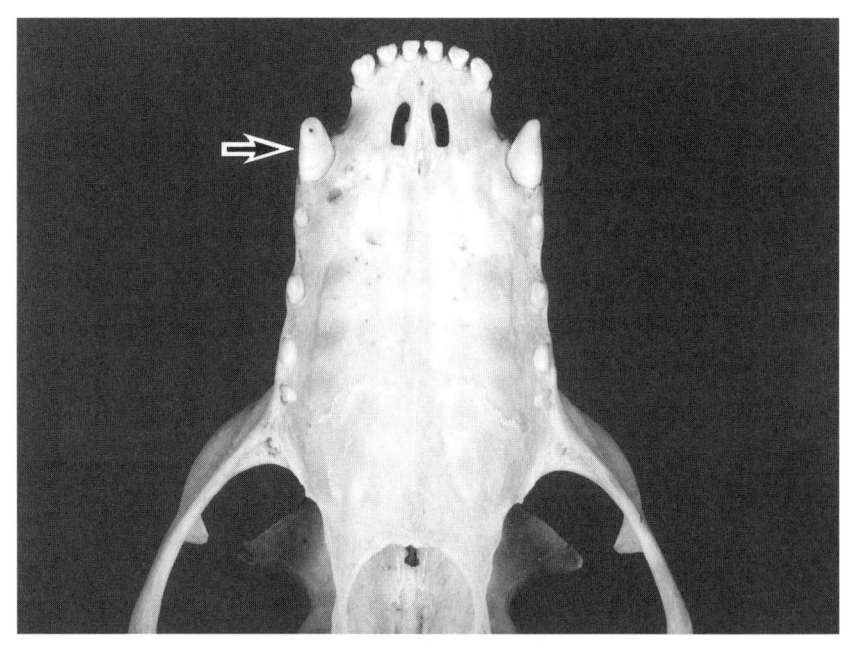

図 3-55 アードウルフ Proteles cristatus の頭骨腹側面観．れっきとした食肉目ハイエナ科の一員でありながら，アリ食特化を遂げた弱々しい歯列をみせる．矢印は犬歯．(スミソニアン研究所収蔵標本)

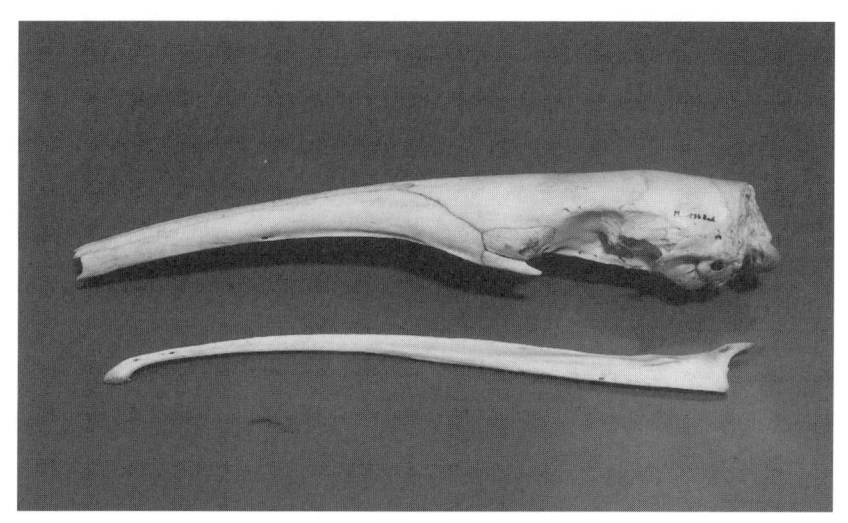

図 3-56　オオアリクイ Mymercophaga tridactyla の頭骨を左側からみた．下に並ぶ細長い骨が下顎骨．細長い吻は長い舌を収容していて，土中のアリ・シロアリを捕食する．（国立科学博物館収蔵標本）

son, 1975 ; Pickford, 1975 ; Storch, 1978, 1981 ; Reiss, 2000）．

　アリ食適応の実際を頭骨と歯列にみると（図 3-54 から図 3-56），アリ食が，起原となる祖先群をまったく選ばないようすが明らかになる．あえて歯式を書けば，フクロアリクイ Myrmecobius fasciatus は I 4/3・C 1/1・P 3/3・M 4-5/5-6，食肉目ハイエナ科に派生するアードウルフは I 3/3・C 1/1・P＋M 3-4/2-4 だ（Koehler and Richardson, 1990）．広がった歯隙をみても歯式の変異幅をみても，アリ食適応において歯の機能性が低いことは一目瞭然だろう．オオアリクイ Myromecophaga tridactyla はその極限の姿といえる．

　アリ食は特殊化の内容が明瞭なため，オリジナルな昆虫食や雑食性の延長線上で語るようなものではない．しかし，多くの昆虫食・雑食性の獣は形態学的にアリ食への退化を進めることはなくても，行動としてはアリ類・シロアリ類を大量に食べていることがある．それほどアリ・シロアリ類は，栄養源として高い生産性を誇る．実際にアリ類もシロアリ類も白亜紀から知られ，前者は 10000 種のオーダーで認識され，後者も 2500 種は優に超える．地球

上には 10 の 15 乗オーダーのアリ類の個体が生存するとされ，100 万トンにおよぶバイオマスを推計できるとされている（Savage and Long, 1986）．アリやシロアリが哺乳類の利用できる資源として全世界的に事実上無限の生産が行われていることを，捕食者の収斂・並行進化が証明しているとさえいえよう．

(11) 新たな食物を求めて

オリジナルな昆虫食，典型的な肉食，高度に特殊化した草食，幅広く進化する雑食，収斂傾向をみせるアリ食などの適応様式を概観してきた．このほかにも哺乳類は食物を貪欲に求め，形態学的・生態学的適応を遂げている．もちろん，食性適応はたんに本章の扱う咀嚼運動機構の多様化という切り口だけから語りきれるものではない．しかし，これらの多様性を歯列と咀嚼の特色からふれることで，本章の議論を一区切りしておきたい．

これらのいわば雑多な食性の進化を，わかりやすく示すのが翼手類である．ほぼ 1000 種におよぶ現生翼手目の世界が，栄養摂取にまつわる形態と生態を同時にみせてくれるのだ．つまり，翼手目というのは飛行性のロコモーションで一括されるグループだが，その多様性は陸生哺乳類に生じうる，ほとんどの食性適応を包含しているのである．

われわれにもっともわかりやすいのが，昆虫食のコウモリである．たとえば，ヤマコウモリ *Nyctalus aviator* は甲虫類を大量に胃に収めて飛び回ることで有名だが，トリボスフェニック型からとりたてて変わっていない臼歯で，獲物の外骨格をつぶしていく．一方，果実食に進化した多くの大翼手亜目・オオコウモリ類 *Pteropus* や小翼手亜目・アメリカフルーツコウモリ類 *Artibeus* は，平らな咬合面を広げた草食獣様の後臼歯を備えている．これで植物繊維を押しつぶすのが彼らの基本的咀嚼パターンだ．

果実食とはまったく対極に，猛禽類と対比できるような，肉食性捕食者としてアラコウモリ類 *Megaderma* があげられる．彼らは昆虫もたくさん食べるものの，脊椎動物を上空から捕食する，"肉食獣" である．その臼歯列は鋭いナイフ状で，裂肉歯然とした大型の臼歯をもつ．咀嚼運動の主役は強大に発達する側頭筋だ．一方，*Megaderma* 同様，捕食性のコウモリでも，魚食に特化したウオクイコウモリ *Noctilio leporinus* では，柔らかい魚体が咀

嚼対象なので，臼歯列の発達が悪くなる（Altenbach, 1989）．さらに昆虫やハチドリ類のごとく，花粉や蜜を栄養源とする種も進化している（Martínez del Rio, 1994）．新世界に分布するハナナガヘラコウモリ類 *Anoura* やシタナガコウモリ類 *Glossophaga* などでは，臼歯列は痕跡的といえるほど退化していて，実際食物の咀嚼はほとんど行われないと推測される．花粉食・蜜食性は翼手目に限らず，多系統的によくみられる適応でもある．

一風変わった食性適応に，血液を吸うものがある．さまざまな伝承や物語を生み出して有名なチスイコウモリ類である（図3-57）．血液食性といってもその手段は単純で，ほかの哺乳類にひそかに接近し，その皮膚を切開，出血部分を舌でなめるという摂食方法である（Greenhall, 1972）．そのためきわめて異質な歯列を備え，皮膚を切開するための鋭い切歯と巨大な犬歯がとりわけ高い機能性をもち，かわって臼歯列は退化している．

このように，翼手目はある意味で狭い世界ではあるものの，歯列の適応様式を幅広くみせてくれる好例なのである．翼手目を基礎知識とすれば，ほか

図3-57 ナミチスイコウモリ *Desmodus rotundus* の剥製．（国立科学博物館収蔵標本）

の系統群における特化した咀嚼適応も，理解するのは困難なことでなかろう．

　ここで，魚食についてふれておこう．水生ロコモーションへのある程度の適応を遂げれば，魚食性は当然進化しうる生態と考えられる．南アメリカ産齧歯目ネズミ科の *Anotomys*，*Neusticomys*，*Daptomys*，*Icthyomys*，*Rheomys* の各属は，おたがいの系統関係は不詳なものの，魚食に特化した特異なグループである (Voss, 1988)．餌となる魚体は切り裂くには容易なため，ウオクイコウモリ同様，臼歯の発達の悪さが特筆される．かわりに魚体を捕捉する切歯はとても鋭利だ．陸生種ではほかに食肉目イタチ科のカワウソ類が典型的な魚食性であるが，咀嚼装置に特異的な適応を示しているわけではない．ただし，彼らの臼歯がけっして大きく発達しない点は，魚食適応の一般論で理解できる．

　一方，ハクジラ類の魚食は，どれも魚体を丸呑みにしていると考えてよい．多くの種では，円錐形の単純な歯が多数並ぶ (図 3-58)．イルカの頭骨標本を製作した経験のある者は，これらの歯を抜いて順番通り残すことにたいへんな労力を割いてきたはずだ．ひとつの頭骨にほぼ同形の歯が数百本並び，標本製作者をおおいに悩ませるパーツであるといえよう．陸生の魚食種と異なり，これらの単調な歯列が切断や噛みつぶしに関与することはないとされ，獲物となる魚体の捕捉装置として機能していると推察されている (Martin, 1990)．もっともハクジラ類内での歯の数や形態は多彩で，アカボウクジラ科のように，個体間コミュニケーション・ディスプレイのような，本来の咀嚼とは異なる使われ方をしていると推測される例もある．

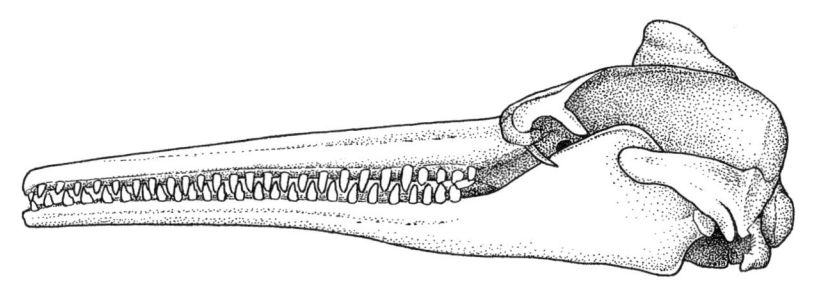

図 3-58　アマゾンカワイルカ *Inia geoffrensis* の歯列．左側面観．鈍い円錐状の歯が多数並ぶ．この歯列の機能は食物の咀嚼というより，魚体の捕捉だろう．(描画：渡辺芳美)

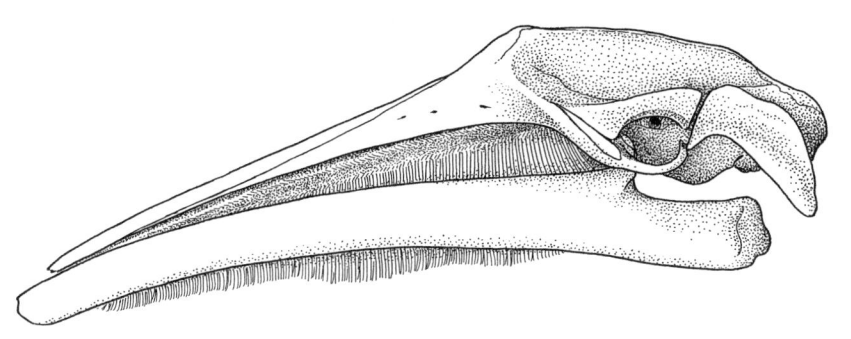

図 3-59 ミンククジラ Balaenoptera acutorostrata の頭骨を左側面からみる．説明のためにひげ板をあるべき位置に描いた．ひげ板は上顎にのみ発達する角質の派生物で，プランクトンをこしとる装置として機能する．（描画：渡辺芳美）

図 3-60 ミンククジラ Balaenoptera acutorostrata の胃内容物．北太平洋ではプランクトンのみならず，魚類も捕食している．これはほとんど破砕されていないサンマの魚体だ．ひげ板は食物を破壊するためのものではなく，濾過器であることがわかる．（協力：（財）日本鯨類研究所，国立科学博物館動物研究部倉持利昭博士）

対比されるヒゲクジラ類の摂食はあまりにもよく知られている（Martin, 1990）．海水を上顎に並ぶひげ板を使って濾過し，プランクトンや小型魚類を捕食している（図3-59，図3-60）．最小クラスのミンククジラ *Balaenoptera acutorostrata* でも体長8 m，多くの種が15-25 mになる大型の一群が，そろってこのような確実な栄養摂取方式を進化させたことは，とても興味深い．ひげ板は三角形の弾性のある板が片側につき400枚ほど並んで，上顎の内側に付着している．個々のひげ板はちょうど爪のようなケラチンの構造体で，弾性に富んでいる．祖先群から特異なひげ板が進化するプロセスはまだなにもわかっていないといってよい．いわゆる toothed Mysticeti（歯を残している初期のヒゲクジラ類）という適応的進化段階が想定され，たとえば歯列を備えながらも大きな歯隙が確認されるラノケタス *Llanocetus* という漸新世の化石種が古いヒゲクジラ類として知られてきたが，現生群のようなひげ板を備えるに至る中間段階の摂餌適応をどう解釈するかは，今後の課題だ（Fordyce, 1989；Mitchell, 1989；Fordyce and Barnes, 1994）．

(12) 運動器から"内なる進化"へ

長くロコモーションと咀嚼装置を扱ってきたが，しだいに適応の話題が，口の周辺から体内におよびつつあることを感じる読者は少なくなかろう．じつは古生物学は，本章のような機能的アプローチを長くつづけてきた学問である．その意味からも，「哺乳類の進化」なる書物は，これまでは本章と第2章をつなぎ合わせるかたちで完結し，最大限におもしろい著作が生み出されてきた．だが，本書は私の解剖学と哺乳類学の感覚から，従来のわが国では「哺乳類の進化」とは題されてこなかった内容に，スポットをあてていきたい．次章以降では，古生物学的センスとは離れたページを連ねていきたいとも考えている．進化には化石や遺伝子から知られる系統や，骨学から語られる適応以外にも重要な要素があることを，この後の紙面でご理解いただければ幸いである．次章のおもな対象は，哺乳類の体内に，ときに密かにときに大胆に散りばめられた，進化の足跡である．読者はそれをみて，骨格など比較的目につきやすかった部分の進化が，じつは哺乳類進化史のごく一部でしかないことを認識するはずである．"内なる進化"こそが，哺乳類の歴史を的確に証言することは，けっしてめずらしくないのである．

第4章　内臓から生き様へ
　　　——生命維持システムの洗練

4.1　栄養摂取のバラエティー

（1）非骨学的適応の意義

　前章にひきつづき適応の問題を扱いたいが，非常に乱暴な言い方をすれば，実際のところ「哺乳類の進化」という書名やことばの雰囲気が扱ってきた適応に関連する内容の大半は，前章の内容である．すなわち，往々にして化石に残りやすい骨を議論していること，ロコモーションと食性という生態のもっとも基本的な記述と結びついていることで，前章の内容は，「○○類の進化」ということばから，どのような動物学者も想起しやすい内容となっているのである．しかし，本章ではさらにもう一歩多彩な生態学的データと連絡し合える内容に踏み込んでみたい．かなりの部分が古生物学あるいは化石データとの直接的接点を失う領域であるが，進化の帰結として実際に生じうる多様性において，骨学的に認識される問題点はむしろ全体の一部でしかないだろう．哺乳類がどのように生命維持のための機構を洗練していったかは，直接的な古生物学の証拠とならない部分に非常に多く見受けられるのである．ここではまず，消化の問題を消化管の機能形態学的進化の実態から語ってみたい．

（2）消化管の変異

　消化管の形態学的特徴は，一般に現生種を用いて検討する以外に方法はない．もちろん化石哺乳類においても．前章で扱ったような，歯列や歯牙，顎関節や頭部以外の骨学的検討から，その種や系統の食性が把握され，消化管

の形態が類推されることはある．だが，それはほとんどすべての場合，科学的検証に堪えるような議論ではない．すなわち私たちにとって，目でみることのできる消化管の機能形態学的特徴の知見は，現生群に依存している．

ここでいう消化管は，食道から直腸までのひとつづきの管である．哺乳類は食性に合わせ，この管の形態と機能を進化させてきた（Flower, 1872；Bensley, 1902-1903；Mitchell, 1905）．その変化の内容は，ときに肉眼解剖学レベルであり，またときには組織学的であり，また形態では認識されにくい生理学的機能に限定される変化であることもある．しかし，いずれにしてもその変化の内容を決める最大の要因は，その種が草食であるか否かという問題である．

前章の歯列と咀嚼運動の問題で扱ってきたことと類似して，哺乳類にとって，消化管を草食に適応させるかどうかが，消化管進化の最大の分岐点といえよう（Stevens, 1977；Harrop and Hume, 1980）．草食に適応する場合，咀嚼のみならず消化管にとっても非常に困難ないくつかのハードルを越える必要があるからである．逆にいえば，消化管の肉眼解剖学的特徴に関するかぎり，非草食の適応は，狭義の肉食でも，昆虫食でも雑食でも，魚食でも，またアリ・シロアリ・花粉・果実・血液といった多くのバリエーションにおいても，哺乳類は比較的容易な消化管の改変で克服してきたと理解することができる．

系統との関係を最初に整理するならば，現生群の多くのものは"広い意味"での肉食や雑食の生態をとっている．高度な草食性適応を遂げた種からなるグループは，偶蹄目，奇蹄目，兎目，長鼻目，海牛目，岩狸目である．また霊長目，齧歯目，貧歯目，食肉目，それに有袋類の双前歯目などでは，高度ではないまでもいくつかの種が事実上の草食に適応し，消化管もさまざまな草食性の特殊化を遂げている．

（3）上部消化管の戦略

骨学と異なり，臓器の形態は系統解析に用いられる妥当性に乏しいとされ，どれが古く，どれが派生的かという議論はあまり行われない．しかし，消化管に限っていえば，比較的特殊性の低いものとして，ごく普通の食肉目を説明に使うことに異論は少ないだろう（Stevens and Hume, 1995）．その反例

の行き着く先に草食獣があり，おそらく極端な特殊化は反芻獣である．ここでは「単純な消化管とはどのようなものか．そして特殊化の実際とはどのように進化するのか」という仮想的な適応を考えながら，食道から直腸へ向かって議論を進めてみる．

　食道に関しては，平滑筋もしくは横紋筋からなる単調なる管という理解でよいだろう．吐き戻しを起こす反芻獣で複雑かといえば，必ずしもそうはいえない．たとえばウマ *Equus caballus* は，草食獣とはいえどちらかといえば上部消化管が単純なグループだが，食道壁には横紋筋層が発達し，かなり複雑な運動を行っていると考えられている．

　胃はこのテーマのなかでももっとも奥の深いものだろう（加藤，1957；Stevens and Hume, 1995）．肉眼的な特徴の基本は，たとえばタヌキ *Nyctereutes procyonoides*，イヌ *Canis familiaris*，ライオン *Panthera leo*，ネコ *Felis catus* などの食肉目に広くみられる，いわゆる単胃から理解してよいだろう（図4-1，図4-2）．図4-3の1にはイヌの例を示してある．胃そのものはひとつの空所から構成され，大湾と小湾からなる曲線を描くというものである．機能は胃酸とタンパク質分解酵素の分泌が第一に掲げなくてはならないが，一方で忘れられがちなのは，食物を一度に食べて溜めておくという役割である．単胃は単純だがこの機能を果たすには合目的的だ．口から入るものが動物性タンパク質の塊であるから，基本はそれを溜め込んで，酵素と胃酸をかけておけばよいことになる．なお，肉眼的な外形と内腔の形状とは別に，胃壁はそれぞれ非常に多彩な形態学的バリエーションを示し，胃のどの部位をどういうタイプの胃粘膜が覆っているかという議論が長くつづけられてきた（Stevens, 1977；Stevens and Hume, 1995）．噴門部，幽門部，固有胃腺部の各胃腺領域と，胃腺をもたない重層扁平上皮部分を分ける記載は多数みられる．各種の胃領域の区分を図4-3に書き込むが，そもそも胃腺領域の区分は純粋に形態学・組織学的な特徴であって（藤田・藤田，1984；Dellmann, 1993），この領域の分布の相違が必ずしも胃の消化機能の特性を表現するものではない．また，胃の進化の系統間関係を追う際に，粘膜の分布が種間・群間でどう移行していくかが指標とされやすいが，この使い方としても粘膜の区分は必ずしも有効とはいえない．ちなみに原型としてイヌやネコをあげてみたが，私たちヒトの胃は，これらもっとも特殊性の低い胃に

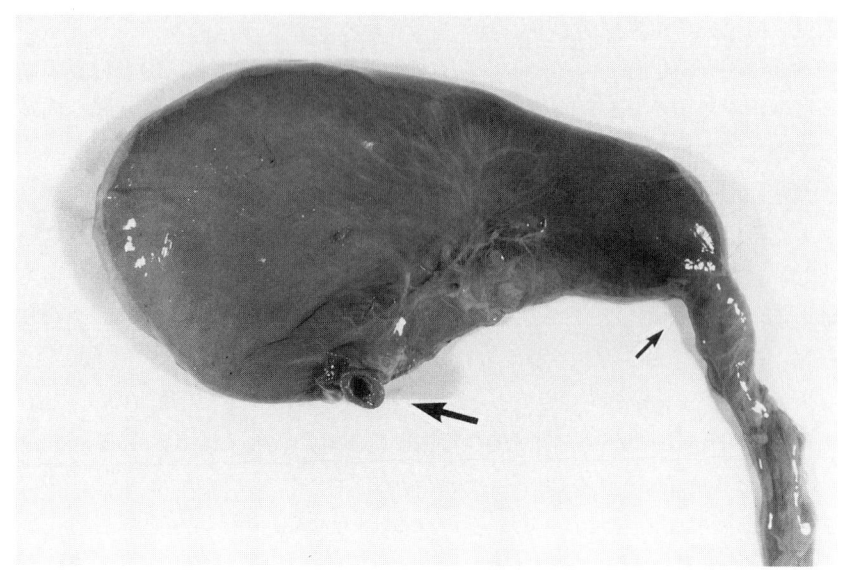

図 4-1 タヌキ Nyctereutes procyonoides の胃．単胃の典型といえよう．大矢印が噴門，小矢印が幽門．腹腔内では背側間膜と大網が位置を決めている．

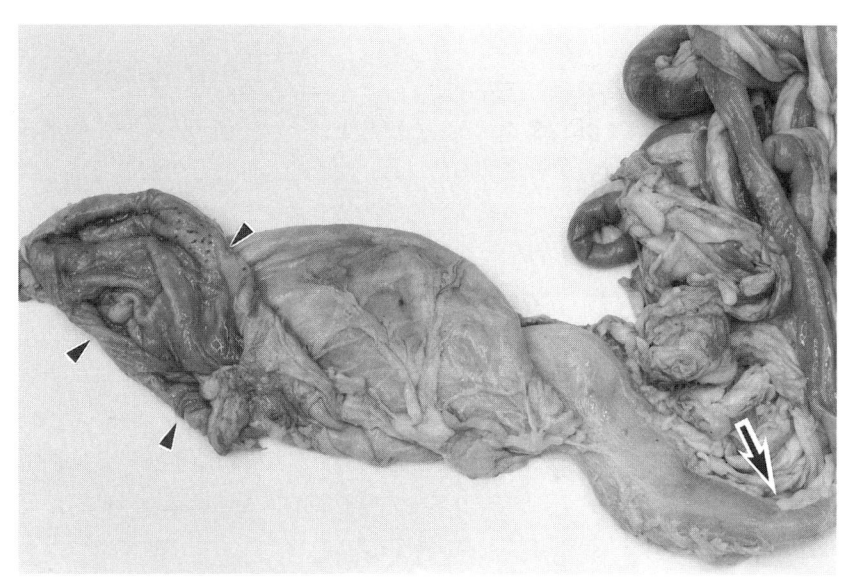

図 4-2 ライオン Panthera leo の胃．一部を切開し内腔と粘膜面をみた（矢頭）．サイズは最大級の肉食獣だが，やはり典型的な単胃である．矢印は幽門．

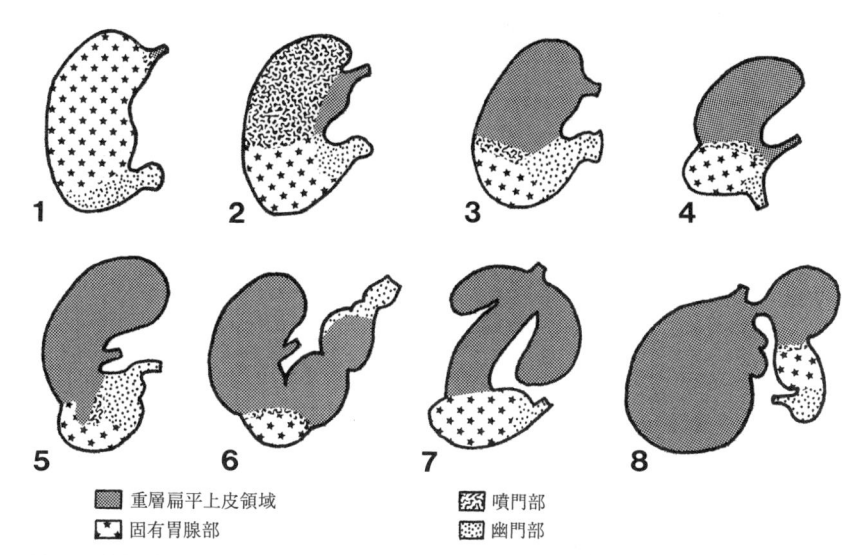

図 4-3 各種哺乳類の胃のおおざっぱな形状と，重層扁平上皮領域 Stratified squamous region，および噴門部 Cardiac gland region，幽門部 Pyloric gland region，固有胃腺部 Proper gastric region の各胃腺領域の分布．領域区分の概略を伝えるべく，三次元情報を平面に表現したもの．1；イヌ Canis familiaris，2；イノシシ Sus scrofa，3；ウマ Equus caballus，4；ドブネズミ Rattus norvegicus，5；ゴールデンハムスター Mesocricetus auratus，6；マスクラット Ondatra zibethicus，7；カバ Hippopotamus amphibius，8；ウシ Bos taurus．肉食獣のもっとも単純な胃から，草食傾向を強め，かつ胃を発酵タンクに移行させていくようすを模式化した．Bensley (1902-1903) を参考に，肉眼解剖のデータから描いている．（描画：小郷智子）

形態学的に酷似し，胃粘膜分布もイヌの胃とかなり似た特徴を示す．胃の進化的戦術と系統関係がまったく相関のないものであることを理解する一例として，わかりやすい事実だろう．

さて，イヌ・ネコ・ヒトのつぎの様態として，雑食傾向のイノシシやドブネズミがあげられる（図 4-3，図 4-4）．単胃という区分は変わらないが，外形と内腔は複雑化の端緒を示す．噴門付近に憩室が突き出て，食物を貯留する機能が付加されるのである．イノシシの場合に明らかに固有胃腺部が広がっているのに対し，ドブネズミはつぎなる傾向として無腺の重層扁平上皮部が拡大している．これらの意義はたんなる食べ込みの容積の拡大ではない．彼らの食物には，胃液の単純な機能では消化をまっとうできない植物性の食

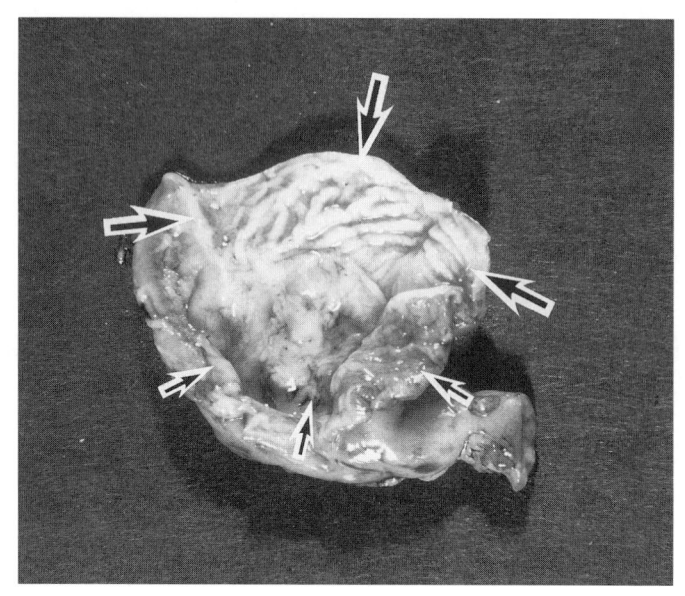

図 4-4 ドブネズミ *Rattus norvegicus* の胃の内腔．単胃だが，無腺部（大矢印）と腺胃（小矢印）を示す．

物が含まれてきているのである．

　これらの段階で噴門に近い憩室をさすためにいろいろな用語が用いられてきたが，実際的な区分として憩室様の領域を前胃，胃腺部分を後胃とよぶことが多い．かつては前胃は発生学的に食道の変形だという主張もみられたが，否定されるに至っている（Moir, 1968；江口，1985）．粘膜の形態が発生学的起原を追う指標として有効でない事例である．

　さてこの憩室だが，とりわけ粘膜を欠き，重層扁平上皮で覆われた種は，一般に植物繊維を分解するための発酵槽を確立する方向性にあるものと認識することができる．植物繊維は哺乳類が独自にもっている消化酵素の能力では吸収できるかたちに分解できないことから，植物繊維を消化する哺乳類は，消化管のどこかに消化液に曝されない穏やかな環境のタンクを備え，分解能力のある微生物を共生させるという解決策が必要となる．発酵槽はそのための空所だ．イノシシの場合，事実上胃腺が発達するが，胃に憩室をつくることで雑食性に適応しようとしている．サイズはまったく異なるが，ウマとド

ブネズミは概念的にはよく類似していて，胃腺領域より噴門寄りに広い重層扁平上皮で囲まれた憩室を備えている．これは，明らかに発酵層へ向かおうとする進化的傾向のなかにあると認識されよう（Bensley, 1902-1903; Langer, 1974; Moir, 1965; Vallenas et al., 1971; Getty, 1975; Stevens and Hume, 1995）．

発酵槽の始まりということでつねに注目されるのは，目内での食性適応が幅広い，齧歯目と翼手目である（Landry, 1970; Forman, 1972）．齧歯目では，無腺部を拡大し，多くのコンパートメントに分割する種が注目されてきた．この状態を複胃の起原，あるいは複胃への移行形態ととらえ，マスクラット Ondatra zibethicus，スナネズミ Meriones unguiculatus や，ハタネズミ類，ハムスター類の一部が，例として取り上げられてきた（図4-3; Bensley, 1902-1903; Voronstov, 1962; Carleton, 1981; Perrin and Kokkin, 1986; Hume, 1994）．齧歯目には，無腺領域の粘膜に乳頭まで発達する種も確認されている．一方，翼手目の場合には特化した草食性種は見出されないものの，果実食コウモリのなかに，アメリカケンショウコウモリ類 Sturnira やアメリカフルーツコウモリ類 Artibeus のように，胃腺をともなった膨大領域を発達させるグループがある．

（4）発酵槽としての胃

哺乳類に特筆される消化管適応に，発酵槽としての胃がある．前述のように草食適応種を含む目は多数あり，系統によって異なる適応戦略がみられる．植物繊維を栄養源とする哺乳類はどこかに発酵槽をもつことが必須と考えられ，それを上部消化管，すなわち胃で行うものと，下部消化管，すなわち主として大腸領域で行うものに分けられる（Kardong, 2002）．

ここではまずもっとも発展的な発酵槽として，反芻獣の胃についてふれておこう．現生する反芻亜目は胃の発酵槽としての機能性では，最高度の進化を遂げている．マメジカ類は例外的に第三胃の確立が不完全だが，系統全体として完成された反芻胃を備えているといえる．また核脚亜目は，シカ科やウシ科とは異なるものの，肉眼解剖学的に4つのチャンバーからなる複雑な機構の胃を備えている（図4-5）．反芻獣と比較して消化機能に遜色のないグループとして議論できよう．ただし，核脚類では第三胃と第四胃の分化が明

確でないとされ，該当領域の壁は第三胃様の葉状ヒダと第四胃様の胃腺構造を同時に備えていると考えられている（加藤，1957 ; Hungate *et al.*, 1959 ; Vallenas *et al.*, 1971 ; Smuts and Bezuidenhout, 1987）．

　さて，正真正銘の反芻胃についてだが，普通の家畜ウシを例にとれば，反芻胃の形態については多くの検討結果を読み比べることができる（図 4-3, 図 4-6 ; Franck, 1883 ; Auernheimer, 1909 ; Broudelle and Bressou, 1917 ; Martin, 1919 ; Murphey *et al.*, 1926 ; Florentin, 1953 ; Schreiber, 1953 ; Nickel and Wilkens, 1955 ; Benzie and Phillipson, 1957 ; 加藤，1957 ; Kitchell *et al.*, 1961 ; Popesko, 1961 ; Getty, 1964, 1975 ; Erandson, 1965 ; Gouffe, 1968 ; Habel, 1970 ; Berg, 1973 ; Ellenberger and Baum, 1977 ; Barone, 1976, 1978 ; Dyce *et al.*, 1987 ; Stevens and Hume, 1995 ; 遠藤，2001a）．ウシの例のように完成された反芻胃は，よく知られているように 4 つのコンパートメントに分割される．第一胃から第三胃までの 3 カ所が前胃，第四胃だけが後胃として区別される．

　さて，ここで反芻と発酵ということばが実際にさす内容を確認しておこう．典型的な反芻獣は自らの産する酵素では消化困難な炭水化物の塊を，直接口に入れている．粗っぽい植物繊維の塊が投入されるのが第一胃である．第一胃は一般にルーメン（rumen）とよばれ，共生微生物の代謝プロセスを借りて植物繊維を消化する主要部分である．第一胃の内壁は緑褐色の重層扁平上皮で守られている．粘膜面には円錐状や葉状の乳頭が一面に発達している（図 4-7）．つぎの第二胃粘膜は，多角形の蜂の巣のような網目模様を示す（図 4-7）．そのため第二胃を蜂巣胃とよんでいる．第一胃と第二胃は消化の役割はよく似るが，第一胃は口との間で食塊の吐き戻しを行って，植物繊維を機械的に粉砕する（Florentin, 1952）．「反芻」ということばが単純に国語辞典的にさしている狭義の現象である．しかし，「反芻」ということばが真に意味する内容は，たんなる吐き戻しにとどまらない．ウシのような最高度に進化した植物繊維消化用の胃全体を反芻胃とよび，そこを中心に起こる植物体消化にかかわる一連の機能形態学的現象を，「反芻」とよぶのである．

　反芻胃は，地球上の植物資源を最大限に活用しうる，極限まで洗練された消化システムである．そのシステムで実際に植物繊維を破壊しているのは，胃内に暮らす微生物たちだ．微生物の主体は，細菌と原生動物である．反芻

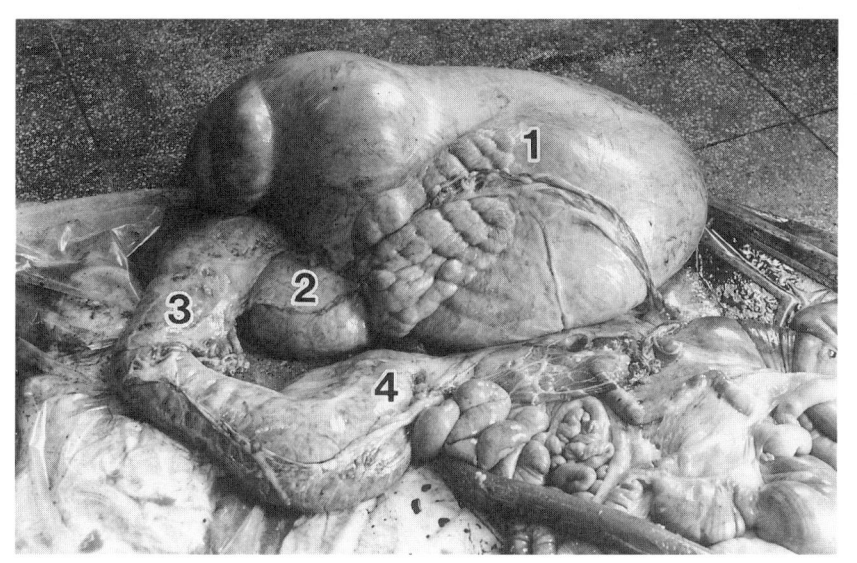

図 4-5 フタコブラクダ Camelus bactrianus の胃．巨大な第一胃（1）がみえる．第二胃（2），第三胃（3）と第四胃（4）が連なる．

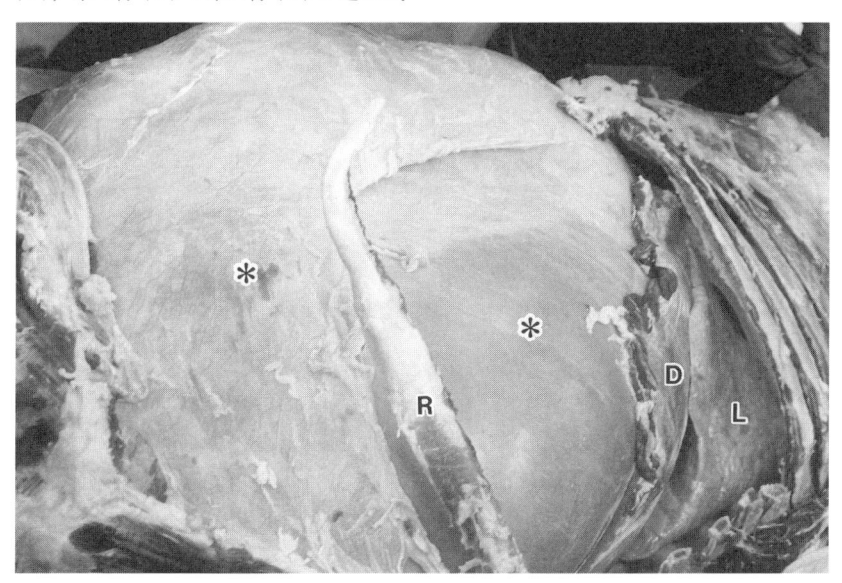

図 4-6 ウシ Bos taurus の左腹壁を切開し，第一胃（アステリスク）をみる．手前が背側，奥が腹側．右手が頭側となる．胸腔に接するように，腹腔の左半分をルーメンが占めている．Lは肺，Dは横隔膜，Rは途中に残された肋骨．（遠藤，2001a より改変）

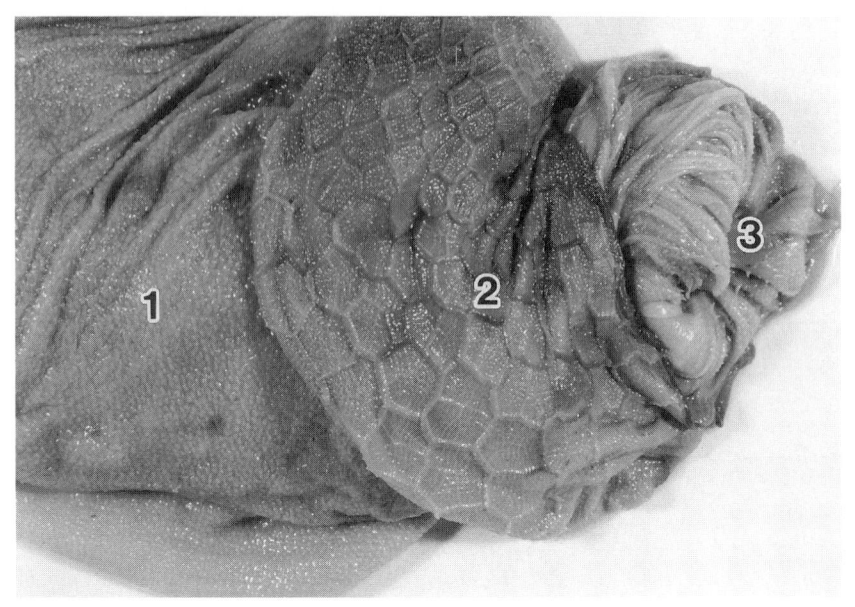

図 4-7 ムフロン *Ovis musimon* の胃の内腔をみる．巨大な第一胃（1）につづき，蜂の巣状の第二胃（2），大きな襞をもつ第三胃（3）が連なる．

獣が食べる植物は，反芻獣の直接の栄養源ではない．胃内の共生微生物，とくに細菌群が，植物繊維を栄養源に増殖する．食塊に加えて微生物群は，反芻獣から水・唾液などの生きるために不可欠なさまざまな物を供給される．両者の共生たる所以といえよう．

　反芻胃内での微生物による物質の同化・異化作用は，発酵とよばれる（神立・須藤，1985）．嫌気性の呼吸を表わす発酵とは異なる内容だ．ルーメン内では，*Ruminococcus* や *Bacteroides* などの細菌が，セルロースを分解してエネルギーを獲得し，可溶性炭水化物を生成する（神立・須藤，1985）．反芻獣が食む植物繊維の塊は，これらセルロース分解菌によって，まず，炭水化物の水解産物にかたちを変える．この産物は，今度はセルロース分解菌だけでなく，周囲に数多待ち構えるセルロース非分解性の細菌群にとっても，使いやすい栄養源だ．そして，多くの原生動物はその細菌を餌に増殖を繰り返す．反芻胃は，セルロース分解菌を共生させることで，可溶性炭水化物を生成し，それで多くの細菌と原生動物を飼育・培養するタンクとして機能し

ている.細菌の総数は,目安だが,第一胃内容物1gあたり10^9-10^{11}という数字がみられる(津田,1982).

　食塊に含まれる炭水化物,すなわち,セルロース,デンプン,ヘミセルロースなどは,第一胃・第二胃内で微生物代謝によってすべて分解・発酵される.炭水化物群の発酵生成物は,揮発性脂肪酸といくつかのガスがあげられる.コハク酸,酢酸,酪酸,プロピオン酸,乳酸,メタン,二酸化炭素などがおもなものだ.反芻獣が植物繊維を胃内に送っているかぎり,揮発性脂肪酸を大量に含む,哺乳類にとってもっとも利用しやすいエネルギー源が無尽蔵に得られる仕組みだ.

　さらに,餌植物に含まれるタンパク源も,ルーメン内の細菌の菌体タンパク質として消化しやすいかたちに変えられ,第一胃・第二胃からさらに後方の消化管に送られる.当然,そこには細菌を栄養源に増えていく原生動物も加わることになる.さらに反芻獣では,タンパク質代謝産物のアンモニアや尿素が,腎臓から唾液腺に送られて再度唾液としてルーメンに投入され,菌体タンパク質として利用可能となる.窒素源をむだにしない反芻獣の消化管は,たんなる食物分解のための管というよりは,栄養を限界まで哺乳類体に利用可能なかたちに変換する高度な生命維持システムであるといえよう.

　なお,第三胃は内腔に大きな襞をもち,重弁胃ともよばれている(図4-7).主たる働きはこの襞に食塊を挟み込んで圧をかけ,脱水を行うこととされている.ここまでが重層扁平上皮からなる無腺部である.

　つづく最後の第四胃が,概念的にはやっと単胃動物の胃と同等となる.ここは胃腺を備え,酸性環境下でタンパク質分解酵素が胃液の一部として分泌されている.実際には微生物体を殺し,そのからだの分解から始めるわけで,反芻獣は実際には植物繊維ではなく,植物繊維を使って培養した細菌と原生動物を"食べて"いることになる.

　先に反芻胃は最高度に進化したシステムだと表現したが,ある程度の機能的バリエーションは進化している.前章でふれたブラウザーとグレイザーの議論を反芻獣に限って扱えば,消化装置として厳しい条件を課されているのは,明らかにグレイザーである.粗っぽい生草からエネルギーを抽出するために,彼らはブラウザーに比べて第一胃の容積を拡大して発酵時間を稼ぎ,また,第三胃を大型化して脱水にも力を注いでいる.このように反芻獣とい

えども、森林性のブラウザーと草原性のグレイザーに分けてみると、胃の機能形態学的戦略は著しく異なっている (Hofmann, 1966, 1973, 1988 ; Hofmann and Stewart, 1972 ; Langer, 1988 ; Stevens and Hume, 1995).

さて、特殊化した反芻胃を備えなくても、哺乳類を見渡せば、比較的高度な発酵タンクとしての複胃を備えたグループがいくつかみられる。偶蹄類のカバ科は前胃に特徴的な憩室を備えているが、発酵タンクとしての機能はきわめて高いものと推察されてきた (図 4-3 ; Pernkopf, 1937 ; Pernkopf and Lehner, 1937 ; Frechkop, 1955 ; Dorst, 1973 ; Stevens and Hume, 1995 ; Endo et al., 2001e). また、たとえば貧歯目ミツユビナマケモノ Bradypus tridactylus、霊長目シルバールトン Prebystis cristata、有袋類の双前歯目ハナナガネズミカンガルー Potorous tridactylus などは (Denis et al., 1967 ; Bauchop and Martucci, 1968 ; Bauchop, 1978 ; Hume, 1982 ; Langer, 1988 ; Cork, 1994 ; Schmidt-Nielsen, 1998), 偶蹄目の反芻胃との間に形態学的な相違を見出すことができるとはいえ、とくに発酵機能の高い胃を備えている。カンガルー類の場合には、反芻獣のような唾液を用いた窒素の再循環も確認されている (Kinnear and Main, 1975).

(5) 下部消化管の戦略

幽門から胃を出ると、小腸 (十二指腸、空腸、回腸)、大腸 (結腸、盲腸、直腸) へ食塊は進む。以下は下部消化管の適応の実際である。まずは小腸の領域であるが、ここはもちろん長さ、表面積、体積、腹腔内で管がおかれる空間的位置には、大きな種間、群間差がみられる (加藤, 1957 ; Dyce et al., 1987 ; Young Owl, 1994). たとえばウシの空回腸域は 40 m の長さを有し (図 4-8)、体重 500 g 程度のセイブハイイロリス Sciurus griseus でも、200 cm^2 の小腸内腔面積を保っている。しかし、これらに共通して課せられる機能は養分吸収である。哺乳類を見渡して、小腸領域の主たる機能を吸収以外のために特殊化させる例はないだろう。食餌がどういうものであっても、また管自体の腹腔内配置にどういう形態学的変異が生じようとも、小腸は吸収面積の必要な増大を図るだけである。

つづいて大腸領域であるが、ここは植物繊維を主たる食餌とし、反芻胃や進歩的な複胃をもたないグループにとっては、重要な発酵槽の設置場所とな

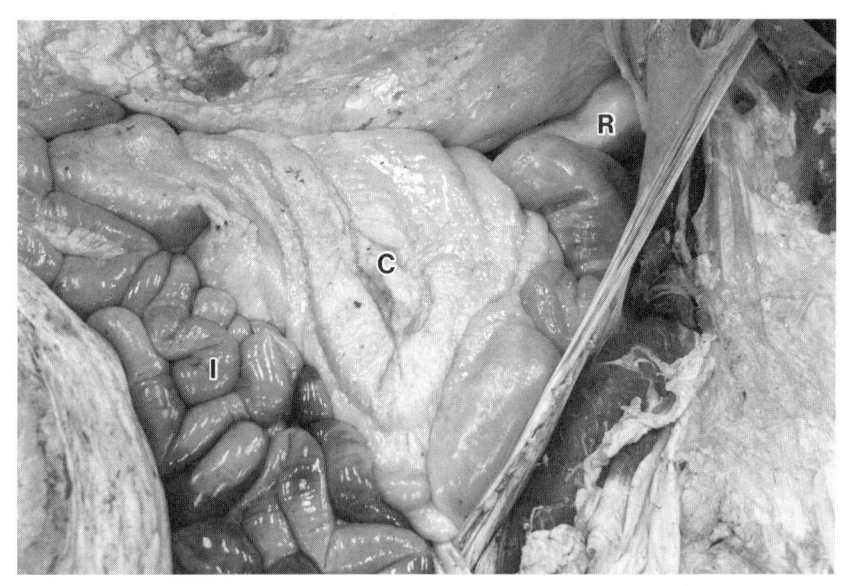

図 4-8 ウシ *Bos taurus* のルーメンを切除したところ．上が背側，下が腹側，左手が頭側である．空回腸（I）と結腸（C）がコンパクトに収容されている．空回腸は細いが，ほぐせば，40 m ほどの長さであることがわかる．さらに尾側に結腸（R）が収まっている．（遠藤，2001a より改変）

る．ともあれ典型的な肉食獣や多くの雑食獣は，やはり大腸領域の形態においても単純といえるだろう．あくまでも単純な小腸と大腸を備え，小腸で大量の消化液により消化を進めて吸収し，大腸は水分の吸収と糞便の一時貯留の場とするのが，これらのグループの単純な適応の姿である．この基本的な役割に関するかぎり，たとえばイヌやネコ，ヒトのような肉食・雑食グループの下部消化管に，肉眼解剖学的な意味ある変革が生じているとは考えられない．

さて，胃において草食適応の鍵となる発酵タンクを備えたのは，反芻獣を中心とした高度な草食獣である．一方，発酵タンクを大腸につくってきた草食獣グループの発展が指摘される．奇蹄目，兎目，長鼻目，そして一部の齧歯目などがその実例である．発酵槽の場所には普通，盲腸もしくは結腸が用いられる．よくある対比は，ウマが結腸を，ウサギ類が盲腸を発酵場所に選んでいるという議論である（加藤，1957；Snipes，1994）．アナウサギ *Ory-*

ctolagus cuniculus の盲腸表面積が 1120 cm² に対し，結腸表面積は 480 cm² しかなく，ウマは盲腸 12000 cm² に対し，結腸 40000 cm² というデータが残されている．同じ奇蹄類のシロサイも，ウマと似て結腸を主たる発酵タンクとしている（図 4-9；Endo *et al.*, 1999h）．また，草食性齧歯類は盲腸を発酵槽的に使う傾向が強く，マスクラットで盲腸 420 cm² に対し結腸 270 cm²，パンパステンジクネズミ *Cavia aperea* で盲腸 390 cm² に対し結腸 300 cm² となっている（Snipes, 1994）．

　実際にはセルロース分解菌をそろえ，食餌が揮発性脂肪酸に代謝されているならば，どこで発酵を起こそうと，栄養分は腸管壁を透過して血中に回収される．その点では大腸のどの部分を使おうと大差はないだろう．ただし，これらのデータからみえてくるように，例外はあるものの，大型の動物は発酵槽として結腸を用い，小型の動物は盲腸を用いるという傾向がみえてくる．結腸に比べて盲腸は開口部をもつ盲端であり，貯留に適しているとすれば，大きな基礎代謝率を要する小型種が，内容物の貯留によって，より効率的に

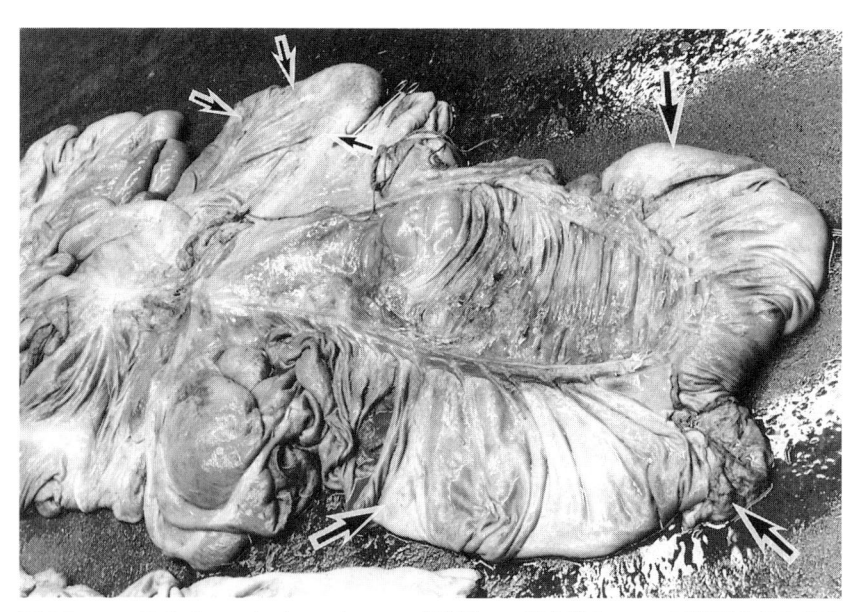

図 4-9　シロサイ *Ceratotherium simum* の解剖体で，消化管をみる．下部消化管を発酵タンクとして使っているが，結腸（大矢印）が盲腸（小矢印）よりはるかに大きく発達する．

エネルギーを獲得できる道を選んだ可能性は指摘されよう．内容物を貯留することがむずかしく，発酵時間を稼ぎにくい結腸を発酵タンクに設定しても，大型種ならば炭水化物が量的に不足しないという推測が成り立つ．

大腸を発酵槽化することは，反芻胃の実現に比べると，いくつかのデメリットを抱えてしまうとされてきた．発酵槽を消化管後部に配置すると，単純には肛門までの距離が短く，吸収部位・面積の拡大に限界が生じる．大腸で発酵を行うと，吐き戻しによる植物繊維の破砕を発酵と協調して行うことが困難となる．また，窒素源を唾液によってリサイクルすることがむずかしい．さらに，大腸発酵の最大の弱点は，反芻獣ならば野外での安全な時間帯に植物を採餌し，発酵させながら捕食者から逃げ回ることができるのに対し，たとえば奇蹄類は胃容積が小さいため食物の貯留がむずかしい．つまり，採餌と対捕食者警戒・逃走の時間帯を分離することがむずかしくなるということが指摘できる（Colbert and Morales, 1991；遠藤，2001a）．

（6）地球史と消化器官

本章冒頭でもふれたように，軟部構造は保存されないというだけの理由から，私たちは消化器官の進化を古生物学的資料から直接証明することができない．しかし，新生代の哺乳類相多様化の解析，古食性，古生態，古環境の総合的検討を通じて，消化器官が地球史においてどのように進化を遂げてきたかを，古生物学は間接的に推察することができる（Langer, 1994；Stevens and Hume, 1995）．

まずは前章でもふれたように，狭い意味での肉食，昆虫食のグループはおそらく新生代を通じて消化管に複雑な適応を起こすことなく発展をつづけたと考えられる．興味深いのは，草食性消化管の進化，とりわけ発酵槽を，いつ，どのように設置したかという疑問だろう．

さかのぼれば，始新世の主たる植物利用者は奇蹄類だろう．この段階，つまり暁新世から始新世の後半までは，哺乳類が手にした発酵装置は，現在の奇蹄類から類推されるように，後部消化管を肥大化させたものと思われる．ともあれ当時の化石種の体サイズを根拠に，彼らが結腸の利用者か盲腸の利用者だったかを絞り込んでいくことは，客観的検証に耐えうるテーマではないだろう．

つぎに始新世末から漸新世にかけて,多系統的に草食獣が繁栄する.ウマ科以外にバク科,サイ科の奇蹄類,偶蹄類では猪豚亜目,一部の核脚亜目,そして長鼻目が多様性を示す時代だ.この段階で前胃を発酵槽として分離する進化が生じたことが推察され,猪豚亜目,とくにカバ科などが植生への適応を示し始めたことだろう.そしておそらく漸新世中には,前胃をルーメンとして高度に進化させる道がスタートしたに違いない.マメジカ下目のような基幹的反芻類は始新世にさかのぼるが,偶蹄類の多様化の時代を考えると,反芻胃の意味ある発展は,漸新世以降と推測されるのである.

そして中新世にシカ科,ウシ科,キリン科,プロングホーン科などの,おそらくは反芻胃を備えたものたちが一気に多様化する.ちょうど訪れる草原の拡大が強力な淘汰要因として働き,反芻獣は急速に進化を遂げただろう.草原の広がった地球上で,反芻獣ほど適応的にどこへでも進出できる草食獣は,ほかにはいない.中新世は一部の草食性と思われる齧歯類や,どうやら反芻に近い合目的的前胃を備えていたと考えられる有袋類カンガルー科の放散の時期でもある.

こうしてみると,躊躇せずいうならば,草食獣の発酵槽の発展が地球上の"植物的環境"の歴史を左右しているように思われる.植物側の自己防衛と草食獣の競争は,本書では扱わない.しかし,地球上にどのような草食獣が繁栄できるかを決める要因は,まさしく発酵槽の設計の優劣にあるといい切れるかもしれない.

4.2 物理学的環境への挑戦

(1) 環境利用の可能性

さて,ここまで本書は哺乳類の適応の奥深さに迫る努力をつづけてきた.しかし,まだ扱っていない大きな視点に物理学的自然環境に対する,哺乳類側の"備え"が残されている.地球上の環境は,陸域だけを取り上げても,熱帯雨林から氷雪地帯まで,気候区分はあまりにも多彩だ.日中40°Cを超えようかという低緯度地帯,氷点下60°Cに達しようかという冬季の内陸,また,降水量が年間4000 mmに迫る熱帯雨林もあれば,わずか30 mmし

か記録されない砂漠も広がる．高山帯は気圧が低いため，平地の種をそのまま高い標高までもち上げても，十分な身体的能力を発揮することはむずかしいだろう．

哺乳類がその時代を築いた大きな要因として，これらの過酷な環境へも力強く進出していったメカニズムをみておかなくてはならない．それができてはじめて，哺乳類は地球上のすみずみにまで広がることができたのであるから．

（2）循環生理学的基盤

しばらくの間，哺乳類が成し遂げた環境適応の理論的基盤と実際についてみていきたい．そもそも哺乳類の適応の多くの局面は，第3章あるいは前節で語ってきたように，ロコモーションや栄養摂取などにおいて，高度な器官や臓器，システムを備えることで成し遂げられている．しかし，哺乳類を取り囲む条件としては，温度，水，酸素といった物理学的でかつ圧倒的な影響力をもつ要因を取り上げなくてはならない．学問領域からいえば，このようなファクターに対し生体がとりうる現象は，循環生理学あるいは運動生理学という分野での研究対象になる．しばらくは循環生理学にもとづいた哺乳類の適応的進化を探ることとしよう．

第一に，外界ともっとも普通に接している体表面こそ，哺乳類の適応において最初に"設計"がなされているべき点である．それは，あるサイズの哺乳類の身体を覆う，熱のやりとりをする"壁"ということができる．すなわち周辺環境と熱のやりとりをする哺乳類は，生存のための適応の最初の戦略として，自分の体重と表面積を決めてきたことになる．

体重（体積）が長さの3乗で増えるのに対し，表面積は2乗程度の増え方をするだろうから，体重あたりの表面積は，体重の小さな種のほうが大きいことになる．これが哺乳類の基礎代謝の様相を決定している．第1章で簡単にふれたように，哺乳類はあらゆる動物のなかで，もっとも体温維持機構を高度化させているということができ，高い基礎代謝率をもって，すなわち大量のエネルギーを消費してまで体温の恒常化を図っている（表1-4参照）．しかし，その内容を決める量的要因は，まさしく体重なのだ．陸獣で最大クラスが第2章でふれた漸新世・中新世の奇蹄目インドリコテリウムか，現生

ならアフリカゾウとなる．もちろん哺乳類のみならず，生物としての限界的サイズを誇るのがシロナガスクジラ Balaenoptera musculus だが，これに関しては図4-10で大きさを実感するにとどめ，さしあたりの議論を陸生群に集約しておきたい．一方の最小クラスは，チビトガリネズミやキティブタバナコウモリ Craseonycteris thonglongyai だろう（図4-11，図4-12）．

はじめから結果を示せば，サイズにバリエーションをもたせたいくつかの種の体重と基礎代謝率を一覧にすると，表1-4のようになる．これは，かねてから多くのデータが蓄積されてきた基礎代謝研究の基本となる数値である（Hemmingsen, 1960；Altman and Dittmer, 1964；McNab, 1990；Schmidt-Nielsen, 1998；Gillooly et al., 2001）．多くの計測値を用いて，体重と酸素消費率の関係を指数関数に近似させると，基礎代謝率を V_{O_2}，体重を Mb（質量であるが，重量と認識して差し支えない）として，

図4-10 シロナガスクジラ Balaenoptera musculus の大きさを，製作途上の実物大模型（全長30 m）で認識してみる．これは胸部の横断状態のパーツで，腹面の畝がみえている．このようなパーツをいくつもつき合わせて実物大模型となる．となりに立つ私（身長165 cm）と比較すると，その大きさが実感されよう．完成したものは東京・上野の国立科学博物館の正面に展示されている．（協力：国立科学博物館動物研究部山田格博士）

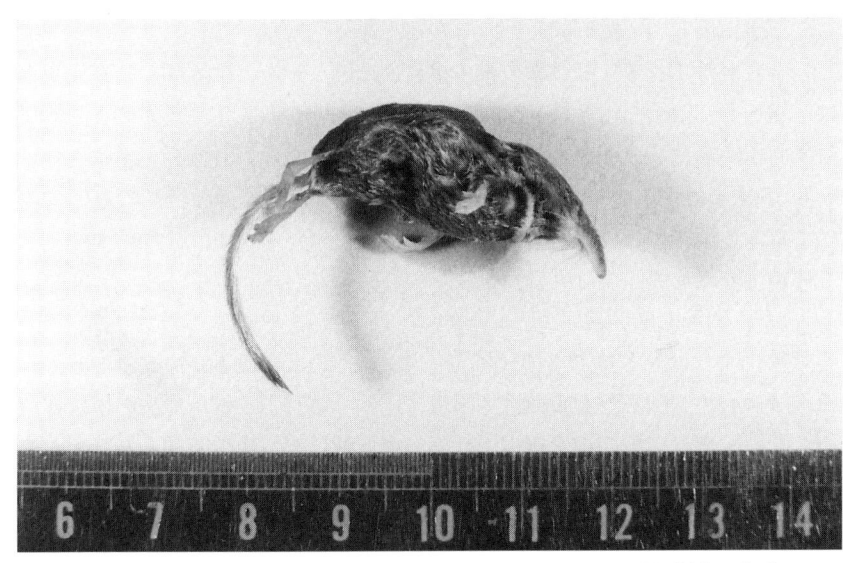

図 4-11　最小級の哺乳類チビトガリネズミ *Sorex minutissimus* の液浸標本．体重およそ 1.5 g．日本にも分布する無盲腸類である．（国立科学博物館収蔵標本）

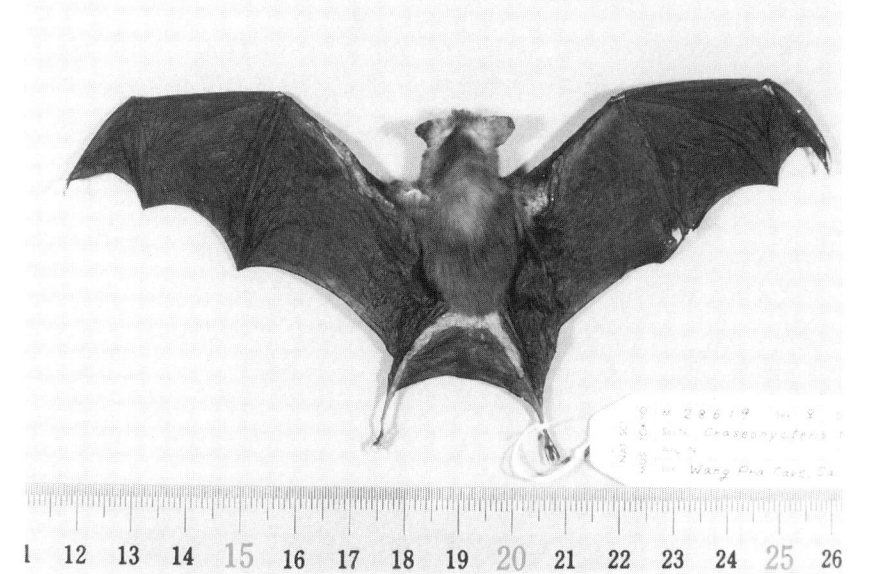

図 4-12　最小級の哺乳類キティブタバナコウモリ *Craseonycteris thonglongyai* の剝製標本．体重およそ 2 g．タイ西部に分布する．（国立科学博物館収蔵標本）

$$Vo_2(\text{liter h}^{-1}) = 0.676 Mb^{0.75}$$

という式が得られる．係数に多少の相違はあろうとも，哺乳類の基礎代謝率は体重の 0.75 乗に比例するという，生理学の基本とされる式である．体積対表面積からは 3 分の 2 乗の推測が成り立つが，実際の計測データはきれいな 0.75 乗を証明している．これをみれば，たとえば寒冷環境への適応においては，大型種のほうが有利であることにすぐ気づくだろう．

体重 Mb と心臓重量 Mh は，

$$Mh(\text{kg}) = 0.0059 Mb^{0.98}$$

と対数化すれば傾きほぼ 1 の比例関係にある（Schmidt-Nielsen, 1998）．心臓重量は心拍 1 回あたりの血液拍出量に比例するだろうが，血液の単位体積あたりの酸素含有量相違を無視すれば，小型種ほど，単位時間あたり多くの回数の心拍を打つ必要がある．

その結果，心拍数 Fh と体重 Mb の関係は，

$$Fh(\text{min}^{-1}) = 241 Mb^{-0.25}$$

という負の指数関数がみえてくることとなる（Stahl, 1967；Schmidt-Nielsen, 1998）．

上記の数式からの多少のずれはあろうが，実例をあげれば，われわれヒトが 1 秒あたり 60–80 回程度の心拍数をもつとして，3000 kg のゾウは毎分 25 回，3 g 以下のトガリネズミで毎分 800 回から 1200 回という心拍数を必須とする（Altman and Dittmer, 1964；Schmidt-Nielsen, 1998）．哺乳類の高基礎代謝率戦略は，それだけの循環生理学的変異を要求していると表現できよう．

そのほか，いくつかの循環生理学的常識を式で記しておきたい．読者には，必要なときに参照されるよう期待する．

呼吸量 $(\text{liter h}^{-1}) = 20.0 Mb^{0.75}$

呼吸数 $(\text{min}^{-1}) = 53.5 Mb^{-0.26}$

肺容積 $(\text{liter}) = 0.063 Mb^{1.02}$

全血液量 $(\text{liter}) = 0.055 Mb^{0.99}$

第 1 章で概観した，哺乳類が必ず備えている循環生理学的基盤は，定量化すればこれらの回帰式に帰着できる（Adolph, 1949；Drorbaugh, 1960；Stahl, 1967；Schmidt-Nielsen, 1998）．小型種はといえば，必要な基礎代謝率

を克服するべく，エネルギー摂取を最大限重視して進化を遂げていくようすが明らかになるだろう．実際この関数上に乗りながら，哺乳類は体サイズに折り合いをつけるだけの循環生理学的基盤を，全種が備えてきたのである．そのこと自体が，哺乳類の発展の原因でもあり，また行き着く果ての結論であったかもしれない．

（3）熱環境への適応様態

さて，これまでの議論で明らかなように，寒冷環境へは必然的に大型のサイズが有利を享受することとなる．基礎代謝率が体重の 0.75 乗に比例するなら，体温を激しく奪われる環境では，小型獣は明らかに不利となる．

古くから提示されてきたベルクマンの法則（Bergmann's rule）は，「同一種の地理的変異では寒冷地の個体群が暖地に比べて体サイズが大きい」というルールを語ったものである（Bergmann, 1847）．日本産種をみれば，たとえばイノシシが有効な例となる（林，1975；Endo *et al*., 1994, 1998a, 1998d, 2000c, 2003c）．また，内容のマイナーな改変として，からだの末端部のサイズに注目したアレンの法則（Allen's rule）なども提起されてきた（Allen, 1877）．こちらは「同一種内の地理的変異として，寒冷地の個体群は末端の突出部が小さく，暖地のものは大きい」というルールである．いずれも恒温性脊椎動物を対象にしたものだが，とくに哺乳類を対象に議論されてきたといえる．これらのルールは実例には事欠かないが，反例も普通にみられる．おそらくは実例の半分程度しかルールには合致しないだろうともみなされてきた（Mayr, 1963）．当然，身体のサイズは栄養，すなわち資源量によっても影響されるだろうから，単純に気温適応でばかり説明されるとも限らないだろう（Boyce, 1979）．ベルクマンおよびアレンの法則を経験的事実の積み重ね以上に法則化して考えることはむずかしく，かりにルールどおりの現象が観察されれば，体サイズと表面積の関係で，循環生理学的に解釈が可能という程度に考えておくことが妥当だろう．

ここで，形質の地理的・連続的変化としてクラインを考えることがある（Huxley, 1938；Mayr *et al*., 1953）．ベルクマンの法則を基盤にクラインを熱環境において考察すると，生息地の気温のファクターと体サイズのファクターが集団間で相関することになる．いきおい，その相関の異同が種のアイデン

ティティーになりうる可能性があるため，回帰直線を設定し，集団間でそれが一致するかどうかを，種判別の基準として議論することが行われてきた．わが国の哺乳類に適応された例では，ほかの手法を用いた議論に対して，種のスプリットを補強する理由とされがちだ（今泉，1998）．しかし，個体群の体サイズの値が，つねに産地の熱環境（気温）によってのみ確定されるわけではないのは当然である．私は，クラインは数多ある形態学的データの重要な切り口ではあるが，クラインの相違を指摘すれば，集団を別種にできるというほど単純なものではないし，クラインが同一ならば同一種というものでもない，と認識している．

　一方，種間関係において，循環生理学的要求が哺乳類の体サイズを適応的に決定していくようすがうかがえる．草食性有蹄類を体重と資源利用で比較すると，グレイザーが小型種で進化しえないことが指摘されてきた（高槻，1991，1998）．草原性の生草からの栄養素抽出がむずかしいグレイザーは，ある程度の大型種にしか成立しない適応の実態なのである．生態学的に明確に認識できるグレイザーの最小種は体重 50 kg 程度のサイガ Saiga tatarica，あるいは 70 kg 程度のアラビアオリックス Oryx leucoryx だろう．しかし，体重 100 kg 以下に収まるグレイザーはほとんど見出すことができない．これに対し，シカ科とウシ科において，ブラウザーは多くの小型種においても成立している．グレイザー化するものが多いウシ科でも，たとえば体重 5 kg 前後のディクディク類や，ジェレヌク Litocranius walleri（図 4-13），そしてトムソンガゼル Gazella thomsoni など，小型でブラウザーにとどまる種が存在する．

　つまり具体的な食性戦略は，体サイズへの循環生理学的適応を抜きにしては語り尽くせない．逆にいえば，採餌，食性や巣づくりなど，さまざまな方法で寒冷環境を切り抜けることができさえすれば，体サイズの問題は寒冷地でもクリアできることになる．よい例が無盲腸目トガリネズミ類で，1 日の 60% を採餌中心の活動時間にあてながら，必要な基礎代謝率を確保するという報告がある（Crowcroft, 1954）．究極の例では，チビトガリネズミに至っては，体重 1.5 g という世界最小級の無盲腸目が，極寒のシベリアに分布を広げているとされている．彼らが寒冷をどのように克服しているかは今後の解明を待つほかないが，体サイズは温度環境への適応の可能性に関してつね

図 4-13 ジェレヌク Litocranius walleri. 体重 30-50 kg 程度の小型のウシ科である. グレイザーには進化しにくいサイズで, 実際ブラウザーとみなすべきだろう.
(国立科学博物館収蔵標本, Watson T. Yoshimoto 氏寄贈)

に決定的な要因ではない. むしろ体サイズが決める循環生理学的限界をどのように克服するかが, 各種の進化戦略の多様性につながっている.

ここで島嶼隔離効果について付記しておこう. 哺乳類の集団を狭い島嶼に閉じ込めると, たとえば偶蹄類や兎類, 食肉類の中・大型種などは矮小化し, 小型の齧歯類はおしなべて大型化する (Foster, 1964). この現象は熱環境への適応ではない. 捕食者の分布しにくい島嶼で集団が高密度化し, 限られた資源を奪い合うことから成長パターンが修飾されたものと推察することができよう. 被捕食による損耗がとりわけ少なくなる偶蹄類では資源量の限界まで個体数が増えて小型化し, 齧歯類は繁殖率を下げながら個体のサイズが大型化するとされる. 遺伝子の流入を断ちながら狭い島嶼に封入するほうがこの効果は大きいだろうが, 東南アジアの偶蹄類を例にとれば, 本州や台湾,

ジャワ,スマトラといった大陸辺縁の大きな島嶼でも明瞭に認識される.このようにサイズの変化と種分化が進行しそうな地理的環境では,島嶼隔離集団に生じるサイズの変化が,その後の熱環境の変遷に対する前適応的な意義をもつことはめずらしくないだろう.

(4) 寒冷適応の切り札

哺乳類の寒冷適応戦略は,第一には必要な基礎代謝率を確保しながら体温を一定に保ちつづけることである.基礎代謝率が維持できれば,高緯度,内陸などの寒冷地で,変わらぬ生活をつづけられるのが哺乳類の最大の特長でもある.しかし,厳しい寒冷条件のため,基礎代謝率の維持が困難だったり,そもそもそれが不合理だったりする条件では,哺乳類は別の戦略をとる.それこそが冬眠である (Schmidt-Nielsen, 1998).

寒冷環境では,まず体表から奪われる熱エネルギーが大きい.また,通常寒冷は生息地の生物学的生産量が落ち込むことを意味し,そもそも必要な基礎代謝率を確保するに足る採食,つまり栄養摂取が困難となる.こういった環境下では,低温に対抗するよりも,恒温性を一時的に放棄するほうが生存に適している場合も多々生じてくる.逆にいえば,多くの哺乳類が厳しい寒冷地に分布しえた要因は,冬眠の確立にあったといっても過言ではない.恒温性という高度なシステムを採用したからこそ広がった適応の幅は,厳しすぎる寒冷地ではかえって重荷となる.それならば恒温という基本戦略を捨てさえすれば,哺乳類の適応できる温度環境は一気に拡大する.冬眠は,哺乳類が寒冷地への分布に際してもち出す,"最後の切り札"なのである.

冬眠現象に還元論的に迫るのは本書の責務ではないが,起こっていることを枝葉を省いて簡略化していえば,「寒冷環境に対応する低代謝状態」とまとめることができよう (Watts *et al.*, 1981;坪田,2000).データの豊富なシマリス *Tamias sibiricus* において,体温 37°C がわずか 5°C に,心拍数 400 min^{-1} が 10 min^{-1} に,呼吸数は 200 min^{-1} が 5 min^{-1} にまで落ち込む (近藤,1998;森田,2000).アメリカクロクマ *Ursus americanus* では,体温 37°C から 39°C が冬眠時には 31°C から 35°C に,心拍数が 40 min^{-1} から 50 min^{-1} が冬眠時には 10 min^{-1} 程度にまで落ちることが知られている (坪田,2000).安静時に対する冬眠時の基礎代謝率はデータがばらつくものの,小型種で

10%以下，クマ類でも35%から70%程度に抑え込まれていると考えられる．実際には冬眠する200種もの間の種差のほか，個体がおかれる環境要因も多彩で，冬眠低代謝状態にはさまざまなパターンが予測されるが，各論として取り上げるにはおよばないだろう．要は，通常の意味ある生活パターンをまったく放棄することと引き換えに，冬眠がエネルギー的にいかに節約に成功する手段・戦略であるかを読み取っていただきたい．

　本書は，この循環生理学的条件に対し，循環器や呼吸器がどのような適応を遂げているかという問題に深入りする紙面をもたない．しかし，興味深い適応の例は，心筋細胞の微細形態に劇的に現れている．非常に緩慢な拍動の調節を実現するために，心筋細胞中の横細管（T管）が非常に太く設定されているのである．とりわけ各心筋細胞に収縮の電気刺激を伝える一次T管が直径500 nmを超える極端な太さを示し，繊細な電気刺激を心筋細胞各所へ伝えるために必要な一次T管ネットワーク体積の拡大を実現している．一連の検討結果は，翼手類やハムスター類で豊富である（Ayettey and Navaratnam, 1981; Navaratnam et al., 1986; Navaratnam, 1987; Skepper and Navaratnam, 1995）．また，冬眠時に心臓における代謝に必要な脂肪滴が，心筋細胞の細胞質に蓄えられるという報告が多い．

　一方，現生哺乳類4800種のうち，冬眠が進化したのはおよそ200種ほどと考えられている（川道, 2000）．7目で確認されるので多系統的に進化したことは興味深いことだが，実際にはおよそ100種は小型の翼手類，また，およそ50種は齧歯目のリス科が占めているといってよい（Arnold, 1993; Geiser and Ruf, 1995; Nowak, 1999）．逆に，いわゆる大型種で冬眠に入るものはクマ類の一部だけということができる．冬眠とは，進化戦略として哺乳類全体から考えると，基礎代謝率戦略がもともと類似したグループごとにみられる，限定的な解決策という印象が生じる．いくつかの事実との食い違いを無視して一言でいえば，冬眠には，小型種の低温環境への進出策としての意義が圧倒的に大きい．

　典型的でわかりやすいのが，温帯に分布する小型の翼手目の戦略である．サイズが小さいことからそもそも寒冷適応が困難であることは予想されるが，実際に非常に多くの種が冬眠を採用し，とりわけ昆虫食の種によくみられる．一方，翼手目はもともと哺乳類としては少し低めに代謝が設定されていて，

体温も 30-35°C 以下の種が多い (McNab, 1982). その要因の証明はむずかしいが, 餌になる昆虫の飛翔時期や時間帯は限定的で, それに合わせて基礎代謝率を上げさえすれば, それ以外の時間帯は活動する必要がないためとされている (船越, 2000). 被捕食者の昆虫類が飛ばない期間は, 食虫性のコウモリ類は変温動物として活動を止めても生存に支障ないだろう. これが, 冬眠する種が食虫性コウモリ類に進化したことの一因と, 考えることができる.

比較的近縁な無盲腸目において小型種の基礎代謝率がきわめて高く維持されていることと, 翼手目における冬眠の普遍化とは, 一見矛盾するようにも思われる. しかし, 小型食虫類の寒冷適応メカニズムはまだまだ未知である. わずか 2g 以下の食虫目トガリネズミ類が, -30°C 以下に冷える土地で体温を維持しながら生き延びているとはとうてい信じられず, そこに冬眠に近いなんらかのメカニズムが進化しているほうが妥当に思われる.

(5) 海生種の循環とは

寒冷環境の話のつぎに, 突然海生種の話題を挿入したい. 妙に思われるかもしれないが, 私の考えでは, 海生種の循環生理学はある意味で冬眠と並ばせるだけの必然性に富んでいる.

海生種が採餌や遊泳において, 長くガス交換ができなくなるのは自明のことである. たんに陸生種が息を止めているだけの状況では, 彼らは海に生きることはできない. 鯨類や鰭脚類は, 水中に長時間潜っていられることが適応の指標とすらいえる (Schmidt-Nielsen, 1998). たとえば, マッコウクジラは 90 分以上潜りつづけるとされる. ゾウアザラシ類 *Mirounga* も長時間の潜水が可能だ. 長時間潜水を可能とする策は, だれもが思いつく 2 つの方法に帰着する. 潜水中の酸素消費を節約的に行うことと, 洋上でのガス交換時にできるだけ多くの酸素を蓄えることである.

酸素消費を効率化するという点では, 鯨類も鰭脚類も心拍数を著しく低下させる方式をとる. つまり全身に普通に血液を還流するのではなく, 心拍を下げ, 血流を下げ, ほんとうに必要なところにのみ酸素に富む血流を限定的に流すのである. ウェッデルアザラシ *Leptonychotes weddelli* のデータでは, 平常時と同等の血流量を送られるのは中枢神経に限定されてくる (Zapol *et* al., 1979)．心筋，横隔膜，消化器官，陸上用の運動器官への血流量は，非潜水時の5-20％程度にまで減少するのだ．

たとえばハイイロアザラシ Halichoerus grypus では，安静時毎分120回の心拍が，潜水中は毎分4回にまで低下するというデータがある（Thompson and Fedak, 1993）．心拍数を極端に下げる心臓の心筋細胞における微細形態学的適応は，同様の生理学的条件を要求される先述の冬眠種に似たものがあり，とりわけアザラシ類では，T管系の拡大が顕著である（Ayettey, 1979；Ayettey and Navaratnam, 1980）．しかし，鯨類のデータは，生理学的にも形態学的にも，まだ確立されていない．

一方，浮上時・上陸時に酸素を蓄えるために鯨類・鰭脚類が備える仕組みは，骨格筋中に大量に含まれるミオグロビンである．血中のヘモグロビンのみならず，筋肉中のミオグロビンが大量の酸素を結合し，潜水中の酸素供給源となる．その量は非常に多く，潜水開始時の酸素の50％程度におよぶという推測がある（表4-1；Snyder, 1983；Martin, 1990）．たとえば鯨類の骨格筋はアクアラング装備に等しい．実際，海中の高圧化では肺自体がつぶれてしまうが，肺中のガスがどこに移動するのかはあまりわかっていない．気管に残っているかもしれないが，肺胞でのガスのやりとりは最初から想定

表4-1 海生哺乳類のミオグロビン量と酸素結合能

海生種		①	②
バンドウイルカ	Tursiops truncatus	32.5	43.6
ネズミイルカ	Phocoena phocoena	41.0	56.0
マッコウクジラ	Physeter catodon	56.7	76.0
ゼニガタアザラシ	Phoca vitulina	52.1	69.8
ウェッデルアザラシ	Leptonychotes weddelli	44.6	59.8
ズキンアザラシ	Cystophora cristata	41.0	55.0
陸生種			
ヒト	Homo sapiens	6.0	8.0
ドブネズミ	Rattus norvegicus	3.0	4.0
イヌ	Canis familiaris	6.7	9.0

① 筋重あたりのミオグロビン量（g/kg muscle）．
② 筋重あたりの酸素結合能（ml/kg muscle）．
数値はSnyder（1983）およびSchmidt-Nielsen（1998）から引用．
海生種は，単位筋重あたり，陸生種の数倍から10倍程度のミオグロビン量・結合能を示す．

されていない。大半の酸素はヘモグロビン・ミオグロビンに吸収されていることになる。

　マッコウクジラが3000 m以上の深海に潜っている可能性が指摘されてきた。アカボウクジラ類も深海での生活を営んでいるようである。小型のハクジラ類や一部の鰭脚類は確かに浅海を好むものの、完全な海生適応群において、深海の過酷な条件への適応はそれほど困難なものではないようである。

　鯨類、鰭脚類、海牛類を除くいくつかの水生二次適応においても、海洋か陸水かは関係なく、その成否は遊泳・潜水の生態における循環生理学的問題点をいかに克服できるかに規定されるといってよいだろう。たとえばイタチ科でありながら、ラッコ Enhydra lutris ほどの高度な海生適応を示す種では、循環生理学的課題が鰭脚類と同等以上の高度なレベルで解決されていると類推される。齧歯目マスクラットには、やはり潜水中に心拍数を300回以上から20回程度にまで低下させる機能が備わっている (Jones et al., 1982)。いずれにしても水生に適応するということは、哺乳類の循環生理学的適応の実例における、限界をみせてくれていることはまちがいない。したがって、第2章以降で、水生種をいろいろな視点で陸生種と比較することで、私たちは哺乳類の適応戦略の多くの部分に関連する事項を目にすることができただろう。水生適応とは哺乳類を理解する格好の題材なのだ。

（6）高山・暑熱・乾燥を生きる

　これまで語ってきたことのほかに、地球上で覇権を握るために哺乳類がどうしてもクリアしないといけない適応項目がある。それは高山帯への適応、すなわち、気圧が低く酸素の不足する環境をどう生きるかという問題である。これが克服されない以上、地球上に広がる高山帯のファウナを占めることはできないのだ。

　ヒトは気圧の低い高山に上がると、実際に高山病とよばれる低酸素症の症状を示す。ほかの哺乳類も同じだ。しかし、一部に高山帯をまったく苦にしない種が進化している。たとえば第2章でふれた、新大陸に生残した偶蹄目ラクダ類、リャマ Lama glama やビクーナ Vicugna vicugna である。

　これらの種の解決策は簡明で、ヘモグロビンの酸素解離曲線を左にシフトさせるという進化である (Hall et al., 1936; 水上, 1977)。つまりは低地の

種より低い酸素分圧でも赤血球中のヘモグロビンが飽和するように，適応しているのである．当然，さらに低い酸素分圧に曝されればヘモグロビンは急激に酸素を放すことになり，組織側での赤血球からの酸素の明渡しも問題なく行われることになる．

　ここで話題をすっかり切り替え，暑熱環境の話をしてみたい．便宜上，同時に語りやすい乾燥についても併記していこう．温度と湿度は，物理学的要因としてはまったく独立別個のものだが，哺乳類にとっては一体化して論じられるべきことだからである．

　哺乳類が暑熱のなかで体温が上がらないように維持するためにもっとも簡便な手法は，発汗を促進して，その蒸発熱により体を冷やすという策である．冷却とは，すなわち水分を失うことなのである．発汗を使わない，たとえば家畜イヌのような動物でも，たとえばパンティングとよばれる速い呼吸を行って，上部気道から熱を外界に逃がすことで体温上昇を防いでいる．しかし，パンティングにしても上部気道からは当然多くの水分が失われる．つまり，いずれの手法でも，暑熱のなかで体温を一定に保つのは，水を捨てることと同値だと理解していただきたい．暑熱適応の高度な実例は，ジリス類 *Spermophilus*，カンガルーネズミ類 *Dipodomys*，ミユビトビネズミ類 *Jaculus*（図 4-14），ラクダ類 *Camelus*，アダックス *Addax nasomaculatus*，ロバ *Equus asinus*（図 4-15）などである．

　暑熱環境への適応的進化においても，寒冷適応と同様に体サイズが大きな要因として浮かび上がる（Schmidt-Nielsen *et al*., 1957；Schmidt-Nielsen, 1964, 1998）．やはり体積に対する表面積の小さい大型種は，暑熱の影響が体温におよびにくいといえる．各種が蒸発熱によって体温を維持するとすれば，体内から消費される水の相対量は，ラクダ類・家畜ロバが，ジリス類・カンガルーネズミ類より圧倒的に少なくてすむ．

　では，砂漠におけるラクダの基礎代謝率戦略はといえば，実際には体温維持機能を部分的に放棄することが知られている．本来 36°C から 39°C に保たれるラクダの体温は，乾燥した砂漠では昼間は 41°C，夜間は 34°C まで上下する．この直接的な一因は砂漠が昼間 50°C 近い地表近くの気温を示し，夜間は氷点下まで下がるという，あまりにも過酷な温度条件であるからともいえる．しかし，もっと大きな原因は，ラクダには体温調節のために水をでき

図 4-14 オオミユビトビネズミ *Jaculus orientalis*. 跳躍に特殊化した後肢端が特徴だ. 乾燥によく適応した種といえる.

図 4-15 家畜化されたロバ *Equus asinus*. やはり乾燥条件に適応している.（国立科学博物館収蔵標本, Watson T. Yoshimoto 氏寄贈）

るかぎり消費しないという基本戦略があるからである．日内で7℃程度の体温差が生じることで，ラクダの活動にとって十分な生理学的基盤はある程度放棄されたとみなしてよいだろう．ところが，ラクダの生死を分けるのは，その程度の不自由さではなく，一滴の水の有無なのである．しかもラクダのからだは500 kgの体重を誇るので，慣性恒温に近い性質をもつ．多少の生理学的体温維持を中止しても，体積がある以上，受け取った熱を蓄積し，すぐには体温変動を生じない物理学的性質を備えていることになる．体温維持をあきらめる方策は体重100 kg程度のウシ科のアダックスでもみられ，ラクダ類と同様の戦略として解釈できよう．

　一方のたとえばジリス類は，ラクダとは逆の窮地に追い込まれる．暑熱環境は小さなからだの温度を急激に上昇させてしまう．しかし，ジリスはこれに行動学的な解決策を進化させている．彼らが利用するのは，昼間でも涼しい温度を保つ地下の巣穴である．ジリスは外界と巣穴を頻繁に往来して，体温をなるべく変化させないように保っているのだ．小さな身体は，逆に比較的低温の巣穴があれば，そこに身を潜めることで体温をすぐに下げることが可能である．その温度変化のデータはまだないが，明らかに，水を消費しての生理学的体温維持に見切りをつけ，地表と巣穴を往復する行動によって体温を一定範囲に収めようとしている．見方をかえれば，爬虫類的・変温動物的対処であることがわかるだろう．まさしく，暑熱下の小型哺乳類は，体温を維持する目的で水を消費できる状況にないといってよいだろう．彼らの暑熱地域への進出戦略は，そのくらいに限界に近い方針なのである．

（7）砂漠における水の維持

　さて，一般的には体温調節には水の消費が唯一の方途だと最初に述べた．35℃に達する熱帯雨林で，多くの哺乳類が体温調節に苦心しないのは，水が無尽蔵に得られるからである．その点，乾燥地の哺乳類は，ラクダやジリスのように水を節約する方針を立て，生理学的な体温調節をあきらめている．乾燥地を生きるには，水収支はなによりの重大な変量なのである．

　家畜ラクダ類の場合，一般的には3ヵ月間くらい，労役のない条件では10ヵ月も飲水なしで砂漠を生きることができるとされている (Franklin, 1984)．それを可能とする秘策がラクダの体制に進化していることをみてお

こう．まず反芻胃が一役買うのだが，水場では成獣のラクダ類は100リットルを超える水を一気に飲んで蓄えることが可能とされる．さらには飲んだ水はほとんど排泄しない．乾燥地に適応した哺乳類の腎臓は，極度に尿を濃縮し，窒素代謝物を水に薄めるようなことを避けるのである．いうまでもなく腸管は糞便からできるかぎりの水を回収している．カンガルーラットでは，外界からの水供給の期待できない状況下では，消費されるトータルの水のうち，尿中には20％程度，糞便中には4％程度しか失われていない．残る70％以上の水は，やむにやまれず消費される，体表や気道からの蒸発分で占められる．それでも体温調節を放棄することで，水をあまり失わずにすむ．けっきょく彼らは，水に関しては，わずかな体温維持やそもそも生きるために最低限失う量以外は，ほんのわずかしか排泄しないのである（Schmidt-Nielsen, 1964）．

逆に水を一滴も得ることが期待されない砂漠地帯で，哺乳類が水を得る唯一の手段は，代謝水といわれている．炭水化物の分解・呼吸によって体組織はかなりの量の水を生成するが，それが砂漠性の哺乳類ではきわめて大きく水収支に関与している．ラクダやカンガルーラットでは，まったく水のない状況下では，事実上代謝水が得られる水のほとんどすべてにあたることになる．ラクダの背中の隆起は巨大な脂肪の蓄積で，基礎代謝率の要求に応えるべく，採餌可能な時期に蓄積，砂漠での生存に備えているが，これも脂質代謝が大量の水を生じることを考えれば，まったく合目的的である（図4-16；Schmidt-Nielsen *et al*., 1957；Schmidt-Nielsen, 1964, 1998；Endo *et al*., 2000b）．逆に数少ない飲水の機会に水を使って脂肪を合成し，隆起として蓄積すればよいことになる．ヒトコブラクダの雄の成獣では，脂肪は50 kg以上におよぶことが多い．厚い脂肪が背部に配置された理由は，体幹を強い日射から遮る物理的遮蔽構造としても有効だからだろう．

さて，第2章で詳述したように，ラクダ類を含むグループを核脚亜目とよぶ．フタコブラクダを例にその肢端部をみると，偶蹄類の原則は保っているが，足底部に弾性線維に富んだ，クッション様の構造が広がっている（図4-17）．これは核脚類が乾燥地に適応し，砂地などでも歩きやすい構造をとったものとされてきた．同時に砂漠気候の暑熱下で生きるラクダ類にとっては，この構造が，焼けつく地面からの耐熱・断熱効果を備えたものであることも

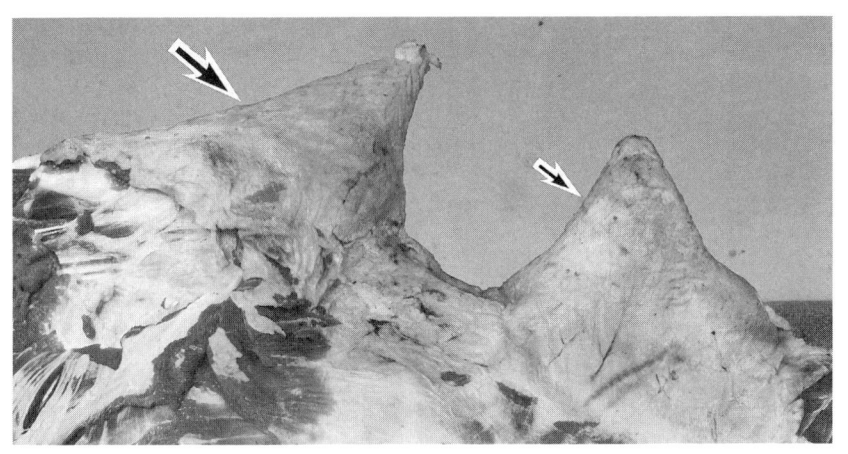

図 4-16　フタコブラクダ Camelus bactrianus の解剖体．剝皮して背側隆起を左側からみた．大矢印は頭側の隆起，小矢印は尾側の隆起を示す．筋肉の上に付着した脂肪の塊であることがわかる．

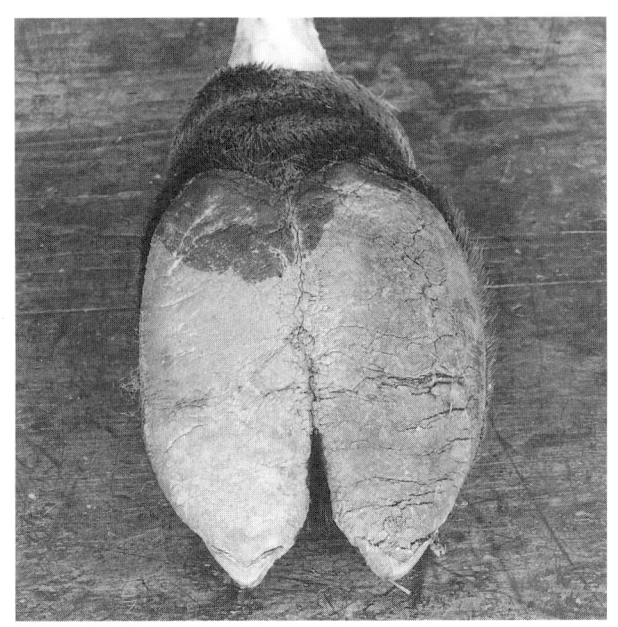

図 4-17　フタコブラクダ Camelus bactrianus の解剖体．右後肢端部を接地面からみる．厚い弾性線維のクッションが接地面を覆い，表面は硬い角質で保護される．核脚類の特徴といえるが，乾燥地での暑熱下の歩行に適応しているとされる．

指摘されよう．

（8）海のなかの渇水

　ここで，ふたたびまったく違う生物圏に飛びたい．海洋である．読者は，砂漠に連なって海洋が登場することにかなりの戸惑いを感じるかもしれない．しかし，海洋はまったくといってよいほど，水環境に関しては砂漠と同じである．つまり塩分を含んだ海水は，哺乳類の浸透圧からみれば，水に値しないのである．海水は哺乳類が維持する体液よりも塩分濃度が高い．したがって，海水を飲めば体内の水は消化管に失われるばかりである．海生哺乳類が水を得る術は，非常に限られている．あり余る"水"に囲まれて生きる海生哺乳類にとって，真水が得られない以上，周辺の海水は砂漠の乾ききった砂岩となんら相違ないのである．

　脊椎動物の海生適応は幅広く多系統的だが，哺乳類の先人たちはさまざまな方法で，この難問を克服してきたようだ (Schmidt-Nielsen and Fänge, 1958 ; Schmidt-Nielsen, 1960, 1963 ; Dunson, 1969)．海生爬虫類は塩類腺とよばれる一連の器官で，体内に侵入する塩分を強度に濃縮して排泄している．産卵に上陸した際にみられる"ウミガメの涙"は，多くの人々に哀愁を感じさせるそうだが，実際には塩類腺が濃縮した塩分を排泄している光景である．ウミガメの塩類腺は涙腺と相同とされ，眼窩の後方に位置している．1億1000万年前のものとされる最古のウミガメといわれる化石は，まさしくこの塩類腺の存在が化石の眼窩から検証された成果である (Hirayama, 1998)．めずらしく現生する海生適応の進んだトカゲ類ウミイグアナ *Amblyrhynchus cristatus* は，鼻腔に開く塩類腺を備え塩分を排出する．ウミヘビ類では，口腔内に塩類腺が開口している．また，多くの海鳥は鼻腺とよばれる塩分排泄装置を頭部に備えている．しかし，海生哺乳類はこれらとはまったく異なる解決策を用意してきた．それは砂漠に生きる陸生種と似た方法だ．腎臓による尿濃縮を極度に高めるのである．

　海生哺乳類が外界から水を得る手段は，食餌中に含まれる水分が主体とされている．多くのハクジラ類やアザラシ類が食べる魚類や頭足類などは，かなり塩分濃度の少ない体液を保持しているため，水分供給源としては，食物が有効である．しかし，セイウチ *Odobenus rosmarus* やカニクイアザラシ

Lobodon carcinophagus のように底生動物を捕食するグループ，ヒゲクジラ類のように甲殻類のプランクトンを採餌する種では，厳しいことに，ほとんど海水に近い高塩分濃度の水しか食餌中には含まれないようだ．また，植物食の海牛類でも食餌中の塩分濃度は比較的高い．

そこで体内の水を喪失しないため，海生種は尿を著しく濃縮する．海水の塩分濃度は 535 mmol Cl liter^{-1} とされるが，一般に鯨類の尿はおよそ 800 mmol Cl liter^{-1} 以上と測定されている（Krogh, 1939）．飼育下のカリフォルニアアシカ *Zalophus californianus* では，45 日間水を与えずに魚の餌だけで飼育しても，まったく脱水に至らなかったという報告もある（Pilson, 1970）．いずれにしても水不足に対して，食餌中の水分だけで恒常性を維持するだけの能力を，腎臓が負担していることになろう（Ortiz, 2001）．

この海生種特有の腎機能を腎臓のマクロ形態学的検討から認識することはむずかしいが，海生種に葉状腎が発達する傾向は明らかで，ホッキョクグマで 50 から 80，マイルカ *Delphinus delphis* で 460，ナガスクジラ *Balaenoptera physalus* で 6000 もの腎葉に分かれていることが肉眼解剖的に確認されてきた（Arvy, 1973）．すでにふれた初期長鼻類の水生適応に関連して興味深いことに，現生の長鼻類も陸獣としては例外的に分葉腎を備えている（Endo *et al*., 2003b）．

なお，哺乳類に特異的な問題として乳汁を子どもに供給しなくてはならず，砂漠でも海洋でも，乳中に失われる水分に関しては，適応的な解決がむずかしいことが予測される．これについてはすぐ後の繁殖のページでまとめてふれよう．

(9) 熱交換なる適応

循環生理学を扱う最後に，熱交換という問題を語っておこう．外界との温度差が循環生理学的負担を決める要因であるから，それを防ごうかという仕組みを哺乳類は進化戦略の一部にすえてきている．

まず体表面積と熱放散との関係だが，体サイズに応じて大型種のほうが表面積が比較的小さいという指数関数の関係は，すでに述べたとおりである．しかし，実際には哺乳類の皮膚は，各種さまざまな性状を備え，単純な体形の表面積では議論しきれない細かい適応に成功している．毛皮や皮下脂肪の

ような断熱のための構造があげられよう．

　まず注目されるのは，極寒の地に暮らすヒマラヤタール *Hemitragus jemlahicus*（図 4-18），シロイワヤギ *Oreamnos americanus*（図 4-19），ジャコウウシ *Ovibos moschatus*（図 4-20）などにみられる毛皮である．長い体毛が密に生え，外界の冷気を遮断している．北極圏に分布するホッキョクギツネは－50℃以下でも冬眠すらせずに活動をつづける（Nowak, 1999）．逆に暑熱気候への毛皮の適応の例として，サイガ *Saiga tatarica*（図 4-21）があげられる．彼らの毛皮はあまり長い毛をもたないが，白色に近い淡褐色で，砂漠の厳しい直射日光への適応と考えられている．

　極寒の環境では，皮下脂肪による断熱もよくとられる適応策である．図 4-22 はバイカルアザラシの頭部の CT 断層像だが，皮膚の下に厚く蓄積しているのが皮下脂肪（ブラバー）である．皮下脂肪の蓄積は鯨類でも類似の適応策といえる．凝固点降下により 0℃ 以下にまで下がる海中でも，ブラバーにより中心部体温は維持されつづけるのである．一方，体幹部は皮下脂肪で断熱できても，ロコモーションに必須な鰭のような突起部はどうしても熱を失いやすいウイークポイントである．これに対して，鯨類や鰭脚類は対向流熱交換システムを発達させてきた．体深部から来る暖かい動脈血と，末端部から戻る冷やされた静脈血を，隣接する血管網で対向的に流し，両者間で熱交換を成立させる．その結果，熱の喪失を最低限に抑えるのである（Scholander and Schevill, 1955；Berta and Sumich, 1999b）．

　さて，一部のウサギ類のような大きな耳介は，体熱と外界との間のラジエーターという見方が有力で，実際，耳介にはからだの深部の熱を運ぶ細い血管が密に分布している．一般に，血流を介して外界の温度環境と体温の間に "折り合いをつける" のは，哺乳類ではよくみられる適応である．暑熱環境ではラクダ類やサイガは 50℃ に近いかという外気を呼吸しなくてはならないが，高温の外気を直接気管に送ることはおそらく不可能だろう．そこで鼻腔を大きめに発達させ，そのなかに軟骨からなる鼻甲介を複雑に発達させる．そして，吸気中の熱を，鼻甲介の粘膜に分布する毛細血管に逃がすといわれている．つまり鼻甲介をラジエーターにして外気温を下げて空気を気道へ送り，呼気においては逆にできるだけ熱を外界に逃がすように働かせているのである．サイガの奇妙な鼻部は，その適応のためであると説明されてき

図 4-18　ヒマラヤタール *Hemitragus jemlahicus* の剝製．厚い毛皮に覆われ，極寒の高地に生活する．（国立科学博物館収蔵標本，Watson T. Yoshimoto 氏寄贈）

図 4-19　シロイワヤギ *Oreamnos americanus* の剝製．長く粗い毛に覆われている．北アメリカ山岳地帯で寒さに耐えて生きている．（国立科学博物館収蔵標本，Watson T. Yoshimoto 氏寄贈）

図 4-20　ジャコウウシ *Ovibos moschatus* の剝製．厚い毛皮に覆われ，北アメリカの寒冷地に分布する．（国立科学博物館収蔵標本，Watson T. Yoshimoto 氏寄贈）

図 4-21　サイガ *Saiga tatarica* の剝製．暑熱に適応し，白色の体色は強い紫外線への適応である．奇妙に大きい鼻部も気道で熱交換を行うためと解釈されている．（国立科学博物館収蔵標本，Watson T. Yoshimoto 氏寄贈）

た（図 4-21；Kingdon, 1982）．

また暑熱環境下のラクダやサイガ以外でも，小型のウシ科はたとえば急激な逃走を試みたときなどは，体温を低く維持するのがむずかしくなる．急激な体温上昇からまず守らなくてはならないのは，脳である．そのため彼らの多くは，脳の腹側に熱交換のための血管の対向流ネットワークを備えている．鼻腔で冷却された静脈血と，体深部から脳へ向かう温度の高すぎる動脈血を，両者の血管を接近させて絡ませることで，合理的な熱交換に成功しているとされている（Taylor and Lyman, 1972；Schmidt-Nielsen, 1998）．

最後になるが，この節では体サイズの適応について問いかけてきた．それは循環生理学の視点が基本になることは明らかである．ただし，体サイズを決めるのは循環生理学的要因だけではない．哺乳類が環境中に生きている以上，すでにふれてきたロコモーションや栄養摂取が達成されなければ，適応には至らない．たとえば大型種を樹上に適応させるのは物理学的にむずかしい．ましてや飛翔適応などでは，最初から飛翔形態を設定して体制を設計することで，進化の道が開けるようなものだ．採餌方式に関連して，食性から

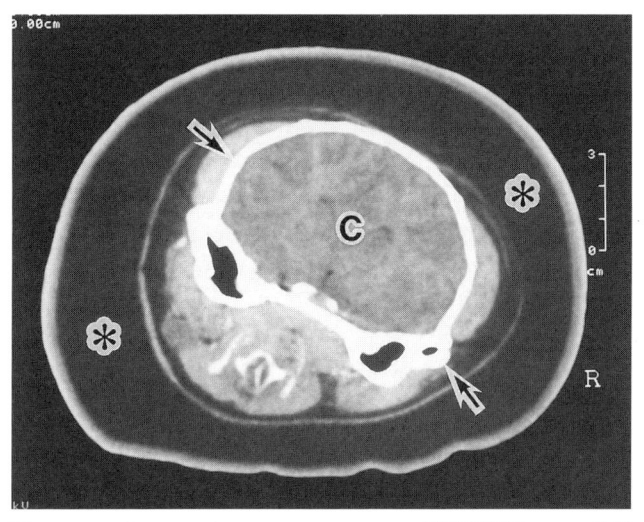

図 4-22　バイカルアザラシ *Phoca sibirica* の脳頭蓋部分のCT横断像．皮膚の下に厚く蓄積しているのが皮下脂肪（ブラバー）（アステリスク）である．矢印は頭骨の断面．Cは大脳．（協力：東京大学海洋研究所宮崎信之博士）

も体サイズのある程度の制約が生じるだろう（Eisenberg, 1990）．後に語るが，そもそも捕食者対被捕食者として激しい攻撃と防御がなされる種間では，なによりも大型化の傾向が生じるだろう．いずれにしても，温度や水分環境への適応はきわめて大事だが，それをなにより強力な要因として淘汰が進むのは，おそらくあまりにも過酷な自然条件に進出するものたちだけだろう．穏和な条件が得られれば，哺乳類は自然環境よりも他者との関係において進化の方向が決められることが多いと推測される．いずれにしても，"生き方の幅広さ"を実現するのに十分すぎるほどの高基礎代謝率戦略，いわば"恐るべき哺乳類像"がここでも指摘されるのである．

4.3　闘いへの備え

（1）肉食獣と草食獣

ここで話題を哺乳類の"武装"に移したい．武装という概念にかかわる内容は，すでに第3章で扱った「走行肢端」の議論のなかでかなりふれてきた．いわゆる肉食獣対草食獣の切り口である．

草食獣はそもそも無尽蔵に現出する植物資源を有効に利用するかたちで，新生代以降の各時代には，系統にかかわらず磐石の地位を固めるものが現れてきた．しかし，それを追うかたちで確実に現れる者に，草食獣を捕食する肉食獣がいる．草食獣の生き残る術を単純化して議論すれば，より早く捕食者を認識し，逃走し，それも無理なときは物理的闘争に運命をゆだねるというものである．私は，ウシを扱った近作でその一連の流れを詳述しているので，ご覧いただきたい（遠藤，2001a）．

ここではまず肉食獣と草食獣の視覚についてふれておきたい．"武装"なることばは，眼球とは直接結びつきにくい表現かもしれないが，感覚器を基本的武装ととらえることが哺乳類では妥当だ．高度な体制で生き残りをかけてきた哺乳類にとって，情報収集はもっとも基本的な武装のひとつととらえることができる．体制の単純な動物たちにとって，視覚器は生理学的装置のひとつにすぎないかもしれないが，少なくとも高等脊椎動物にとっての眼からの情報は，他者を相手に戦術を決める高度な反応の源泉といえる．

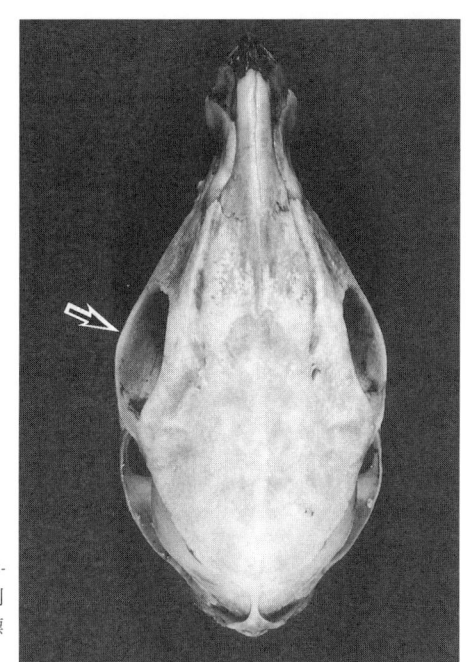

図 4-23 ジャワマメジカ *Tragulus javanicus* の頭蓋背側観．眼窩（矢印）は側面を向いている．（国立科学博物館収蔵標本）

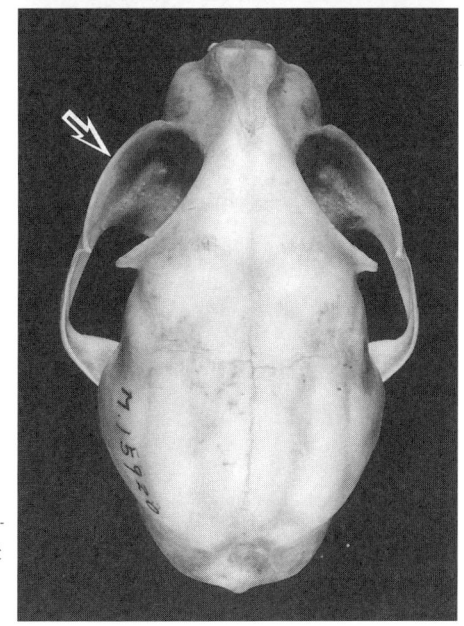

図 4-24 ツシマヤマネコ *Felis bengalensis euptilura* の頭蓋背側観．眼窩（矢印）は前方を向き，両眼視を基本戦略としている．（国立科学博物館収蔵標本）

まず語るべきは，眼球の配置である．ジャワマメジカとツシマヤマネコ *Felis bengalensis euptilura* の頭蓋を比較しておく（図4-23，図4-24）．眼球を収納する眼窩の方向であるが，草食獣が体側に向くのに対し，肉食獣は前方を向いている．草食獣は地上性の捕食者を察知するために，水平線に広がる視野を確保しているのだ（加藤，1957；Popesko, 1961；Getty, 1975；Ellenberger and Baum, 1977；Hughes, 1977；Houpt and Wolski, 1982）．一方，肉食獣の眼球配置は，狭くても確実な両眼視測距領域を確保して，獲物に対する位置情報を豊かにしようというものである．家畜の例では，ほとんど両眼視のできないウマに対して，イヌの場合，顔の前方に角度60度の両眼視領域をもつとされている（Coulter and Schmidt, 1984；Miller and Murphy, 1995）．極端な両眼視の例として，霊長類の頭蓋をみれば明確だろう（図4-25）．両眼でひとつのターゲットをみて，複数の情報から距離などの詳細な情報を受容するのが，樹上に生きる霊長類の視覚戦略である．この適応様式を形態学的に検討するならば，今後は非破壊的に，たとえば眼球の空

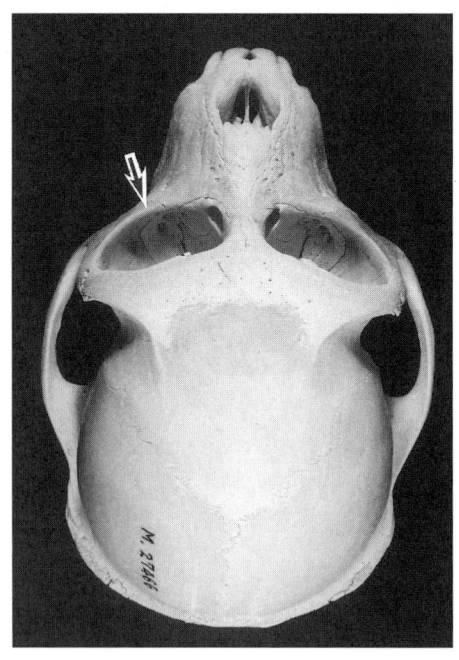

図4-25 タイワンザル *Macaca cyclopis* の頭蓋．眼窩（矢印）に注目．樹上での測距のため，とりわけ両眼視が重要となる．（国立科学博物館収蔵標本）

間配置を正中面と水平面に対して議論することが必須となる．しかし，これまでは指標として，両眼窩間の距離を骨計測学的に議論し，視神経孔と眼窩との角度を検討するなどの手法がとられてきた (Endo et al., 2000a)．

(2) 眼球機能の多様な可能性

　一般に脊椎動物の眼は視覚受容器としては優れたものとされてきた．先に語ったように，彼らにとっては視覚器はたんなる生理学的装置ではなく，高度な反応の内容を決める武装に等しい情報収集システムだからである．ペルム紀の両生類でも，中生代の爬虫類でも，私たち哺乳類でも，特殊化として視覚が退化するケースを除けば，これは一般的に承認される傾向だろう．

　しかし実際のところ，ヒトや高等霊長類を除く動物たちの，いわゆる視力に関する報告はとても少ない．後述するように，家畜行動学の材料となったウシ・ブタ・イヌが，いくつかのデータを残しているのが目立つ程度だ (Entsu et al., 1992；萬田ほか，1993；Tanaka et al., 1998；猪熊，2001；田中，2001)．ただし自然淘汰は，いわゆる視力そのものにかかるものでもなかろう．草食獣は実際に逃走に成功するような早期警戒が可能かどうか，肉食獣は確実に捕殺に至る追走が可能かどうか，つまり生活圏でどの相手を意味あるレベルで認識できるかという，適応的システムとしての高度化がなされていることが，進化の当然の帰結だろう．

　この点で，家畜を材料としたケースで，いくつかの種に眼球周辺の適応メカニズムが確認されている．肉食獣が最後に獲物を捕殺する段階では，運動する獲物に対して視覚が追尾しなくてはならない．イヌにおいて眼球水晶体の厚みを変化させる毛様体筋の断面積が形態学的に発達しているというデータがあり，フォーカスの調節動作に優れているという示唆がある (Coulter and Schmidt, 1984；Miller and Murphy, 1995)．しかし，現生哺乳類で生態学的適応と視覚の意味ある関係を体系化する仕事は，まだ将来の課題である．

　ところで，哺乳類の視覚進化のなかで，明暗と色に対する適応はどの程度理解されているだろうか．中生代の哺乳類は，並居る爬虫類に対して夜行性の行動で共存を図ったとされてきた．哺乳類の視覚の基本が暗視におかれ，色覚の進化が限定的だったと推察することができる (Ducker, 1964；Jacobs, 1981, 1993)．また，哺乳類の網膜視細胞において桿状体と錐状体の比率は

変異に富むものの，一般に前者が多くを占め後者が少ないという見方はできよう（真島，1990 ; Dellmann, 1993）．暗視に適応し，明条件下での色覚や詳細な光学的情報を軽視したかのような眼球であることが明らかだろう．

一方，錐状体に存在するヨードプシンに関して，高度な色覚を備えている種は3種類の最大吸収波長をもつ色素を備えている．この3色素は遺伝子レベルで分化するとともに発現する細胞が異なることで，色覚として成立することになる．偶蹄類とヒトの検討から（Nathans and Hogness, 1983, 1984 ; Nathans *et al*., 1986 ; Jacobs *et al*., 1994, 1998），ヒトのようないわゆる3色性色覚は霊長類内で進化したもので，多くの草食獣・肉食獣においては基本的には2色性色覚，すなわち赤緑色盲状態にとどまるとされている．しかし，家畜ウシを用いた行動学的検討は，2色性色覚を示す結果（Kittredge, 1923 ; Habel and Sambraus, 1976 ; Strain *et al*., 1990）と3色性色覚を示唆する結論（Dabrowska *et al*., 1981 ; 圓通，1989 ; 萬田ほか，1989 ; 植竹，1999）に分かれているのが実際のところだ．野生集団ではほとんど行動学的データ収集は困難だが，イノシシで赤緑色盲状態を証明する結果がある（Eguchi *et al*., 1997）．

総じて，霊長類ほど鋭敏な色識別が可能な哺乳類は，一般的に少ないようである．霊長類の3色性色覚は，祖先群の地上性・夜行性生態にかわって，昼間の樹上生活において色彩に富む果実を緑色の葉から識別する行動から進化したという議論がつづき，新たな説得力あるセオリーを期待されてきた．近年，熱帯雨林の良質の若芽の多くが赤色であることに着目し，ほかの2色性色覚動物には認識できない若芽を識別する能力が，霊長類の3色性色覚への淘汰圧として働いたのではないかという主張が提示され，注目を浴びている（Dominy and Lucas, 2001）．

話が霊長類に集約してきたところで，霊長類で明らかにされてきた眼球の進化の例を取り上げておきたい．ひとつは眼球そのもののロコモーションに呼応した形態学的適応である．単純にいえば，目の輪郭が縦長か横長かという問題である．前項で眼球配置が視野の広さをねらったものか，それとも両眼視領域を確実に重ねることに適応したものか，議論してみた．また，第3章では咀嚼筋との関係で樹上性齧歯類が視野を確保するために頭部の角度を改変しているという議論を紹介した．一方，完全な樹上性種を多数擁する霊

長類では，明らかに地上性の傾向の強い種は，目の輪郭が水平方向に広がっていることが示されてきた (Kobayashi and Kohshima, 1997, 2001)．両眼視性・樹上性のグループから派生する地上種では，地上での視野の確保を目の輪郭を横長に保つことで可能にしていることが明らかである．

また，視線をどう隠すことが適応的かという興味深い議論が，霊長類で行われている．捕食者が獲物を襲う場面を想定すると，被捕食者がなにをみているかが捕食者に筒抜けになっていると，被捕食者にとって損失が大きいといえるのである．つまり捕食者は，自分に気づいていない獲物を好んで襲撃し，逃走される可能性の高い，あらかじめ自分に気づいている獲物を襲うことは少ないのである．逆に考えれば，捕食者の接近に気づいたか気づいていないかを表にみせないような個体や集団が，捕食の危機を免れるはずである．そのための表現形が霊長類の強膜の色にみられるというデータが知られている (Kobayashi and Kohshima, 1997, 2001)．もともとは，霊長類では同種間のむだな争いを避けるために，視線を隠蔽するような進化を遂げたものと考えられるが (Perett and Mistlin, 1990)，当然それは捕食者に対しても同じように機能するはずである．つまり眼球はたんなる感覚装置にとどまらず，哺乳類のような比較的高度なコミュニケーションを視線で交わす可能性のあるグループでは，視線を介した間接的武装であるとも考えることができるのである．

(3) 弱者たちの武装

さて，視覚での"つば迫り合い"を終えた哺乳類は，走行による"闘い"を演じるだろう．走行については第3章でふれたとおりだ．そして，ついに実際の直接的闘争に入る．闘争をいち早く決着づけるものは，じつは身体のサイズである (遠藤, 2001a)．体重1トンのアフリカスイギュウは単体のライオンならば容易に蹴散らすのが常である．ゾウ類やサイ類が，健常な成獣ならばほとんど大型のネコ科に襲われる可能性がないことも周知のとおりである．サイズ進化の詳細については，本章でふれているように，循環生理学的適応が鍵を握っている．哺乳類の基本的高基礎代謝率戦略が実現しうるサイズの範囲内であるならば，あとは巨体が闘争を制するという常識さえ認識されていれば，哺乳類の大型化を語る背景に不足はないだろう．

ここでは，闘争に用いられる本物の武器について概観しておきたい．もっとも注意すべき点は，これらの武器は異種間での生死をかけた争いによって進化するだけではない．往々にして同種内の闘争が進化を促進していることに注目しなくてはならない．ただし，肉食獣の武器に関しては第3章で語っているので思い出していただきたい．これに対応できる草食獣側の直接的な武装から話を進めてみたい．"弱者たちの武装"は，各系統が材料を選ばずに進化させた，脈絡に乏しい一群かもしれない．しかし，それらは弱いものが生き残るために機能を集約させた，興味深い産物なのである．

草食獣の武器として，もっとも典型的なものは偶蹄類の角と枝角だろう．図はウシ科の角の実例をあげた（図 4-26 から図 4-28）．それぞれの形態の適応的な意味が議論されたことはほとんどないだろう．これらの角は洞角ともよばれ，前頭骨の角突起にかぶせられる鞘がその実態である（図 4-26）．

洞角の進化過程は推測のむずかしいものではあるが，アルガリ *Ovis ammon* の近縁集団間の地理的クラインから，興味深い進化学的ストーリーが示されている（Geist, 1971）．山岳乾燥地帯性の祖先集団をバーバリーシー

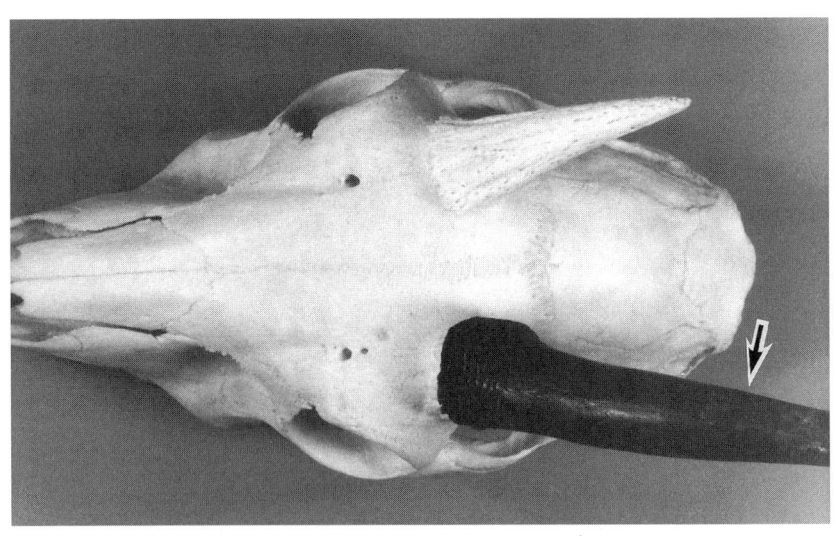

図 4-26 カモシカ *Capricornis crispus* の頭蓋背側観．矢印は角鞘（矢印）．右側は角鞘を外して，角突起をみた．ウシ科の角の基本構造だ．（遠藤，2001a より改変．国立科学博物館収蔵標本）

図 4-27 オリックス *Oryx gazella* の頭部の剝製．あまりにも優美な角だが，同種・異種を問わず，争いの際には致命傷を負わせるだけの武装である．（国立科学博物館収蔵標本，Watson T. Yoshimoto 氏寄贈）

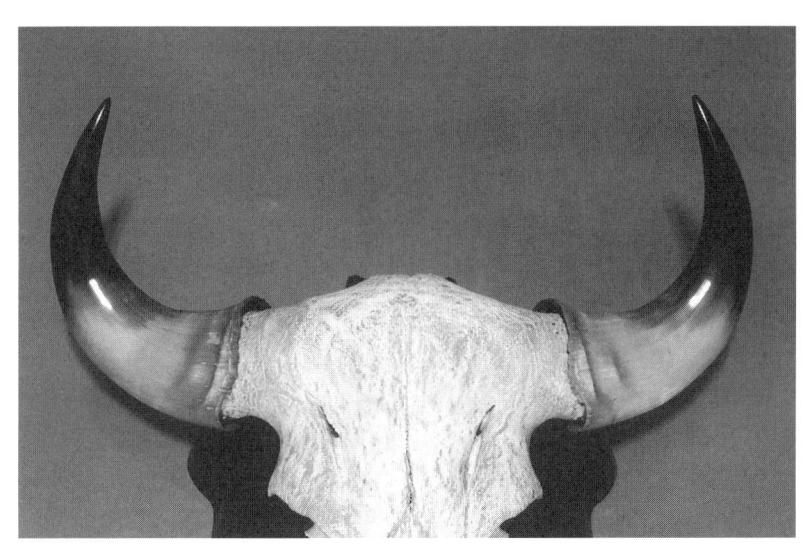

図 4-28 コープレー *Bos sauveli* の雄個体の角．絶滅が心配されるめずらしいウシ科の標本である．残念ながら角鞘は加工されているが，防御のための武装として有効なことは明白だ．（協力：尼崎剝製標本社）

プ Ammotragus lervia, あるいはウリアル Ovis vignei のようなものと想定すれば, そこから草原に進出したアルガリの各亜種は, 身体のサイズを増し, 角はそれとともに大型化したという推論である (図 4-29, 図 4-30). 陸化したベーリング海経由で北アメリカ大陸に流入した集団は, 最終的にビッグホーン Ovis canadensis のような渦巻き状の角を備えるに至ったと考えられるのである. つまり, 角突起と角鞘の形状に, 隔離や地理的クラインのなかで比較的大きな変形が生じうるということが推察されている.

一方, 洞角の形態と生態との間をつなぐ論理はあまり明確ではない. 単独性の生態をとるものは多くが森林性だが, 捕食者に対するテリトリー防衛のために殺傷性の高い角を進化させたと考えられる. 鋭くとがった角は他種同種を問わず, 非常に危険な武器である. しかし, これらの種において同種間の闘争が激化することは考えにくい. したがって, 捕食者を傷つけるために鋭さを増していく. 他方, 草原性・群居性のウシ科の角は, ひねりや広がりをもち, あまり武器としては有効でない. これは同種間の闘争に使われるケースが多く, 基本的には相手を殺すようには進化しないためだ. 実際問題, これらの"曖昧な角"が, 同種間の闘争を儀式化することは確かである.

図 4-29　バーバリーシープ Ammotragus lervia 老獣の剝製標本. アルガリに近縁な祖先型と考えてよいだろう. 身体は小さく, 洞角の巻き方も緩い. (国立科学博物館収蔵標本, Watson T. Yoshimoto 氏寄贈)

図 4-30 アルガリ *Ovis ammon* 老獣の剝製標本．ヒツジ属で最大級のサイズをもつアルタイアルガリという集団である．図 4-29 と比較して洞角の巻き方が強い．
(国立科学博物館収蔵標本，Watson T. Yoshimoto 氏寄贈)

（4）枝角──同種相手の武装

　一方，シカ科の枝角は，これとはまったく異なる構造体といえる．これは前頭骨から伸びる骨性の構造ではあるが，現生種ではトナカイ *Rangifer tarandus* 以外は雄だけに備わっている．枝角は，毎年落ちて，生え変わる．初夏から秋にかけて雄は枝角を伸ばすが，この段階で角を覆う皮膚は，袋角とよばれている．発情期にテストステロン値が極大に達すると，袋角の血行が遮断され，皮膚が脱落，骨質が姿をみせる．枝角の機能は，発情期の雄どうしの闘争に決着をつけることである．立派な枝角は，ほとんどの場合，闘争を儀式化し，むだな個体の負傷・損耗を防ぐ帰結となる．交尾がすめば，枝角は雄にとってまったく不要な構造となり，初春に落ちることとなる（大泰司，1998）．もちろん捕食者に対して防御的意味をもつことはあろうが，本質的に雄どうしで争う武装である．むしろ巨大な枝角が樹木に引っかかり，餓死に陥る個体数は無視できない．ある局面で個体の適応度を下げるほどに，

枝角の進化は重大な意味をもっているのである．

枝角の系統進化に関してはさまざまな議論が重ねられているが，現生のシカ各属については，しだいに分枝をつけ加える方式で祖先形から派生してきたと考えられている (Ohtaishi and Sheng, 1993; Whitehead, 1993)．ヘラジカ *Alces alces* (図 4-31) にみられる掌状の広がりは，その結末でもあろう．一方，アルガリの洞角の大型化と形状の複雑化にみられたのと同じようなメカニズムが，ヨーロッパから北アメリカ大陸に進出したアカシカ・ワピチ *Cervus elaphus* の近縁集団間にみられる．ニホンジカ *Cervus nippon* やルサジカ *Cervus timorensis* にみられるような比較的単純な枝角を祖先形ととらえれば，大陸で大型化しながら北アメリカへ分布を広げた集団が枝角を巨大化させ，枝分かれにおいても複雑化させたものと推測される (図 4-32, 図 4-33; 大泰司, 1998; Mahmut *et al*., 2002)．

現生種でみれば，日本語で俗に "角" とよばれるものには，上記の洞角・

図 **4-31** ヘラジカ *Alces alces*. 枝角が掌状に広がる．(国立科学博物館収蔵標本，Watson T. Yoshimoto 氏寄贈)

枝角以外に 3 つのパターンがそろってくるだろう．オカピあるいはキリンにみられるのは，前頭骨角突起を皮膚が覆いつづけるものである（図 4-34）．また，プロングホーンにみられるものはウシ科の洞角と似ているが，発情期を過ぎれば毎年角鞘が落ちるという特異な様式である（図 4-35）．そして奇蹄目サイ科のものは，骨性の支持部をまったく備えず，角質化した皮膚の一部にすぎない（図 4-36）．このサイのものは当然，骨格からその存在を明らかにすることは非常に困難で，私たちが化石種の適応を検討するのがいかにむずかしいことであるかを物語っているといえよう．これらの"角"のほかにも，絶滅種の類似した装置は非常にバリエーションに富む．第 2 章でふれた重脚目アルシノイテリウムや恐角目ウインタテリウムの角は，彼らが生きていたときどのような完成品だったのかは知る由もない．漸新世の奇蹄目ウマ形亜目ではブロントテリウムが前頭骨から上顎骨，鼻骨にかけて角の芯となる突起を備え，中新世の齧歯目エピガウルス *Epigaurus* は鼻骨の一部を角状に伸長させていたようだ（図 4-37）．エピガウルスの角は掘削装置だと

図 **4-32** ルサジカ *Cervus timorensis*．本来インドネシアの島嶼に分布する．必ずしもアカシカ（図 4-33）の直接の祖先ではないが，角の単純な枝分かれが特徴である．（国立科学博物館収蔵標本，Watson T. Yoshimoto 氏寄贈）

図 4-33 アカシカ *Cervus elaphus*. 枝分かれのもっとも進んだ種とされる. 図 4-32 と比較できる.（国立科学博物館収蔵標本, Watson T. Yoshimoto 氏寄贈）

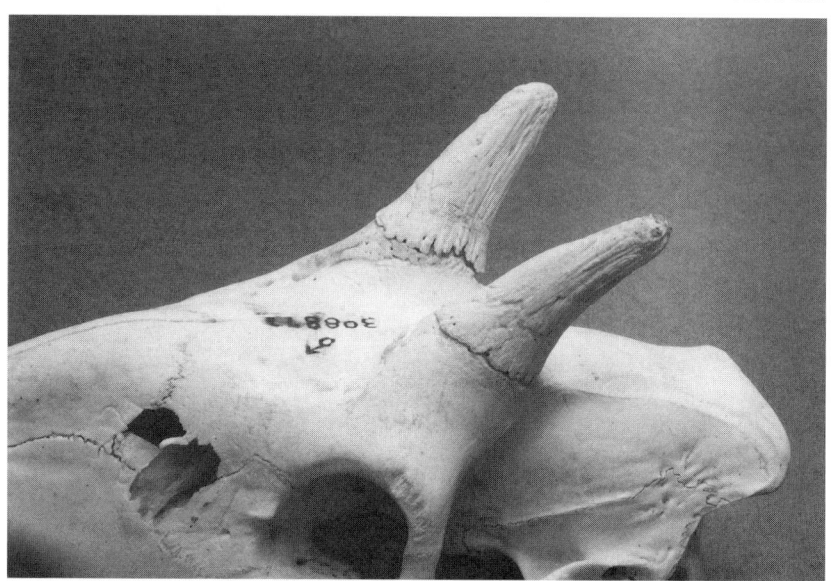

図 4-34 オカピ *Okapia johnstoni* の角. 両側に 1 対みられる. 頭蓋に骨性の突起が生じ, これがそのまま皮膚を被る.（スミソニアン研究所収蔵標本）

図 4-35　プロングホーン *Antilocapra americana*. 現生するのは1科1属1種のみ. 角鞘が毎年落ちる特殊な種だ. (国立科学博物館収蔵標本, Watson T. Yoshimoto 氏寄贈)

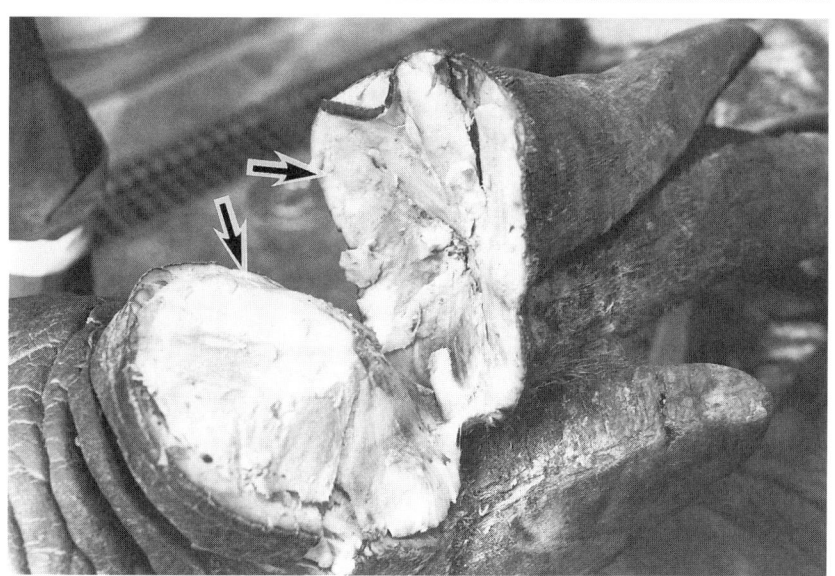

図 4-36　シロサイ *Ceratotherium simum* の解剖. 頭部背側を左側からみる. 角を解剖刀で離断したところ. 矢印は断面. 角は角化した皮膚にすぎず, 力は要するが, 刃物で切り取ることができる.

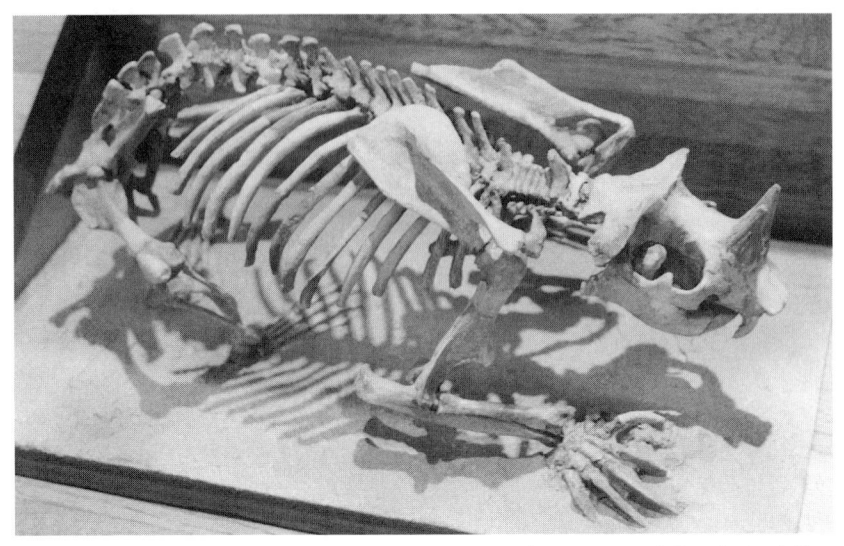

図 4-37 中新世の齧歯目エピガウルス *Epigaurus*. 右背側よりみる. 鼻骨の背面に角状の突起を発達させていた. (国立科学博物館収蔵標本)

いう古典的推測はあるものの，これらの相似器官としてくくられる"角"の機能と形態は，今後の興味深い研究テーマとして残されているといえよう．

(5) マイナーな武装

オオアリクイが掘削に適応した大きな前肢を，小型のネコ科に振りかざすようすがしばしば観察される(図 4-38)．前章でふれたように，アリクイ類の前肢端は第一義的には掘削に適応していることはまちがいないが(Taylor, 1978, 1985)，これは立派な防御武装としての適応的意味をもっている．センザンコウ類の前肢端，ツチブタの前肢端(Thewissen and Badoux, 1986)，タケネズミ類の切歯などに発達する掘削装置は，おしなべてそのまま防御武装に使われることが多い．つまり武装として機能する形質は，実際には闘争においてのみ進化する必要はない．防御専門に進化するような弱者の武装はむしろめずらしく，たいていはほかの適応的意義をもつものが一般的だ．逆にいえば，肉食獣の武装はその用途のために特殊化され，洗練されるが，"弱者たちの武装"はありきたりの材料を使ってその場その場で"完

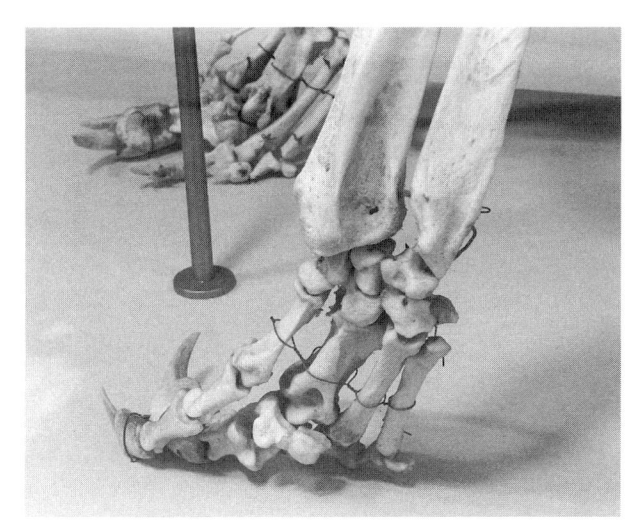

図 4-38　オオアリクイ *Mymercophaga tridactyla* の左前肢端骨格.
背側観.塚を崩すための適応だが,肢端に備わる爪は,護身武装
としても十分な働きを示す.(国立科学博物館収蔵標本)

成"させるために,意味ある装置としては中途半端なことが多い.私見だが,機能形態学の対象としてはこれほどおもしろく,同時に悩ましい相手もないだろう.

　防備という意味では,体表を覆う"鎧"についてふれておく必要があろう.典型的なものは,有鱗目センザンコウ類と貧歯目アルマジロ類にみられる.前者の鎧は表皮の角質層が極端に丈夫に発達したもので,後者は丈夫な角質に加えて皮膚内に発生する皮骨で防備を固めている(図 4-39).ミツオビアルマジロ属 *Tolypeutes* は,この角質の鎧をまとったうえに,ほぼ完全に身体を丸め,鎧のボールに変貌してしまう(Nowak, 1999).アルマジロ類とセンザンコウ類はきわめて系統関係は遠いと思われ,この形質自体,とても有効な防御手段として並行進化を遂げたものと推察される.先のサイ類の"角"といい,彼らの"鎧"といい,角質化した表皮はじつに多様な機能をもつ装置として進化しうるものだ.

　さて,最後に毒についてふれておきたい.爬虫類までの脊椎動物が往々にして毒を進化させてきたのはよく知られている.それはヤドクガエル類やイ

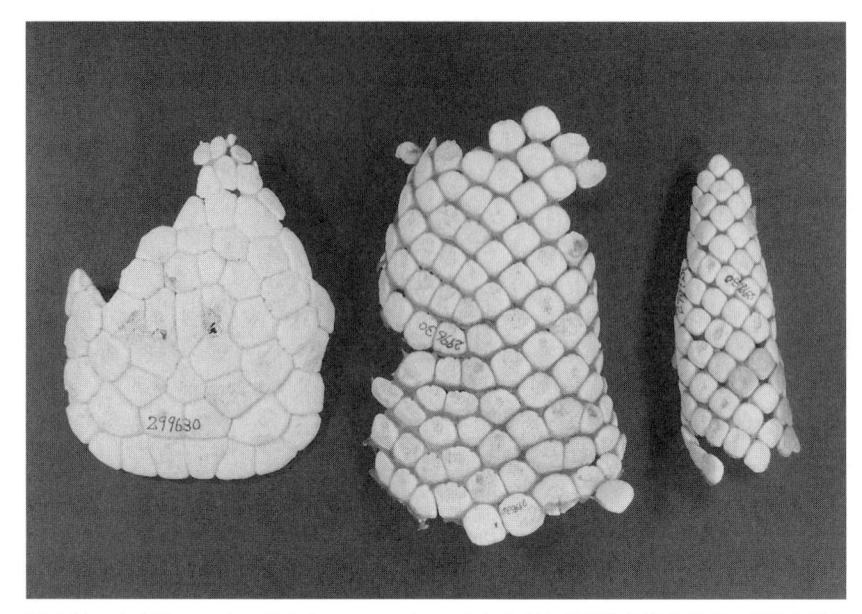

図 4-39 オオアルマジロ *Priodontes maximus* のからだの各部位を覆う皮骨．角質の鱗の深層に発達する強固な構造である．（スミソニアン研究所収蔵標本）

モリ類のように，被捕食を避けるために毒の蓄積とその警告を主とするものや，クサリヘビ類やコブラ類のように捕殺手段として歯牙に毒腺を併存させるものなど，多岐にわたる．しかし，多くの高等脊椎動物は，理由は不詳だが，この戦略を進化させてはいない．鳥類では一部のピトフイ類 *Pitohui* が，ホモバトラコトキシンとよばれるアルカロイドを毒として蓄積するのみである (Dumbacher *et al.*, 1992)．

　哺乳類では，例外的に2つのケースが毒と関連している．ひとつは単孔目カモノハシ（図2-3参照）の後肢の蹴爪に毒腺が開口するもので，もうひとつは無盲腸目ブラリナトガリネズミ属 *Blarina* が唾液腺から毒を口腔へ分泌するものである．前者は雄どうしの闘争に使われる．毒量が多いこともあって，小型の動物なら致死的な攻撃を受ける可能性がある (Griffiths, 1978)．後者は獲物となる土壌性の昆虫や無脊椎動物の神経系を麻痺させ，食物の貯蔵に役立てる機能をもつとされている (Martin, 1981)．

4.4 子孫を残す術

(1) 子宮がとる戦術

　さて，しばらく間が空いたが，第1章で哺乳類のアイデンティティーを求める際に，胎盤についてふれておいた．ここでは繁殖戦略という切り口を頭におきながら，哺乳類がどのような子孫の残し方を進化させてきたかをみておこう．哺乳類の哺乳類たる本質を垣間見せた胎盤には，じつは適応という観点からは形態学的なおもしろみはあまり多くないだろうというのが，私の考えだ．実際，胎盤を扱う研究プランでは，進化学的適応よりも細胞生物学的機構に視点が移ってしまっているといえる．そこで本項では，子宮自体の形態学的な多様性にふれておきたい．それは哺乳類の多様な進化戦略を語る，わかりやすい"鏡"である．

　後の繁殖戦略でも語ることになるが，子宮は単胎か多胎かでまず大きな形態学的差異を示す．腟側からみて単一の管の部分を子宮体というが，多くの哺乳類で子宮体は，胎子の維持にあまり重要ではない．繁殖の進化学的戦略を反映するのはその頭側に二又になって広がる子宮角だろう（図4-40）．

　子宮角がどのような二分のパターンをとるかは，旧来比較解剖学の興味深い対象とされてきた．左右の子宮角がどの程度合体し，子宮体が占める領域が広いか狭いかが議論されている（加藤，1961）．残念ながら，子宮体の胎盤の類型と似て，そのパターン自体がとりたてて機能の相違を示唆するものではない．また，霊長類に合体の程度の高い単一子宮が目立つというようないくつかの例を除けば，子宮の類型が系統発生史を語るものでもないだろう．しかし，少産か多産かという戦略の違いは子宮の形態に当然反映される．

　図4-40のウシは単胎の例であるが，多胎の例としてドブネズミを取り上げて胎子や子宮を比較しよう（図4-41）．子宮角がいかに合体しているかという類型よりも，多胎を妊娠させるには子宮角をどのように変形させればよかったかという，機能形態学的な"意匠"が子宮の進化史のおもしろみだと考えられる．卵管から腟・子宮体までの間にいかに胎子のスペースを確保するかがその鍵である．子宮角を長く伸ばすドブネズミのような解決策は，個々の胎子が比較的未熟でサイズが小さいときに適用されうるものである．

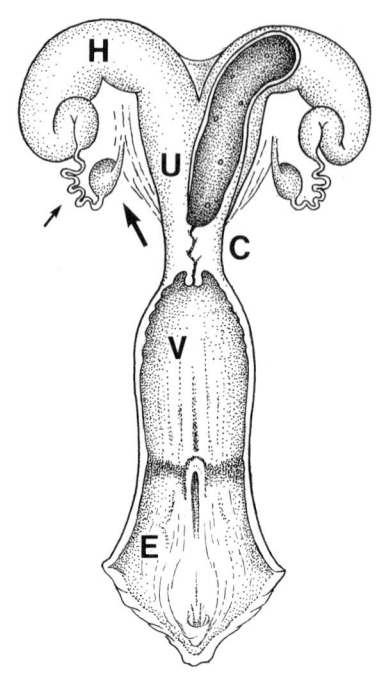

図 4-40　ウシ Bos taurus の子宮．膣前庭（E），膣（V），子宮頸（C），子宮体（U），子宮角（H），卵管（小矢印），卵巣（大矢印）とつづく．（遠藤，2001a より改変．描画：渡辺芳美）

一方でイノシシ類のような多胎は，非妊娠子宮角を複雑に蛇行させて，着床・発生に備えている．成熟の進む大きな胎子を抱えた子宮角を，コンパクトに収容するためのアイデアだ．多胎の子宮に多様性をもたらす要因は，胎子をどの程度まで成熟させるかという，胎子養育レベルでの戦略の違いともいえるだろう．

（2）卵巣と繁殖戦略

胎生，有羊膜卵，胎盤，子宮・・・ときて，哺乳類独自の繁殖メカニズムを説明することに紙面を割いてきた．だが，哺乳類の繁殖戦略のおもしろみは，じつは卵巣にあるといっても過言ではない．脊椎動物にすべてみられる生殖器官に，なぜ哺乳類で独自に語るべきストーリーが残されているのだろうか．

哺乳類における繁殖の"主導権"は，じつは子宮にはない．哺乳類におい

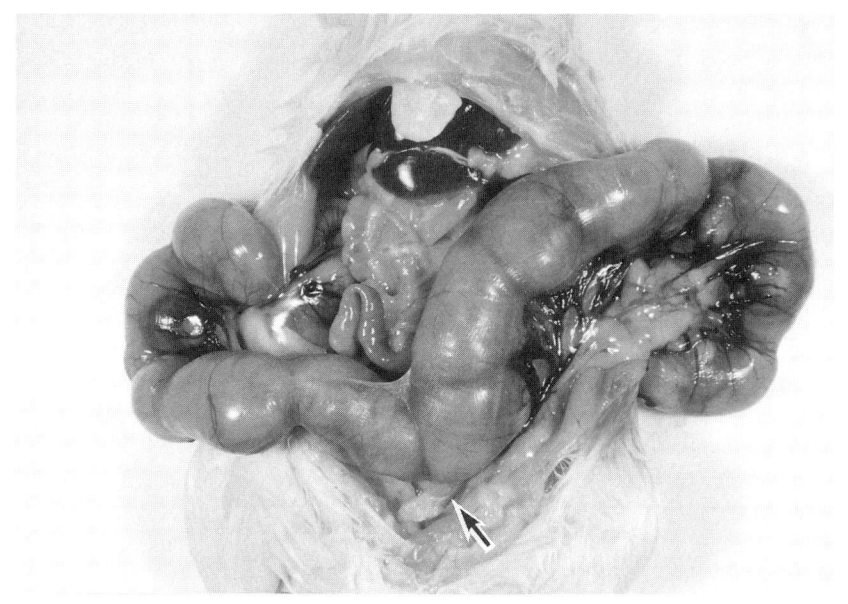

図 4-41 ドブネズミ *Rattus norvegicus* の妊娠子宮を腹側からみる．上が頭側，下が尾側．多胎の典型である．この例では一側に 7 体，もう一側に 4 体，計 11 体の胎子が子宮角に収まっている．子宮角を長く伸ばし，比較的未成熟な胎子をたくさん並べるという策で，多胎を実現している．矢印は左右子宮角の合する領域を示す．

ては，卵巣こそが各種の繁殖戦略を決めるのである．つまり，どのように次世代を残すかという基本的な問題を自ら律することのできる臓器は，卵巣なのである．もちろん卵巣をコントロールする中枢はいかなるものかというさかのぼり方はあろう．しかし，繁殖のために雌がつくりだす生理学的状態は，ほとんど卵巣が直接的に決めているといえる（高橋, 1988）．卵巣の"主導権"を，実際にかたちにしてみせる"道具"が子宮である．哺乳類の繁殖の独自性を語るとき，子宮や胎盤といった"哺乳類らしい"器官がその中心を占めてくるが，同時に卵管の一端でとても小さな姿をみせる卵巣が，哺乳類の進化を繁殖の面から規定していることを忘れてはならない．

　卵巣の主たる機能は，雌性生殖細胞の維持・生産である．胎子を抱えないほかの脊椎動物ならば，卵巣は卵をつくっていればそれでよいともいえる．しかし，哺乳類では卵巣は交尾行動と妊娠維持システムの主要部分をなして

いる.胎子期にすでに分裂を開始した雌性生殖細胞は,個体が性成熟を迎えるまで,卵巣内で保護される.そして性成熟後,卵胞が発育,生殖細胞もほぼ完成された卵子の状態をとるようになる.

ここで対象を正獣類に限りながら,雌側で観察される生殖活動の周期について生殖周期（reproductive cycle）という切り口でまとめておきたい（高橋,1988）.完全生殖周期というと雌に妊娠が成立した場合の周期,不完全生殖周期といえば妊娠が成立しないときの周期をさす.前者は,すでにふれたように卵胞発育,排卵,着床・妊娠,泌乳という経緯をたどる.交尾行動を時間的にどこに配置するかは,各種の戦略により異なることになるだろうが,そのいくつかの例は後に語る.ここでは,多様な繁殖戦略を理解するために,しばらくの間,不完全生殖周期の卵巣をみることにしよう.

まず排卵パターンそのものに,基本戦略の違いが現れる.元来どの種も一生涯に使い切れないほどの大量の雌性生殖細胞を卵巣に準備している.それを多めに利用して切れ目なく排卵・交尾機会を設けるのが,ドブネズミのような多産戦略の種だ.生態学で r 淘汰とよばれるこのストラテジーは,卵巣が頻繁な排卵を確実に行うことで実現されている.つぎの排卵を抑えるものは,通常雌の受ける交尾刺激であり,それは実際上妊娠である.しかし,このタイプでは,交尾刺激がなければ,すぐにつぎの卵胞成熟を開始し,排卵・発情に至る.ドブネズミを例にすれば,排卵の間隔は4日でしかない.4日に1日の割合で発情するドブネズミでは,雌の発情を待つ間,雄どうしが闘争や競争により選抜される時間がない.基本的に雄はだれもが交尾に参加して遺伝子を後世に伝えうるが,交尾を利用して集団が淘汰されることはほとんどないのだ.むしろ大量に生まれてくる子どもが,性成熟までに大量に淘汰されることで,遺伝子頻度がコントロールされる.これは多産を旨とする普通のネズミ科などがよくとる戦略である.

世代のことまで言及すれば,ドブネズミやゴールデンハムスター *Mesocricetus auratus* は生後わずか3-4週間で離乳し,7週間で性成熟に達する.両者ともリッターサイズは5-15におよぶ.妊娠期間は前者が3週間,後者はわずか16日.妊娠期間も哺乳期間も,正獣類の戦略としては限界と思われるまで短縮化されている.寿命はせいぜい2年程度だろうが,この早熟性と多産性のデータが,卵巣によりコントロールされる典型的齧歯類の繁殖戦

略をそのまま表現してくれている．

　一方，偶蹄類のウシを例にあげれば，発情後妊娠しなければ，つぎの排卵・発情は 21 日後にならなければ訪れない．この間，卵巣は黄体というつぎなる装置を用意する．黄体は，排卵後の卵胞部分に，妊娠個体ならば必ず成立する内分泌装置である．そこから分泌されるプロジェステロンは，中枢にフィードバックしてつぎの排卵・発情を抑える．妊娠維持のために不可欠な仕組みだ．だが，少産戦略をとる種やグループでは，非妊娠時でも一度黄体が形成され機能する．これらの動物では，妊娠の有無にかかわらず，一度排卵を止めるわけである．むろん発情の頻度が極端に下がるというデメリットは生じようが，それでも確実に交尾相手をみつけられるだけの個体の密度が集団にあるならば，大きな問題ではない．むしろこの繁殖戦略の進化的な意義は，まったく逆の視点からみえてくる．この間を利用して雄どうしが闘争し，有能な雄を選抜することができるのである．例外と程度の問題はあるが，このパターンは K 淘汰，すなわち少産戦略と結びつく．ウシで妊娠期間 280 日，性成熟に 1-2 年かかり，ほとんどが単胎である．となれば，先の齧歯類とは明確な戦略的相違がみえてくる．

（3）交尾と繁殖戦略

　卵巣が哺乳類の暮らしぶりを規定するようすがおわかりいただけただろうか．ここで交尾を切り口にいくつかの現象を付記しておきたい．これらはすべて哺乳類の繁殖の進化を彩る，重要な適応的戦略である．

　まずは哺乳類における発情コントロールについて基本を語っておこう．繁殖行動に関心の薄い読者のために念を入れれば，哺乳類では雌が発情している時間内しか，交尾は成立しない．雌はそれ以外の時間・期間は，行動学的に雄を排除するのである．むだな交尾を行動から除外することで，妊娠可能時にだけ雄を受け入れる当然の仕組みともいえる．重要な例外はヒトを含むごく一部の高等霊長類であり，交尾が儀式化してコミュニケーションとして確立され，本来の繁殖という責務から解放されてしまっている．これは，発情がつねに持続していると表現することができる．排卵を前提にしない交尾行動が進化していることさえ理解できれば，ことばづかいとしてはそれが妥当だろう．

一方，正獣類の独特の適応は，着床遅延を中心とする，受精卵の発生開始時期のコントロールである．たとえばドブネズミやハタネズミ *Microtus montebelli* などのごく普通のネズミ類では，妊娠の後半に卵胞が成熟，排卵され，いわゆる後分娩排卵という現象が確認される．分娩直後に交尾が成立すれば，後分娩排卵により放出された卵は受精卵となる．しかし，泌乳期間中は着床せずに受精卵のまま雌体内にとどまったままだ．泌乳時に着床しない内分泌学的メカニズムに関してはすぐ後で語るが，合目的的には最初の新生子が育たないうちにつぎの胎子を育てるわけにはいかないというジレンマを，新生子の生存を優先することで解決していることになる．では，なぜ後分娩排卵が起こるかといえば，最初に分娩した新生子が育たないことに対する予備策である．

　齧歯類の新生子群が被捕食，疾病，事故などで，大量に死滅していくことは想像に難くない．短いとはいえ1回分の妊娠期間を使った雌としては，新生子の死滅によって重要な妊娠期間をただ空費するという結論には陥りたくないだろう．実際，ドブネズミの場合，最初の新生子が1-2頭にまで損耗すると，おそらくは吸乳刺激の量的減少を感知した母親が残った1-2頭への授乳を放棄し，後分娩排卵によりできた受精卵を着床させることが知られている（高橋，1988）．

　着床遅延は，齧歯類のような多産戦略の強化のほかにも自然環境を克服する適応としてしばしば観察される．温帯域では積雪や低温といった冬季の厳しい環境が，繁殖・増殖を阻害する．とりわけ肉食獣がその影響を大きく受ける．発生に要する期間は系統というよりも体サイズで決まる面が大きいため，もちろん種差はあるものの，中型から大型の肉食獣の妊娠期間は40日から90日であることが多い（Altman and Dittmer, 1964；高橋，1988）．分娩時期をフィールドの生産量が上がる春から夏におこうとすると，これらの肉食獣は，厳寒や積雪が予想される真冬に交尾行動を要求されることになる．また逆に考えれば，若い個体が離乳して分散する暖かい季節を交尾期として利用できないことにもなってしまう．

　そのため温帯域の肉食獣の何種かは，交尾を夏から秋に設定し，着床を遅延させ，分娩を春先に行う．たとえば，北アメリカのアメリカアナグマ *Taxidea taxus* やマダラスカンク *Spilogale putorius* は，多くの個体が会合しやす

い真夏に交尾をするが,できた受精卵は翌年初春まで着床しない.しかし,着床すれば6週間から7週間程度の妊娠期間で分娩,餌の多い春から夏に子育ての時期を迎えることになる (Mead, 1968a, 1968b ; Ewer, 1973 ; 高橋,1988 ; Nowak, 1999).日本でもヒグマ *Ursus arctos* やツキノワグマ *Ursus thibetanus* の冬眠や子育ては関心を集めてきているが,彼らも着床遅延を起こす.前の夏に交尾し,着床を遅らせながら冬眠に入る.ただし新生子をかなり未熟な状態で産み,それを巣穴で授乳しながら歩き回れる段階にまで養育する方法を用いているため,着床を春まで延ばすことはしない.早めに着床させ,まだ寒い時期に分娩を行う.つまり大型のクマの場合,暖かい季節に産むことが必須なのではなく,夏に交尾を行うことを確実に保証した結果として,着床遅延が起きていると認識することができよう.また,着床遅延は海生の鰭脚類でも多くの事例がある.

温帯域の翼手目でも戦略は似ていて(船越,2000),長期間の着床遅延を経て冬眠後春先に分娩する種が多い.翼手目の場合には着床遅延のほかに,雌による精子保存という方式もとられる.これは交尾後,受精に至らずに,精子を雌の卵管や子宮内に保存,一定期間後はじめて排卵を起こし,受精を行って着床させるものである(毛利・内田,1991 ; Mori and Uchida, 1982 ; Uchida and Mori, 1987).卵巣側は十分に成熟した卵胞を備えているが,時期が来るまでけっして排卵しない.在胎期間の延長のためには,受精卵で時間を稼いでも,精子で踏みとどまっても結果は同じといえる.この2つの方法の生物学的な相違は排卵時期の選択だろう.実際には温帯域といっても温度環境や生産量は多彩だから,着床遅延や精子貯蔵の時間を調節して,その場所にあった分娩時期を選択していることがいくつかのデータから推測される(Wimsatt, 1944 ; 平岩・内田,1956 ; Racey, 1973).なお,着床遅延でも精子保存でも,交尾から分娩までが異様に長くなるが,議論に際しては,「見かけの妊娠期間」と「真の妊娠期間」ということばで内容を明確に区別している.

さて,哺乳類の交尾に関する進化において,ある意味でもっとも特化した例を語っておこう.それは発情持続という現象で,交尾排卵動物とされる種にみられるものである(高橋,1988).実例でいえば,ネコ類,イタチ類,ラクダ類に広くみられる戦略で,非妊娠雌はつねに成熟卵胞を備え,発情状

態をつくりだしておくものである．もちろん先にふれた高等霊長類のコミュニケーションとしての発情持続とはまったく異なる生物学的意義をもつ．多くの場合，これは個体の分布密度の低い種で，偶然に左右される雌雄の接触を確実に交尾に結びつけるための内分泌学的な特質である．わずかな雄との会合のチャンスも逃さないために，雌側は交尾機会をつねに確保する手段に出ているのである．

　群れや集団内での発情・分娩の同期化という現象も古くから観察されている．個体間で繁殖の細かい時期を調節し合うメカニズムはほとんどなにもわかっていない．適応的な興味深い例はサバンナのウシ科の出産だろう．オジロヌー *Connochaetes gnou*，オグロヌー *Connochaetes taurinus*，インパラ *Aepyceros melampus* などの出産は植物の豊富な雨季に集中するが，新生子の半数以上が離乳前に捕食されているようだ．しかし，どうやら群れ内で発情が正確に同期化されているらしい．一度に大量に分娩することで，被捕食の総量から免れてたとえ少数でも離乳できるように，同期化メカニズムが進化してきたと推測されている．

　さて，さらに特異な例をひとつ紹介しておこう．齧歯目デバネズミ科の何種かに進化している真社会性である．ハダカデバネズミ *Heterocephalus glaber* がもっともよく調べられている（図4-42）．穴居性の種だが，数十頭以上の集団のうち，繁殖能力を示すのは1頭の雌と数頭の雄のみで，他個体はいずれも生殖機能を抑制され，繁殖雌すなわち"女王"の子育てを助けるべく，餌運びや巣穴のメンテナンス，捕食者からの防衛に専念するとされている．女王と非繁殖雌の間には，骨計測学的な差異も認識される．社会性昆虫すら髣髴とさせるこのシステムは，哺乳類のものとしてはもちろん異例だ．私は雄の生殖腺がいかに精子発生を止めるかという点について研究を進めてきたが，まだ不明の点が多い（Endo *et al.*, 2002a）．

　なお，寿命と繁殖については深入りする紙面がないが，すべての哺乳類にあてはまることは，繁殖可能年齢を超えた個体の寿命は事実上進化しないということである．しかし，例外としてはたとえばアフリカゾウやアジアゾウの雌は，繁殖終了後も長く生きる個体が多い．巨大化が50歳を超える生理学的長寿命を導いた結果だ．繁殖終了後の個体の適応度を議論するのはむずかしいとはいえ，行動学的にはこれらの長寿雌がリーダーとして群れを率い

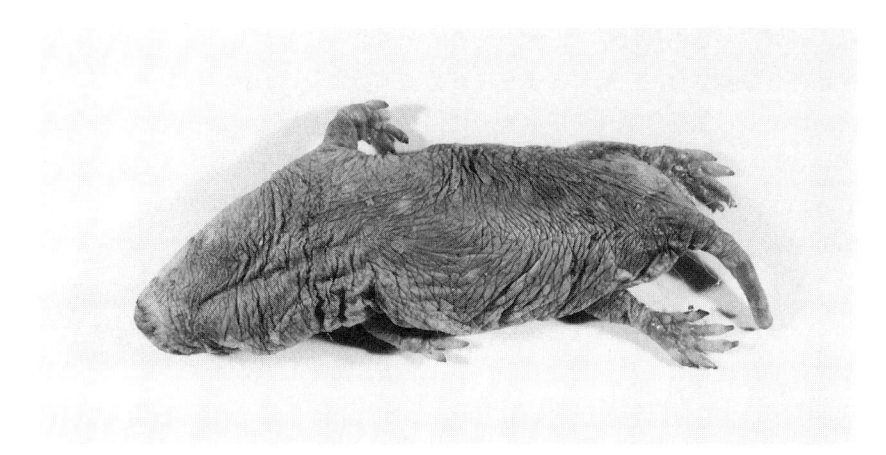

図 4-42　ハダカデバネズミ *Heterocephalus glaber* の液浸状態の遺体．背側観．社会性が特異であると同時に，穴居性に特化した外貌も奇妙だ．これは非繁殖雄で，頭胴長は 90 mm 程度．

る能力をもっていることが特筆され，包括適応度の概念で解釈すべき現象といえる．もちろん現代のヒトにおける女性の生殖生理とライフスパンの関係は，人間社会の近代化にマスクされ，本来のヒトの適応からまったくかけ離れたものだ．

　以上みてきたように，卵巣に主導され，子宮で実現される哺乳類の繁殖パターンは，これほど幅広い適応戦略の可能性を秘めている．むろんこれは，卵生に比べて胎生が多様化において優れているというような，特定の進歩史観に同意する議論ではない．私が純粋に驚異に感じるのは，胎生獲得後にあまりにも多様な繁殖戦略が生み出されていることと，それを卵巣と子宮におけるわずかな内分泌学的修正で実現してきたという，哺乳類の柔軟な特性に対してである．

(4) 有袋類の妊娠

　先に述べたように，親による胎子のケアという観点からすれば，哺乳類は高度な繁殖様式を実現している．比較的妊娠期間が短い有袋類でも，出産後のケアまで含めて，子への投資はほかの脊椎動物群よりはるかに集約的である．正獣類ほど妊娠の完成度が高くない有袋類は，かつては卵生から正獣類

型の妊娠に至る中間段階で，劣ったものとされることがあった．しかし，正獣類の妊娠様式は，一般にあまりにも胎子・新生子の保護が厳重すぎて，子宮，つまりは繁殖雌個体を限界まで利用してしまう傾向がある．どうしても避けられない程度で子の損耗が生じるならば，コストをかけすぎる正獣類はときに大きなリスクを負うことになり，そこに有袋類型の繁殖のメリットを垣間見ることができる．

　アカカンガルー *Macropus rufus* を例にあげると，真の妊娠期間はわずか33日である．分娩直後に後分娩排卵が起こり交尾が成立，新たにできた受精卵は着床遅延により保存されている．一方，分娩された新生子は，分娩後150日目ごろに育児嚢から顔を出すが，分娩後235日目くらいまでは育児嚢を明け渡すことはなく授乳がつづく（Nowak, 1999）．つまり育児嚢から這い出るようになっても，育児嚢のなかに顔を入れてはミルクをもらう．その状態が数カ月程度継続してやっと離乳を迎えることになる．

　つぎに育児嚢内の赤ん坊が生後200日目を迎えるころに，着床遅延中の受精卵が着床し，33日間の妊娠期間に入る．この繰り返しだから，アカカンガルーの分娩は理想的にはおよそ240日ごとに起こることになる．実際，本種の季節繁殖性は明確ではなく，8カ月ごとの出産が起こりうる．ただリターサイズに関しては1子が普通だ．

　ここでアカカンガルーを例として，有袋類の子宮の戦略を明らかにすることができる．まず育児嚢内の赤ん坊が損耗すれば，着床遅延中の胚が発生を開始することが知られている（Tyndale-Biscoe, 1973；Russel, 1974）．授乳中の未熟な新生子でも妊娠中の胎子でも，なんらかの原因で損耗すれば，母親は速やかにつぎの受精卵を新たに着床させることができる．アカカンガルーのような比較的大型の種が，もし正獣類的に妊娠するならば，胚子は長く子宮を占有し，この間，雌は大規模なエネルギーを子宮内の胚子に投じつづけなくてはならない．そこまで手厚く保護した子どもが成長を遂げるかどうかは，実際神のみぞ知ることである．だとすれば，普通に起こりうる子どもの損耗を"予測"し，母親が損耗に対して柔軟に対応できることに適応的意義が生じてこよう．

　有袋類の妊娠戦略をとることで，現にアカカンガルーが子宮を本来の目的で使うのは1分娩あたりわずか33日に抑えられている．育児嚢が"本格的

子宮"と比較してどれほど安全でないものか検証がむずかしいが，かりに新生子にトラブルが生じても，着床遅延卵が控えているうえ，その着床遅延卵も子宮を占有するのは33日でしかない．

妊娠期間が短く未成熟の胎子を分娩するという表面的デメリットは，じつは母親にとってリスクの高い胚子の過保護を避け，損耗をつぎの受精卵で補う合目的的なシステムであることが理解されるだろう．未熟新生子の分娩は"劣っている"のではなく，分娩機会ごとに過多のコストをかけずに投資のリスクを分散する，有袋類独自の適応の結果であると結論づけることができる．有袋類は胚子に十分な子宮内成熟を約束することはないが，かわりに子宮・育児嚢を柔軟に使用する道を開いているのである．アカカンガルーをみれば，正獣類と比較して"優れている"とか"劣っている"という表現がナンセンスであることは，読者に十分理解されることだろう．

一方，アカカンガルーの新生子は体重0.75gとされる（Sharman and Pilton, 1964）．成獣雌の体重を25kgとすると，比率で0.003%にすぎない．正獣類で成獣と新生子の相対的サイズが大きいとされるジャイアントパンダでも，100kgの成獣に対し，100gの新生子の大きさがある．一般に新生子が小さい有袋類の場合，新生子ではまったく体温維持が困難と考えられ，育児嚢から顔を出すころまでに，恒温性を獲得するサイズまで育つことが必要になる．

この極端な例がダシウルス形目のジュリアクリークスミントプシス *Sminthopsis douglasi* だ．新生子体重17mgとされる同種は，おそらく現生哺乳類で新生子がもっとも小さい例となろう．この新生子は体温維持をあきらめ，極端に酸素消費を減らした状態で生きている．そして生後少なくとも1週間，体重が100mg程度の大きさになるまで，もともと消費量の少ない酸素の大半を皮膚呼吸によってまかなうことが可能だ（Mortola *et al.*, 1999）．なぜ生後すぐ肺をあまり使わない戦略をとったかはわからないが，哺乳類の新生子戦略のバラエティーは，この有袋類の低代謝状態にひとつの極限を見出しているといえよう．

なお有袋類でも，正獣類で説明したような r 淘汰・K 淘汰戦略の違いは多様だ．正獣類と比較した妊娠・泌乳戦略の相違は，多産少産の戦略の違いとは別のカテゴリーの問題である．

(5) ミルクに隠された適応

すでに哺乳類に独自のメカニズムとしての泌乳については第1章で，そして本章ではその生理学的コントロールについて深く語ってきた．最後に哺乳類の繁殖適応における特質として乳汁の成分を扱っておきたい．表4-2は各種哺乳類の乳汁成分の比較である．この表だけからの考察はむずかしいとはいえ，乳汁の成分からは各動物種の泌乳期における進化学的戦略が解読できるはずだ．栄養分に富む乳汁はなにより子どもの生存に欠かせないが，同時に大切なのは，泌乳が原因で母親を栄養欠乏に追い込むわけにもいかないということである．したがって，これらの乳汁成分は，各種の母子がとりえる最適な泌乳体制の結果であると理解することができる．

ヒトや家畜ウシの乳は，意外にも栄養分の含有率が比較的低い．もっとも家畜ウシは乳量の増大をもっとも意義ある指標として人為淘汰を受けているため，ウシ亜科の本来の姿はアジアスイギュウ *Bubalus bubalis* のデータが参考になるだろう．目立って指摘されてきたのが，ホッキョクグマを含む海生種の高脂肪，高タンパク質である (Sivertsen, 1935；Kooyman and Drabek, 1968；Mepham and Kuhn, 1994；横山，1988；坪田，1998)．従来これらの種では，極寒の地や海中で新生子の発育を保証するために高栄養分の乳汁を供給しているという主張があった．確かにこれらの種に共通する巨大な皮下脂肪を成長期に形成するためには，乳汁中の高脂肪は適応的だろう．しかし，この説明が現象を完全に説明しきっているとは思われない．真水の不足する海洋環境で，水分の少ない，すなわち脂肪とタンパク質の濃縮された乳汁を，母親が子どもに与えているという解釈も成立しうる (Kooyman and Drabek, 1968；Schmidt-Nielsen, 1998)．ホッキョクグマなどのように，採餌が困難な時季に泌乳する種では，母親がタンパク質の喪失を避け，脂肪によるエネルギー供給を優先している可能性も高い．

水分の喪失の問題は乾燥地への適応の紙面でもふれてきた．予測されるとおり，メリアムカンガルーネズミ *Dipodomys merriami* の乳脂率は30%に達するとされ，乳汁の濃縮が行われていることが明白だ (表4-2；Kooyman, 1963)．ところが，ラクダ類では乳脂率が3-4%程度にとどまるとされ，乾燥への適応がつねに高い乳脂率や高い固形分含有率につながるわけではな

表 4-2 乳汁成分の種間比較

		脂肪	タンパク質	乳糖	全固形分
陸生種					
ヒト	*Homo sapiens*	3.8	1.2	7.0	12.4
ドブネズミ	*Rattus norvegicus*	14.8	11.3	2.9	31.7
モルモット	*Cavia porcellus*	3.9	8.1	3.0	15.8
メリアムカンガルーネズミ*	*Dipodomys merriami*	23.5	不明	不明	49.6
イヌ	*Canis familiaris*	8.3	9.5	3.7	20.7
トナカイ	*Rangifer tarandus*	22.5	10.3	2.5	36.7
ウシ（ホルスタイン）	*Bos taurus*	3.5	3.1	4.9	12.2
アジアスイギュウ	*Bubalus bubalis*	10.4	5.9	4.3	21.5
ヤギ	*Capra hircus*	3.5	3.1	4.6	12.0
ヒツジ	*Ovis aries*	5.3	5.5	4.6	16.3
ヒトコブラクダ*	*Camelus dromedarius*	3.2	2.8	4.2	11.0
ブタ	*Sus domesticus*	8.2	5.8	4.8	19.9
ウマ	*Equus caballus*	1.6	2.7	6.1	11.0
イエウサギ	*Oryctolagus cuniculus*	12.2	10.4	1.8	26.4
海生種					
タテゴトアザラシ	*Phoca groenlandica*	42.7	10.5	0.0	54.7
ウェッデルアザラシ	*Leptonychotes weddelli*	42.2	14.1	不明	56.4
ズキンアザラシ	*Cystophora cristata*	40.4	6.7	不明	50.2
カリフォルニアアシカ	*Zalophus californianus*	36.5	13.8	不明	52.7
シロナガスクジラ	*Balaenoptera musculus*	38.1	12.8	不明	52.8
ナガスクジラ	*Balaenoptera physalus*	30.6	13.1	不明	45.9
ホッキョクグマ	*Ursus maritimus*	31.0	10.2	0.5	42.9
初乳					
ウシ（ホルスタイン）	*Bos taurus*	6.7	14.0	2.7	23.9
ウマ	*Equus caballus*	0.7	19.1	4.6	11.3

単位は g/100 g milk．
数値は Sivertsen (1935)，Kooyman (1963)，Kooyman and Drabek (1968)，横山 (1988)，および Elamin and Wilcox (1992) から引用．
* 耐乾燥適応の可能性があり，乳汁成分の戦略が注目される．

い（表 4-2）．これに関しては，ラクダ類の場合に新生子が夏季の暑熱環境下で育たなければならず，体温調節のために幼獣が多くの水を必要としているという解釈がとられることがある（Schmidt-Nielsen, 1998）．つまり，母親が乳汁中への水分喪失を極度に防ごうとするカンガルーネズミ類と異なって，ラクダ類では子どもの生残を優先して，ある程度の水を確実に子どもに与える必要があるのかもしれない．

最後に，初乳というものにふれておこう．よく知られるのは飼育動物で，ウシ，ヤギ，ウマ，イヌ，ネコ，マウス，ラットなどで，分娩後まもない間の乳汁がその後の一般的な乳汁とまったく異なる成分であることが知られ，初乳とよばれてきた（表4-2）．初乳は免疫グロブリン IgG_1 を大量に含み，それは新生子の腸管から吸収され血中に入る．そして，新生子の免疫機構が確立されるまでの，新生子の免疫を司っているとされている．泌乳というプロセスを獲得した哺乳類がその適応的進化の過程で確立した，新生子保護の仕掛けであることはまちがいない．しかし，初乳をつくるプロセスが一般の乳汁とどう異なり，その産生が短期的にコントロールされる仕組みについてはなにもわかっていないといってよい．また，イエウサギやヒトを含むいくつかの霊長類では，明確に識別されるような初乳分泌のフェーズがなく，胎盤を通して抗体が母体から新生子に移行していることが明らかである（横山，1988）．

第 5 章　哺乳類と日本列島・哺乳類と解剖学

5.1　日本の生物地理学

（1）日本の生物地理を扱う心

　　生物學においては，分類があらゆる研究の基礎をなすものであるから甚だ重要であるに拘はらず，昨今動もすれば學者によって之が疎ぜられてゐる如き傾向がある．かゝる傾向を招いた事には分類學者自身にも罪がある．彼等の中の或る者は，無闇に新種を作って，其の命名者たる事を誇らうとする如き安價な目標に囚はれ，生物大系の骨子たる「種」の本質を究めんとする如き眞摯なる態度に缺けるところのあった事は遺憾である．

『日本生物地理』徳田御稔（1941）

　生物地理学にふれるのは第 2 章以来となる．第 2 章ではいくつかの大陸や島嶼の隔離や結合といった，グローバルな話題をつづってきた．これらは哺乳類の進化史全体に直接かかわる問題として，書かれる言語の種類にかかわらず，それぞれの書物が哺乳類進化学の基本として扱わなければならない必然性・重要性を備えている．

　一方で，「私たちは日本という島国に実際に生活しているのであるから，その周辺の生物地理学はある程度知っておくべきだ」という事実がある．極東の生物地理学は，哺乳類学全体からすれば，数多ある具体例のひとつだ．躊躇せずいうならば，他国の人々なら頭の片隅程度におくことが許される内容だ．しかし，日本語の生物地理学では，日本列島周辺の話題には他地域に

比べてプライオリティーがあってしかるべきである．少なくとも中南米の小さな島嶼やアフリカのとある砂漠の動物相に割く紙面との間には，明らかな重みづけの違いを生じてかまわないと考える．見方を変えれば，日本列島の生物地理学が，どこかほかの地域のものに比べて科学的におもしろいとかつまらないとかいう論調はナンセンスである．高山があって近くに海洋と大陸もあるから，学生の教材として有用だと"評価"するのは自由だろう．しかし，たんに自分たちが住んでいる地域であるという事実だけで，日本列島の生物地理を学び，解き明かす動機としては十分である．

旧来，極東の生物地理学的重要性を訴えるがために，沖縄の島をガラパゴスにたとえたり，北海道の山をヒマラヤに見立てたりすることが，実際によく行われてきた．表現としては，初等中等教育や社会教育といった場面では，これが一人歩きしてきたことも事実だ．しかし，日本の生物地理学的特質を，「世界に名だたる○○○」と誇示するのは，客観的には無意味で，妥当な扱いではない．日本列島という地域に対して無理やり"科学的"意義づけをプレゼントするのは，せいぜい研究予算獲得のための方便にとどめておきたいというのが，私の本意である．

ともあれ，本書の最後の章で，どうしても日本の哺乳類を話題にしたかった私は，そのもっとも大切な内容のひとつとして生物地理学を，躊躇なく選択した．それはこの学問の有するバックグラウンドがあまりにも意義深いからである．「日本の哺乳類」という対象を，幅広い分野から見渡せる切り口であり，また，わが国の哺乳類研究史をトレースするだけの意味をももつ内容といえる．そういった意義を含めて，第2章以来久しぶりに生物地理学に登場してもらうこととした．

(2) 日本列島の哺乳類相

内容は分類学に遡及する．日本にいったいどのような哺乳類が分布しているかという話題の全体像は，旧来多くの書物にまとめられてきた（Thomas, 1906；岸田, 1924；黒田, 1940, 1953；今泉, 1949, 1960, 1970；Corbet, 1978：阿部ほか, 1994）．今日的には分類学的に異論間のせめぎあいは残っても，哺乳類集団の存在を日本国内で認識するということに関しては，もはや議論は残らない．たとえば，陸獣で100強という土着種数のカウントは，

正しい数字として当然のものだ (阿部, 1991; 阿部ほか, 1994).

さらに, これまで注目されてきたのは, これらの種の多くが固有種だということである (阿部, 1991; 阿部ほか, 1994). 定量的には諸説あるとしても, 種レベルでおよそ35-40%が固有であると考えることができる. さらに, 亜種レベルや, 明確に認識可能な種々のキャラクターを羅列していけば, 日本の哺乳類集団は, 「固有」なる表現で扱われるものが大半を占めるだろう.

「固有」という観点から, 生物地理学の基本的アイデアにふれよう. 固有度がより高い地域 (島嶼) は, 隔離・孤立の時期がより古いと, 推測することができるのである (徳田, 1941, 1969; Darlington, 1957). このアイデア自体は示唆に富み, 多くの実例に符合するルールとして確立されているといってよい. 冒頭に掲げた徳田の『日本生物地理』(1941) は, チャールズ・ダーウィンの地理的変異・海洋隔離の論述に直接影響を受けていることは確かだが, このアイデアを中心にして日本列島の地史の議論を体系化した名著である. 時代とともに地質学的知見も化石情報も系統分類学的成果も蓄積されるが, この書物がこの時代における生物地理学の総論として完成されたものであることはまちがいない.

一方, 隔離された集団になんらかの外部との行き来が推定されれば, そこに隔離障壁を突破する要因を想定することになる (Simpson, 1940). 日本の島嶼ならば, ユーラシア大陸と島嶼間あるいは島嶼相互間が陸によって接続されたことが示唆されることになる. 日本の生物相はつねにユーラシア大陸東部の影響を直接受けている. 時代やルートはさまざまながらも, 大陸で分化を繰り返す哺乳類群を変異の材料として供給されつづけたと考えるべきだろう. 大陸と"つかず離れず"の関係にあったことが, 日本列島域の哺乳類進化の大きな鍵だったのである. そこでしばらくの間, 日本列島の固有種をその分布にまつわる陸橋という切り口からみていこう.

まず大切なのは, 日本列島近隣に各哺乳類集団が成立・定着した歴史的経緯だ. そして私たちが強調しておかなければならないことは, 成立に至った日本列島の地理的環境の特徴である. 日本列島は, 亜寒帯から湿潤性の温帯を経て亜熱帯域に至る, 南北に長いエリアを占めるために, 微視的な気候区分としてはとても多彩だ. 高低差の激しい地形が, そのバリエーションをさらに豊かに修飾している. 一部の山塊は陸域の分断・隔離の要素として

も機能している．これらの地理的要因が，日本列島の哺乳類史の全時代にわたって継続しえたと考えることができる．過去から現在に至るこの地域の哺乳類相を規定する要因は，これらの列島の地理的条件が複雑に絡み合った集合的なものだ．

（3）東シナ海経由の流入

もっともわかりやすく，また実際に謎に突きあたる問題は，日本列島がいつどのようにユーラシア大陸から隔離され，また両者が結合したかという地質学的テーマである（湊，1966；大嶋，1976a，1976b，1982，1990；大場，1988）．すっかり単純化すれば，海底の深さ・陸地の標高を決定・推測し，推定される海水準をあてはめることで，その時代その時代に，どこが陸でどこが海だったかは，とりあえず定められる．そのなかで，陸生哺乳類が移動に使えるような，大陸と日本列島を結合する陸橋の形成を検討することとなる．もちろんこれに対し，推定される陸橋の存在とはまったく矛盾する化石分布が確認されると，逆に化石データから陸橋・陸域形成の論議が修正を受ける．新しい大規模な海底地質調査のデータも渡来史を書き換えることがある．さらに最近では現生種の分子遺伝学的データがそろい，そこに興味深い示唆をもたらすようになっている．

現在の日本の哺乳類相が成立してくる基本的プロセスは，中期更新世以降とされる．もちろんそれ以前にも哺乳類は分布していたし，実際のところ中期更新世時点の大陸からの流入が現生哺乳類相の確立にとってどれほど重い意味をもつかどうかは，まだ議論の途上だ（河村，1999）．しかし，小型哺乳類の変遷に関し中期更新世より早い段階のデータが少ないことと，現生哺乳類相に直結する問題として，時代的には中期更新世以後の隔離と進化が重要であると判断されることが多い．ここでは，議論を中期更新世以降に絞り，伝統的な見方を支えるいくつかの証拠を重んじ，そのひととおりのストーリーを学んでおきたい（高井，1938，1939；直良，1944；Shikama，1952；Takai，1952；亀井，1962，1963，1966；鹿間，1962；亀井・瀬戸口，1970；長谷川，1977；大嶋，1977，1978；亀井ほか，1988；河村ほか，1989）．

大陸産種の流入・定着の経過として，後述のようにおよそ3つのパターンに分けておくことが理解を助けるだろう（図5-1）．流入の具体例としては多

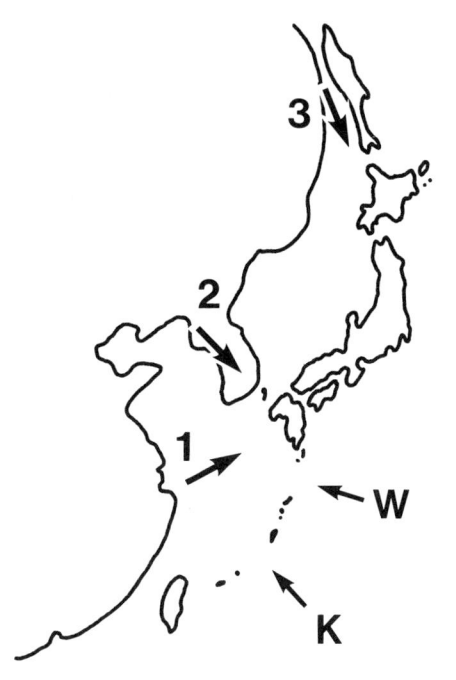

図 5-1 更新世における日本列島への哺乳類の侵入と琉球列島の生物地理学的境界．大矢印 1；中期更新世前半の東シナ海からのルート，大矢印 2；中期更新世半ばから後半の朝鮮陸橋ルート，大矢印 3；後期更新世後半の樺太陸橋ルート，小矢印 W；渡瀬線，小矢印 K；慶良間ギャップ．(描画：小郷智子)

くの哺乳類が検討されてきたが，とくに長鼻類がトレースされてきた理由は，鮮新世以降の日本列島の哺乳類相としては，長鼻類化石が情報の多くをもたらしているという現実があるためである．また，日本の長鼻類は時代とともに絶滅や流入を繰り返したと考えられ，分布するグループが時代ごとに置き換わるという明確さをみせることも，扱いやすい理由である（高橋，1999，2001；亀井，2000；Takahashi and Namatsu, 2000）．

流入の第一のパターンとして，中期更新世前半，およそ 70 万年前から 50 万年前に，華南地方の哺乳類集団が，日本列島に侵入したと考えられる．いわゆる万縣動物群とよばれるグループだ．流入経路は陸化した東シナ海である．年代的にギュンツ氷期やその後の間氷期に相当するが，東シナ海の陸化は間氷期も継続したと考えられ，中国南部からの流入を継続する重要な陸橋となっていた．長鼻類でいえば，ムカシマンモス *Mammuthus protomammonteus*（シガゾウなどを含む）が姿を消していき，トウヨウゾウ *Stegodon orientalis* の祖先が日本列島に侵入し，分布を広げる時代である．ともあれ，

日本に実際に分布したトウヨウゾウが，華南起原のものか，後述する中国北部起原のものかは，長い間結論づけられていない。また，この時期に日本列島に分布したものとして，おそらく華南由来のニホンザル Macaca fuscata，ニホンジカ，ライデッカーイノシシ Sus lydekkeri などがあげられよう。ただし，この時代の華南哺乳類相の代表とされるジャイアントパンダ，オランウータンなどは列島へ進出した形跡がない。

（4）朝鮮陸橋経由の流入

つぎに第二の流入パターンであるが，中期更新世半ばから後半にかけて，およそ40万年前から20万年前に，中国北部のいわゆる周口店動物群が列島へ侵入したと考えられる。ミンデル氷期，ミンデル・リス間氷期，リス氷期に相当し，海水準が大きく低下した時代といえる。この中国北部からの流入ルートは，朝鮮半島と一体で陸化した朝鮮海峡・対馬海峡（朝鮮陸橋）を介して起きたものである。おそらく−80 m から−100 m 程度の海退で陸化の可能性がみえてくるルートだ。長鼻類で追えば，ナウマンゾウ Palaeoloxodon naumanni が列島に分布する時代となる。同種は華北地方から化石が得られているようだが，単純に同一種が華北から流入して定着したと断定するのは時期尚早である。本種を後述の南方系とするか北方系とするか，継続的にどちらからも流入してきたと考えるか，議論の収束にはまだ時間がかかるだろう。また，奇蹄類ではシンドウサイ Rhinoceros shindoi が，偶蹄類ではニホンムカシジカ Cervus praenipponicus やシベリアジャコウジカ Moschus moschiferus が典型的な動物相を構成する時代だ。シベリアジャコウジカは現在もシベリア東部に生息しつづけている。

この時代は大型種以外の化石データも比較的豊富で，絶滅無盲腸類のニホンモグラジネズミ Anourosorex japonicus（図5-2）やシカマトガリネズミ Shikamainosorex densicingulata，そしてシントウトガリネズミ Sorex shinto，ジネズミ Crocidura dsinezumi，アズマモグラ Mogera imaizumii，ヒミズ Urotrichus talpoides，キクガシラコウモリ Rhinolophus ferrumequinum，また齧歯類では，アカネズミ Apodemus speciosus，ヒメネズミ Apodemus argenteus，ニホンリス Sciurus lis，ホンドモモンガ Pteromys momonga，ムササビ Petaurista leucogenys，ヤマネ Glirulus japonicus などが確認され，

図 5-2 ニホンモグラジネズミ Anourosorex japonicus の想像される外貌．中期更新世半ばから後半にかけての日本の哺乳類相を代表する無盲腸類である．同属は，タイ，中国から台湾にかけて，現生種が分布する．（描画：渡辺芳美）

現生種とは異なるがハタネズミ亜科も多い．肉食獣では，オオカミ Canis lupus，キツネ Vulpes vulpes，タヌキ Nyctereutes procyonoides，アナグマ Meles meles，タイリクイタチ Mustela sibirica，オコジョ Mustela erminea，イイズナ Mustela nivalis，いくつかのイタチ科の絶滅種（ムカシアナグマ Meles mukashianakuma，クズウイタチ Mustela kuzuuensis，カワウソ類 Lutra など），ほかの中型獣としてニホンザル，ノウサギ Lepus brachyurus，イノシシ類があげられている（直良，1954；Naora, 1968；長谷川，1966；Hasegawa, 1972；大嶋，1977；河村，1991）．オオカミは周口店動物群の代表として，中期更新世後半からの化石がみられるが，渡来時期そのものはより古いことが推測され，華北・華南にわたる広い分布を示す種と考えられる．また，日本列島のイヌ属の起原は，確認される化石がオオカミと同一種かどうかを含めて，今後議論が活発化することが予想される．

　華南から東シナ海経由の流入は，ギュンツ氷期以降この時期も継続していることに注意しなくてはならない．当然，この時代の地層から得られるデータに，たとえばニホンザルのように明らかに中国南部を起原とする種が混在し，それらの渡来時期については今後も議論されよう．

　動物群の供給源である中国に関しては，東西に伸びるチンリン山脈が大きな障壁となり，華北と華南の 2 つのグループに哺乳類相が分化していたという前提が成り立つ．このため，ギュンツ氷期以来の比較的初期から流入をつ

づけるグループが南方系とよばれ，対馬の陸橋を経由するものが北方系と称されてきた．上述のように，南方系が古くから流入を開始・継続し，後になって北方系が朝鮮陸橋経由で侵入するという，おおざっぱな歴史が組み立てられるだろう．

（5）華北・華南の哺乳類相

ここで大きな疑問は，中期更新世の中国の哺乳類相が日本列島のものとはかなり異なっているということである（Huang et al., 1982；Zheng, 1983；河村ほか，1989；河村，1991）．更新世の大陸の哺乳類相は日本列島のファウナよりはるかに多様性に富む．中期更新世後半の大陸では，ノロ類 Capreolus，キバノロ類 Hydropotes，ホエジカ類 Muntiacus，そのほかのシカ科，ガゼル類 Gazella，ヒツジ類 Ovis などのウシ科が分布を広げ，ウマ科，バク科などの奇蹄類も豊富である．食肉目では，南方系にジャイアントパンダ，レッサーパンダ，そして多くのハイエナ科やジャコウネコ科が多様化し，北方系には大型のネコ科やクズリ属らしいものが確認される．齧歯目では，南方系にはヤマアラシ科や一部の穴居性グループ，北方系にはジリス類 Citellus，ビーバー類 Castor，マーモット類 Marmota，アレチネズミ類 Gerbillus などが含まれ，今日まで日本列島とは関連の乏しい系統が多様化を遂げているのである．彼らが列島に侵入した跡がみられないのは，陸橋なるものの大きな謎として残ってくる．陸橋はただの橋ではなく，フィルターであるとする比喩が成り立つ．いずれにしても，陸橋が結果的に海を渡る集団を選別するような効果を生じることはまちがいない．

さてその後，後期更新世前半，およそ15万年前から7万年前ごろに関しては哺乳類相の変化に乏しい時期と考えられている．この時代は，実際にはニホンモグラジネズミやシカマトガリネズミの衰退や，ハタネズミ亜科の種の変遷がみられる程度で，華北・華南からの動物の流入が大規模に起こったとは考えられない．むしろ少なくとも本州から九州にかけての島々は，海洋で隔離されていたのではないかという推測が成り立っている（河村，1991，1999）．この時代は，固有種ヤベオオツノジカ Sinomegaceros yabei のほか，ツキノワグマ，ヒグマ，ヒョウ，トラ Panthera tigris，さらに小型のネコ科が確認されてくる．しかし，これらは後期更新世に新たに流入したもので

はなく，中期更新世までに侵入を終えていたことはまちがいないとされている（河村，1991）．クマ科では，大陸の化石データから，ツキノワグマは南方系の典型とされ，一方でヒグマは南方系にも北方系にも含まれていることが知られる．中期更新世におけるクマ類の渡来経路は今後も検討が必要だ．

（6）樺太陸橋経由の流入

　大別すると第三の流入パターンになるが，後期更新世後半の話題となる．ウルム氷期，すなわち5万年前以後，大陸・日本列島間のおもだった陸橋が海面下に姿を消すなかで，宗谷海峡周辺の陸橋だけは，ユーラシア大陸・樺太（サハリン）と北海道を連結していた．樺太陸橋なる，現在に至る日本列島最後の陸橋である．宗谷海峡は－40m前後の海退で陸橋化すると推測され，この時点では完全に流入経路となっている（大嶋，1976a，1990）．ここをルートに侵入するのが，マンモス動物群とよばれる一群だ．その名のように長鼻類で語ると，マンモスゾウが出現する時代となる．マンモスゾウは更新世末にはユーラシアや北アメリカに広く分布していたことが明らかだが，実際のところ日本列島への流入の時期を確実に示す証拠はない．北海道から数少ない化石が得られるのみで，観察される矮小化を含め，種の同定にも議論が残ろう（河村，1991；樽野，1999）．この時代の列島全体の長鼻類相は，むしろナウマンゾウに占められていると考えてよい．これら長鼻類のほか，ウシ（オーロックス），ヘラジカ，ステップバイソン Bison priscus が侵入，定着する．ウマ科も種レベルの議論は困難なままだが，樺太陸橋経由ではじめて日本列島に侵入したようだ．この時代に至る前に，ヒグマはツキノワグマとともにすでに本州で共存していたが，少なくとも北海道には，新たなヒグマ集団が樺太陸橋経由で往来していたと考えることができよう（増田，2002）．小型種・中型種は後期更新世前半とあまり変わりないように思われるが，それでもイタチ科が何種か絶滅し，無盲腸目も現生種以外は衰退の途にあった．

　北海道はこの時代，大陸の半島の一部だったと理解して差し支えない．この時期の関心の対象は津軽海峡である．津軽海峡は更新世の大半にわたり陸化していたと考えられる反面，更新世末には海峡が形成されていただろう．この時代は－140mもの海退が推察されてきたが，今日ではせいぜい－80

mという結論が説得力をもち，海底地形の精査を通じて，当時の津軽海峡が陸化したとは考えられていない（大嶋，1982，1990）．一方で寒冷により冬季は氷結し，陸獣が歩いて渡ることができたという推測もある．また，大型獣にとって，津軽海峡程度の長さは泳ぐに難い距離ではない（犬飼，1952；大嶋，1977；河村，1985，1991，1999）．

科学性の低い余談を挿むが，かつて鹿児島県奄美大島で調査をしていたとき，奄美大島とその南の加計呂麻島を隔てる瀬戸内海峡周辺で，しばしばイノシシが魚網にトラップされるケースが耳に入った．漁業者がイノシシの処置に力を割いていたのである．また，ニホンジカがいくつかの島嶼へ泳いで渡るケースは頻繁にみられる．彼らの好奇心のなせるわざかどうか，生物学的要因は不明だが，非科学的経験談を楽しむなら，大きい獣は自ら海に入るといってよい．対岸が視認できるような距離なら平気で泳ぎ出すのである．学者らしい机上の悩みより，ときにはフィールドでの経験談も解析の糸口にはなっていくだろうという話だ．

話を戻して，津軽海峡は北日本の動物相を調べた19世紀の英国人の名をとってブラキストン線とよばれ，地理的障壁とされている（Blakiston, 1883）．しかし，更新世末の大型獣については，障壁としてほとんど機能していないことをデータが示している．一方，小型獣・中型獣を含めた陸生哺乳類全般において，ブラキストン線は意義をもっている．今日一部ネズミ類に微妙な問題を残すものの，北海道に固有種はなく，すべて大陸と共通の種からなるという認識がある．この点では，宗谷海峡（いわゆる八田線）と間宮海峡は障壁としてとるに足らないものであるが，それに比べると，事実上の北からの境界がブラキストン線であることは認識しておくべきだ（藤巻，1994；増田，1999a）．ブラキストン線の各種哺乳類に対する隔離効果を，分子遺伝学的データから論じた有意義な議論が近年出版されている（増田，1999a，1999b；永田，1999；大舘，1999；押田，1999）．

いずれにせよおよそ1万年前まで，樺太陸橋，北海道，津軽海峡を経て，少なくとも大型獣は大陸から本土域までは流入できる客観的条件を備えている．先述のような大型の偶蹄類化石が本州から検出されるのは，津軽海峡が障壁となりえていないことの証明だ．現生のニホンジカ集団においては，かつては北海道と本州の集団間に変異がみられにくいという結論があり，一方

で小規模ながら海峡成立に起因する隔離効果も指摘されてきた（Nagata *et al.*, 1995, 1999；永田，1999；Tamate and Tsuchiya, 1995；Tamate *et al.*, 1998）．現在では，ブラキストン線とニホンジカの隔離の関係は希薄とされる．それよりも目立つのは兵庫県付近を境界にした北日本集団と南日本集団の分化で，大陸で生じた遺伝学的変異を両集団が引きついだとする興味深いストーリーが示唆されている（玉手，2002）．いずれにしても更新世末のブラキストン線の隔離はこのような大型獣に対しては不完全で，むしろ完新世に入って以後，隔離がより確実となったものと断定できるだろう．なお，華北・華南からの集団の移入は更新世末には起こらなかったようだ．

先にふれたが，中期更新世の日本列島の哺乳類相は，同時代の大陸の多様性と比べて一見して貧弱だと結論できる．この状況は後期更新世に至っても本質的には変化していない．つまり何度かの陸橋の形成と明らかな動物群の侵入の可能性が指摘されても，日本列島内には何種類かの固有性の高いものが生きつづけ，新たな侵入者にニッチェを明け渡すようなことが起こりにくかったと結論することができよう．早い時期に固有種が形成され，その後の侵入においても種の交代が起きなかったと考えることができるのである（河村，1998；Dobson and Kawamura, 1998）．化石種を比較するうえでは，各陸橋によって各時代に大規模な流入が起きたとは考えにくい．たとえばかつて指摘された黄土動物群が中国北部から流入したという推論も疑わしいと指摘される（河村ほか，1989）．

では，中期更新世以来交代の少ない日本列島の哺乳類相をどうまとめることができるかというと，議論が非常にむずかしくなる．河村（1991）は，森林性というカテゴリーが日本列島の哺乳類相を包含する可能性を示唆している．いずれにしても私は，日本の哺乳類群は海洋を近くに控えた湿潤気候下で多様化したもので，広大な草原や乾燥地帯とは対照的な環境への適応を遂げている群だと結論づけたい．典型的な大陸の乾燥性の気候に比べると，日本列島は哺乳類にとって高度に特殊化する必要のない条件だろう．日本列島はそういういわばマイルドな環境をもち，同時に大陸に対する地理的隔離だけが進行しうる舞台だと推察されるのだ．このような条件が生み出す哺乳類相の適応的概念・進化的戦略を一概に語るのはむずかしいだろうが，それでもなお今後は，日本列島の哺乳類相を適応様式からみた興味深いテーマが展

開される可能性が予想される．それはおそらく，「種はなぜ大陸で生み出されて後，近縁の島嶼にもたらされるのか」「島嶼や大陸辺縁部を種分化においてどのような概念で理解しておくべきなのか」といういくつかの本質的疑問を扱う研究になるはずである．

(7) 更新世末の絶滅

中期更新世以後，哺乳類相の置換が劇的には起こらないことにふれた．しかし，ファウナの変化として最大級のもののひとつは，きわめて最近の出来事である．更新世末，2万年前から1万年前の比較的大規模な絶滅である．

長鼻類で跡づければ，ナウマンゾウ，マンモスゾウ，偶蹄類ではニホンムカシジカ，ヘラジカ，ヤベオオツノジカ，オーロックス，ステップバイソンが滅んでいる．肉食獣ではトラ，ヒョウ，小型獣ではニホンモグラジネズミ，ニホンムカシハタネズミ *Microtus epiratticepoides* が姿を消している（亀井，1962，2000）．完新世に入ると，ウマ科やオオヤマネコ *Lynx lynx* も終末を迎えている．

絶滅の原因は混迷を極める．当時，日本列島でも急速な温暖化が進行し，植生にも大きな影響が加わっていることは明らかである．また，後期旧石器から縄文時代に相当する，人類からの狩猟圧も無視できないだろう．しかし，世界的にも大型獣が姿を消す時代であり，単純に日本列島の環境だけを議論しても解決する問題ではない．

ともあれ現在の日本の哺乳類相を形成する最後の決め手は，更新世末から完新世初頭にかけての大規模な絶滅であることはまちがいない．つけ加えると，本州・四国・九州間に海峡が形成されるのは5000年前から7000年前と考えてよいだろう（大嶋，1990）．これらは陸獣の地理的隔離としての意義は非常に小さい．

なお，国土の開発あるいは社会の近代化に起因する最近の絶滅集団としては，ニホンオオカミ *Canis hodophilax*，ニホンアシカ *Zalophus californianus japonicus* など4種あるいは亜種がつけ加えられよう（図5-3）．そのほかニホンカワウソ *Lutra nippon* をはじめとして環境問題に結びつくような多様性の喪失は，現在の哺乳類相に関する学術的検討課題のもっとも深刻なものといえる．ぜひこの分野の書籍を参照されるようお勧めしたい．同時にこれ

図 5-3 絶滅したニホンオオカミ *Canis hodophilax* の剝製．岩手県産．この標本は製作前に肢端部が失われ，かわりに大陸産のオオカミの肢端が接合されている．（東京大学収蔵標本．協力：東京大学農学部林良博博士，尼崎剝製標本社）

らの種をたんに生物相や環境という切り口のみならず，日本列島という環境に適応した集団として，機能形態学的に扱うことの重要性が今後クローズアップされることはまちがいない（Endo *et al*., 1997a, 2000d；吉田ほか，1999）．

（8）更新世の琉球列島

日本列島と紋切り型に表現してきたが，ここまで琉球列島の問題を棚上げにしてきた．琉球列島の生物地理学，古生物学は，哺乳類に関するだけでも数多の研究が蓄積されている（中川，1971；鹿間・大塚，1971；高井・長谷川，1971；長谷川，1980；大塚，1980；大塚ほか，1980；本川，2001）．琉球列島は日本本土（北海道から九州）とは別個に論じるのが妥当であるので，

以下にまとめておこう．

　琉球列島は，生物地理学的には南北3つのブロックに大別されてきた．北琉球（大隅諸島・トカラ列島），中琉球（奄美諸島・沖縄諸島），南琉球（宮古諸島・八重山諸島）である．とりわけ北琉球と中琉球の境界は，旧北区と東洋区の生物分布境界線としての重要性が確認されている．各生物群における研究成果の蓄積を経て，奄美大島の北側に生物地理学的境界線を想定し，これを渡瀬線とよんできた（岡田・木場，1931；徳田，1941；図5-1）．渡瀬線に関しては，トカラ列島の扱いは多少むずかしいものの，悪石島と小宝島の間を分布のギャップとするのが妥当だろう．この付近は，おそらくは150万年前以降陸化による接続が起きなかったと，多少の憶測を含めて表現することができる．第四紀の間はつねに海だったと語られたことがあり，それに比べれば同海峡の形成は若干新しい可能性が考えられるが，それにしても陸生脊椎動物の障壁としては長期にわたって機能していた．現生哺乳類種では，翼手目以外は自然分布においてこのラインをまたぐ共通種は実質的にないといってよい．化石種でこの海峡のために北上できなかったと思われるものは，たとえばリュウキュウジカ *Metacervulus astylodon*，キョン類（リュウキュウムカシキョン）があげられる（大塚，1980；大塚ほか，1980）．ムカシマンモスもリュウキュウジカやリュウキュウムカシキョンと同様に琉球列島に入り，渡瀬線で遮られたと考えることはできるかもしれないが，種の統合を重んじる結果からは同一種が台湾から北海道まで分布を広げたと推測されるため（Takahashi and Namatsu, 2000），結論は明確にはならない．一方で両生爬虫類の例では，オキナワトカゲ *Eumeces marginatus* やリュウキュウカジカガエル *Buergeria japonica* で，遺伝学的に近縁な集団が渡瀬線をまたぐとされ，議論をよんでいた．しかし今日では，これらの例は，漂流による洋上分散の結果ととらえるべきではないかと指摘されている（太田，2002）．なお，北琉球は更新世の間に何度か陸化により九州と接続した可能性が高い．とりわけ屋久島は後期更新世でも九州との接続を保っていたと考えられる（大嶋，1990）．

　さて，中琉球と南琉球の境界は慶良間ギャップとよばれるが，鳥類学で蜂須賀線とされる分布境界線に相当する（Hachisuka, 1927）．久米島南西に引かれるこの境界は，海底地形では宮古凹地とよばれる．現在の水深はおおざ

っぱに数百 m から 1000 m と想定することができ，地理的障壁としてはかなり強力なものであることが推察されてきた（大嶋，1978）．ただし，慶良間ギャップの海峡形成の時期を決めるのはむずかしく，海底調査から今後新たな証拠が得られることが期待される．現在の知見では，更新世のはじめにはすでに海峡として分断されていたと考えるほうが，はるかに種の分布実態に合致している．陸獣では，アマミノクロウサギ Pentalagus furnessi, トゲネズミ Tokudaia osimensis, ケナガネズミ Diplothrix legata (図 5-4), そしてワタセジネズミ Crocidura watasei, 絶滅群のリュウキュウジカおよびキョン類が中琉球固有とされ，これらの流入が更新世のはじめまでに終わっていた可能性が高い．両生爬虫類に検討の網を広げれば，たとえばイシカワガエル Rana ishikawae, オットンガエル Rana subaspera, ホルストガエル Rana holsti, ナミエガエル Rana namiyei, クロイワトカゲモドキ Goniurosaurus kuroiwae, キクザトサワヘビ Opisthotropis kikuzatoi など，数々の現生固有種の分布が，中琉球の孤立性が根深いことを示している（太田，

図 5-4　ケナガネズミ Diplothrix legata の剝製標本．奄美大島，徳之島，沖縄島にのみ分布する．琉球列島の生物地理学的特異性を示唆する．頭胴長は 300 mm を超え，わが国土着の齧歯類としては最大の種だ．（国立科学博物館収蔵標本）

1997；疋田，2002)．しかし，換言すれば，慶良間ギャップの評価のむずかしさは，ギャップの両サイドであまりにも異なる系統が分布してしまっていることにも起因する．隔離は進んだが，その時代や程度を検証する材料に事欠くというのが実状だ．ともあれ，渡瀬線と慶良間ギャップに挟まれた中琉球が，琉球列島で更新世における海洋隔離の程度がもっとも高い島々であることは，まちがいないだろう．

　一方，南琉球であるが，本土との間に2つの大きな生物地理学的境界線を経ていて，更新世の日本本土とのかかわりは考慮する必要はない．この島嶼群には台湾を含む中国南部からの陸橋がつくられやすいことが明らかだ．中期更新世から後期更新世にかけて何度か台湾を含む陸化が起こったことはまちがいないだろう．翼手目を除く純粋たる陸獣の固有種の代表はイリオモテヤマネコ *Felis iriomotensis* であるが，台湾や大陸のベンガルヤマネコ *Felis bengalensis* との遺伝学的近縁性を考えると (Masuda *et al.*, 1994)，やはり台湾との密接な生物地理学的関係が示唆されてこよう．また，尖閣諸島のセンカクモグラ *Neoscaptor uchidai* もしくは *Mogera uchidai* やセスジネズミ *Apodemus agrarius* も，同一種や近縁種が台湾や大陸に分布している (本川, 2001；Motokawa *et al.*, 2001)．

　ただし，南琉球最北の宮古島に関しては隔離年代の推測がむずかしい．八重山諸島に比べると，若干島嶼隔離の時間が長いことが推測される．大陸で更新世の化石が確認され，また大陸には普通に現生するハタネズミ類の化石が，この島から知られている (金子，1985)．しかし，その渡来と終焉の歴史を解き明かすことはむずかしい．一方，同島からは化石固有種ミヤコノロ *Capreolus miyakoensis* が見出され，更新世末期の生息が確認されている．おそらく更新世のいずれかの時期に渡来し，ほかの日本列島固有種と同様に種分化を遂げたものと推測される (大塚，1980；河村，1998)．ほかに隔離の議論において注目されるのは，両生類現生集団のミヤコヒキガエル *Bufo gargarizans miyakonis* だ．人為的移入の可能性は残されるものの，台湾のバンコロヒキガエル *Bufo bankorensis* との類縁関係が指摘される集団で，大陸南部から南琉球に至る陸化の歴史を物語る貴重な材料といえるだろう (前田・松井，1999)．

(9) レリックというアイデア

　日本列島の哺乳類でとりわけ議論が生じるものとして，遺存種（レリック）という考え方を吟味しておこう．本章冒頭の徳田 (1941) は，「個体密度の高い島嶼集団は，大陸集団より特殊化が著しく，種分化が速い」という主張を残した．この主張と，すでにふれてきた「固有度の高い島嶼は，隔離期間が長い」という論旨の関係は一概には論じられない．しかし一方で，「島嶼集団は種分化が速い」という推定は，「島嶼集団は大陸産集団より進化が遅く，大陸にかつて分布していた古い集団を隔離保存し，遺存種＝"レリック"として残す効果をもつ」という主張 (今泉，1960，1998) とは明らかに対立することとなる．

　本章で陸橋の議論を重ねたなかにみられたように，実際に新興の種が大陸から辺縁島嶼へ，陸化によってもたらされる例はあるだろう．ただし，渡来する大陸産種そのものにより島嶼集団が劇的に置換されるということは，かつて考えられていたほど起きていないと推測される．実際に大陸産化石群と，絶滅・現生を問わず日本列島から認識される哺乳類相の間に，同一種もしくはそれに相当する類似が証明されるケースは多くない．むしろまれだといってよいだろう (Huang et al., 1982；Zheng, 1983；河村ほか，1989；河村，1991，1998；Dobson and Kawamura, 1998)．

　問題の本質は，「種分化は大陸でのみ起こるわけではなく，島嶼がそれを不変のまま引き受けるわけでもない」ということである．事実は，地理的隔離により島嶼において速やかに生じる固有種が，島嶼内で安定しているということである．そして，それが日本列島の哺乳類相として各時代に認識されるのである．

　日本列島は確かに固有種の豊富な哺乳類相を継続的に維持してきたが，その固有種そのものが前時代の大陸産（化石）集団から分類学的に検出されるわけではない．むしろ，「島嶼に流入した集団は，古生物学的に認識するのがむずかしいほど短期間に固有の集団として変異・種分化を遂げ，その状態を維持しつづけている」というのが，更新世の日本列島の哺乳類相データから語られる普遍的事実だろう．

　たとえば鈴木 (2002) は，日本列島に現生する固有のアカネズミ類（ヒメ

ネズミ *Apodemus argenteus* とアカネズミ *Apodemus speciosus*）の成立において，大陸からの系統の分散，島嶼隔離，そして同所的分布というプロセスが働いたものと指摘している．大陸からの分散が2回繰り返され，集団が列島に渡るとまもなく，はじめにヒメネズミが，つぎにアカネズミを生じたというストーリーが提示されている．似た展開は，現生のイタチ科やほかの齧歯類でも成立するといえよう（鈴木，1995；Hosoda *et al.*, 2000）．まだ議論はつづくだろうが，躊躇せず表現するならば，日本列島の哺乳類相の意味は，古種の保存ではなく，列島固有種の形成と維持だ．

　もちろん，成立した日本列島産固有種に，古い形態学的形質が認識されることはあるだろう．さらにそれが後の大陸産新興集団では失われてしまうこともあろう．しかし，それらの形質の定性的な抽出例から，「日本列島が絶滅した大陸産種の"博物館"である」とか，「多数の大陸産古種が実際に日本列島にみられる」とイメージし表現することは，客観的事実に照らして妥当ではない．アマミノクロウサギ，イリオモテヤマネコ，ニホンジカ，イノシシ，キツネなどの列島産集団でかつて唱えられた，"古い大陸集団の遺存"というシナリオは，そのまま承認されるとは思われない．今後新しい手法と水準で検討がつづけられるべき問題である．実際にこれまでにみられるデータでは，「固有性の高い哺乳類相を短時間で形成し，それを維持しつづけた」ということを超える内容は，学界を納得させるだけの論理構築を備えていないと思われる．

　また，哺乳類に限らず大陸近隣の島嶼集団が古い形質に富む集団であるとするのは，もともと批判されにくい表現であるともいえる．島嶼集団を大陸の古い種に似ていると推論し，厳密な系統解析を経過せずに，推論に合致する個別の証拠を集積することは不可能ではないからだ．しかし，列島固有種・集団の形質が実際に古い大陸集団にどの程度定着していたのかという綿密な検討を経て，はじめてレリックという表現は評価されるべき客観性を与えられるのである．

　ここで，本書の生物地理学の議論を終えたい．進化を幅広く扱うことを望むため，固有種のもつたくさんの生物学的おもしろみにふれることは本書ではできないが，それはすでにある多数の著作に委ねたい．本章最後の切り口は，日本の哺乳類学に関する短い節にしよう．純粋なデータの議論を離れる

が，哺乳類進化学の将来を占えれば幸いである．

5.2 哺乳類進化学の明日

（1） 哺乳類進化学のパースペクティブ

　長く紙面におつき合いいただいて光栄である．本書最後の節は，前節とは打って変わって，哺乳類進化学の未来像を自分の感性で謳っておきたい．この話題はいくつかの拙著ですでに問題点を鮮明に浮き上がらせてきた（遠藤, 1992, 1995, 1996a, 1996b, 1997, 1998, 1999, 2001b, 2002a, 2002b；遠藤・林, 2000；遠藤・山際, 2000）．哺乳類進化学の私なりのパースペクティブは，本書の行間やこれら著作に書き込んできたとおりである．すなわち，多くの読者は，本書がある定まった科学哲学の上に築かれてきたことを，もう理解されているかもしれない．

　「解剖学」・・・それこそが，本書の全ページを支える学問であり，同時に本書の科学哲学的基盤となっているのだ．

　私が読み解いてきた「哺乳類の進化」は，本質的には，解剖学が見出すところの「かたち」の進化だ．かたちをもって歴史性に肉薄するのが，本書の在り様なのである．それもこの「かたち」とあの「かたち」が似ているとか似ていないとか，種が同じだとか違うとかいう話題に，重きをおいたつもりはない．「かたち」を，系統を明らかにし，ラテン語を特定することにのみ用いる必要はないからである．

　「かたち」は哺乳類が生きるために必要な現実の生体システムを，もっとも明晰に示す実態である．「かたち」に哺乳類の生き様を語らせる道具の例は，比較解剖学であり機能形態学であるが，それらをもって問題に向き合うことで，事実私は学究の時を生きてきた．"問題に向き合う"といっても，実際に対峙するのは，私の場合，その問題を包み隠している「遺体」そのものである．「遺体」に知をもって問いかけることができるかどうかが，研究する者が解剖学に生きるかどうかの，境目となる．それこそ，比較科学，ナチュラルヒストリー，そして解剖学を理解できるかどうかの永遠の分かれ目なのだ．「遺体」とは，私の仕事のように眼前で腐っていく生の遺体である

こともあれば固定液に浸った標本のこともあり，少し広くとらえれば，1億年ぶりに地球の表舞台に登場する化石であることもあるだろう．「遺体」とはすなわち，「表現型たる『かたち』を独占した実体」である．そして大事なことは，そう定められる「遺体」をターゲットにしてこそ，進化学の体系が成り立つという事実である．

　本書は進化を扱いはしたが，それを支えた本質は，まさしく解剖学の科学哲学に貫かれた「遺体」そのものである．本書の字句のひとつひとつ，行間のすみずみをかたちづくっているのは，生命を全うした「遺体」への知的好奇心の問いかけである．「遺体」を凝視する問題意識こそが，本書の世界をつくっていると認識してくだされば幸いである．

　はばかることなく予見しておこう．「遺体」に問いかけることこそ，これからの哺乳類進化学にエネルギーを供給していくことはまちがいない．進化というテーマを振り返れば，たとえば，系統解析に形態学は無益だとか，分子系統は真実を語らないとか，自他を先鋭的に区別しながらの不毛な排他主義が交錯した時代もある．だが，明確なのは「遺体」を科学的源泉に掘り下げる精神なくしては，そして解剖学の問題意識なくしては，哺乳類進化の議論には発展が望めないということである．

　異なる科学哲学との関係を，遊離ではなく，融合に導いてこそ，進化学には未来が開ける．その融合の原動力として「遺体」がある．「遺体」を，解剖学を，ナチュラルヒストリーを，万人が享受し発展させる学界こそ，健全に進化を語る土壌を備えていると断言することができる．本書の唱える理念を，将来の哺乳類進化学が忘却することはけっしてありえない．進化を明らかにするエネルギーは，いつまでもナチュラルヒストリーと解剖学を離れることはない．それは「遺体」をアカデミズムの至宝として輝かせる，人類の営みの継承なのである．その営みを，遺伝学や生態学や地理学や，そのほか世に生み出されるサイエンスのいかなる領域とも共有しつづけることが，私の夢である．そして夢を実現する鍵は，「遺体を大切にする心」にあるのだ．

（2）遺体との日々

　遺体に問いかけるということの実際を少しご紹介しておこう．図 5-5 では，シロサイの遺体の傍らに立つのが私である．解剖学は，つねにこの光景から

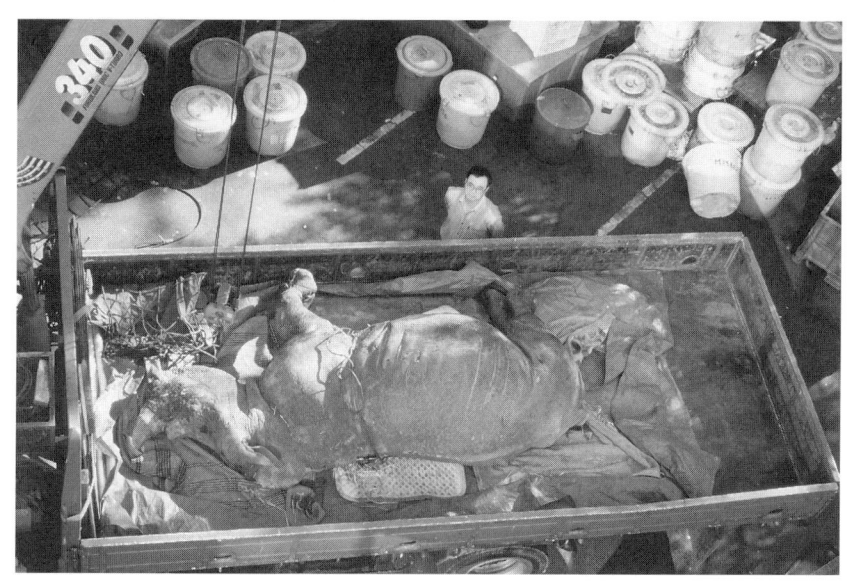

図 5-5 シロサイ *Ceratotherium simum* の遺体と私．遺体をクレーンで移動中の姿．自分の身に危険を感じるような巨体でも，解剖学は動じることはない．（遠藤，2002b より改変）

出発する．私の頭は，この遺体に隠されているノイエスを求めてエネルギーを絞りきる．人類はシロサイから多くの成果を蓄積してきたにもかかわらず，遺体はまちがいなくエキサイティングな謎の宝庫だ．

「この遺体に隠された謎はなにか」

「私たちが飢え渇き求める謎は，この遺体をどう開いていくことで明らかにできるのか」

その問いかけこそが解剖学であり，その問いかけこそが哺乳類進化学のもっとも大切な部分を支えているのだ．

「闘い」・・・私はこの問いかけを，解剖学者の生命を賭けた「闘い」だと信じている．残念ながら，不幸なことに，近代生物学にとって遺体は純粋な材料でしかないことが多い．遺伝学はDNAを探し，生態学は胃内容物と年齢査定用の歯牙に執着し，環境科学は特定物質の target organ を欲する．だが，もしエッセンスのみに傾倒すれば，遺体は材料でしかなくなる．遺体は，問いかけるべき謎ではなくなり，剥ぎ取られ，捨てられる生ゴミに変質

してしまうのだ．そのことは，哺乳類進化学が現象の新たな導入を忌み嫌い，自己完結化した業績創出作業に終始することを意味している．

「いっしょに遺体を楽しみませんか」と，材料をとる多くの人々に，解剖学と私からお誘いをしよう．遺体からのサイエンスの創生に生命を賭ける者たちの周囲に，還元主義対ナチュラルヒストリーなどという古臭い緊張は姿を消す．そこで哺乳類進化学は，遺体を軽んじるようなメソッドと排他的科学哲学に翻弄されることはなくなるだろう．

解剖学は遺体との「対話」をつづける．ターゲットは遺体全体である．近代生物学は目的を絞り，事前に揺るぎない論理を組み立てることを要求するが，遺体解剖はまったく逆の発想だ．目の前にある遺体にマスクされた謎を，ピンセットを手にその場で読み解くのが，解剖学者の実力の物差しである．解剖学のこのような研究手法を，体系化において劣る学問だと批判することは容易だが，真実はまったく異なる．遺体への問いかけは，遺体に対してあらゆる角度から仕事を生み出す解剖学のスケールの大きさこそがなせる，無限の可能性を有している．解剖学では，研究する者は，自分の手で覆いを外し，自分の眼で真理を読み取る．それは，もっとも強力に五感を用いる，知の「闘い」なのである．五感に込める熱意に応じて，ノイエスの質も量も高まっていく．だからこそ，遺体はなによりエキサイティングだと，多くの人々が実感するのだ．

こうして遺体は進化学のさまざまなテーマに，「かたち」から情報をもたらしてくれる．

本書を振り返れば，メガゾストロドンの耳小骨も，テチテリアの椎体も，ジャイアントパンダの種子骨も，ウシ科の角突起も，齧歯類の胃壁も，そういう「闘い」が読み解いた地道な足跡である．けっして遺体を軽んじる精神構造には生み出すことのできない，事実への肉迫なのである．進化学は，エッセンス追求の自己完結のみでは継承しえない．遺体をみつめることが，未来永劫必須なのだ．

シロサイの遺体が解剖される（図 5-6）．黙っていればみるみる腐敗していく遺体を前に，解剖学は思索をめぐらせる．後部消化管を発酵タンクとして用いているにもかかわらず，この動物ではなぜ盲腸が拡大しないのか．シロサイで発酵槽とされてきた大腸は，実際にはチャンバーごとにどのような機

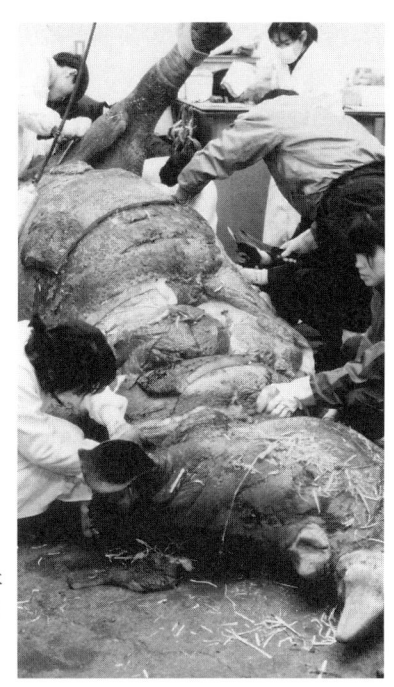

図 5-6 シロサイ Ceratotherium simum の遺体解剖．多くの若い学生たちにとって，謎を突き止めるためのもっとも意義深い瞬間だ．(遠藤，2002b より改変)

能を有するのか．それぞれの領域の平滑筋分布の様相は，粘膜構造は，さかのぼれば小さいとされる盲腸はほんとうに盲腸なのか．

遺体への問いかけは，ありとあらゆる解剖学の手技と能力を要求される．この時代にもっとも新しい知識と，もっとも新しい手法と，なにより問いかける意志の強さが，解き明かす謎のオリジナリティーを決める．解剖学が進化学に貢献しないという事例がもしあるならば，それは解剖学が古いためでもなく，遺体集めが手法として劣っているためでもない．問いかける人間自身が，陳腐で無能なことを物語っているにすぎない．

(3)「遺体科学——文化」の継承

私は，解剖学，そして遺体がもたらすオリジナリティーを賞賛して，この体系を「遺体科学」とよんできた (遠藤，2002b；遠藤・山際，2000)．だが，遺体がもたらす科学的知見は，一人の人間の能力や短い研究期間の範疇に限られるものではない．解剖され新たな情報をもたらした遺体は，未来永劫保

存され,サイエンスの共有する財産となる.舞台の主役は,今日までとりわけ日本で軽んじられてきた,「標本」である.

本節は比較解剖学や博物館のもつべき理念や日々の責務を,体系立てて解説するものではない.しかし,一例だけ他人の庭の話であるが,日本が絶対に追いつくことのできないナチュラルヒストリー継承の営みを紹介しておこう.図5-7から図5-9は合衆国スミソニアン研究所が,ワシントンDCに程近いメリーランド州に建設したミューゼアムサポートセンターの一部である.その中心となる建物はフットボール場12面のスペースを誇り,無数の標本が科学の世界に踊り出る日をいつまでも待ちつづけている.館内は365日24時間の空調が手当てされ,送風ダクトはフィルターにより完全に防塵されている.理想的な収蔵環境だ.ここには実際,世界中の学術頭脳が日々訪れている.もちろんこれは哺乳類学のためだけの施設ではない.しかし,この付加的施設ひとつだけをみても,日本一国の自然誌関連収蔵施設のトータルの力を,質量ともに凌駕するものだ.ここに,合衆国が基礎科学としての

図 **5-7** スミソニアン研究所・ミューゼアムサポートセンターの回廊.標本収蔵の理想を目指した巨大建造物である.

図 5-8　図 5-7 の建物の大型有蹄獣区画．フットボール場に匹敵する床面に，どこまでもシカ類の収蔵スペースがつづく．

図 5-9　スミソニアン研究所・ミューゼアムサポートセンターのキャンパスに広がる収蔵庫．小さな旅客機すら収まるサイズの建物に，何十個体もの大型鯨類の頭骨や椎体が収められている．衆愚社会への表面的貢献を考慮しない，次世代の文化への純粋な投資だ．

哺乳類学・哺乳類進化学をどうしたいのかという意思表示の一端を，うかがいみることができよう．ダウンタウンの展示場とは別に建てられたこの施設は，遺体を標本にし，全世界の学術に貢献しようとする，人類のもっとも崇高な営みを具現化したものと考えることができる．哺乳類進化学を支える遺体の継承は，経済戦争や技術競争とは本質的に別個に成り立つ，アカデミズムであり文化なのである．

「大学といえども社会に役立たない学問や人間には，これからは消えてもらわなくてはいけない」

「インパクトファクターを出さない人間は，もはや大学にいるべきではない」

「これからの科学は，知的所有権のような安全保障に貢献するものだけが生き残るべきだ」

わが国の昨今の大学の組織改革のなかで，このようなことばが何度も耳に入った．もちろんそれは政官そろって推し進めた，21世紀日本の民主主義の帰結である．それは解剖学や哺乳類進化学を明確に破壊する世論の一部であるといってよいだろう．独自の価値観と誇るべき理想を放棄することでしか，学者が社会の一員であることを主張できなくなったとき，学問は終焉を迎える．私たちはいま，解剖学とナチュラルヒストリーを支える底力を，異国が築いた民主主義とアカデミズムの信頼関係に学んでくるべきである．

進化学は，スミソニアン研究所がトライしたような理想の具現に近づいてこそ，揺るぎない体系に昇華するのかもしれない．理念がこれだけの現実をともなったとき，たとえば還元論からの表層的暴論（Bernard, 1912 ; 柴谷, 1960 ; 立花・利根川, 1990）を，ナチュラルヒストリーは克服するだけの力をもつだろう．哺乳類進化学の将来は，科学的に深い熱意と経済的に潤沢な環境をもって，遺体の安住の場を確立することで，はじめて開けるものだと思われてくる．それに比べれば，私のわずかな Essai（試み）は，その入り口にも満たないものだろう（図5-10 ; Endo, 1996, 1997, 1998, 2000 ; Endo *et al.*, 2001g, 2002b）．

遺体を標本化し，後世の人々と学術に尽くすなかで，ナチュラルヒストリーとしての哺乳類進化学は，発展のフェーズを迎える．マテリアル・エビデンスの実態たる標本とそれに付帯する情報の徹底的な敷衍．そこに哺乳類進

図 5-10 「標本製作室の午後」．ライオンの肩甲骨を手にする私．遺体から取り出した骨を洗い終わったところだ．狭く雑然とした現場は，華やかな国策テクノロジーの世界とは無縁かもしれない．だが，進化学のおもしろみは，生々しい現場での学者の"闘い"からこそ，つくられてきた．作業場は手づくりだが，"安全保障"や"科学戦争"や"特許競争"などを謳う流行の価値体系と比較して，新たな知を人類にもたらす力において，なんらの遜色もない．むしろこの空間は，人類が手にした最強のサイエンスの源泉だ．

化学の可能性は確実に広がっていく．

しかし，わが国のサイエンスの発展途上性を考えれば，標本の蓄積や解剖学の構築に向けて，いますぐ経済力が投じられる可能性はないと予測される．おそらくしばらくの間潤うのは，自然誌学的資産の継承なしにインパクトファクターを産出しうる領域と，公共投資的なテクノロジー分野に限定されるだろう．それらと親和性のある科学哲学に対して，私たちがアナトミーと標本の存在意義を理解させられなかった空白の足跡は，おおいに反省しなければならない．

なによりもいま大切なのは，遺体を継承する人間を育てることだ．これまで低文化社会の罪を見過ごしながら，解剖学にも進化学にも働ける若者を何千人もむだにしてきたと，私たちは反省しなければならない．日々変貌する

社会の枠組みのなかで,アカデミズムは人の熱意を解剖学に導くことができないまま取り残された.哺乳類の進化を豊かに語るべき若い頭脳を,私たちは社会のどこかに散逸させてしまったのである.いきおい遺体は彼らとともに失われ,それはそのまま哺乳類進化学の未来を暗い深奥に圧しとどめることを意味するだろう.

　遺体の継承なき解剖学も,解剖学なき哺乳類学もありえない.

　今日が突きつける哺乳類学の苦難をみつめ,私たちこそ,「哺乳類の進化」の新しい歩みを担っていこうではないか.

引用文献

阿部 永. 1991. 日本の哺乳類とその変異. 現代の哺乳類学. (朝日 稔・川道武男 編), pp. 1-22. 朝倉書店, 東京.

阿部 永・石井信夫・金子之史・前田喜四雄・三浦慎悟・米田政明. 1994. 日本の哺乳類. (阿部 永 監修, 自然環境研究センター 編), 東海大学出版会, 東京.

Adkins, R. M. and R. L. Honeycutt. 1991. Molecular phylogeny of the superorder Archonta. Proc. Natn. Acad. Sci. 88: 10317-10321.

Adkins, R. M., E. L. Gelke, D. Rowe and R. L. Honeycutt. 2001. Molecular phylogeny and divergence time estimates for major rodent groups: evidence from multiple genes. Mol. Biol. Evol. 18: 777-791.

Adolph, E. F. 1949. Quantitative relations in the physiological constitutions of mammals. Science 109: 579-585.

Allen, J. A. 1877. The influence of physical conditions in the genesis of species. Radical Rev. 1: 108-140.

Altenbach, J. S. 1989. Prey capture by the fishing bas *Noctilio leporinus* and *Myotis vivesi*. J. Mamm. 70: 421-424.

Altman, P. L. and D. S. Dittmer. 1964. Biology Data Book. Vols. 1-3. Federation of American Societies for Experimental Biology, Bethesda.

Ammerman, L. K. and D. M. Hills. 1992. A molecular test of bat relationships: monophyly or diphyly? Syst. Biol. 41: 222-232.

Anemone, R. L. 1993. The functional anatomy of the hip and thigh in primates. In: Postrcranial Adaptation in Nonhuman Primates. (Gebo, D., ed.), pp. 150-173. Northern Illinois University Press, De Kalb.

Archer, M. 1976. The dasyurid dentition and its relationships to that of didelphids, thylacinids, borhyaenids (Marsupi-carnivora) and peramelids (Peramelina: Marsupialia). Austr. J. Zool. Suppl. 39: 1-34.

Archer, M. 1982. Carnivorous Marsupials. Royal Zoological Society, New South Wales.

Archer, M., T. F. Flannery, A. Ritchie and R. E. Molnar. 1985. First Mesozoic mammal from Australia: an early Cretaceous monotreme. Nature 318: 363-366.

Archer, M., M. D. Plane and N. S. Pledge. 1993. Reconsideration of monotreme relationships based on the skull and dentition of the Miocene *Odburodon dicksoni*. In: Mammal Phylogeny. Mesozoic Differentiation, Multituberculates, Monotremes, Early Therians, and Marsupials. (Szalay, F. S., M. J. Novacek and M. C. McKenna, eds.), pp. 75-94. Springer, New York.

Archibald, J. D., A. O. Averianov and E. G. Ekdale. 2001. Late Cretaceous relatives of rabbits, rodents, and other extent eutherian mammals. Nature 414 : 62-65.

Argot, C. 2002. Functional-adaptive analysis of the hindlimb anatomy of extant marsupials and the paleobiology of the Paleocene marsupials, *Mayulestes ferox* and *Pucadelphys andinus*. J. Morphol. 253 : 76-108.

Árnason, Ú. 1974. Comparative chromosome studies in Pinnipedia. Hereditas 76 : 179-225.

Árnason, Ú. and B. Widegen. 1986. Pinniped phylogeny enlightened by molecular hybridization using highly repetitive DNA. Molec. Biol. Evol. 3 : 356-365.

Arnold, W. 1993. Energetics of social hibernation. In : Life in the Cold : Ecological, Physiological and Molecular Mechanisms. (Carey, C., G. L. Florant, B. A. Wunder and B. Horwitz, eds.), pp. 65-80. Westview Press, Boulder.

Arvy, L. 1973. Traité de Zoologie, Tome XVI, (Grassé, P. P., ed.), pp. 601-742. Masson, Paris.

Auernheimer, O. 1909. Grössen- und Form-veränderungen der Baucheingeweide der Wiederkäuer nach der Geburt bis zum erwachsenen Zustand. Diss. Med. Vet., Zürich.

Averianov, A. O. and P. P. Skutschas. 2000. A eutherian mammal from the Early Cretaceous of Russia and biostratigraphy of the Asian Early Cretaceous vertebrate assemblages. Lethaia 33 : 330-340.

Averianov, A. O. and P. P. Skutschas. 2001. A new genus of eutherian mammal from the Early Cretaceous of Transbaikalia, Russia. Acta Palaeontologica Polonica 46 : 431-436.

Ayettey, A. S. 1979. The fine structure of the myocardium of the gray seal. Ghana Med. J. 18 : 234-240.

Ayettey, A. S. and V. Navaratnam. 1980. The fine structure of myocardial cells in the gray seal. J. Anat. 131 : 748.

Ayettey, A. S. and V. Navaratnam. 1981. The ultrastructure of myocardial cells in the golden hamster *Cricetus auratus*. J. Anat. 132 : 519-524.

Baba, H. 1988. Comparative hindlimb osteometry of mammals and the locomotor evolution of the primates. In : Morphophysiology, Locomotor Analysis and Human Bipedalism. (Kondo, S., ed.), pp. 181-199. The University of Tokyo Press, Tokyo.

Baccus, R., N. Ryman, M. H. Smith, C. Reuterwall and D. Cameron. 1983. Genetic variability and differentiation of large grazing mammals. J. Mamm. 64 : 109-120.

Baker, R. J., M. J. Novacek and N. B. Simmons. 1991. On the monophyly of bats. Syst. Zool. 40 : 216-231.

Barnes, L. G. 1984. Whales, dolphins and porpoises : origin and evolution of Cetacea. In : Mammals Notes for a Short Course. (Gingerich, P. D. and C.

E. Badgley, eds.), Univ. Tennessee Dept. Geol. Sci. Stud. Geol. 8 : 139-154.
Barnes, L. G., D. P. Domning and C. E. Ray. 1985. Status of studies in fossil marine mammals. Marine Mammal Science 1 : 15-53.
Barone, R. 1976. Anatomie Comparée des Mammifères Domestiques, T. III. Splanchnologie : Fasc. 1. Appareil Digestif, Appareil Respiratoire, Vigot frères, Paris.
Barone, R. 1978. Anatomie Comparée des Mammifères Domestiques. T. III. Splanchnologie : Fasc. 2. Appareil Uro-génital, Fœtus et ses Annexes, Topographie Abdominale, Vigot frères, Paris.
Barriel, V., E. Thuet and P. Tassy. 1999. Molecular phylogeny of Elephantidae. Extreme divergence of the extant forest African elephant. C. R. Acad. Sci. III 322 : 447-454.
Bauchop, T. 1978. Digestion of leaves in vertebrate arboreal folivores. In : The Ecology of Arboreal Folivores. (Montgomery, T. T., ed.), pp. 193-204. Smithsonian Institution Press, Washington DC.
Bauchop, T. and R. W. Martucci. 1968. Ruminant-like digestion of the langur monkey. Science 161 : 698-700.
Beijing Zoo, Beijing University, Beijing Agricultural University, Beijing Second Medical College, Beijing Natural History Museum and Shaanxi Zoology Institute. 1986. Morphology of the Giant Panda. Systematic Anatomy and Organ-Histology. pp. 148-152. Science Press, Beijing. (in Chinese)
Bell, R. H. V. 1970. The use of the herb layer by grazing ungulates in the Serengeti. In : Animal Populations and Relation to their Food Resources. (Watson, A., ed.), pp. 111-124. Blackwell, Oxford.
Bensley, R. R. 1902-1903. The cardiac glands of mammals. Am. J. Anat. 2 : 105-156.
Benton, M. J. 1985. The first marsupial fossil from Asia. Nature 318 : 313.
Benton, M. J. 1990. Vertebrate Palaeontology : Biology and Evolution. Harper Collins Academic, London.
Benzie, D. and A. T. Phillipson. 1957. The Alimentary Tract of the Ruminant. Oliver and Boyd, Edinburgh.
Berg, R. 1973. Angewandte und Topographische Anatomie der Haustiere. Gustav Fischer Verlag, Jena.
Bergmann, C. 1847. Über die Verhältnisse der Wärmëkonomie der Thiere zu ihrer Grösse. Pt. 1. pp. 595-708.
Bernard, C. 1912. Introduction à l'Etude de la Médecine Expérimentale. 3ème éd. Delagrave, Paris. (ベルナール, C. 1970. 三浦岱栄 訳. 実験医学序説. 岩波書店, 東京.)
Berta, A. and P. J. Adam. 2001. Evolutionary Biology of Pinnipeds. In : Secondary Adaptation of Tetrapods to Life in Water. Proceedings of the International Meeting Poitiers, 1996. (Mazin, J. M. and V. De Buffrénil, eds.), pp. 235-260. Verlag Dr. Friedrich Pfeil, München.

Berta, A. and J. L. Sumich. 1999a. Musculoskeletal system and locomotion. In : Marine Mammals : Evolutionary Biology. pp. 173-222. Academic Press, San Diego.

Berta, A. and J. L. Sumich. 1999b. Integumentary, sensory and urinary system. In : Marine Mammals : Evolutionary Biology. pp. 130-172. Academic Press, San Diego.

Blakiston, T. W. 1883. Zoological indications of ancient connection of the Japan Island with the Continent. Trans. Asiat. Soc. Japan 11 : 126-140.

Bonner, W. N. 1984. Seals and Sea Lions. In : The Encyclopedia of Mammals. (Macdonald, D., ed.), pp. 238-251. Facts on File, New York.

Bourlière, F. 1955. Traité de Zoologie, Tome XVII, 1er Fasc., (Grassé, P. P., ed.), pp. 234-236. Masson, Paris.

Bown, T. M. and M. J. Kraus. 1979. Origin of the tribosphenic molar and metatherian and eutherian dental formulae. In : Mesozoic Mammals. The First Two-Thirds of Mammalian History. (Lillegraven, J. A., Z. Kielan-Jaworowska and W. A. Clemens, eds.), pp. 172-181. University of California Press, Berkeley.

Boyce, M. S. 1979. Seasonality and patterns of natural selection for life histories. Amer. Nat. 114 : 569-583.

Bramble, D. M. 1978. Origin of mammalian feeding complex : models and mechanism. Paleobiology 4 : 271-301.

Brandt, J. F. 1855. Beiträge zur Kentniss der Säugethiere Russlands. Mem. Acad. Imp., St. Petersburg 9 : 1-375.

Broili, F. and J. Schröder. 1934. Zur Osteologie des Kopfes von *Cynognathus* Bayer. Akad. Wissenschaft München, Sitzungsberichte, Math. -Nturw. Abt. 1934 : 95-128.

Broudelle, E. and C. Bressou. 1917. Les Ruminants. Baillières, Paris.

Brunet, M., F. Guy, D. Pilbeam, H. T. Mackaye, A. Likius, D. Ahounta, A. Beauvilain, C. Blondel, H. Bocherens, J. R. Boisserie, L. De Bonis, Y. Coppens, J. Dejax, C. Denys, P. Duringer, V. Eisenmann, G. Fanone, P. Fronty, D. Geraads, T. Lehmann, F. Lihoureau, A. Louchart, A. Mahamat, G. Merceron, G. Mouchelin, O. Otero, P. P. Campomanes, M. P. De Leon, J. C. Rage, M. Sapanet, M. Schuster, J. Sudre, P. Tassy, X. Valentin, P. Vignaud, L. Viriot, A. Zazzo and C. Zollikofer. 2002. A new hominid from the Upper Miocene of Chad, Central Africa. Nature 418 : 145-151.

Bryant, H. N. and A. P. Russell. 1995. Carnassial functioning in nimravid and felid sabertooths : theoretical basis and robustness of inferences. In : Functional Morphology in Vertebrate Paleontology. (Thomason, J., ed.), pp. 116-135. Cambridge University Press, Cambridge.

Buchholtz, E. A. 1998. Implications of vertebral morphology for locomotor evolution in early cetacea. In : The Emergence of Whales. Evolutionary Patterns in the Origin of the Cetacea. (Thewissen, J. G. M., ed.), pp. 325-

351. Plenum Press, New York.
Butler, P. M. 1972. The problem of insectivora classification. In: Studies in Vertebrate Evolution. (Joysey, K. A. and T. S. Kemp, eds.), pp. 253-365. Oliver and Boyd, Edinburgh.
Campbell, C. B. G. 1974. On the phyletic relationship of the tree shrews. Mamm. Rev. 4: 125-143.
Cao, Y., J. Adachi, T. A. Yano and M. Hasegawa. 1994a. Phylogenetic place of guinea pigs: no support of the rodent-polyphyly hypothesis from maximum-likelihood analyses of multiple protein sequences. Molec. Biol. Evol. 11: 593-604.
Cao, Y., J. Adachi and M. Hasegawa. 1994b. Eutherian phylogeny as inferred from mitochondrial DNA sequence data. Jpn. J. Genetics. 69: 455-472.
Cao, Y., M. Fujiwara, M. Nikaido, N. Okada and M. Hasegawa. 2000. Interordinal relationships and timescale of eutherian evolution as inferred from mitochondrial genome data. Gene 259: 149-158.
Carleton, M. D. 1981. A survey of gross stomach morphology in Microtinae (Rodentia: Muroidea). Z. Säugetierkunde 46: 93-108.
Carlsson, A. 1904. Zur Anatomie der Notoryctes typhlops. Zool. Jahrb. Abt. Anat. Ont. Thiere. 20: 81-122.
Carroll, R. L. 1988. Vertebrate Paleontology and Evolution. W. H. Freeman and Company, New York.
Chorn, C. and R. S. Hoffmann. 1978. *Ailuropoda melanoleuca*. Mammalian Species 110: 1-6.
Chow, M. and T. H. V. Rich. 1982. *Shuotherium dongi*, n. gen. and sp., a therian with pseudo-tribosphenic molars from the Jurassic of Sichuan, China. Aust. Mammal. 5: 127-142.
Cifelli, R. L. 1999. Tribosphenic mammal from the North American Early Cretaceous. Nature 401: 363-366.
Clemens, W. A. 1973. Fossil mammals of type Lance Formation, Wyoming Part III. Eutheria and Summary. Univ. Calif. Pub. Geol. Sci. 94: 1-102.
Clemens, W. A. 1979. Marsupialia. In: Mesozoic Mammals. The First Two-Thirds of Mammalian History. (Lillegraven, J. A., Z. Kielan-Jaworowska and W. A. Clemens, eds.), pp. 192-220. University of California Press, Berkeley.
Clemens, W. A. and Z. Kielan-Jaworowska. 1979. Multituberculata. In: Mesozoic Mammals. Thirds of Mammalian History. (Lillegraven, J. A., Z. Kielan-Jaworowska and W. A. Clemens, eds.), pp. 99-149. University of California Press, Berkeley.
Colbert, E. H. 1941. A study of *Orycteropus gaudryi* from the Island of Samos. Bull. Amer. Mus. Nat. Hist. 78: 305-351.
Colbert, E. H. 1969. Evolution of the Vertebrates, 2nd ed. John Wiley & Sons, New York. (コルバート, E. H. 1978. 田隅本生 監訳. 新版脊椎動物の進化

[上・下]. 築地書館, 東京.)
Colbert, E. H. and M. Morales. 1991. Evolution of the Vertebrates, 4th ed. Wiley-Liss, New York. (コルバート, E. H.・モラレス, M. 1993. 田隅本生 監訳. 脊椎動物の進化 原書第4版. 築地書館, 東京.)
Corbet, G. B. 1978. The Mammals of Palaearctic Region: A Taxonomic Review. British Museum, London.
Cork, S. J. 1994. Digestive constraints on dietary scope in small and moderately-small mammals: how much do we really understand? In: The Digestive System in Mammals: Food, Form and Function. (Chivers, D. J. and P. Langer, eds.), pp. 337-369. Cambridge University Press, Cambridge.
Coulter, D. B. and G. M. Schmidt. 1984. The eye and vision. In: Duke's Physiology of Domestic Animals, 10th ed. (Swenson, M. J., ed.), pp. 728-741. Cornell University Press, Ithaca. (クルター, D. B.・シュミット, G. M. 1990. 高橋和明 訳, 今道友則 監訳. 眼と感覚. デュークス生理学. 学窓社, 東京. pp. 701-713.)
Crompton, A. W. 1963. The evolution of the mammalian jaw. Evolution 17: 431-439.
Crompton, A. W. 1972. Postcanine occlusion in cynodonts and the origin of the trithylodontids. Bull. Br. Mus. Nat. Hist. (Geol.) 21: 21-71.
Crompton, A. W. 1995. Masticatory function in nonmammalian cynodonts and early mammals. In: Functional Morphology in Vertebrate Paleontology. (Thomason, J., ed.), pp. 55-75. Cambridge University Press, Cambridge.
Crompton, A. W. and W. L. Hylander. 1986. Changes in mandibular function following the acquisition of dentary-squamosal jaw articulation. In: The Ecology and Biology of Mammal-like Reptiles. (Hotton III, N., P. D. MacLean, J. J. Roth and E. C. Roth, eds.), pp. 263-282. Smithsonian Press, Washington.
Crompton, A. W. and F. A. Jenkins. 1968. Molar occlusion in late Triassic mammals. Biol. Rev. 43: 427-458.
Crompton, A. W. and F. A. Jenkins. 1979. Origin of mammals. In: Mesozoic Mammals. The First Two-Thirds of Mammalian History. (Lillegraven, J. A., Z. Kielan-Jaworowska and W. A. Clemens, eds.), pp. 59-73. University of California Press, Berkeley.
Crompton, A. W. and Z. X. Luo. 1993. Relationships of the Liassic mammals *Sinoconodon, Morganucodon oehleri*, and *Dinnetherium*. In: Mammal Phylogeny. Mesozoic Differentiation, Multituberculates, Monotremes, Early Therians, and Marsupials. (Szalay, F. S., M. J. Novacek and M. C. McKenna, eds.), pp. 30-44. Springer, New York.
Crompton, A. W. and A. L. Sun. 1985. Cranial structure and relationships of the Liassic mammal *Sinoconodon*. Zool. J. Linn. Soc. 85: 99-119.
Cronin, J. E. and V. M. Sarich. 1980. Tupaiid and archontan phylogeny: the macromolecular evidence. In: Comparative Biology and Evolutionary

Relationships of Tree Shrews. (Luckett, W. P., ed.), pp. 293-312. Plenum Press, New York.

Crovetto, A. 1991. Etude ostéométrique et anatomio-functionelle de la colonne vertébrale chez les grands cetacés. Invest. Cetacea 23: 7-189.

Crowcroft, P. 1954. The daily cycle of activity in British shrews. Proc. Zool. Soc., Lond. 123: 715-726.

Currey, J. D. 1962. The histology of the bone of a prosauropod dinosaur. Paleontology 5: 238-246.

Dabrowska, B., W. Harmata, Z. Lenkiewicz, Z. Schiffer and R. J. Wojtusiak. 1981. Colour perception in cows. Behav. Processes 6: 1-10.

Darlington, P. J. 1957. Zoogeography: The Geographical Distribution of Animals. John Wiley, New York

Darwin, C. 1906. Darwin's Naturalist's Voyage in the Beagle. J. M. Dent & Sons, London. (ダーウィン, C. 1959. ビーグル号航海記. 3巻. 岩波文庫, 東京.)

Davis, D. D. 1964. The Giant Panda. A Morphological Study of Evolutionary Mechanisms. Fieldiana Zoology Memoirs 3, pp. 41-124, 146-198. Chicago Natural History Museum, Chicago.

Dawson, M. R. and L. Krishtalka. 1984. Fossil history of the families of recent mammals. In: Orders and Families of Recent Mammals of the World. (Anderson, S. and J. Knox Jones, eds.), pp. 11-57. Wiley, New York.

Dawson, M. R., C. K. Li and T. Qi. 1984. Eocene ctenodatyloid rodents (Mammalia) of Eastern and Central Asia. In: Papers in Vertebrate Paleontology Honoring Rovert Warren Wilson. (Mengel, R. M., ed.), Carnegie Mus. Nat. Hist. Spec. Pub. 9: 138-150.

De Blainville, H. M. D. 1839-1864. Ostéographie ou Description Iconographique Comparée du Squelette et du Système Dentaire des Cinq Classes d' Animaux Vertébrés Récents et Fossils. Texte, 4 Vols. Atlas, 4 Vols., Bertrand, Paris.

De Luliis, G. and C. Cartelle. 1999. A new giant megatheriine ground sloth (Mammalia: Xenarthra: Megatheriidae) from the late Blancan to early Irvingtonian of Florida. Zool. J. Linn. Soc. 127: 495-515.

De Muizon, C. 1982. Phocid phylogeny and dispersal. Ann. S. Afr. Mus. 89: 175-231.

De Muizon, C. and H. G. MacDonald. 1995. An aquatic sloth from the Pliocene of Peru. Nature 375: 224-227.

Dellmann, H. D. 1993. Textbook of Veterinary Histology, 4th ed. Lea & Febiger, Philadelphia.

Denis, G., C. Jeuniaux, M. A. Gerebtzoff and M. Goffart. 1967. La digestion stomacale chez un paresseux: L'un au *Choloepus hoffmanni* Peters. Ann. Soc. R. Zool. Belg. 97: 9-29.

D'Erchia, A. M., C. Gissi, G. Pesole, C. Saccone and Ú. Árnason. 1996. The guinea-pig is not a rodent. Nature 381: 597-600.

Dobson, M. and Y. Kawamura. 1998. Origin of the Japanese land mammal fauna : allocation of extant species to historically-based categories. Quaternary Res. 37 : 385-395.

Dominy, N. J. and P. W. Lucas. 2001. The ecological importance of trichromatic colour vision in primates. Nature 410 : 363-366.

Domning, D. P. 1982. Evolution of manatees : a speculative history. J. Paleont. 56 : 599-619.

Domning, D. P. 2001a. The earliest known fully quadrupedal sirenian. Nature 413 : 625-627.

Domning, D. P. 2001b. Evolution of Sirenia and Desmostylia. In : Secondary Adaptation of Tetrapods to Life in Water. Proceedings of the International Meeting Poitiers, 1996. (Mazin, J. M. and V. De Buffrénil, eds.), pp. 151-168. Verlag Dr. Friedrich Pfeil, München.

Domning, D. P. and V. De Buffrénil. 1991. Hydrostatis in the Sirenia : quantitative data and funcional interpretations. Mar. Mamm. Sci. 7 : 331-368.

Domning, D. P., G. S. Morgan and C. E. Ray. 1982. North American Eocene sea cows. Smithsonian Contr. Paleo. 52 : 1-69.

Domning, D. P., C. E. Ray and M. C. McKenna. 1986. Two new Oligocene Desmostylians and a discussion of tethytherian systematics. Smithsonian Contr. Paleo. 59 : 1-56.

Dorst, J. 1973. Appareil digestif et annexes. In : Traité de Zoologie Tome XVI. (Grassé, P. P., ed.), pp. 250-382. Masson et Cie, Paris.

Drorbaugh, J. E. 1960. Pulmonary function in different animals. J. Appl. Physiol. 15 : 1069-1072.

Dubock, A. C. 1984. Rodents. In : Encyclopedia of Mammals. (Macdonald, D., ed.), pp. 594-603. Facts on File, New York.

Ducker, G. 1964. Colour-vision in mammals. J. Bombay Nat. Hist. Soc. 61 : 572-586.

Dumbacher, J. P., B. M. Beehker, T. F. Spande, H. M. Garraffo and J. W. Daly. 1992. Homobatrachotoxin in the Genus *Pitohui* : chemical defense in birds? Science 258 : 799-801.

Dunson, W. A. 1969. Electrolyte excretion by the salt gland of the Galapagos marine iguana. Am. J. Physiol. 216 : 995-1002.

Dyce, K. M., W. O. Sack and C. J. G. Wensing. 1987. Textbook of Veterinary Anatomy. W. B. Saunders, Philadelphia.

Edinger, T. 1948. Evolution of the horse brain. Mem. Geol. Soc. Am. 25 : 1-177.

江口保暢. 1985. 家畜発生学 新版. 文永堂, 東京.

Eguchi, Y., H. Tanida, T. Tanaka and T. Yoshimoto. 1997. Color vision in wild boars. J. Ethol. 15 : 1-7.

Eisenberg, J. F. 1990. The behavioral/ecological significance of body size in the Mammalia. In : Body Size in Mammalian Paleobiology. (Damuth, J. and B. J. MacFadden, eds.), pp. 25-47. Cambridge University Press, Cambridge.

Eizirik, E., W. J. Murphy and S. J. O'Brien. 2001. Molecular dating and biogeography of the early placental mammal radiation. J. Hered. 92 : 212-219.
Elamin, F. M. and C. J. Wilcox. 1992. Milk composition of Majaheim camels. J. Dairy Sci. 75 : 3155-3157.
Ellenberger, W. and H. Baum. 1977. Haudbuch der Vergleichenenden Anatomie der Haustiere. 18. Auflage. (Zierzschmann, O., E. Ackerknecht and H. Grau, eds.), Springer Verlag, Berlin.
Emmerson, S. B. and L. Radinsky. 1980. Functional analysis of sabretooth cranial morphology. Paleobiology 5 : 295-312.
Emry, R. J. 1970. A North American Oligocene pangolin and other additions to the Pholidota. Bull. Am. Mus. Nat. Hist., 142 : 455-510.
遠藤秀紀. 1992. 比較解剖学は今. 生物科学 44 : 52-54.
遠藤秀紀. 1995. 哀しいかな, 博物館は MUSEUM に非ず. SHINKA 5 : 119-121.
Endo, H. 1996. Catalogue of Insectivora Specimens. National Science Museum, Tokyo.
遠藤秀紀. 1996a. 農学部が失うもの. 生物科学 47 : 198-200.
遠藤秀紀. 1996b. 読み・書き・算盤・解剖学. 生物科学 48 : 109-111.
Endo, H. 1997. Catalogue of Microtinae Specimens. National Science Museum, Tokyo.
遠藤秀紀. 1997. 大学博物館は MUSEUM になり得るか. 生物科学 49 : 49-51.
Endo, H. 1998. Specimen Catalogue of Artiodactyls, Perrisodactyls and Proboscideans. National Science Museum, Tokyo.
遠藤秀紀. 1998. 博物館の飢餓. 野生動物の保護をめざす「もぐらサミット」報告書. pp. 57-68. 比婆科学教育振興会, 庄原.
遠藤秀紀. 1999. 自然誌博物館の未来. UP 324 : 20-24.
Endo, H. 2000. Catalogue of Carnivora Specimens. National Science Museum, Tokyo.
遠藤秀紀. 2000. 哺乳類 Mammalia. 動物系統分類学 補遺版. (山田真弓 監修), pp. 395-413. 中山書店, 東京.
遠藤秀紀. 2001a. ウシの動物学. アニマルサイエンス 2. 東京大学出版会, 東京.
遠藤秀紀. 2001b. いまなぜ, アニマルサイエンスか？——農学がもつべき Zoology の未来像. UP 349 : 24-29.
遠藤秀紀. 2002a. ゲノム時代に, なぜ遺体なのか？ 九州実験動物雑誌（印刷中）.
遠藤秀紀. 2002b. 遺体科学のストラテジー. 日本野生動物医学会誌（印刷中）.
遠藤秀紀・林 良博. 2000. 博物館を背負う力. 生物科学 52 : 99-106.
遠藤秀紀・木村順平. 2000. タケを握るクマ. どうぶつと動物園 52 : 274-277.
遠藤秀紀・山際大志郎. 2000. 解剖学, パンダの親指を語る. 科学 70 : 732-739.
遠藤秀紀・佐々木基樹. 2001. 哺乳類分類における高次群の和名について. 野生動物医学会誌 6 : 45-53.
Endo, H., M. Kurohmaru and Y. Hayashi. 1994. An osteometrical study of the cranium and mandible of Ryukyu wild pig in Iriomote Island. J. Vet. Med. Sci. 56 : 855-860.

Endo, H., N. Sasaki, D. Yamagiwa, Y. Uetake, M. Kurohmaru and Y. Hayashi. 1996. Functional anatomy of the radial sesamoid bone in the giant panda (*Ailuropoda melanoleuca*). J. Anat. 189 : 587-592.

Endo, H., I. Obara, T. Yoshida, M. Kurohmaru, Y. Hayashi and N. Suzuki. 1997a. Osteometrical and CT examination of the Japanese wolf skull. J. Vet. Med. Sci. 59 : 531-538.

Endo, H., D. Yamagiwa, M. Fujisawa, J. Kimura, M. Kurohmaru and Y. Hayashi. 1997b. Modified neck muscular system in the giraffe (*Giraffa camelopardalis*). Ann. Anat. 179 : 481-485.

Endo, H., S. Maeda, D. Yamagiwa, M. Kurohmaru, Y. Hayashi, S. Hattori, Y. Kurosawa and K. Tanaka. 1998a. Geographical variation of mandible size and shape in the Ryukyu wild pig (*Sus scrofa riukiuanus*). J. Vet. Med. Sci. 60 : 57-61.

Endo, H., K. Yokokawa, M. Kurohmaru and Y. Hayashi. 1998b. Functional anatomy of gliding membrane muscles in the sugar glider (*Petaurus brevicepis*). Ann. Anat. 180 : 93-96.

Endo, H., H. Sasaki, Y. Hayashi, E. A. Petrov, M. Amano and N. Miyazaki. 1998c. Functional relationship between muscles of mastication and the skull with enlarged orbit in the Baikal seal (*Phoca sibirica*). J. Vet. Med. Sci. 60 : 699-704.

Endo, H., M. Kurohmaru, Y. Hayashi, S. Ohsako, M. Matsumoto, H. Nishinakagawa, H. Yamamoto, Y. Kurosawa and K. Tanaka. 1998d. Multivariate analysis of mandible in the Ryukyu wild pig (*Sus scrofa riukiuanus*). J. Vet. Med. Sci. 60 : 731-733.

Endo, H., I. Nishiumi, M. Kurohmaru, J. Nabhitabhata, T. Chan-ard, N. Nadee, S. Agungpriyono and J. Yamada. 1998e. Functional anatomy of the masticatory muscles in the Malayan pangolin (*Manis javanica*). Mammal Study 23 : 1-8.

Endo, H., H. Sasaki, Y. Hayashi, E. A. Petrov, M. Amano and N. Miyazaki. 1998f. Macroscopic observations of the muscles of the face and eye in the Baikal seal (*Phoca sibirica*). Mar. Mamm. Sci. 14 : 778-788.

Endo, H., D. Yamagiwa, Y. Hayashi, H. Koie, Y. Yamaya and J. Kimura. 1999a. Role of the giant panda's 'pseudo-thumb'. Nature 397 : 309-310.

Endo, H., H. Sasaki, Y. Hayashi, E. A. Petrov, M. Amano and N. Miyazaki. 1999b. CT examination of the head of Baikal seal (*Phoca sibirica*). J. Anat. 194 : 119-126.

Endo, H., H. Taru, K. Nakamura, H. Koie, Y. Yamaya and J. Kimura. 1999c. MRI examination of the masticatory muscles in the gray wolf (*Canis lupus*), with special reference to the *M. temporalis*. J. Vet. Med. Sci. 61 : 581-586.

Endo, H., W. Rerkamnuaychoke, J. Kimura, M. Sasaki, M. Kurohmaru and J. Yamada. 1999d. Functional morphology of the locomotor system in the northern smooth-tailed tree shrew (*Dendrogale murina*). Ann. Anat. 181: 397-402.

Endo, H., T. Makita, M. Sasaki, K. Arishima, M. Yamamoto and Y. Hayashi. 1999e. Comparative anatomy of the radial sesamoid bone in the polar bear (*Ursus maritimus*), the brown bear (*Ursus arctos*) and the giant panda (*Ailuropoda melanoleuca*). J. Vet. Med. Sci. 61: 903-907.

Endo, H., D. Yamagiwa, K. Arishima, M. Yamamoto, M. Sasaki, Y. Hayashi and T. Kamiya. 1999f. MRI examination of trachea and bronchi in the Ganges River dolphin (*Platanista gangetica*). J. Vet. Med. Sci. 61: 1137-1141.

Endo, H., Y. Hayashi, D. Yamagiwa, M. Kurohmaru, H. Koie, Y. Yamaya and J. Kimura. 1999g. CT examination of the manipulation system in the giant panda (*Ailuropoda melanoleuca*). J. Anat. 195: 295-300.

Endo, H., T. Morigaki, M. Fujisawa, D. Yamagiwa, M. Sasaki and J. Kimura. 1999h. Morphology of the intestine tract in the white rhinoceros (*Ceratotherium simum*). Anat. Histol. Embryol. 28: 303-305.

Endo, H., I. Nishiumi, Y. Hayashi, W. Rerkamnuaychoke, Y. Kawamoto, H. Hirai, J. Kimura, A. Suyanto, J. Nabhitabhata and J. Yamada. 2000a. Osteometrical skull character in the four species of tree shrew. J. Vet. Med. Sci. 62: 517-520.

Endo, H., C. Gui-fang, B. Dugarsuren, B. Erdemtu, D. Manglai and Y. Hayashi. 2000b. Hump attachment structure of the two-humped camel (*Camelus bactrianus*). J. Vet. Med. Sci. 62: 521-524.

Endo, H., Y. Hayashi, M. Sasaki, Y. Kurosawa, K. Tanaka and K. Yamazaki. 2000c. Geographical variation of mandible size and shape in the Japanese wild pig (*Sus scrofa leucomystax*). J. Vet. Med. Sci. 62: 815-820.

Endo, H., X. Ye and H. Kogiku. 2000d. Osteometrical study of the Japanese otter (*Lutra nippon*) from Ehime and Kochi Prefectures Mem. Natn. Sci. Mus., Tokyo 33: 195-201.

Endo, H., Y. Kakegawa, H. Taru, M. Sasaki, Y. Hayashi, M. Yamamoto and K. Arishima. 2001a. Musculoskeletal system of the neck of the polar bear (*Ursus maritimus*) and the Malayan bear (*Helarctos malayanus*). Ann. Anat. 183: 81-86.

Endo, H., M. Sasaki, Y. Hayashi, H. Koie, Y. Yamaya and J. Kimura. 2001b. Functional morphology of carpal bones in the giant panda (*Ailuropoda melanoleuca*). J. Anat. 198: 243-246.

Endo, H., M. Sasaki, H. Kogiku, M. Yamamoto and K. Arishima. 2001c. Radial sesamoid bone as a part of the manipulation system in the lesser panda (*Ailurus fulgens*). Ann. Anat. 183: 181-184.

Endo, H., Y. Hayashi, T. Komiya, E. Narushima and M. Sasaki. 2001d. Muscle architecture of the elongated nose in the Asian elephant (*Elephas maximus*). J. Vet. Med. Sci. 63: 533-537.

Endo, H., H. Kogiku, Y. Hayashi, M. Sasaki, K. Arishima and M. Yamamoto. 2001e. Anatomy and histology of the stomach in a pygmy hippopotamus (*Choeropsis liberiensis*). Mammal Study 26 : 53-60.

Endo, H., K. Satoh, J. Cuisin, B. Stafford and J. Kimura. 2001f. Morphological adaptation of the masticatory muscles and related apparatus in Asian and African Rhizomyinae species. Mammal Study 26 : 101-108.

Endo, H., T. Ogoh and M. Sasaki. 2001g. Catalogue of Mammal Specimens 5. National Science Museum, Tokyo.

Endo, H., K. Okayama, T. J. Park, M. Sasaki, K. Tanemura, J. Kimura and Y. Hayashi. 2002a. Localization of the cytochrome P450 side-chain cleavage enzyme in the inactive testis of the naked mole-rat (*Heterocephalus glaber*). Zool. Sci. 19 : 673-678.

Endo, H., A. Hayashida and T. Ogoh. 2002b. Catalogue of Apodemus Specimens. National Science Museum, Tokyo.

Endo, H., K. Okanoya, H. Matsubayashi, J. Kimura, M. Sasaki, K. Fukuta and N. Suzuki. 2003a. Digitalized removing of soft parts in a naked mole-rat and a lesser mouse deer with special reference to the thin abdominal structure. Jpn. J. Zoo Wildl. Med. (in press)

Endo, H., N. Akihisa, M. Sasaki, M. Yamamoto and K. Arishima. 2003b. The renal structure in an Asian elephant (*Elephas maxmus*). Anat. Hist. Emblyol. (in press)

Endo, H., Y. Hayashi, K. Yamazaki, M. Motokawa, J. C. K. Pei, L. K. Lin, C. Cheng-Han and T. Oshida. 2003c. Geographical variation of mandible size and shape in the wild pig (*Sus scrofa*) fromTaiwan and Japan. Zool. Studies (in press)

English, A. W. 1976. Limb movements and locomotor function in the California sea lion (*Zalophus californianus*). J. Zool., Lond. 178 : 341-364.

圓通茂喜. 1989. 黒毛和種における色覚, とくに有彩色と無彩色との識別. 日畜会報 60 : 521-528.

Entsu, S., H. Dohi and A. Yamada. 1992. Visual acuity of cattle determined by the method of discrimination learning. Appl. Anim. Behav. Sci. 34 : 1-10.

Erandson, R. D. 1965. Anatomy and Physiology of Farm Animals. Lea & Febiger, Philadelphia.

Ewer, R. F. 1973. Reproduction. In : The Carnivores. pp. 293-357. Cornell University Press, New York.

Finch, M. E. and L. Freedman. 1982. An odontometric study of the species of *Thylacoleo* (Thylacoleonidae, Marsupialia). In : Carnivorous Marsupials. (Archer, M., ed.), pp. 553-561. Royal Zoological Society, New South Wales.

Florentin, P. 1952. Mise au point sur la situation et les voies de communication intérieures des réservoirs gastriques chez les ruminants domestiques. Rev. Méd. Vét. 103 : 530-542.

Florentin, P. 1953. Anatomie topographique des viscères abdominaux du bœuf et

du veau. Rev. Méd. Vét. 16: 464-478.
Flower, W. H. 1872. Lectures on the comparative anatomy of the organs of digestion of the mammalia. Medical Times and Gazette. Feb. 24-Dec. 14.
Flower, W. H. 1885. An Introduction to the Osteology of the Mammalia. Macmillan, London.
Flynn, J. J., N. N. Neff and R. H. Tedford. 1988. Phylogeny of the Carnivora. In: The Phylogeny and Classification of Tetrapods. Vol. 2. (Benton, M. J., ed.), pp. 73-116. Clarendon, Oxford.
Flynn, J. J., J. M. Parrish, B. Rakotosamimanana, W. F. Simpson and A. R. Wyss. 1999. A middle Jurassic mammal from Madagascar. Nature 401: 57-60.
Fordyce, R. E. 1989. Origins and evolution of Antarctic marine mammals. Geological Society Special Publication. 47: 269-281.
Fordyce, R. E. and L. G. Barnes. 1994. The evolutionary history of whales and dolphins. Ann. Rev. Earth Planet. Sci. 22: 419-455.
Fordyce, R. E. and C. De Muizon. 2001. Evolutionary history of cetaceans: a review. In: Secondary Adaptation of Tetrapods to Life in Water. Proceedings of the International Meeting Poitiers, 1996. (Mazin, J. M. and V. De Buffrénil, eds.), pp. 169-233. Verlag Dr. Friedrich Pfeil, München.
Forman, G. L. 1972. Comparative morphological and histochemical studies of the stomachs of selected American bats. Univ. Kansas Sci. Bull. 49: 594-729.
Foster, J. B. 1964. Evolution of mammals on island. Nature 202: 234-235.
Frame, G. W. 1984. Cheetah. In: The Encyclopedia of Mammals. (Macdonald, D., ed.), pp. 40-43. Facts on File, New York.
Franck, L. 1883. Handbuch der Anatomie der Hausthiere. Schickhardt & Ebner, Stuttgart.
Franklin, W. L. 1984. Camels and liamas. In: The Encyclopedia of Mammals. (Macdonald, D., ed.), pp. 512-515. Facts on File, New York. (ラクダ, ラマ. 動物大百科. 第4巻. 今泉吉典 監修. pp. 68-71. 平凡社, 東京.)
Frechkop, J. 1955. Sous-ordre des suiformes. In: Traité de Zoologie. Tome XVII. (Grassé, P. P., ed.), pp. 509-567. Masson et Cie, Paris.
Frye, M. S. and S. B. Hedges. 1995. Monophyly of the order Rodentia inferred from mitochondrial DNA sequences of the genes for 12S rRNA, 16S rRNA, and tRNA-valine. Mol. Biol. Evol. 12: 168-176.
藤巻裕蔵. 1994. 海峡を越えて――混交の動物相. 北海道・自然のなりたち (石坂謙吉・福田正己 編), pp. 167-179. 北海道大学図書刊行会, 札幌.
藤田尚男・藤田恒夫. 1984. 標準組織学 各論. 医学書院, 東京.
船越公威. 2000. コウモリ. 冬眠する哺乳類. (川道武男・近藤宣昭・森田哲夫 編), pp. 103-142. 東京大学出版会, 東京.
船越公威・福江佑子. 2001. 九州産キクガシラコウモリ Rhinolophus ferrumequinum の成長と発育パターン. 哺乳類科学 41: 171-186.

Futuyma, D. J. 1986. Evolutionary Biology, 2nd ed. Sinauer Associates, Sunderland. (フツイマ, D. J. 1991. 進化生物学. 蒼樹書房, 東京.)
Gaeth, A. P., R. V. Short and M. B. Renfree. 1999. The developing renal, reproductive, and respiratory systems of the African elephant suggest an aquatic ancestry. Proc. Natn. Acad. Sci. 96 : 5555-5558.
Gatesy, J. 1997. More DNA support for a Cetacea/Hippopotamidae clade : the blood clotting protein gene gamma-fibrinogen. Molec. Biol. Evol. 14 : 537-543.
Gatesy, J. 1998. Molecular evidence for the phylogenetic affinities of cetacea. In : The Emergence of Whales. Evolutionary Patterns in the Origin of the Cetacea. (Thewissen, J. G. M., ed.), pp. 63-111. Plenum Press, New York.
Gatesy, J. and M. A. O'Leary. 2001. Deciphering whale origins with molecules and fossils. Trends in Ecology and Evolution 16 : 562-570.
Gatesy, J., C. Hayashi, M. A. Cronin and P. Arctander. 1996. Evidence from milk casein genes that cetaceans are close relatives of hippopotamid artiodactyls. Molec. Biol. Evol. 13 : 954-963.
Geiser, F. and T. Ruf. 1995. Hibernation versus daily torpor in mammals and birds : physiological variables and classification of torpor patterns. Physiol. Zool. 68 : 935-966.
Geist, V. 1971. Mountain Sheep : A Study in Behavior and Evolution. University of Chicago Press, Chicago. (ガイスト, V. 1975. 今泉吉晴 訳. マウンテンシープ [上・下]. 思索社, 東京.)
Gemmell, N. J. and M. Westerman. 1994. Phylogenetic relationships within the class Mammalia : a study using mitochondrial 12S RNA sequences. J. Mammal. Evol. 2 : 3-23.
Gentry, A. W. and L. L. Hooker. 1988. The phylogeny of the Artiodactyla. In : The Phylogeny and Classification of Tetrapods. Vol. 2. (Benton, M. J., ed.), pp. 235-272. Clarendon, Oxford.
Getty, R. 1964. Atlas for Applied Veterinary Anatomy, 2nd ed. Iowa State University Press, Ames.
Getty, R. 1975. Sisson and Grossman's the Anatomy of the Domestic Animals, 5th ed. W. B. Saunders, Philadelphia.
Giffin, E. B. 1992. Functional implications of neural canal anatomy in Recent and fossil marine carnivores. J. Morphol. 214 : 357-374.
Giffin, E. B. 1995. Functional interpretation of spinal anatomy in living and fossil amniotes. In : Functional Morphology in Vertebrate Paleontology. (Thomason, J., ed.), pp. 235-248. Cambridge University Press, Cambridge.
Gillooly, J. F., J. H. Brown, G. B. West, van M. Savage and E. L. Charnov. 2001. Effects of size and temperature on metabolic rate. Science 293 : 2248-2251.
Gingerich, P. D. and D. E. Russel. 1981. *Pakicetus inachus*, a new archaeocete (Mammala, Cetacea) from the early-middle Eocene Kuldana Formation of Kohat (Pakistan). Univ. Mich. Contribut. Mus. Paleont. 25 : 235-246.

Gingerich, P. D., N. A. Wells, D. E. Russell and S. M. I. Shah. 1983. Origin of whales in epicontinental remnant seas: new evidence from the early Eocene of Pakistan. Science 220: 403-406.

Gingerich, P. D., S. M. Raza, M. Arif, M. Anwar and X. Zhou. 1994. New whale from the Eocene of Pakistan and the origin of cetacean swimming. Nature 368: 844-847.

Gingerich, P. D., M. U. Haq, L. S. Zalmout, I. H. Khan and M. S. Malkani. 2001. Origin of whales from early artiodactyls: hands and feet of Eocene Protocetidae from Pakistan. Science 293: 2239-2242.

Ginsburg, L. and E. Heintz. 1968. La plus ancienne antilope, *Eotragus atenensis* du Burdigalien d'Arteny. Bull. Mus. Natn. Hist. Nat. Paris 40: 837-842.

Godthelp, H., M. Archer, R. Cifelli, S. J. Hand and C. F. Gilkeson. 1992. Earliest known Australian Tertiary mammal fauna. Nature 356: 514-516.

Gouffe, D. 1968. Contribution Iconographique à la Connaissance de la Topographie Viscérale des Bovins. Présentation de Coupes Totales, Congelées, Sériées. Thèse doct. vét., Toulouse.

Gould, S. J. 1978. The panda's peculiar thumb. Natural History 87: 20-30.

Gow, C. E. 1980. The dentitions of the Tritylodontidae (Therapsida: Cynodontia). Proc. Roy. Soc. Lond., B208: 461-468.

Grassé, P. P. 1955. Ordre Chiroptères. In: Traité de Zoologie, Tome XVII, 2ème Fasc., (Grassé, P. P., ed.), pp. 1729-1853. Masson, Paris.

Graur, D. and D. G. Higgins. 1994. Molecular evidence for the inclusion of cetaceans within the order Artiodactyla. Mol. Biol. Evol. 11: 357-364.

Graur, D., W. A. Hide and W. H. Li. 1991. Is the guinea-pig a rodent? Nature 351: 649-652.

Graur, D., W. A. Hide, A. Zharkikh and W. H. Li. 1992. The biochemical phylogeny of guinea pigs and gundis, and the paraphyly of the order Rodentia. Comp. Biochem. Physiol. B Comp. Biochem. 101: 495-498.

Greaves, W. S. 1978. The jaw lever system in ungulates: a new model. J. Zool. 184: 271-785.

Greaves, W. S. 1983. A functional analysis of carnassial biting. Biol. J. Linn. Soc. 20: 353-363.

Greenhall, A. M. 1972. The biting and feeding habits of the vampire bat, *Desmodus rotundus*. J. Zool. 168: 451-461.

Gregory, W. K. 1910. The orders of mammals. Bull. Amer. Mus. Nat. Hist. 27: 1-524.

Gregory, W. K. 1916. Studies on the evolution of the primates. Part 1: The Cope-Osborn "Theory of Trituberculy" and the ancestral molar patterns of the primates. Amer. Mus. Nat. Hist. Bull. 35: 239-257.

Griffiths, M. 1978. The Biology of Monotremes. Academic press, New York.

Groves, C. 2001. Primate Taxonomy. Smithsonian Institution Press, Washington and London.

Groves, C. P. and P. Grubb. 1987. Relationship of living deer. In : Biology and Management of Cervidae. (Wemmer, C. M., ed.), pp. 21-59. Smithsonian Institution Press, Washington.

Gupta, B. B. 1966. Notes on the gliding mechanism in the flying squirrel. J. Mammal. 24 : 1-7.

Gwynne, M. D. and R. H. V. Bell. 1968. Selection of vegetation components by grazing ungulates in the Serengeti National Park. Nature 220 : 390-393.

Habel, R. E. 1970. Guide to the Dissection of Domestic Ruminants, 2nd ed. Published by the author, Ithaca, New York.

Habel, R. E. and H. H. Sambraus. 1976. Sind unsere haussauger farbenblind? Berlin Münch. Tierärztl. Wochenschr. 86 : 321-325.

Hachisuka, M. 1927. Avifaunal distribution of the straits of Tsushima, with introductory note on the original distribution of the Japanese fauna and flora. Suppl. Compt. Rend. Sommaire Séances Soc. Biogéog. 26 : 25-37.

Haeckel, von E. 1866. Generelle Morphologie der Organismen. Band 1 : Allgemeine Anatomie der Organismen. Georg Reimer, Berlin.

Hall, F. G., D. B. Dill and E. S. G. Barron. 1936. Comparative physiology in high altitude. J. Cell. Comp. Physiol. 8 : 301-313.

Hamada, Y. 1988. Primate hip and thigh muscle and dry weights. In : Morphophysiology, Locomotor Analysis and Human Bipedalism. (Kondo, S., ed.), pp. 131-152. The University of Tokyo Press, Tokyo.

Harrop, C. J. F. and I. D. Hume. 1980. Digestive tract and digestive function in monotremes and nonmacropod marsupials. In : Comparative Physiology : Primitive Mammals. (Schmidt-Nielsen, K., L. Bolis and C. R. Taylor, eds.), pp. 63-77. Cambridge University Press, Cambridge.

Hartman, D. S. 1979. Ecology and Behavior of the Manatee (*Trichechus manatus*) in Florida. Special Publication No. 5. The American Society of Mammalogists.

Hasegawa, Y. 1972. The Naumann's elephant, *Palaeoloxodon naumanni* (Makiyama) from the late Pleistocene of Shakagahana, Shodoshima Is. In Seto Inland Sea, Japan. Bull. Natn. Sci. Mus., Tokyo 155 : 513-581.

長谷川善和. 1966. 日本の第四紀小型哺乳動物化石相について. 化石 11 : 31-40.

長谷川善和. 1977. 脊椎動物の変遷と分布. 日本の第四紀研究 その発展と現状. (日本第四紀学会 編), pp. 227-243. 東京大学出版会, 東京.

長谷川善和. 1980. 琉球列島の後期更新世〜完新世の脊椎動物. 第四紀研究 18 : 263-267.

長谷川政美・岸野洋久. 1996. 分子系統学. 岩波書店, 東京.

Hasegawa, M., J. Adachi and M. C. Milinkovitch. 1997. Novel phylogeny of whales supported by total molecular evidence. J. Molec. Evol. 44 : S 117-S 170.

林 良博. 1975. 日本産イノシシの頭蓋に関する形態学的研究. 学位論文, 東京大学.

Hemmingsen, A. M. 1960. Energy metabolism as related to body size and

respiratory surfaces, and its evolution. Rep. Mem. Hosp. Nordisk Insulin Laboratorium 9 : 1-110.
Herring, S. W. and R. P. Scapino. 1973. Physiology of feeding in miniature pigs. J. Morphol. 141 : 427-460.
Hertel, H. 1969. Hydrodynamics of swimming and wave-riding dolphins. In : The Biology of Marine Mammals. (Andersen, H. D., ed.), pp. 31-94. Academic Press, New York.
Heyning, J. 1997. Sperm whale phylogeny revisted : analysis of the morphological evidence. Mar. Mamm. Sci. 13 : 596-613.
Hiemae, K. M. 2000. Feeding in mammals. In : Feeding, Form, Function, and Evolution in Tetrapod Vertebrates. (Schwenk, K., ed.), pp. 411-448. Academic Press, New York.
疋田 努. 2002. 爬虫類の進化. 東京大学出版会, 東京.
Hildebrand, M. 1959. Motions of the running cheetah and horse. J. Mamm. 40 : 481-495.
Hildebrand, M. 1974. Analysis of Vertebrate Structure. Wiley & Sons, New York.
Hill, J. E. and J. D. Smith. 1984. Bats : A Natural History. University of Texas Press, Austin.
平岩馨邦・内田照章. 1956. イエコウモリにおける受精. III. 秋の交尾による子宮内受精能力について. 九大農学部学芸雑誌 15 : 565-574.
Hirayama, R. 1998. Oldest known sea turtle. Nature 392 : 705-708.
Hofmann, R. R. 1966. Field and laboratory methods for research into the anatomy of East African game animals. East Afr. Wildl. J. 4 : 115-138.
Hofmann, R. R. 1973. The Ruminant Stomach. Nairobi East Africa Literature Bureau, Nairobi.
Hofmann, R. R. 1988. Anatomy of the Gastrointestinal Tract. In : The Ruminant Animal, Digestive Physiology and Nutrition. (Church, D. C., ed.), pp. 14-43. Prentice Hall, New Jersey.
Hofmann, R. R. and D. R. M. Stewart. 1972. Grazer or browser : a classification based on the stomach structure and feeding habits of East African ruminants. Mammalia 36 : 226-240.
Hogarth, P. J. 1976. Viviparity. Edward Arnold, London. (ホガース, P. J. 1980. 磯野直秀 訳. 胎生. 朝倉書店, 東京.)
星 修三・山内 亮. 1990. 家畜臨床繁殖学 改訂新版. 朝倉書店, 東京.
Hosoda, T., H. Suzuki, M. Harada, K. Tsuchiya, S. H. Han, Y. Zhang, A. P. Kryukov and L. K. Lin. 2000. Evolutionary trends of the mitochondrial lineage differentiation in species of genera *Martes* and *Mustela*. Genes Genet. Syst. 75 : 259-267.
Houpt, K. A. and T. R. Wolski. 1982. Domestic Animal Behavior for Veterinarians and Animal Scientists. Iowa State University Press, Ames.
Howell, A. B. 1928. Contribution to the comparative anatomy of the eared and

earless seals (Genera *Zalophus* and *Phoca*). Proc. U. S. Nat. Mus. 73: 1-142.
Hu, Y., Y. Wang, Z. X. Luo and C. Li. 1997. A new symmetrodont mammal from China and its implications for mammalian evolution. Nature 390: 137-142.
Huang, W., D. Fang and Y. Ye. 1982. Preliminary study on the fossil hominid skull and fauna of Hexian, Anhui. Vertebrata PalAsiatica. 20: 248-256. (in Chinese)
Huchon, D. and E. J. Douzery. 2001. From the Old World to the New World: a molecular chronicle of the phylogeny and biogeography of histricognath rodents. Mol. Phylogenet. Evol. 20: 238-251.
Huchon, D., F. W. Catzeflis and E. J. Douzery. 1999. Molecular evolution of the nuclear von Villebrand factor gene in mammals and phylogeny of rodents. Mol. Biol. Evol. 16: 577-589.
Hue, E. 1907. Musée Ostéologique: Etude de la Faune Quaternaire. Ostéométrie des Mammifères. 2 Vols., Schleicher, Paris.
Hughes, A. 1977. The topography of vision in mammals of contrasting life style: comparative optics and retinal organization. In: The Visual System in Vertebrates. (Crescitell, F., ed.), pp. 613-756. Springer Verlag, New York.
Hume, I. D. 1982. The Digestive Physiology and Nutrition of Marsupials. Cambridge University Press, Cambridge.
Hume, I. D. 1994. Gut morphology, body size and digestive performance in rodents. In: The Digestive System in Mammals: Food, Form and Function. (Chivers, D. J. and P. Langer, eds.), pp. 315-323. Cambridge University Press, Cambridge.
Hungate, R. E., G. D. Philips, A. McGregor, D. P. Hungate and H. K. Buechner. 1959. Microbial fermentation in certain mammals. Science 130: 1192-1194.
Huxley, J. S. 1938. Clines: an auxiliary taxonomic principle. Nature 141: 219-220.
井尻正二・亀井節夫. 1961. 樺太産の *Desmostylus mirabilis* (Nagao)と岐阜産の *Paleoparadoxia tabatai* (Tokunaga)の頭蓋骨の研究. 地球科学 53: 1-27.
今泉吉典. 1949. 日本哺乳動物圖説. 洋々書房, 東京.
今泉吉典. 1960. 原色日本哺乳類図鑑. 保育社, 大阪.
今泉吉典. 1970. 日本哺乳動物図説 上巻. 新思潮社, 東京.
今泉吉典. 1998. 哺乳動物進化論――哺乳類の種と種分化. ニュートンプレス, 東京.
猪熊 壽. 2001. イヌの動物学. アニマルサイエンス 3. 東京大学出版会, 東京.
犬飼哲夫. 1952. 北海道の鹿とその興亡. 北方文化研究報告 7: 1-45.
犬塚則久. 1980a. 樺太産 *Desmostylus mirabilis* の骨格. I. 環椎・胸椎. 地球科学 34: 205-215.
犬塚則久. 1980b. 樺太産 *Desmostylus mirabilis* の骨格. II. 腰椎・仙骨・尾椎. 地球科学 34: 247-257.
Inuzuka, N. 1984. Skeletal restoration of the Desmostylians: herpetiform mammals, Mem. Fac. Sci., Kyoto Univ., Ser. Biol. 9: 157-253.
犬塚則久. 1984. デスモスチルスの形態復元. 地団研専報 28: 101-118.

Inuzuka, N. 1988. The skeleton of *Desmostylus* from Utanobori, Hokkaido, I. Cranium. Bull. Geol. Soc. Japan 39: 139-190.
犬塚則久. 1991a. 哺乳類の肩甲骨. The Bone 5: 125-135.
犬塚則久. 1991b. 哺乳類の寛骨. The Bone 5: 115-123.
Inuzuka, N. 2000. Primitive late Oligocene Desmostylians from Japan and phylogeny of the Desmostyla. Bull. Ashoro Mus. Paleontol. 1: 91-123.
Irwin, D. M. and Ú. Árnason. 1994. Cytochrome *b* gene of marine mammals: phylogeny and evolution. J. Mamm. Evol. 2: 37-55.
Ishida, N. and M. Pickford. 1997. Un nouvel hominoïde du Miocène supérieur du Kenya: *Samburupithecus kiptalami* gen. et sp. nov. C. R. Acad. Sci. Paris 325: 823-829.
伊藤徹魯. 1999. 進化――形態と機能の系譜. 鰭脚類 (和田一雄・伊藤徹魯 著), pp. 41-73. 東京大学出版会, 東京.
Jacobs, G. H. 1981. Comparative Colour Vision. Academic Press, New York.
Jacobs, G. H. 1993. The distribution and nature of colour vision among the mammals. Biol. Rev. 68: 413-471.
Jacobs, G. H., J. F. II. Deegan, J. Neitz, B. P. Murphy, K. V. Miller and R. L. Marchinton. 1994. Electrophysiological measurements of spectral mechanism in the retinas of two cervids: white-tailes deer (*Odocoileus virginianus*) and fallow deer (*Dama dama*). J. Comp. Physiol. A174: 551-557.
Jacobs, G. H., J. F. II. Deegan and J. Neitz. 1998. Photopigment basis for dichromatic color vision in cows, goats, and sheep. Visual-Neuroscience 15: 581-584.
Janis, C. M. 1990. Correlation of cranial and dental variables with dietary preferences: a comparison of macropodoid and ungulate mammals. Mem. Queensland Mus. 28: 349-366.
Janis, C. M. 1995. Correlations between craniodental morphology and feeding behavior in ungulates: reciprocal illumination between living and fossil taxa. In: Functional Morphology in Vertebrate Paleontology. (Thomason, J., ed.), pp. 76-98. Cambridge University Press, Cambridge.
Janis, C. M. 2000. Dental constraints in the early evolution of mammals, the paleogene of north America. In: Evolution of Herbivory in Terrestrial Vertebrates. (Sues, H. D., ed.), pp. 168-222. Cambridge University Press, Cambridge.
Janis, C. M. and K. M. Scott. 1988. The phylogeny of the Ruminantia (Artiodactyla, Mammalia). In: The Phylogeny and Classification of Tetrapods. Vol. 2. (Benton, M. J., ed.), pp. 273-282. Clarendon, Oxford.
Janke, A., N. J. Gemmell, G. Feldmaier-Fuchs, A. von Haeseler and S. Pääbo. 1996. The complete mitochondrial genome of a monotreme, the platypus (*Ornithorhynchus anatinus*). J. Molec. Evol. 42: 153-159.
Jarman, P. J. 1974. The social organization of antelope in relation to their ecology. Behavior 48: 215-266.

Jenkins, F. A. 1971. The postcranial skeleton of African cynodonts. Bull. Peabody Mus. Nat. Hist. 36: 1-216.
Jenkins, F. A. and S. M. Camazine. 1977. Hip structure and locomotion in ambulatory and cursorial carnivores. J. Zool. 181: 351-370.
Jenkins, F. A. Jr. and A. W. Crompton. 1979. Triconodonta. In : Mesozoic Mammals. The First Two-Thirds of Mammalian History. (Lillegraven, J. A., Z. Kielan-Jaworowska and W. A. Clemens, eds.), pp. 74-90. University of California Press, Berkeley.
Jenkins, F. A. Jr. and W. A. Weijs. 1979. The functional anatomy of the shoulder in the Virginia opossum (*Didelphis virginiana*). J. Zool. 188: 379-410.
Jepsen, G. L. 1970. Biology of Bats. Vol. 1. Bat Origins and Evolution. Academic Press, New York.
Ji, Q., Z. X. Luo and S. A. Ji. 1999. A Chinese triconodont mammal and mosaic evolution of the mammalian skeleton. Nature 398: 326-330.
Ji, Q., Z. X. Luo, C. X. Yuan, J. R. Wible, J. P. Zhang and J. A. Georgi. 2002. The earliest known eutherian mammal. Nature 416: 816-822.
Johanson, D. C. and T. D. White. 1979. A systematic assessment of early African hominids. Science 203: 321-330.
Jones, J. K. and H. H. Genoways. 1970. Chiropteran systematics. In: About Bats : A Chiropteran Symposium. (Slaughter, R. H. and D. W. Walton, eds.), pp. 3-21. Southern Methodist University Press, Dallas.
Jones, D. R., N. H. West, O. S. Bamford, P. C. Drummond and R. A. Lord. 1982. The effect of the stress of forcible submergence on the diving response in muskrats (*Ondatra zibethica*). Can. J. Zool. 60: 187-193.
Jouffroy, F. K. 1971. Traité de Zoologie, Tome XVI, 3ème Fasc. (Grassé, P. P., ed.), Masson, Paris.
Kaas, J. H. and T. M. Preuss. 1993. Archontan affinities as reflected in the visual system. In: Mammal Phylogeny. Placentals. (Szalay, F. S., M. J. Novacek and M. C. McKenna, eds.), pp. 115-128. Springer, New York.
Kahle, V. W., H. Leonhardt and W. Platzer. 1986. Taschenatlas der Anatomie. Georg Thieme Verlag, Stuttgart.
Kaiser, H. E. 1974. Morphology of the Sirenia. Karger, Basel.
Kallen, F. C. and C. Gans. 1972. Mastication in the little brown bat, *Myotis lucifigus*. J. Morphol. 136: 385-420.
亀井節夫. 1962. 象のきた道——日本の第四紀哺乳動物群の変遷についてのいくつかの問題点. 地球科学 60-61: 23-34.
亀井節夫. 1963. 第四紀の古生態学——日本列島の第四紀哺乳動物群の変遷を中心として. 植物分類地理 19: 186-189.
亀井節夫. 1966. 哺乳動物より見た第四紀の生物地理. 第四紀研究 5: 76-77.
亀井節夫. 2000. 「日本の長鼻類化石」とそれ以後. 地球科学 54: 211-230.
亀井節夫・瀬戸口烈司. 1970. 前期洪積世の哺乳動物. 第四紀研究 9: 158-163.
亀井節夫・樽野博幸・河村善也. 1988. 日本列島の第四紀地史への哺乳類相のもつ

意義. 第四紀研究 26: 293-303.
Kamiya, T. and P. Pirlot. 1974. Brain organization in *Platanista gangetica*. Sci. Rep. Whales Res. Inst. 26: 245-253.
神立 誠・須藤恒二. 1985. ルーメンの世界――微生物代謝と代謝機能. 農山漁村文化協会, 東京.
金子之史. 1985. 宮古島産出のハタネズミ亜科臼歯化石. 沖縄県文化財調査報告書第68集 ピンザアブ洞穴発掘調査報告. pp. 93-113.
Kardong, K. V. 2002. Vertebrates. Comparative Anatomy, Function, Evolution, 3rd ed. McGraw-Hill, New York.
加藤嘉太郎. 1957. 家畜比較解剖図説 上巻. 養賢堂, 東京.
加藤嘉太郎. 1961. 家畜比較解剖図説 下巻. 養賢堂, 東京.
加藤嘉太郎・山内昭二. 1989. 家畜比較発生学 改著. 養賢堂, 東京.
川道武男. 2000. 冬眠の生態学. 冬眠する哺乳類. (川道武男・近藤宣昭・森田哲夫編), pp. 31-99. 東京大学出版会, 東京.
河村善也. 1985. 最終氷期以降の日本の哺乳動物相の変遷. 月刊地球 7: 349-353.
河村善也. 1991. ナウマンゾウと共存した哺乳類. 日本の長鼻類化石. (亀井節夫編), pp. 164-170. 築地書館, 東京.
河村善也. 1998. 第四紀における日本列島への哺乳類の移動. 第四紀研究 37: 251-257.
河村善也. 1999. アジア大陸との関連から見た中期更新世以降の日本の哺乳動物相の変遷. 日本古生物学会第148回例会予講集, 2-3.
河村善也・亀井節夫・樽野博幸. 1989. 日本の中期更新世の哺乳動物相. 第四紀研究 28: 317-326.
Keast, A. 1977. Historical biogeography of the marsupials. In: The Biology of Marsupials. (Stonhouse, B. and D. Gilmore, eds.), pp. 69-95. Macmillan, London.
Kemp, M. H. 1983. The relationship of mammals. Zool. J. Linn. Soc. Lond. 77: 353-384.
Kemp, T. S. 1982. Mammalian-like Reptiles and the Origin of Mammals. Academic Press, London.
Kermack, K. A., F. Mussett and H. W. Rigney. 1973. The lower jaw of *Morganucodon*. Zool. J. Linn. Soc. 53: 87-175.
Kermack, K. A., A. J. Lee, P. M. Lees and F. Mussett. 1987. A new docodont from the Forest Marble. Zool. J. Linn. Soc. 89: 1-39.
Kesner, M. H. 1980. Functional morphology of the masticatory musculature of the rodent subfamily Microtinae. J. Morphol. 165: 205-222.
Kida, M. 1990. Morphology of the tracheobronchial tree of the Ganges River dolphin (*Platanista gangetica*). Okajimas Folia Anat. Jpn. 67: 289-296.
Kielan-Jaworowska, Z. and D. Dashzeveg. 1989. Eutherian mammals from the Early Cretaceous of Mongolia. Zoologica Scripta 18: 347-355.
Kielan-Jaworowska, Z., T. M. Brown and J. A. Lillegraven. 1979. Eutheria. In: Mesozoic Mammals. The First Two-Thirds of Mammalian History. (Lille-

graven, J. A., Z. Kielan-Jaworowska and W. A. Clemens, eds.), pp. 221-258. University of California Press, Berkeley.
Kielan-Jaworowska, Z., A. W. Crompton and F. A. Jenkins. 1987. The origin of egg-laying mammals. Nature 326 : 871-873.
Killian, J. K., T. R. Buckley, N. Stewart, B. L. Munday and R. L. Jirtle. 2001. Marsupials and eutherians reunited: genetic evidence for the Theria hypothesis of mammalian evolution. Mammalian Genome 12 : 513-517.
Kilpatrick, C. W. and P. E. Nunez. 1993. Monophyly of bats inferred from DNA-DNA hybridization. Bat Res. News 33 : 62.
King, J. W. 1983. Seals of the World, 2nd ed. Cornell University Press, Ithaca.
Kingdon, J. 1982. East African Mammals. An Atlas of Evolution in Africa. III Bovids. Academic Press, London.
Kinnear, J. E. and A. R. Main. 1975. The recycling of urea nitrogen by the wild tammar wallaby (*Macropus eugenii*), a "ruminant-like" marsupial. Comp. Biochem. Physiol. 51A : 793-810.
Kirsch, J. A. W. 1977. The comparative serology of the Marsupialia, and a classification of marsupials. Austr. J. Zool. Suppl. 52 : 1-152.
岸田久吉. 1924. 日本哺乳動物図説. 日本鳥学会, 東京.
北原英治・内田照章・浜島房則. 1974. 翼手類の飛翔適応からみた乳酸脱水素酵素アイソザイム. 動物学雑誌 83 : 10-17.
Kitchell, R. L., J. Turnbull, R. A. Nordine and S. C. Edgell. 1961. Preparation of naturalmodels of the ruminant stomach. J. Am. Vet. Med. Assoc. 138 : 329-331.
Kittredge, E. 1923. Some experiments on the brightness value of red for the light adapted eye of the calf. J. Comp. Psychol. 3 : 141-145.
Kleiber, M. 1961. The Fire of Life. Wiley, New York.
Knight, A. and D. P. Mindell. 1993. Substitution bias, weighting of DNA sequence evolution, and the phylogenetic position of Fea's viper. Syst. Biol. 42 : 18-31.
Kobayashi, H. and S. Kohshima. 1997. Unique morphology of the human eye. Nature 387 : 767-768.
Kobayashi, H. and S. Kohshima. 2001. Unique morphology of the human eye and its adaptive meaning : comparative studies on external morphology of the primate eye. J. Hum. Evol. 40 : 419-435.
Koehler, C. E. and P. R. K. Richardson. 1990. *Proteles cristatus*. Mammalian Species 363 : 1-6.
甲能直樹. 1997. 形態形質に基づく分岐学的系統推定と化石記録――鰭脚類の系統仮説を例に. 哺乳類科学 36 : 199-208.
近藤宣昭. 1998. 冬眠の不思議――冬眠のメカニズム. LISA 増刊 : 88-92.
Kooyman, G. L. 1963. Milk analysis of the kangaroo rat, *Dipodomys merriami*. Science 142 : 1467-1468.
Kooyman, G. L. and C. M. Drabek. 1968. Observation on milk, blood, and urine

constituents of the Weddel seal. Physiol. Zool. 41 : 187-194.
Krajewski, C., A. C. Driskell, P. R. Baverstock and M. J. Braun. 1992. Phylogenetic relationships of the thylacine (Mammalia : Thylacinidae) among dasyuroid marsupials : evidence from cytochrome b DNA sequences. Proc. Roy. Soc. Lond. B250 : 19-27.
Krajewski, C., L. Buckley and M. Westerman. 1997. DNA phylogeny of the marsupial wolf resolved. Proc. Roy. Soc. Lond. B264 : 911-917.
Kraus, M. J. 1979. Eupantotheria. In : Mesozoic Mammals. The First Two-Thirds of Mammalian History. (Lillegraven, J. A., Z. Kielan-Jaworowska and W. A. Clemens, eds.), pp. 162-171. University of California Press, Berkeley.
Kretzoi, M. 1953. A legidösebb magyar ösemlös-lelet, Földtani Közlöny 83 : 273-277. (In Hungarian)
Krogh, A. 1939. Osmotic Regulation in Aquatic Animals. Cambridge University Press, Cambridge.
Kuma, K. I. and T. Miyata. 1994. Mammalian phylogeny inferred from multiple protein data. Jpn. J. Genetics 69 : 555-566.
黒田長禮. 1940. 原色日本哺乳類圖説. 三省堂, 東京.
黒田長禮. 1953. 日本獣類図説. 創元社, 東京.
Kurten, B. 1968. The Pleistocene Mammals of Europe. Weidenfeld and Nicolson, London.
Kurten, B. and E. Anderson. 1980. The Pleistocene Mammals of North America. Columbia University Press, New York.
Lamprey, H. F. 1963. Ecological separation of the large mammal species in the Taragire Game Reserve, Tanganyika. E. Afr. Wildl. J. 1 : 63-92.
Landry, S. O. 1970. The rodentia as omnivores. Quart. Rev. Biol. 45 : 351-372.
Langer, P. 1974. Stomach evolution in the aritiodactyla. Mammalia 38 : 295-314.
Langer, P. 1988. The Mammalian Herbivore Stomach. Gustav Fischer, Stuttgart.
Langer, P. 1994. Food and digestion of Cenozoic mammals in Europe. In : The Digestive System in Mammals : Food, Form and Function. (Chivers, D. J. and P. Langer, eds.), pp. 9-24. Cambridge University Press, Cambridge.
Langer, P. and D. J. Chivers. 1994. Classification of foods for comparative analysis of the gastro-intestinal tract. In : The Digestive System in Mammals : Food, Form and Function. (Chivers, D. J. and P. Langer, eds.), pp. 74-86. Cambridge University Press, Cambridge.
Lankester, E. R. and R. Lydekker. 1901. On the affinities of *Aeluropus melanoleucus*, A. Milne-Edwards. Trans. Linn. Soc. Lond., Zool. 8 : 163-171.
Lavocat, R. 1955. Périssodactyles fossiles. In : Traité de Zoologie. Tome XVII. 1er Fasc. pp. 1126-1162. Masson Cie, Paris.
Lavocat, R. 1978. Rodentia and Lagomorpha. In : Evolution of African Mammals. (Magrio, V. J. and H. B. S. Cooke, eds.), pp. 68-89. Harvard Univer-

sity Press, Cambridge.
Lavocat, R. 1980. The implication of rodent paleontology and biogeography to the geographical sources and origin of platyrrhine primates. In : Evolutionary Biology of New World Monkeys and Continental Drift. (Ciochon, R. L. and A. B. Chiarelli, eds.), pp. 93-102. Plenum Press, New York.
Layne, J. N. 1967. Lagomorphs. In : Recent Mammals of the World. (Anderson, S. and J. K. Jones, eds.), pp. 92-205. Ronald Press, New York.
Leakey, M. G., F. Spoor, F. H. Brown, P. N. Gathogo, C. Kiarie, L. N. Leakey and I. McDougall. 2001. New hominin genus from eastern Africa shows diverse middle Pliocene lineages. Nature 410 : 433-440.
Le Gros Clark, W. E. 1924a. The myology of the tree shrew (*Tupaia minor*). Proc. Zool. Soc. Lond. 1924 : 461-496.
Le Gros Clark, W. E. 1924b. On the brain of the tree shrew (*Tupaia minor*). Proc. Zool. Soc. Lond. 1924 : 1053-1074.
Le Gros Clark, W. E. 1925. On the skull of *Tupaia*. Proc. Zool. Soc. Lond. 1925 : 559-567.
Lessertisseur, J. and R. Saban. 1967a. Squelette axial. In : Traité de Zoologie, Tome XVI, 1er Fasc. (Grassé, P. P., ed.), pp. 584-708. Masson, Paris.
Lessertisseur, J. and R. Saban. 1967b. Squelette appendiculaire. In : Traité de Zoologie, Tome XVI, 1er Fasc. (Grassé, P. P., ed.), pp. 709-1078. Masson, Paris.
Li, C. K. and S. Y. Ting. 1985. Possible phylogenetic relationship of Asiatic eurymylids and rodents, with comments on mimotonids. In : Evolutionary Relationships among Rodents. (Luckett, P. W. and J. L. Hartenberger, eds.), pp. 35-58. Plenum Press, New York.
Li, C. K. and S. Y. Ting. 1993. New cranial and postcranial evidence for the affinities of the eurymylids (Rodentia) and mimotonids (Lagomorpha). In : Mammal Phylogeny. 2. Placentals. (Szalay, F. S., M. J. Novacek and M. C. McKenna, eds.), pp. 151-158. Springer, New York.
Li, C. K. and M. Chow. 1994. The origin of rodents. In : Rodent and Lagomorph Families of Asian Origins and Diversification. (Tomida, Y., C. K. Li and T. Setoguchi, eds.), Natn. Sci. Mus. Monographs 8 : 15-18.
Li, C. K., R. W. Wilson, M. R. Dawson and L. Krishtalka. 1987. The origin of rodents and lagomorphs. In : Current Mammalogy. Vol. 1. (Genoways, H. H., ed.), pp. 97-108. Plenum Press, New York.
Li, W. H., M. Gouy, P. M. Sharp, C. O'Huigin and Y. W. Yang. 1990. Molecular phylogeny of rodentia, lagomorpha, primates, artiodactyla, and carnivora and molecular clocks. Proc. Natn. Acad. Sci. 87 : 6703-6707.
Liem, K. F., W. E. Bemis, W. F. Walker Jr. and L. Grande. 2001. Functional Anatomy of the Vertebrates. An Evolutionary Perspective, 3rd. ed. Harcourt College Publishers. Orlando.
Liu, F. G. R., M. M. Miyamoto, N. P. Freire, P. Q. Ong, M. R. Tennant, T. S.

Young and K. F. Gugel. 2001. Molecular and morphological supertrees for eutherian (placental) mammals. Science 291 : 1786-1789.

Luckett, W. P. and J. L. Hartenberger. 1993. Monophyly or polyphyly of the order Rodentia : possible conflict between morphological and molecular interpretations. J. Mamml. Evol. 1 : 127-147.

Lum, J. K., M. Nikaido, M. Shimamura, H. Shimodaira, A. M. Shedlock, N. Okada and M. Hasegawa. 2000. Consistency of SINE insertion topology and flanking sequence tree : quantifying relationship among cetartiodactyls. Molec. Biol. Evol. 17 : 1417-1424.

Luo, Z. X., A. W. Crompton and A. L. Sun. 2001a. A new mammaliaform from the early Jurassic and evolution of mammalian characteristics. Science 292 : 1535-1540.

Luo, Z. X., R. L. Cifelli and Z. Kielan-Jaworowska. 2001b. Dual origin of tribosphenic mammals. Nature 409 : 53-57.

Maas, M. C. and J. G. M. Thewissen. 1995. Enamel microstructure of *Pakicetus* (Mammalia : Archaeoceti). J. Paleontol. 69 : 1154-1163.

Macdonald, D. 1984. Carnivores. In : The Encyclopedia of Mammals. (Macdonald, D., ed.), pp. 18-25. Facts on File, New York. (食肉目総論. 動物大百科. 第1巻. 今泉吉典 監修. pp. 26-33. 平凡社, 東京.)

MacFadden, B. J. 1985. Patterns of phylogeny and rates of evolution in fossil horses : Hipparions from the Miocene and Pliocene of North America. Paleobiology 11 : 245-257.

MacFadden, B. J. 1988. Horses, the fossil record, and evolution. Evolutionary Biology 22 : 131-158.

MacFadden, B. J. 1992. Fossil Horses : Systematics, Paleobiology, and Evolution of the Family Equidae. Cambridge University Press, Cambridge.

MacFadden, B. J. 2000. Origin and evolution of the grazing guild in Cenozoic New World terrestrial mammals. In : Evolution of Herbivory in Terrestrial Vertebrates. (Sues, H. D., ed.), pp. 223-244. Cambridge University Press, Cambridge.

MacIntyre, G. T. 1966. The Miacidae (Mammalia, Carnivora). Part 1. The systematics of *Ictidopappus* and *Protictis*. Bull. Amer. Mus. Nat. Hist. 131 : 115-210.

Madsen, O., P. M. T. Deen, G. Pesole, C. Saccone and W. W. De Jong. 1997. Molecular evolution of mammalian aquaporin-2 : further evidence that elephant shrew and aardvark join the peanungulate clade. Molec. Biol. Evol. 14 : 363-371.

Madsen, O., M. Scally, C. J. Douady, D. J. Kao, R. W. DeBry, R. Adkins, H. M. Amrine, M. J. Stanhope, W. W. De Jong and M. S. Springer. 2001. Parallel adaptive radiations in two major clades of placental mammals. Nature 409 : 610-614.

前田憲男・松井正文. 1999. 日本カエル図鑑 改訂版. 文一総合出版, 東京.

Mahmut, H., R. Masuda, M. Onuma, M. Takahashi, J. Nagata, M. Suzuki and N. Ohtaishi. 2002. Molecular phylogeography of the red deer (*Cervus elaphus*) in Xinjiang of China : comparison with other Asian, European, and North American Populations. Zool. Sci. 19 : 485-495.
萬田正治・奥 芳浩・足立明広・久保三幸・黒肥地一郎. 1989. 牛の色覚に関する行動学的研究. 日畜会報 60 : 521-528.
萬田正治・山本幸子・黒肥地一郎・渡辺昭三. 1993. 行動学的手法で測定した牛の視力値. 日本家畜管理研究会誌 29 : 55-60.
Marshall, L. G. 1977. Cladistic analysis of borhyaenoid, dasyuroid, and thylacinid (Marsupialia : Mammalia) affinity. Syst. Zool. 26 : 410-425.
Marshall, L. G. 1978. Evolution of the Borhyaenidae, extinct South American predaceous marsupials. Univ. Calif. Publ. Geol. Sci. 117 : 1-89.
Marshall, L. G. 1979. Evolution of metatherian and eutherian (mammalian) characters : a review based on cladistic methodology. Zool. J. Linn. Soc. 66 : 369-410.
Marshall, L. G. 1980. Marsupial paleobiogeography. In : Aspects of Vertebrate History. (Jacobs, L. L., ed), pp. 345-386. Museum of Northern Arizona Press, Flagstaff.
Marshall, L. G. 1982a. Evolution of South American Marsupialia. In : Mammalian Biology in South America. (Mares, M. A. and H. H. Genoways, eds.), Pymatuning Laboratory of Ecology, Univ. Pittsburgh, Spec. Publ. Ser. 6 : 251-272.
Marshall, L. G. 1982b. Systematics of the South American marsupial family Microbiotheriidae. Field. Geol. New Ser. 10 : 1-75.
Marshall, L. G. 1982c. Systematics of the extinct South American marsupial family Polydolopidae. Field. Geol. New Ser. 12 : 1-109.
Martin, P. 1919. Lehrbuch der Anatomie der Haustiere, III Band. Schickhardt & Ebner, Stuttgart.
Martin, R. D. 1968. Reproduction and ontogeny in tree shrews (*Tupaia belangeri*), with reference to their general behavior and taxonomic relationship. Z. Tierpsychol. 25 : 409-495, 505-532.
Martin, I. G. 1981. Venom of the short-tailed shrew (*Blarina brevicaudata*) as an insect immobilizing agent. J. Mamm. 62 : 189-192.
Martin, A. R. 1990. Whales and Dolphins. Salamander Books, London. (マーチン, A. R. 1991. 粕谷俊雄 監訳. クジラ・イルカ大図鑑. 平凡社, 東京.)
Martínez del Rio, C. 1994. Nutritional ecology of fruit-eating and flower-visiting birds and bats. In : The Digestive System in Mammals : Food, Form and Function. (Chivers, D. J. and P. Langer, eds.), pp. 103-127. Cambridge University Press, Cambridge.
真島英信. 1990. 生理学 改訂第18版. 文光堂, 東京.
増田隆一. 1999a. 遺伝子から検証する哺乳類のブラキストン線. 哺乳類科学 39 : 323-328.

増田隆一. 1999b. ブラキストン線 (津軽海峡) に関する食肉類の生物地理と遺伝学的特徴. 哺乳類科学 39: 351-358.
増田隆一. 2002. ヒグマは三度, 北海道に渡って来た. 遺伝 56: 47-52.
Masuda, R., M. C. Yoshida, F. Shinyashiki and G. Bando. 1994. Molecular phylogenetic status of the Iriomote cat *Felis iriomotensis*, inferred from mitochondrial DNA sequence analysis. Zool. Sci. 11: 597-604.
Mayr, E. 1963. Animal Species and Evolution. Harvard University Press, Cambridge.
Mayr, E., E. G. Linsley and R. L. Usinger. 1953. Methods and Principles of Systematic Zoology. McGraw-Hill, New York.
McKenna, M. C. 1975. Toward a phylogenetic classification of the Mammalia. In: Phylogeny of Primates. A Multidisciplinary Approach. (Luckett, W. P. and F. S. Szalzy, eds.), pp. 21-46. Plenum Press, New York.
McKenna, M. C. 1991. The alpha crystalline A chain of eye lens and mammalian phylogeny. Ann. Zool. Fennici 28: 349-360.
McKenna, M. C. and E. Manning. 1977. Affinities and palaeobiogeographic significance of the Mongolian Paleocene genus *Phenacolophus*. Gebios, Mem. spec. 1: 61-85.
McKenna, M. C. and S. K. Bell. 2000. Classification of Mammals, 2nd ed. Columbia University Press, New York.
McKenna, M. C., Z. Kielan-Jaworowska and J. Meng. 2000. Earliest eutherian mammal skull, from the Late Cretaceous (Coniacian) of Uzbekistan. Acta Palaeontologica Polonica 45: 1-54.
McLaren, I. A. 1960. Are the Pinnipedia biphyletic? Syst. Zool. 9: 18-28.
McNab, B. K. 1982. Evolutionary alternatives in the physiological ecology of bats. In: Ecology of Bats. (Kuntz, T. H., ed.), pp. 151-200. Plenum Press, New York.
McNab, B. K. 1990. The physiological significance of body size. In: Body Size in Mammalian Paleobiology. (Damuth, J. and B. J. MacFadden, eds.), pp. 11-24. Cambridge University Press, Cambridge.
Mead, R. A. 1968a. Reproduction in eastern forms of the spotted skunk (genus *Spilogale*). J. Zool. 156: 119-136.
Mead, R. A. 1968b. Reproduction in western forms of the spotted skunk (genus *Spilogale*). J. Mammal. 49: 373-390.
Mepham, T. B. and N. J. Kuhn. 1994. Physiology and biochemistry of lactation. In: Physiology of Reproduction, 4th ed. (Lamming, G. E., ed.), pp. 1103-1186. Chapman & Hall, London.
Miao, D. 1993. Cranial morphology and multituberculate relationships. In: Mammal Phylogeny. Mesozoic Differentiation, Multituberculates, Monotremes, Early Therians, and Marsupials. (Szalay, F. S., M. J. Novacek and M. C. McKenna, eds.), pp. 63-74. Springer, New York.
Milinkovitch, M. C., G. Orti and A. Meyer. 1993. Revised phylogeny of whales

suggested by mitochondrial ribosomal DNA sequences. Nature 361: 346-348.
Milinkovitch, M. C., A. Mayer and J. R. Powell. 1994. Phylogeny of all major groups of cetaceans based on DNA sequences from three mitochondrial genes. Molec. Biol. Evol. 11: 939-948.
Milinkovitch, M. C., R. G. Leduc, J. Adachi, F. Farnir, M. Georges and M. Hasegawa. 1996. Effects of character weighting and species sampling on phylogeny reconstruction: a case study on DNA sequence data in cetaceans. Genetics 144: 1817-1833.
Milinkovitch, M. C., M. Bérubé and P. J. Palsbøll. 1998. Cetaceans are highly derived artiodactyls. In: The Emergence of Whales. Evolutionary Patterns in the Origin of the Cetacea. (Thewissen, J. G. M., ed.), pp. 113-131. Plenum Press, New York.
Miller, P. E. and C. J. Murphy. 1995. Vision in dogs. J. Am. Vet. Med. Assoc. 207: 1623-1634.
水上茂樹. 1977. 赤血球の生化学. UPバイオロジー 22. 東京大学出版会, 東京.
湊 正雄. 1966. 日本列島の最後の陸橋. 地球科学 85・86: 2-11.
Mindell, D. P., C. W. Dick and R. J. Baker. 1991. Phylogenetic relationships among megabats, microbats, and primates. Proc. Natn. Acad. Sci. 88: 10322-10326.
Mitchell, P. C. 1905. On the intestinal tract of mammals. Trans. Zool. Soc. Lond. 17: 437-536.
Mitchell, E. 1989. A new cetacean from the Late Eocene La Meseta Formation, Seymour Island, Antarctic Peninsula. Can. J. Fish. Aquat. Sci. 46: 2219-2235.
Miyamoto, M. M. and M. Goodman. 1986. Biomolecular systematics of eutherian mammals: phylogenetic patterns and classification. Syst. Zool. 35: 230-240.
Moir, R. J. 1965. The comparative physiology of ruminant-like animals. In: Physiology of Digestion in the Ruminant. (Dougherty, R. W., ed.), pp. 1-14. Butterworths, Washington DC.
Moir, R. J. 1968. Ruminant digestion and evolution. In: Hand-book of Physiology, Sect. 6, Vol. 5. pp. 2673-2694. Amer. Physiol. Soc. Washington.
Mori, T. and T. A. Uchida. 1982. Changes in the morphology and behavior of spermatozoa between copulation and fertilization in the Japanese long-fingered bat, *Miniopterus schreibersii fulginosus*. J. Reprod. Fert. 65: 23-28.
毛利孝之・内田照章. 1991. 繁殖生理. 現代の哺乳類学. (朝日 稔・川道武男 編), pp. 65-86. 朝倉書店, 東京.
森田哲夫. 2000. 冬眠現象. 冬眠する哺乳類. (川道武男・近藤宣昭・森田哲夫 編), pp. 3-23. 東京大学出版会, 東京.
Mortola, J. P., P. B. Frappell and P. A. Woolley. 1999. Breathing through skin in a newborn mammal. Nature 397: 660.

本川雅治. 2001. 琉球列島の哺乳類相とその起源. 日本哺乳類学会 2001 年度大会プログラム・講演要旨集, p. 25.
Motokawa, M., L. K. Lin, H. C. Cheng and M. Harada. 2001. Taxonomic status of the Senkaku mole, *Neoscaptor uchidai*, with special reference to variation in *Mogera insularis* from Taiwan (Mammalia : Insectivora). Zool. Sci. 18 : 733-740.
Mouchaty, S. K., F. Catzeflis, A. Janke and Ú. Árnason. 2001. Molecular evidence of an African Phiomorpha-South American Caviomorpha clade and support for Hystricognathi based on the complete mitochondrial genome of the cane rat (*Thryonomys swinderianus*). Mol. Phylogenet. Evol. 18 : 127-135.
Moyà-Solà, S. and M. Köhler. 1996. A *Dryopithecus* skeleton and the origins of great-ape locomotion. Nature 379 : 156-159.
Murphey, H. S., W. A. Aitken and G. W. Mc Nutt. 1926. Topography of the abdominal viscera of the ox. J. Am. Vet. Med. Assoc. 68 : 717-740.
Murphy, W. J., E. Eizirik, W. E. Johnson, Y. P. Zhang, O. A. Ryder and S. J. O'Brien. 2001a. Molecular phylogenetics and the origins of placental mammals. Nature 409 : 614-618.
Murphy, W. J., E. Eizirik, S. J. O'Brien, O. Madsen, M. Scally, C. J. Douady, E. Teeling, O. A. Ryder, M. J. Stanhope, W. W. De Jong and M. S. Springer. 2001b. Resolution of the early placental mammal radiation using Bayesian phylogenetics. Science 294 : 2348-2351.
永田純子. 1999. 日本産偶蹄類の遺伝学的知見とブラキストン線について. 哺乳類科学 39 : 343-350.
Nagata, J., R. Masuda and M. C. Yoshida. 1995. Nucletotide sequences of the cytothrome *b* and the 12S rRNA genes in the Japanese Sika deer *Cervus nippon*. J. Mamm. Soc. Jpn. 20 : 1-8.
Nagata, J., R. Masuda, H. B. Tamate, S. Hamazaki, K. Ochiai, M. Asada, S. Tatsuzawa, K. Suda, H. Tado and M. C. Yoshida. 1999. Two genetically distinct lineages of the sika deer *Cervus nippon* in Japanese islands : comparison of the mitochondrial D-loop region sequences. Mol. Phylogent. Evol. 13 : 511-519.
中川久夫. 1971. 琉球列島第四紀地史の諸問題. 1971 年度日本古生物学会総会シンポジウム資料, pp. 103-105.
Nakakuki, S. 1980. Comparative anatomical studies on the mammalian lung. Bull. Facult. Agri., Tokyo Univ. Agri. and Technol. 21 : 1-74.
Nakakuki, S. 1994. The bronchial tree and lobular division of the lung in the striped dolphin (*Stenella coeruleoalbus*). J. Vet. Med. Sci. 56 : 1209-1211.
Nakatsukasa, M., A. Yamanaka, Y. Kunimatsu, D. Shimizu and H. Ishida. 1998. A newly discovered *Kenyapithecus* skeleton and its implications for the evolution of positional behavior in Miocene East African hominoids. J. Hum. Evol. 34 : 657-664.

Naora, N. 1968. The fossils of otters discovered in Japan. Mem. Sch. Sci. Engin., Waseda Univ. 32 : 1-11.
直良信夫. 1944. 日本哺乳動物史. 養徳社, 東京.
直良信夫. 1954. 日本旧石器時代の研究. 寧楽書房, 東京.
Napier, J. R. and P. R. Davis. 1959. The fore-limb skeleton and associated remains of *Proconsul africanus*. Fossil Mammals of Africa 16 : 1-69.
Napier, J. R. and P. H. Napier. 1985. The Natural History of Primates. MIT Press, Cambridge.
Naples, V. L. 1985. The superficial facial musculature in sloths and vermilinguas (anteaters). In : The Evolution and Ecology of Armadillos Sloths, and Vermilinguas. (Montgomery, G. G., ed.), pp. 173-189. Smithsonian Institution Press, Washington and London.
Nathans, J. and D. S. Hogness. 1983. Isolation, sequence analysis, and intron-exon arrangement of the gene encoding bovine rhodopsin. Cell 34 : 807-814.
Nathans, J. and D. S. Hogness. 1984. Isolation and nucleotide sequence analysis of the gene encoding human rhodopsin. Proc. Natn. Acad. Sci. 81 : 4851-4855.
Nathans, J., D. Thomas and D. S. Hogness. 1986. Molecular genetics of human color vision : the genes encoding blue, green and red pigments. Science 232 : 193-202.
Navaratnam, V. 1987. Heart Muscle : Ultrastructural Studies. Cambridge University Press, Cambridge.
Navaratnam, V., A. S. Ayettey, F. Addee, K. Kesse and J. N. Skepper. 1986. Ultrastructure of the ventricular myocardium of the bat, *Eidolon helvum*. Acta Anat. 126 : 240-243.
Nickel, R. and H. Wilkens. 1955. Zur Topographie des Rindermägens. Berl. Münch. Tierärztl. Wschr. 68 : 264-270.
Nikaido, M., K. Kawai, Y. Cao, M. Harada, S. Tomita, N. Okada and M. Hasegawa. 2001a. Maximum likelihood analysis of the complete mitochondrial genomes of eutherians and a reevaluation on phylogeny of bats and insectivores. J. Molec. Evol. 53 : 508-516.
Nikaido, M., F. Matsuno, H. Hamilton, R. L. J. Brownell, Y. Cao, W. Ding, Z. Zuoyan, A. M. Shedlock, R. E. Fordyce, M. Hasegawa and N. Okada. 2001b. Retroposon analysis of major cetacean lineages : the monophyly of toothed whales and the paraphyly of river dolphins. Proc. Natn. Acad. Sci. 98 : 7384-7389.
Nikaido, M., F. Matsuno, H. Abe, M. Shimamura, H. Hamilton, H. Matsubayashi and N. Okada. 2001c. The evolution of CHR-2 SINEs in cetartiodactyl genomes : possible evidence for the monophyletic origin of toothed whales. Mammalian Genome 12 : 909-915.
西 成甫. 1935. 比較解剖学. 岩波書店, 東京.
Norberg, U. M. and J. M. W. Rayner. 1987. Ecological morphology and flight in

bats (Mammalia : Chiroptera) : wing adaptations, flight performance, foraging strategy and echolocation. Phil. Trans. R. Soc. Lond. B316 : 335-427.
Noro, M., R. Masuda, I. A. Dubrovo, M. C. Yoshida and M. Kato. 1998. Molecular phylogenetic inference of the wooly mammoth *Mammuthus primigenius*, based on complete sequences of mitochondrial cytochrome *b* and 12S ribosomal RNA genes. J. Mol. Evol. 46 : 314-326.
Novacek, M. J. 1986. The skull of leptictids insectivorans and the higher-level classification of eutherian mammals. Bull. Amer. Mus. Nat. Hist. 183 : 1-111.
Novacek, M. J. 1992. Mammalian phylogeny : shaking the tree. Nature 356 : 121-125.
Novacek, M. J. 1993. Reflections on higher mammalian phylogenetics. J. Mamm. Evol. 1 : 3-30.
Novacek, M. J., A. Wyss and M. C. McKenna. 1988. The major groups of eutherian mammals. In : The Phylogeny and Classification of the Tetrapods. Vol. 2. (Benton, M. J., ed.), pp. 31-71. Clarendon Press, Oxford.
Nowak, R. M. 1999. Walker's Mammals of the World, 6th ed. Johns Hopkins University Press, Baltimore and London.
大場忠道. 1988. 海水準変化に関するコメント. 第四紀研究 26 : 243-250.
Offermans, M. and F. De Vree. 1990. Mastication in springhare : a cineradographic study. J. Morphol. 205 : 353-367.
O'Gara, B. W. and G. Matson. 1975. Growth and casting of horns by pronghorns and exfoliation of horns by bovids. J. Mamm. 56 : 829-846.
大舘智志. 1999. 食虫類をめぐるブラキストン線に関する問題——主にトガリネズミ類を中心として. 哺乳類科学 39 : 329-336.
太田英利. 1997. 両生類と爬虫類たち. 沖縄の自然を知る. (池原貞雄・加藤祐三 編著), pp. 109-128. 築地書館, 東京.
太田英利. 2002. 爬虫類・両生類・陸生魚類が語る琉球の古地理. 遺伝 56 : 35-41.
大泰司紀之. 1986. 歯の比較解剖学. 医歯薬出版, 東京.
大泰司紀之. 1998. 形態. 哺乳類の生物学 2. 東京大学出版会, 東京.
Ohtaishi, N. and H. I. Sheng. 1993. Deer of China : Biology and Management. Elsevier, Tokyo.
岡田彌一郎・木場一夫. 1931. 日本に於ける動物分布に關する考察. 動物学雑誌 4 : 320-351.
O'Leary, M. A. 1998. Phylogenetic and morphometric reassessment of the dental evidence for a mesonychian and cetacean clade. In : The Emergence of Whales. Evolutionary Patterns in the Origin of the Cetacea. (Thewissen, J. G. M., ed.), pp. 133-161. Plenum Press, New York.
Ortiz, R. M. 2001. Osmoregulation of marine mammals. J. Exp. Biol. 204 : 1831-1844.
Osborn, H. F. 1888. The evolution of mammalian molars to and from the trituercular type. Amer. Nat. 22 : 1067-1079.

Osborn, H. F. and W. K. Gregory. 1907. Evolution of Mammalian Molar Teeth. Macmillan, New York.

Osborn, H. F. 1936-1942. The Proboscidea. A Monograph of Discovery, Evolution, Migration, and Extinction of the Mastodonts and Elephants of the World. 2 Vols. American Museum Press, New York.

押田龍夫. 1999. 日本産リス科動物の自然史とブラキストン線. 哺乳類科学 39: 337-342.

Oshida, T., N. Hachiya, M. C. Yoshida and N. Ohtaishi. 2000a. Comparative anatomical note on the origin of the long accessory styliform cartilage of the Japanese giant flying squirrel, *Petaurista leucogenys*. Mammal Study 25: 33-39.

Oshida, T., H. Hiraga, T. Nojima and M. C. Yoshida. 2000b. Anatomical and histological notes on the origin of the long accessory styliform cartilage of the Russian flying squirrel, *Pteromys volans orii*. Mammal Study 25: 41-48.

大塚裕之. 1980. 琉球列島の脊椎動物化石群. 遺伝 34: 46-55.

大塚裕之・堀口敏秋・中川久夫. 1980. 徳之島から発見された鹿化石について. 琉球列島の地質学的研究 5: 49-54.

大嶋和雄. 1976a. 海峡形成史（I）. 地質ニュース 266: 10-21.

大嶋和雄. 1976b. 海峡形成史（II）. 海底堆積物からの検証. 地質ニュース 268: 30-39.

大嶋和雄. 1977. 海峡形成史（III）. 地質ニュース 270: 16-26.

大嶋和雄. 1978. 海峡形成史（VII）. 動物分布を支配する海峡. 地質ニュース 289: 14-24.

大嶋和雄. 1982. 最終氷期の最低位海水準について. 第四紀研究 21: 211-222.

大嶋和雄. 1990. 第四紀後期の海峡形成史. 第四紀研究 29: 193-208.

Owen, R. 1866. On the Anatomy of Vertebrates. Vol. III. Mammals. Longmans, Green, London.

Ozawa, T., S. Hayashi and V. M. Mikhelson. 1997. Phylogenetic position of mammoth and Steller's sea cow with Tethytheria demonstrated by mitochondrial DNA sequences. J. Mol. Evol. 44: 406-413.

Pales, L. and M. A. Garcia. 1971. Atlas Ostéologique pour Servir à l'Identification des Mammifères du Quaternaire. 2 Vols. Centre National de la Recherche Scientifique, Paris.

Patterson, B. 1975. The fossil aardvarks (Mammalia: Tublidentata). Bull. Mus. Comp. Zoo. Harvard 147: 185-237.

Patterson, B. and A. E. Wood. 1982. Rodents from the Deseadan Oligocene of Bolivia and the relationships of the Caviomorpha. Bull. Mus. Comp. Zool. 149: 371-543.

Pernkopf, von E. 1937. Die Vergleichung der verschiedenen Formtypen des Vorderdarmes der Kranioten. In: Handbuch der Vergleichenden Anatomie der Wirbeltiere. Dritter Band. (Bolk, L., E. Göppert, E. Kallius and W. Lubosch, eds.), pp. 477-562. Urban & Schwarzenberg, Berlin and Wien.

Pernkopf, von E. and J. Lehner. 1937. Vergleichende Beschreibung des Vorderdarmes bei den einzelnen Klassen der Kranioten. In: Handbuch der Vergleichenden Anatomie der Wirbeltiere. Dritter Band. (Bolk, L., E. Göppert, E. Kallius and W. Lubosch, eds.), pp. 349-476. Urban & Schwarzenberg, Berlin and Wien.
Perett, D. I. and A. J. Mistlin. 1990. Perception of facial characteristics by monkeys. In: Comparative Perception. Vol. 2. (Stebbins, W. C. and M. A. Berkley, eds.), pp. 187-215. John Wiley & Sons, New York.
Perrin, M. R. and M. J. Kokkin. 1986. Comparative gastric anatomy of *Cricetomys gambianus* and *Saccostomus campostris* (Cricetomyinae) in relation to *Mystromys albicaudatus* (Cricetinae). A. Afr. J. Zool. 15: 22-33.
Petit, G. 1955. Ordre des Siréniens. In: Traité de Zoologie, Tome XVII, 1er Fasc. (Grassé, P. P., ed.), pp. 918-1001. Masson, Paris.
Pettigrew, J. D. 1986. Flying primates? Megabats have the advanced pathway from eye to midbrain. Science 231: 1304-1306.
Pettigrew, J. D. 1991a. Wings or brain? Convergent evolution in the origins of bats. Syst. Zool. 40: 199-216.
Pettigrew, J. D. 1991b. A fruitful, wrong hypothesis? Response to Baker, Novacek, and Simmons. Syst. Zool. 40: 231-239.
Pettigrew, J. D. and H. M. Cooper. 1986. Aerial primates: advanced visual pathways in megabats and gliding lemurs. Soc. Neurosci. Abstr. 12: 1035.
Pettigrew, J. D. and B. G. M. Jamieson. 1987. Are flying foxes (Chiroptera: Pteropodidae) really primates? Aust. Mammal. 10: 119-124.
Pettigrew, J. D., B. G. M. Jamieson, S. K. Robson, L. S. Hall, K. I. McAnally and H. M. Cooper. 1989. Phylogenetic relations between microbats, megabats and primates (Mammalia: Chiroptera and Primates). Philos. Trans. Roy. Soc. Lond. Ser. B325: 489-559.
Pickford, M. 1975. New fossil Orycteropodidae (Mammalia: Tublidentata) from East Africa. Neth. J. Zool. 25: 57-88.
Pilson, M. E. Q. 1970. Water balance in sea lions. Physiol. Zool. 43: 257-269.
Pocock, R. I. 1939. The prehensile paw of the giant panda. Nature 143: 206.
Popesko, P. 1961. Atlas der Topographischen Anatomie der Haustiere. Gustav Fischer Verlag, Jena.
Racey, P. A. 1973. The viability of spermatozoa after prolonged storage by male and female Europian bats. Period. Biol. 75: 201-205.
Radinsky, L. B. 1976. Oldest horse brains: more advanced than previously realized. Science 194: 626-627.
Radinsky, L. B. 1981. Evolution of skull shape in carnivores. 1. Representative modern carnivores. Biol. J. Linn. Soc. 15: 369-388.
Radinsky, L. B. 1984. Ontogeny and phylogeny in horse skull evolution. Evolution 38: 1-15.
Ransome, R. 1990. The Natural History of Hibernating Bats. Christopher Helm,

London.
Rauhut, O. W. M., T. Martin, E. Ortiz-Jaureguizar and P. Puerta. 2002. A Jurassic mammal from South America. Nature 416 : 165-168.
Raven, H. C. 1950. The Anatomy of the Gorilla. Columbia University Press, New York.
Reid, R. E. 1985. On supposed Haversian bone from the hadrosaur *Anatosaurus*, and the nature of compact bone in dinosaurs. J. Paleontol. 59 : 140-148.
Reiss, K. Z. 2000. Feeding in myrmecophagous mammals. In : Feeding, Form, Function, and Evolution in Tetrapod Vertebrates. (Schwenk, K., ed.), pp. 459-485. Academic Press, New York.
Rensberger, J. M. 1983. Successions of meniscomyine and allomyine rodents (Aplodontidae) in the Oligo-Miocene John Day Formation, Oregon. Univ. Cal. Pub. Geol. Sci. 124 : 1-157.
Rensberger, J. M. and M. Watabe. 2000. Fine structure of bone in dinosaurs, birds and mammals. Nature 406 : 619-622.
Reyes, A., G. Pesole and C. Saccone. 2000. Long-branch attraction phenomenon and the impact of among-site rate variation on rodent phylogeny. Gene 259 : 177-187.
Rich, T. H. 1982. Monotremes, placentals, and marsupials : their record in Australia and its biases. In : The Fossil Vertebrate Record of Australasia. (Rich, P. V. and E. M. Thompson, eds.), pp. 385-488. Monash University Press, Clayton.
Richardson, P. K. R. and S. K. Bearder. 1984. The Hyena Family. In : The Encyclopedia of Mammals. (Macdonald, D., ed.), pp. 154-159. Facts on File, New York.
Romer, A. S. 1956. The Osteology of the Reptiles. University of Chicago Press, Chicago.
Romer, A. S. 1966. Vertebrate Paleontology, 3rd ed. University of Chicago Press, Chicago.
Romer, A. S. and T. S. Parsons. 1977. The Vertebrate Body, 5th ed. W. B. Saunders, Philadelphia.
Romer, A. S. and L. I. Price. 1940. Review of Pelycosauria. Geol. Soc. Amer. Spec. Paper. 28 : 1-538.
Rose, M. D. 1997. Functional and phylogenetic features of the forelimb in Miocene hominoids. In : Function, Phylogeny and Fossils, Miocene Hominoid Evolution and Adaptations. (Begun, D. R., C. V. Ward and M. D. Rose, eds.), pp. 79-100. Plenum Press, New York.
Rowe, T. 1988. Definition, diagnosis, and origin of Mammalia. J. Vertebrate Paleontol. 8 : 241-264.
Rowe, T. 1993. Phylogenetic systematics and the early history of mammals. In : Mammal Phylogeny. Mesozoic Differentiation, Multituberculates, Monotremes, Early Therians, and Marsupials. (Szalay, F. S., M. J. Novacek and

M. C. McKenna, eds.), pp. 129-145. Springer, New York.

Rowe, T. 1996. Coevolution of the mammalian middle ear and neocortex. Science 273 : 651-654.

Russell, E. M. 1974. The biology of kangaroos (Marsupialia-Macropodidae). Mamm. Rev. 4 : 1-59.

三枝春生. 1991. 形態. 日本の長鼻類化石. (亀井節夫 編). pp. 72-82. 築地書館, 東京.

三枝春生. 1995. 化石から見るゾウ類内の系統分類. 日経サイエンス 25 : 49-51.

Sanson, G. D. 1978. The evolution and significance of mastication in the Macropodidae. Austr. Mammal. 2 : 23-28.

Sanson, G. D. 1980. The morphology and occlusion of the molariform cheek teeth in some Macropodinae (Marsupialia : Macropodidae). Austr. J. Zool. 28 : 341-365.

Sanson, G. D. 1991. Predicting the diet of fossil mammals. In : Vertebrate Paleontology of Australasia. (Vickers-Rich, P., J. M. Monaghan, R. F. Baired and T. M. Rich, eds.), pp. 201-228. Smithson. Pioneer Design Studios. Monash University Publications, Melbourne.

Sarich, V. M. 1969. Pinniped phylogeny. Syst. Zool. 18 : 416-422.

Sasaki, M., H. Endo, D. Yamagiwa, H. Takagi, K. Arishima, T. Makita and Y. Hayashi. 2000a. Adaptation of the muscles of mastication to the flat skull feature in the polar bear (*Ursus maritimus*). J. Vet. Med. Sci. 62 : 7-14.

Sasaki, M., H. Endo, M. Yamamoto, K. Arishima and Y. Hayashi. 2000b. The superficial layer of the *Musculus masseter* and the well-developed process of the maxilla in the tiger *Panthera tigris*. Mammal Study 25 : 27-34.

Sasaki, M., H. Endo, H. Kogiku, N. Kitamura, J. Yamada, M. Yamamoto, K. Arishima and H. Hayashi. 2001. The structure of the masseter muscle in the giraffe (*Giraffa camelopardalis*). Anat. Hist. Embryol. 30 : 313-319.

佐藤和彦. 2001. 「形態機能学」のすすめ――齧歯類の頭骨を例として. 哺乳類科学 41 : 101-110.

Savage, J. G. 1977. Evolution of the carnivorous mammals. Paleontology 20 : 237-271.

Savage, J. G. and M. R. Long. 1986. Mammalian Evolution. An Illustrated Guide. Facts on File, New York. (サベージ, J. G.・ロング, M. R. 1991. 瀬戸口烈司 訳. 図説 哺乳類の進化. テラハウス, 東京.)

澤村 寛. 2001. デスモスチルス気屯標本復元骨格における椎骨の位置の比較. 足寄動物化石博物館紀要 2 : 27-32.

沢崎 坦. 1980. 比較心臓学. 朝倉書店, 東京.

Schmidt-Nielsen, K. 1960. The salt-secreting gland of marine birds. Circulation 21 : 955-967.

Schmidt-Nielsen, K. 1963. Osmotic regulation in higher vertebrates. Harvey Lect. 58 : 53-95.

Schmidt-Nielsen, K. 1964. Desert Animals. Physiological Problems of Heat and Water. Oxford, Clarendon Press, Oxford.

Schmidt-Nielsen, K. 1998. Animal Physiology: Adaptation and Environment, 5th ed. Cambridge University Press, Cambridge.
Schmidt-Nielsen, K. and R. Fänge. 1958. Salt glands in marine reptiles. Nature 183: 783-785.
Schmidt-Nielsen, K., B. Schmidt-Nielsen, S. A. Jarnum and T. R. Houpt. 1957. Body temperture of the camel and its isolation to water economy. Am. J. Physiol. 188: 103-112.
Schneider, K. M. 1952. Vom Bambusbären. Natur und Volk 82: 275-283.
Scholander, A. and W. E. Schevill. 1955. Countercurrent vascular heat exchange in the fins of whales. J. Appl. Physiol. 10: 405-411.
Schreiber, J. 1953. Topographisch-Anatonische Beitrag zur klinischen Untersuchung der Rumpfeingeweide des Rindes. Wien. Tierärztl. Mschr. 40: 131-144.
Scott, M. D. and C. M. Janis. 1987. Phylogenetic relationships of the Cervidea, and the case for a superfamily "Cervoidea". In: Biology and Management of Cervidae. (Wemmer, C. M., ed.), pp. 3-20. Smithson. Inst. Press, Washington.
Senut, B., M. Pickford, D. Gommery, P. Mein, K. Cheboi and Y. Coppens. 2001. First hominid from the Miocene (Lukeino Formation, Kenya). C. R. Acad. Sci., Sér. II, Fasc. A, Sciences de la terre et des planètes 332: 137-144.
Sharman, G. B. and P. E. Pilton. 1964. The life history and reproduction of the red kangaroo (*Megaleia rufa*). Proc. Zool. Soc. Lond. 142: 29-48.
柴谷篤弘. 1960. 生物学の革命. みすず書房, 東京.
Shikama, T. 1952. The Japanese Quaternary, it outline and historical review. Sci. Rep. Yokohama Natl. Univ. Sec. II. 1: 29-73.
Shikama, T. 1957. On the desmostylid skeletons. Nat. Sci. and Mus. 24: 16-21.
Shikama, T. 1966. Postcranial skeletons of Japanese Desmostylia. Paleontological Society of Japan, Special Papers 12: 1-202.
鹿間時夫. 1962. 化石哺乳類等よりみた日本列島と大陸との陸地接続. 第四紀研究 2: 146-153.
鹿間時夫・大塚裕之. 1971. 東シナ海の陸橋. 1971年度日本古生物学会総会シンポジウム資料, pp. 131-139.
Shimamura, M., H. Yasue, K. Ohshima, H. Abe, H. Kato, T. Kishiro, M. Goto, I. Munechika and N. Okada. 1997. Molecular evidence from retroposons that whales form a clade within even-toed ungulates. Nature 388: 666-670.
Shimamura, M., H. Abe, M. Nikaido, K. Ohshima and N. Okada. 1999. Genealogy of families of SINEs in cetaceans and artiodactyls: the presence of a huge superfamily of tRNA^{Glu}-derived families of SINEs. Molec. Biol. Evol. 16: 1046-1060.
Shoshani, J. and P. Tassy. 1996. The Proboscidea. Oxford Science Publication, Oxford.
Shoshani, J., J. M. Lowenstein, D. A. Waltz and M. Goodman. 1985. Probos-

cidean origins of mastodon and wooly mammoth demonstrated immunologically. Paleobiology 11 : 429-437.
Sigogneau-Russel, D., D. Dashzeveg and D. E. Russel. 1992. Further data of *Prokennalestes* (Mammalia, Eutheria *inc. sed.*) from the Early Cretaceous of Mongolia. Zoologica Scripta 21 : 205-209.
Simmons, N. B. 1994. The case of chiropteran monophyly. Amer. Mus. Nov. 3103 : 1-54.
Simmons, N. B., M. J. Novacek and R. J. Baker. 1991. Approaches, methods, and the future of the chiropteran monophyly controversy : a reply to J. D. Pettigrew. Syst. Zool. 40 : 239-244.
Simpson, G. G. 1936. Studies of the earliest mammalian dentition. Dental Cosmos 1936 : 1-24.
Simpson, G. G. 1940. Mammals and land bridges. J. Washington Acad. Sci. 30 : 137-163.
Simpson, G. G. 1944. Tempo and Mode in Evolution. Columbia University Press, New York.
Simpson, G. G. 1945. The principles of classification and a classification of mammals. Bull. Amer. Mus. Nat. Hist. 85 : 1-350.
Simpson, G. G. 1948. The beginning of the age of mammals in South America. Part 1. Bull. Amer. Mus. Nat. Hist. 91 : 1-232.
Simpson, G. G. 1961. Horses. Anchor Books, Garden City.
Simpson, G. G. 1967. The beginning of the age of mammals in South America. Part 2. Bull. Amer. Mus. Nat. Hist. 137 : 1-259.
Simpson, G. G. 1970. Argyrolagidae, extinct South-American marsupials. Bull. Mus. Comp. Zool. 139 : 1-86.
Sivertsen, E. 1935. Ueber die chemische Zusammensetzung von Robbenmilch. Magazin für Naturvidenskaberne 75 : 183-185.
Skepper, J. N. and V. Navaratnam. 1995. Ultrastructural features of left ventricular myocytes in active and torpid hamsters compared with rats : a morphometricstudy. J. Anat. 186 : 585-592.
Sloan, R. E. and L. Van Valen. 1965. Cretaceous mammals from Montana. Science 148 : 220-227.
Smith, J. M. and R. J. G. Savage. 1959. The mechanics of the mammalian jaw. School Sci. Rev. 141 : 289-301.
Smuts, M. S. and A. J. Bezuidenhout. 1987. Anatomy of the Dromedary. Clarendon Press, Oxford.
Snipes, R. L. 1994. Morphometric methods for determining surface enlargement at the microscopic level in the large intestine and their application. (Chivers, D. J. and P. Langer, eds.), pp. 234-263. Cambridge University Press, Cambridge.
Snyder, G. K. 1983. Respiratory adaptations in diving mammals. Respr. Physiol. 54 : 269-294.

Solounias, N. 1988. Evidence from horn morphology on the phylogenetic relationship of the pronghorn (*Antilocapra americana*). J. Mamm. 69 : 140-143.
Solounias, N. 1999. The remarkable anatomy of the giraffe's neck. J. Zool., Lond. 247 : 257-268.
Solounias, N. and B. Dawson-Saunders. 1988. Dietary adaptation and paleoecology of the late Miocene ruminants from Pikermi and Samos in Greece. Palaeogeography Palaeoclimatology, Palaeoecology 65 : 149-172.
Springer, M. S. and J. A. W. Kirsch. 1993. A molecular perspective on the phylogeny of placental mammals based on mitochondrial 12S rDNA sequences, with special reference to the problem of the Paenungulata. J. Mammal. Evol. 1 : 149-166.
Springer, M. S., G. C. Cleven, O. Madsen, W. W. De Jong, V. G. Waddell, H. M. Amrine and M. J. Stanhope. 1997. Endemic African mammals shake the phylogenetic tree. Nature 388 : 61-64.
Stahl, W. R. 1967. Scaling of respiratory variables in mammals. J. Appl. Physiol. 22 : 453-460.
Stanhope, M. J., V. G. Waddell, O. Madsen, W. W. De Jong, S. B. Hedges, G. C. Cleven, D. Kao and M. S. Springer. 1998. Molecular evidence for multiple origins of Insectivora and for a new order of endemic African insectivore mammals. Proc. Natn. Acad. Sci. 95 : 9967-9972.
Stevens, C. E. 1977. Comparative physiology of the digestive system. In : Duke's Physiology of Domestic Animals, 9th ed. (Schmidt-Nielsen, K., L. Bolis and C. R. Taylor, eds.), pp. 216-232. Cornell University Press, Ithaca.
Stevens, C. E. and I. D. Hume. 1995. Comparative Physiology of the Vertebrate Digestive System, 2nd ed. Cambridge University Press, Cambridge.
Stirton, R. A. and L. F. Marcus. 1966. Generic and specific diagnoses in the gigantic macropodid genus *Procoptodon*. Rec. Austr. Mus. 26 : 349-359.
Stirton, R. A., R. H. Tedford and M. O. Woodburne. 1967. A new Tertiary formation and fauna from the Tirari Desert, South Australia. Rec. S. Austr. Mus. 15 : 427-462.
Storch, G. 1978. *Eomanis waldi*, ein Schuppentier aus dem Mittel-Eozaen der 'Grube Messel' bei Darmstadt (Mammalia, Pholidota). Senckenbergiana lethaea 59 : 503-529.
Storch, G. 1981. *Eurotamandua joresi*, ein Mymercophagide aus der Eozän der 'Grube Messel' bei Darmstadt (Mammalia, Xenarthra). Senckenbergiana lethaea 61 : 247-289.
Strain, G. M., M. S. Claxton, B. M. Olcott and S. E. Turnquist. 1990. Visual-evoked potentials and eletroretinograms in ruminants with thiamine-responsive polioencephalomalacia or suspected listeriosis. Am. J. Vet. Res. 51 : 1513-1517.
Stroganov, S. U. 1969. Carnivorous Mammals of Siberia. Israel Program Scientific Translations, Jerusalem.

Sudre, J. 1979. Nouveaux mammifères Eocène du Sahara occidental. Palaeovertebrata 9 : 83-115.
Sues, H. D. 1985. The relationships of the Tritylodontidae (Synapsida). Zool. J. Linn. Soc. 85 : 205-217.
Sues, H. D. 1986. The skull and dentition of two tritylodonid synapsids from the Lower Jurassic of western North America. Bull. Mus. Comp. Zool. 151 : 215-266.
諏訪 元. 1999. 人類の成立. 科学 69 : 333-340.
鈴木 仁. 1995. ヤマネの地理的変異と起源. 遺伝 49 : 53-58.
鈴木 仁. 2002. 日本産野生ネズミ類の起源と地理的変異. 遺伝 56 : 57-61.
Szalay, F. S. 1982. A new appraisal of marsupial phylogeny and classification. In : Carnivorous Marsupials. (Archer, M., ed.), pp. 621-640. Royal Zoological Society, New South Wales.
Szalay, F. S. 1994. Evolutionary History of the Marsupials and an Analysis of Osteological Characters. Cambridge University Press, Cambridge.
Szalay, F. S. and E. J. Sargis. 2001. Model-based analysis of postcranial osteology of marsupials from the Paleocene of Itaborai Brazil, and the phylognetics and biogeography of Metatheria. Geodiversitas 23 : 139-302.
立花 隆・利根川進. 1990. 精神と物質. 文藝春秋社, 東京.
高橋啓一. 1999. 鮮新-更新世における日本の長鼻類化石の起源. 日本古生物学会第148回例会予講集, 10-11.
高橋啓一. 2001. ゾウ類の化石からさぐるコイ科魚類のきた道. 月刊地球 23 : 393-399.
高橋迪雄. 1988. 生殖周期. 新家畜繁殖学. pp. 5-12. 朝倉書店, 東京.
Takahashi, K. and K. Namatsu. 2000. Origin of the Japanese Proboscidae in Plio-Pleistocene. Earth Science 54 : 257-267.
Takai, F. 1944. *Desmostylus* from phosphorous ore bed in Noto Peninsula. Misc. Rep. Res. Inst. Nat. Resources 5 : 59-62.
Takai, M. 1952. The historical development of the Mammalian Faunae of Eastern Asia and the interrelationships of Continent since the Mesozoic. Jpn. J. Geol. Geogr. 2 : 169-201.
高井冬二. 1938. 本邦に於ける新生代哺乳動物（予報）. 地質学雑誌 44 : 745-763.
高井冬二. 1939. 本邦新生界産哺乳動物の或るものに就て（其の一）. 地質学雑誌 46 : 481-489.
高井冬二・長谷川善和. 1971. 琉球諸島の脊椎動物化石について. 1971年度日本古生物学会総会シンポジウム資料, pp. 107-109.
高井正成. 1999. 真猿類はアジアで誕生したのか. 科学 69 : 341-349.
高槻成紀. 1991. 草食獣の採食生態. 現代の哺乳類学. (朝日 稔・川道武男 編), pp. 119-144. 朝倉書店, 東京.
高槻成紀. 1998. 生態. 哺乳類の生物学 5. 東京大学出版会, 東京.
玉手英利. 2002. じつは大陸で分かれた北と南のニホンジカ. 遺伝 56 : 53-56.
Tamate, H. B. and T. Tsuchiya. 1995. Mitochondrial DNA polymorphism in

subspecies of the Japanese Sika deer, *Cervus nippon*. J. Hered. 86 : 211-215.
Tamate, H. B., S. Tatsuzawa, K. Suda, M. Izawa, T. Doi, K. Sugasawa, F. Miyahira and H. Tado. 1998. Mitochondrial DNA variation in local populations of the Japanese sika deer, *Cervus nippon*. J. Mammal. 79 : 1396-1403.
田中智夫. 2001. ブタの動物学. アニマルサイエンス 4. 東京大学出版会, 東京.
Tanaka, T., Y. Murayama, Y. Eguchi and T. Yoshimoto. 1998. Studies on the visual acuity of pigs using shape discrimination lerning. Anim. Sci. Technol. 69 : 260-266.
Tarasoff, F. J., A. Bisaillon, J. Piérard and A. Whitt. 1972. Locomotory patterns and external morphology of the river otter, sea otter and harp seal (Mammalia). Can. J. Zool. 50 : 915-927.
樽野博幸. 1999. 日本の哺乳類相の起源と長鼻類化石. 日本古生物学会第148回例会予講集, 8-9.
Tassy, P. 1981. Le crâne de Moeritherium (Proboscidea, Mammalia) de l'Eocène de Dor el Talha (Libye) et le problème de la classification phylogénétique du genre dans les Tethytheria McKenna 1975. Bull. Mus. Natl. Hist. Nat. Ser. 4, 3-C : 87-147.
Tassy, P. L. and J. Shoshani. 1988. The Tethytheria : elephants and their relatives. In : The Phylogeny and Classification of Tetrapods. Vol. 2. (Benton, M. J., ed.), pp. 283-315. Clarendon, Oxford.
田隅本生. 2000. 哺乳類の日本語分類群名, 特に目名の取り扱いについて——文部省の"目安"にどう対処するか. 哺乳類科学 40 : 83-99.
Tavaré, S., C. R. Marshall, O. Will, C. Sollgo and R. D. Martin. 2002. Using the fossil record to estimate the age of the last common ancestor of extant primates. Nature 416 : 726-729.
Taylor, B. K. 1978. The anatomy of the forelimb in the anteater (*Tamandua*) and its functional implications. J. Morphol. 157 : 347-368.
Taylor, B. K. 1985. Functional anatomy of the forelimb in vermilinguas (anteaters). In : The Evolution and Ecology of Armadillos Sloths, and Vermilinguas. (Montgomery, G. G., ed.), pp. 163-171. Smithsonian Institution Press, Washington.
Taylor, C. R. and C. P. Lyman. 1972. Heat storage in running antelopes : independence of brain and body temperatures. Am. J. Physiol. 222 : 114-117.
Tedford, R. H. 1976. Relationships of pinnipeds to other carnivores (Mammalia). Syst. Zool. 25 : 363-374.
Tedford, R. H., M. R. Banks, N. Kemp, I. McDougal and F. L. Sutherland. 1975. Recognition of the oldest known fossil marsupials from Australia. Nature 225 : 141-142.
Teeling, E. C., M. Scally, D. J. Kao, M. L. Romagnoli, M. S. Springer and M. G. Stanhope. 2000. Molecular evidence regarding the origin of echolocation and flight in bats. Nature 403 : 188-192.
Thenius, E. and H. Hofer. 1960. Stammesgeshichte der Säugetiere. Springer,

Berlin.
Thewissen, J. G. M. and D. M. Badoux. 1986. The descriptive and functional myology of the fore-limb of the aardvark (*Orycteropus afer*, Pallas, 1776). Ann. Anat. 162 : 109-123.
Thewissen, J. G. M. and S. T. Hussain. 2000. *Attockicetus praecursor*, a new remingtonocetid Cetacean from marine Eocene sediments of Pakistan. J. Mammal. Evol. 7 : 133-146.
Thewissen, J. G. M., E. M. Williams, L. G. Loe and S. T. Hussain. 2001. Skeletons of terrestrial cetaceans and the relationship of whales to artiodactyls. Nature 413 : 277-281.
Thiele, A., M. Vogelsang and K. P. Hoffman. 1991. Patterns retinotectal projection in the megachiropteran bat *Rousettus aegyptiacus*. J. Comp. Neurol. 314 : 671-683.
Thomas, O. 1906. The duke of Bedford's zoological expedition in Eastern Asia. I. List of mammals obtained by Mr. M. P. Anderson in Japan. Proc. Zool. Soc. 1905 : 331-363.
Thomas, R. H., W. Schaffner, A. C. Wilson and S. Pääbo. 1989. DNA phylogeny of the extinct marsupial wolf. Nature 340 : 465-467.
Thomas, M. G., E. Hagelberg, H. B. De Jong, Z. Yang and A. M. Lister. 2000. Molecular and morphological evidence on the phylogeny of the Elephantidae. Proc. R. Soc. Lond. B. Biol. Sci. 267 : 2493-2500.
Thompson, D. and M. A. Fedak. 1993. Cardiac response of gray seals during diving at sea. J. Exp. Biol. 48 : 67-87.
Thorington, Jr., R. W., K. Darrow and C. G. Anderson. 1998. Wing tip anatomy and aerodynamics in flying squirrels. J. Mammal. 79 : 245-250.
徳田御稔. 1941. 日本生物地理. 古今書院, 東京.
徳田御稔. 1969. 生物地理学. 築地書館, 東京.
Toldt, von C. and F. Hochstetter. 1975. Anatomischer Atlas : Topographische und systematische Anatomie des Menschen. 2 Bd. 26 Aufl. Urban und Schwarzenberg, München.
冨田幸光・伊藤丙雄・岡本泰子. 2002. 絶滅哺乳類図鑑. 丸善, 東京.
坪田敏男. 1998. 生理. 哺乳類の生物学 3. 東京大学出版会, 東京.
坪田敏男. 2000. クマ. 冬眠する哺乳類. (川道武男・近藤宣昭・森田哲夫 編), pp. 213-233. 東京大学出版会, 東京.
津田恒之. 1982. 家畜生理学. 養賢堂, 東京.
Tulberg, T. 1899. Ueber das System der Nagethiere, eine phylogenetische Studie. Nova Acta Reg. Soc. Sci. Upsala. Ser. 3., 18 : 1-514.
Tyndale-Biscoe, C. H. 1973. Life of Marsupials. American Elsevier, New York.
Uchida, T. A. and T. Mori. 1987. Prolonged storage of spermatozoa in hibernating bat. In : Recent Advances in the Study of Bats. (Fenton, M. B., P. Racey and J. M. V. Rayner, eds.), pp. 351-365. Cambridge University Press, Cambridge.

植竹勝治. 1999. 乳牛の視聴覚認知と学習を利用した群管理技術に関する研究. 北海道農業試験場研究報告 170 : 9-43.
Uhen, M. D. 1998. Middle and late Eocene Basilosaurines and Dorudontines. In : The Emergence of Whales. Evolutionary Patterns in the Origin of the Cetacea. (Thewissen, J. G. M., ed.), pp. 29-61. Plenum Press, New York.
Vallenas, A. P., J. F. Cummings and J. F. Munnell. 1971. A gross study of the compartmentalized stomach of two New-World camelids, the llama and guanaco. J. Morphol. 134 : 399-423.
Van Dijk, M. A. M., O. Madsen, F. Catzeflis, M. J. Stanhope, W. W. De Jong and M. Pagel. 2001. Protein sequence signatures support the African clade of mammals. Proc. Natn. Acad. Sci. 98 : 188-193.
Voronstov, N. N. 1962. The ways of food specialization and evolution of the alimentary tract in Muroidea. In : Sumposium Theriologicum, 1960. (Kratochvil, J. and J. Pelikan, eds.), pp. 360-372. Czechoslavak Academy of Science, Praha.
Voss, R. S. 1988. Systematics and ecology of ichthyomyine rodents (Muridae) : patterns of morphological evolution in a small adaptive radiation. Bull. Amer. Mus. Nat. Hist. 188 : 259-493.
Vrana, P. B., M. C. Milinkovitch, J. R. Powell and W. C. Wheeler. 1994. Higher level relationships of the arctoid Carnivora based on sequence data and "total evidence". Mol. Phyl. Evol. 3 : 47-58.
Wang, Y., Y. Hu, J. Meng and C. Li. 2001. An ossified Meckel's cartilage in two Cretaceous mammals and origin of the mammalian middle ear. Science 294 : 357-361.
Ward, C. V. 1997. Functional anatomy and phyletic implications of hominoid trunk and hindlimb. In : Function, Phylogeny and Fossils, Miocene Hominoid Evolution and Adaptations. (Begun, D. R., C. V. Ward and M. D. Rose, eds.), pp. 101-130. Plenum Press, New York.
Ward, C. V., A. Walker, M. F. Teaford and I. Odhiambo. 1993. Partial skeleton of *Proconsul nyanzae* from Mfangano Island. Am. J. Phys. Anthrop. 90 : 77-111.
Ward, S. C. and W. H. Kimbel. 1983. Subnasal alveolar morphology and the systematic position of *Sivapithecus*. Am. J. Phys. Anthrop. 61 : 157-171.
Watts, P. D., N. A. Oristrand, C. Jonkel and K. Ronald. 1981. Mammalian hibernation and the oxygen comsumption of a denning black bear (*Ursus americanus*). Comp. Biochom. Physiol. 69A : 121-123.
Webb, S. D. and B. E. Taylor. 1980. The phylogeny of hornless ruminants and a description of a cranium of *Archaeomeryx*. Bull. Am. Mus. Nat. Hist. 167 : 121-157.
Weijs, W. A. and R. Dantuma. 1975. Electromyography and mechanics of mastication in the albino rat. J. Morphol. 146 : 1-34.
Wells, R. T., D. R. Horton and P. Rogers. 1982. *Thylacoleo carnifex* Owen (Thy-

lacoleonidae, Marsupialia) : Marsupial carnivore? In : Carnivorous Marsupialis. (Archer, M., ed.), pp. 573-576. Royal Zoological Society, New South Wales.
Werth, A. 2000. Feeding in marine mammals. In : Feeding, Form, Function, and Evolution in Tetrapod Vertebrates. (Schwenk, K., ed.), pp. 487-526. Academic Press, New York.
White, T. D., G. Suwa and B. Asfaw. 1994. *Australopithecus ramidus*, a new species of early hominid from Aramis Ethiopia. Nature 371 : 306-312.
Whitehaed, G. K. 1993. The Encyclopedia of Deer. Swann-Hill, Sherewsbury.
Wible, J. R. and M. J. Novacek. 1988. Cranial evidence for the monophyletic origin of bats. Am. Mus. Nov. 2911 : 1-19.
Williams, E. M. 1998. Synopsis of the earliest cetaceans : Pakicetidae, Ambulocetidae, Remingtonocetidae, and Protocetidae. In : The Emergence of Whales. Evolutionary Patterns in the Origin of the Cetacea. (Thewissen, J. G. M., ed.), pp. 1-28. Plenum Press, New York.
Wilson, D. E. and D. A. Reeder. 1993. Mammal Species of the World : A Taxonomic and Geographic Reference, 2nd ed. Smithsonian Institution Press, Washington.
Wimsatt, W. A. 1944. Further studies on the survival of spermatozoa in the female reproductive tract of the bat. Anat. Rec. 88 : 193-204.
Wood, A. E. 1955. A revised classification of the rodents. J. Mamm. 36 : 165-186.
Wood, A. E. 1962. The early Tertiary rodents of the family Paramyidae. Trans. Am. Phil. Soc., New Ser. 52 : 1-261.
Wood, A. E. 1974. The evolution of the Old World and New World hystricomorphs. In : The Biology of Hystricomorph Rodents. (Rowlands, I. W. and B. J. Weir, eds.), pp. 21-60. Academic Press, London.
Wood, A. E. 1980. The origin of caviomorph rodents from a source of Middle America : a clue to the area of origin of the platyrrhine primates. In : Evolutionary Biology of New World Monkeys and Continental Drift. (Ciochon, R. L. and A. B. Chiarelli, eds.), pp. 79-91. Plenum Press, New York.
Wood, A. E. 1983. The radiation of the order Rodentia in the southern continents : the dates, numbers and sources of the invasions. Schriftenreihe für geologische Wissenschaften, Berlin. 19/20 : 381-394.
Woodburne, M. O. 1984. Families of marsupials : relationships, evolution and biogeography. In : Mammals Notes for a Short Course. (Gingerich, P. D. and C. E. Badgley, eds.), Univ. Tennessee Dept. Geol. Sci. Stud. Geol. 8 : 48-71.
Woodburne, M. O. and B. J. MacFadden. 1982. A reappraisal of the systematics, biogeography and evolution of fossil horses. Paleobiology 8 : 315-327.
Woodburne, M. O. and W. J. Zinsmeister. 1984. The first land mammal from Antarctica and its biogeographic implications. J. Paleont. 58 : 913-948.

Wood-Jones, F. 1939a. The forearm and manus of the giant panda, *Ailuropoda melanoleuca* M. -Edw. with an account of the mechanism of its grasp. Proc. Zool. Soc. Lond., Ser. B109 : 113-129.

Wood-Jones, F. 1939b. The "thumb" of the giant panda. Nature 143 : 157.

Woods, C. A. and E. B. Howland. 1979. Adaptive radiation of capromyid rodents : anatomy of the masticatory apparatus. J. Mamm. 60 : 95-116.

Wozencraft, W. C. 1989. The phylogeny of the Recent Carnivora. In : Carnivore Behavior, Ecology and Evolution. Vol. 1. (Gittleman, J. L., ed.), pp. 495-527. Cornell University Press, New York.

Wyss, A. R. 1987. The walrus auditory region and monophyly of pinnipeds. Amer. Mus. Nov. 2871 : 1-31.

Wyss, A. 2001. Digging up fresh clues about the origin of mammals. Science 292 : 1496-1497.

Wyss, A. R. and J. J. Flynn. 1993. A phylogenetic analysis and definition of the Carnivora. Placentals. In : Mammal Phylogany. (Szalay, F. S., M. J. Novacek and M. C. McKenna, eds.), pp. 33-52. Springer, New York.

山崎信寿・梅田昌弘. 1998. 絶滅哺乳類デスモスチルスの生体力学的姿勢復元. バイオメカニズム 14 : 173-182.

Yang, H., E. M. Golenberg and J. Shoshani. 1996. Phylogenetic resolution within the Elephantidae using fossil DNA sequence from the American mastodon (*Mammut americanum*) as an outgroup. Proc. Natl. Acad. Sci. 93 : 1190-1194.

横山 昭. 1988. 泌乳. 家畜繁殖学. pp. 157-179. 朝倉書店, 東京.

横山恵一・内田照章・白石 哲. 1975. 翼手類の飛翔適応に関する翼の機能形態学的研究. I. 前肢の相対成長, 翼構成骨の骨成長, 翼荷重および翼の縦横比. 動物学雑誌 84 : 233-247.

Yokoyama, K., R. Ohtsu and T. A. Uchida. 1979. Growth and LDH isozyme patterns in the pectoral and cardiac muscles of the Japanese lesser horseshoe bat, *Rhinolophus cornutus cornutus* from the standpoint of adaptation for flight. J. Zool., Lond. 187 : 85-96.

吉田智洋・遠藤秀紀・九郎丸正道・林 良博. 1999. ニホンオオカミとイヌに関する頭骨形態の三次元的鑑定. 哺乳類科学 39 : 239-246.

Young Owl, M. 1994. A direct method for measurement of gross surface area of mammalian gastro-intestinal tracts. (Chivers, D. J. and P. Langer, eds.), pp. 219-233. Cambridge University Press, Cambridge.

Zapol, W. M., G. C. Liggins, R. C. Schneider, J. Qvist, M. T. Snider, R. K. Creasy and P. W. Hochachka. 1979. Regional blood flow during simulated diving in the conscious Weddel seal. J. Appl. Physiol. 47 : 968-973.

Zeller, U. 1993. Ontogenetic evidence of cranial homologies in monotremes and therians, with special reference to *Ornithorhynchus*. In : Mammal Phylogeny. Mesozoic Differentiation, Multituberculates, Monotremes, Early Therians, and Marsupials. (Szalay, F. S., M. J. Novacek and M. C. McKen-

na, eds.), pp. 95-107. Springer, New York.
Zheng, S. 1983. Micromammals from the Hexian Man locality. Vertebrata PalAsiatica. 21 : 230-240. (in Chinese)
Zhou, K. 1982. Classification and phylogeny of the superfamily Platanistoidea, with notes on evidence of the monophyly of the cetacea. Sci. Rep. Whales Res. Inst. 34 : 93-108.
Zhou, K., W. J. Sanders and P. D. Gingerich. 1992. Functional and behavioral implications of vertebral structure in *Pachyaena ossifraga* (Mammalia, Mesonychia). Contrib. Mus. Paleontol. Univ. Michigan 28 : 289-319.

おわりに

　Zoology を担ってきた解剖学教室が解剖学をやめ，遺体を捨てるようになっている．日々遺体をみて黙考する私を，時代遅れと思う人々は少なくない．だが，私の毎日は，進化の未知の部分を直接観察するエキサイティングな機会に恵まれている．そうこうするうちに，解剖学者の幸せの極みの毎日を，なんとかして自分より優れた若手と分かち合いたいと思うようになってきた．そのことは，哺乳類学がいつの時代にも背負う，歴史性解明の責任を果たしていくことにつながるような気がする．

　「自分のエネルギーが，若い読者の眼に脳に世界観にぶつかって火花を散らしてほしい」

　そういう気持ちが本書のページとなってかたちをもったと信じていただければ幸いである．私にとって本書は，まさに日々の叫びを増幅して読者に伝える本質の凝縮，それこそ"耳小骨"のようなものである．

　相変わらず国立科学博物館の渡辺芳美さんには，たくさんの描画をお願いしてしまった．できあがった美しい絵の数々に心から感謝を申し上げたい．ここに至るまで，神奈川県立生命の星・地球博物館の樽創さん，京都大学の疋田努さんと佐藤和彦さん，東京工業大学の松林尚志さん，東京都の動物園の方々，そして私と同じフロアの甲能直樹さんら，たくさんの皆様にご教示をいただいた．お礼のことばもない．帯広畜産大学の佐々木基樹さんとは，執筆にかかわるいくつもの場面で，楽しい研究の思い出を残すことができた．ジャイアントパンダにピンセットをあて，キリンの骨を洗い，トラを担いだ日々もあった．1ページ1ページが佐々木さんとの協作である．同じ職場の小郷智子さん，吉田倫子さんにも感謝の気持ちで一杯だ．この国のロジスティクスのない研究の場で，私の闘いが不戦敗に終わらないのは，彼女たちの力の賜物である．

　東京大学出版会編集部の光明義文さんには，なにからなにまでお世話になった．恐縮気味の突然の原稿依頼をいただいたが，氏の構想する書物はいず

れも確かな発展を遂げているのをみて，大喜びで筆を執った次第である．世界観に乏しい原稿を書店に並ぶまでに育ててくださったのは，光明氏の力以外のなにものでもない．

　最後に，文献で散らかし放題の自室を黙って見過ごす妻に，心から伝えたい．ありがとう．

事項索引

ア 行

アスペクト比　172
アブミ骨　7,14
アリ食　213
アレンの法則　241
胃　223
育児嚢　136,137
異形歯性　6
胃腺　223
遺存種　307
烏口骨　46
エコロケーション　65,68
枝角　106,108,269
MRI　180
横隔膜　29

カ 行

外温性　29
回外　143
回旋　142
外旋　142
回腸　232
外転　142
回内　143
外鼻孔　113
顎関節　6,38,41
顎二腹筋　200,204,213
隔離　293
片側咀嚼　205
滑空　68,175
樺太　299
樺太陸橋　299
眼窩　93,203,262

眼窩輪　76
眼球　262
寛骨　169
寛骨臼　18,170
間鎖骨　46
関節骨　5,7
汗腺　26
寒冷　244
気管支　180
基礎代謝率　29,238
キヌタ骨　5,7,14
頬骨弓　5,15,200
強膜　265
棘下窩　168
棘下筋　169
棘上窩　166
棘上筋　166
距骨　110
空腸　232
屈曲　140,154
クライン　241,266
グレイザー　190,242
月状歯型　192
結腸　232
慶良間ギャップ　304
肩関節　142
肩甲骨　166
後白歯化　93,98
咬筋　16,79,200
高歯冠化　98
後頭顆　17
交尾排卵　283
後分娩排卵　282
鼓膜　7,14

368　事項索引

固有　293
固有種　293
ゴンドワナ　53

サ　行

サイズ　265
臍帯　23, 24
鎖骨　168
坐骨　18
坐骨結節　170
雑食性　209
三結節説　53
歯冠　93
子宮　277
子宮角　277
歯型　5
趾行性　153
歯骨　5, 7
歯式　50, 54, 137
耳小骨　13
矢状稜　5, 15, 16, 136, 202
CT　158, 180, 203
十二指腸　232
収斂　43, 70, 112, 134, 180
種分化　307
循環生理学　237
消化管　221
小腸　232
食道　223
深指屈筋　176
真社会性　284
針状軟骨　176
腎臓　254
伸展　140, 154
心拍数　240
水平交換　193
皺壁歯型　192
生歯　54
精子保存　283
生殖周期　280
成長　31
蹠行性　150

脊柱起立筋　154
セルロース　230
潜水　246
前恥骨　42, 136, 137
走行肢端　139
槽生　54
総排泄腔　46
双波歯　137
側頭窩　202
側頭筋　16, 200
側頭骨　9
側頭窓　2
咀嚼筋　199

タ　行

第一胃　228
大円筋　177
対向流　259
第三胃　231
胎子　23
代謝水　252
体重　238
胎生　21
大腸　232
第二胃　228
大脳　77
胎盤　22-24, 50
第四胃　231
大陸移動　127
唾液腺　231
短母指外転筋　159
恥骨　18
着床遅延　282
中手骨　107
中足骨　107
朝鮮陸橋　296
腸骨　5, 19
腸骨翼　169
直腸　232
直立二足歩行　163
津軽海峡　300
対馬　296

ツチ骨　5,7,14
爪　153
定向進化　93
蹄行性　150
洞角　108,266,268
同期化　284
同形歯性　6
橈側種子骨　157,159,176
冬眠　244
トリボスフェニック型後臼歯　42,50-53,186
鈍丘歯型　192

ナ　行

内温性　29
内旋　142
内転　142
ナックルウォーク　76,162
二次口蓋　5,6
二生歯性　54
乳汁　288
乳脂率　288
乳腺　25,26,46
ニューギニア　128
脳函　13,50,84,136
脳頭蓋　5,93
脳容積　164

ハ　行

把握肢端　139
拍出量　240
発汗　249
発酵　226,230
発情持続　283
反芻　228
反芻胃　105,230
パンティング　249
鼻甲介　256
皮骨　71
飛翔　171
泌乳　25,288
氷期　295

腹鋸筋　168,169
副手根骨　159
ブラウザー　190,242
ブラキエーション　76
ブラキストン線　300
ブラバー　256
分岐分類学　35
並行進化　70
ヘモグロビン　248
ベルクマンの法則　241
方形骨　5,7
蜂巣胃　228
母指対向性　165
母指対立筋　159
哺乳類相　292,294,298
哺乳類様爬虫類　9

マ　行

末節骨　153
ミオグロビン　247
盲腸　232

ヤ　行

遊泳　179,246
有爪獣　143,145
有蹄獣　147
翼突筋　200,205

ラ　行

ラフティング　75,81
卵生　46
卵巣　279
陸橋　294
琉球列島　303
両側咀嚼　206
鱗状骨　5,7,9
ルーメン　228,230
裂肉歯　198
レトロポゾン　103,109,112
レリック　307
肋骨突起　18
ローラシア　53

ワ　行

渡瀬線　304

生物名索引

A

Acinonyx jubatus 32
Addax nasomaculatus 249
Aegyptopithecus 76
Aepyceros melampus 284
Afrotheria 123
Agriochoerus 104
Ailuropoda melanoleuca 157,158
Ailurus fulgens 155
Alopex lagopus 32
Alphadon 126
Ambulocetus 109
Ammotragus lervia 268
Amphitherium 41
Anchitherium 95,96
Andrewsarchus 108,109
Anotomys 218
Anoura 217
Anourosorex japonicus 296,297
Antarctodolops 129
Anthracobune 113
Antilocapra americana 107
Apodemus agrarius 306
A. argenteus 296,308
A. speciosus 296,308
Archaeomeryx 106
Archaeopteropus 65
Archaeotherium 99
Arctocyon 87
Ardipithecus ramidus 162
Arsinoitherium 120
Artibeus 216,227
Articamelus 104
Artiocetus 110
Ashoroa 118
Astrapotherium 90
Australopithecus 163
A. affarensis 163
A. africanus 163
A. robustus 163

B

Balaenoptera acutorostrata 220
B. musculus 238
B. physalus 255
Barbourofelis 196
Behemotops 118
Bison priscus 299
Blarina 276
Borealestes 39
Boreoeutheria 125
Borophagus 84
Bos primigenius 54
Bradypus tridactylus 232
Brontotherium 96,169
Bubalus bubalis 288

C

Caenopus 98
Camelus 249
Canis familiaris 223
C. hodophilax 302,303
C. lupus 297
Capreolus 298
C. miyakoensis 306
Castor 298
Cavia aperea 234

Ceratotherium simum 192
Cervus praenipponicus 296
Choeropsis liberiensis 103
Cimolestes 58
Citellus 298
Cocomys 77
Colobus guereza 192
Connochaetes gnou 284
C. taurinus 284
Craseonycteris thonglongyai 238, 239
Crocidura dsinezumi 296
C. watasei 305
Cynodesmus 84
Cynognathus 4, 6

D

Daptomys 218
Daulestes 56
Deinotherium 114
Delphinus delphis 255
Desmostylus 118
Diacodexis 99
Diadiaphorus 90
Diarthrognathus 8
Didelphis 127
Dimetrodon 3
Dinohyus 100
Dinomys branickii 205
Diplothrix legata 305
Dipodomys 249
D. merriami 288
Diprotodon 134
Docodon 39
Dryolestes 41
Dryopithecus 76, 161
Dugong 118
Dusisiren 118

E

Ektopodon 132
Elephas maximus 113
Enhydra lutris 248

Eomaia 57
Eomanis 213
Eomoropus 97
Eotheroides 118
Eotragus 108
Eozostrodon 10
Epigaurus 271
Epihippus 93
Equus 90, 93
E. asinus 249
E. burchelli 192
E. caballus 223
Eremotherium 72, 169
Euarchontoglires 124
Eulipotyphla 124
Eumeryx 106
Eurotamandua 213
Eurymylus 82
Eusmilus 196

F

Felis bengalensis euptilura 262
F. catus 55, 223
F. iriomotensis 306

G

Gazella 298
G. thomsoni 242
Gelocus 106
Genetta 85
Gerbillus 298
Giraffa camelopardalis 107
Glirulus japonicus 296
Glossophaga 217
Glossotherium 72, 73
Glyptodon 72
Gorilla 76
Gulo gulo 156

H

Hadrocodium 13
Haldanodon 13

Halichoerus grypus 247
Helarctos malayanus 211
Hemicyon 84
Hemitragus jemlahicus 256
Hesperocyon 84
Heterocephalus glaber 284
Hidrosotherium 103
Hipparion 96
Hippidium 96
Hippopotamus amphibius 103
Homacodon 99
Homo 164
H. sapiens 32
Hoplophoneus 196
Hyaena hyaena 197
Hyaenodon 83
Hydrodamalis 118
H. gigas 117
Hydropotes 298
Hylobates 76
Hyohippus 96
Hypertragulus 106
Hyracotherium 93

I

Icaronycteris 65
Icthyomys 218
Ictitherium 85
Indocetus 109
Indricotherium 98
Isodon obesulus 198

J

Jaculus 250
Jeholodens 39

K

Kayentatherium 8
Kenyanthropus platyops 162
Kenyapithecus 161
Kuehneotherium 41
Kulbeckia 56

L

Lama glama 248
Laurasiatheria 124
Lemur 75
Leptictis 59
Leptomeryx 106
Leptonychotes weddelli 246
Lepus brachyrus 297
Limnopithecus 76
Litocranius walleri 242
Llanocetus 220
Lobodon carcinophagus 255
Loxodonta africana 113
Lutra 297
L. nippon 302
Lycaenops 17
Lynx lynx 302

M

Macaca fuscata 296
Machaeroides 196
Machairodus 196
Macrauchenia 90
Macropus 133, 191
M. rufus 286
Macrotherium 97
Mammuthus 116
M. primigenius 116
M. protomammonteus 295
Manis javanica 213
Marmota 298
Megaderma 216
Megaloceros 106
Megalohyrax 120
Megatherium 72
Megazostrodon 10
Megistotherium 198
Megoreodon 104
Meles meles 297
M. mukashianakuma 297
Meriones unguiculatus 227

Merychippus 93
Merycoidodon 104
Mesocricetus auratus 280
Mesohippus 93
Mesopithecus 76
Metacervulus astylodon 304
Metacheiromys 71
Miacis 84
Microtus epiratticepoides 302
M. montebelli 282
Miniopterus fuliginosus 174
Miohippus 93
Miotapirus 98
Mirounga 246
Moeritherium 113
Mogera imaizumii 296
M. uchidai 306
Morganucodon 10
Moropus 97
Moschus moschiferus 296
Muntiacus 298
Murtoilestes 57
Mus musculus 55
Mustela erminea 297
M. kuzuuensis 297
M. nivalis 297
M. sibirica 297
Myrmecobius fasciatus 134, 215
Myromecophaga tridactyla 215

N

Neoscaptor uchidai 306
Nesodon 89
Neusticomys 218
Noctilio leporinus 216
Notharctus 75
Notoryctes typhlops 133, 134
Numidotherium 113
Nyctalus aviator 216
Nyctereutes procyonoides 223, 297

O

Odobenus rosmarus 254
Odocoileus virginianus 32
Okapia johnstoni 107
Ondatra zibethicus 227
Oreamnos americanus 256
Ornithorhynchus anatinus 46, 47
Orohippus 93, 94
Orrorin tugenensis 162
Orycteropus 213
O. afer 88, 177
Oryctolagus cuniculus 234
Oryx leucoryx 242
Ovibos moschatus 256
Ovis 298
O. ammon 266
O. canadensis 268
O. vignei 268
Oxyaena 83

P

Paenungulata 117
Paguma 85
P. larvata 155
Pakicetus 109
Palaechthon 75
Palaeochiropteryx 65
Palaeoloxodon naumanni 296
Palaeomastodon 114
Palaeoprionodon 85
Paleoparadoxia 118
Panthera leo 155, 223
P. pardus 155
P. tigris 85, 298
Pantolestes 59
Pan troglodytes 77
Parahippus 93, 94
Paramys 77
Parapithecus 76
Pentalagus furnessi 208, 305
Perchoerus 101

生物名索引   *375*

Petaurista leucogenys   296
Petaurus breviceps   176
Pezosiren   117
Phenacodus   87
Phenacolophus   121
Phiomia   114
Phlaocyon   85
Phoca sibirica   203
Physeter catodon   112
Plagiaulax   43
Platanista gangetica   180
Platybelodon   209
Platygonus   101
Plesictis   85
Pliohippus   93, 95
Poë brodon   103
Poë brotherium   103
Pongo pygmaeus   76
Potamogale velox   184
Potamosiren   118
Potorous tridactylus   232
Prebystis cristata   232
Proailurus   85
Probainognathus   4
Probelesodon   4
Proconsul   161
Procoptodon   133
Procyon lotor   155
Prokennalestes   57
Propalaeochoerus   100
Propliopithecus   76
Prorastomus   117
Protamandua   213
Protapirus   98
Proteles cristatus   196
Protemnodon   191
Protohippus   90
Protosiren   118
Protungulatum   58, 87
Pteromys momonga   296
Pteropus   216
Ptilodus   43, 44

Purgatorius   74

Q

Querchytherium   198

R

Rangifer tarandus   269
Remingtonocetus   109
Rheomys   218
Rhinoceros shindoi   296
Rhinolophus cornutus   174
R. ferrumequinum   174, 296
Ribodon   118
Rodhocetus   109, 110

S

Sahelanthrops tchadensis   162
Saiga tatarica   242
Samburupithecus   161
Sciurus griseus   232
S. lis   296
Shikamainosorex densicingulata   296
Shuotherium   41
Sinclairella   59
Sinoconodon   13
Sinomegaceros yabei   298
Sivapithecus   161
Smilodon   85
Sorex minutissimus   32, 239
S. shinto   296
Spalacotherium   41
Spermophilus   249
Stegodon orientalis   295
Stegotherium   213
Sthenurus   133
Sturnira   227
Stylinodon   68
Sus   188
S. lydekkeri   296
S. scrofa   54, 100

T

Tachyglossus aculeatus　25, 47
Taeniolabis　43
Tamias sibiricus　244
Tarsius　75
Tayassu　101
Tethytheria　117
Tetonius　75
Thoaterium　90
Thrinaxodon　4
Thylacoleo　196
Thylacinus cynocephalus　130, 131
Thylacosmilus　129
Tillotherium　68
Tokudaia osimensis　305
Tolypeutes　275
Toxodon　89
Trichosurus vulpecula　132
Triconodon　39
Trigonostylops　90

U

Uintatherium　88, 169
Uranotheria　117
Urotrichus talpoides　296
Ursavus　84
Ursus　85
U. americanus　244
U. maritimus　210

V

Vespertilio superans　174
Vicugna vicugna　248
Vincelestes　42
Viverravus　84
Vulpes vulpes　297

Z

Zalambdalestes　56, 57
Zalophus californianus　255
Z. c. japonicus　302

Zatheria　41
Zhangheotherium　39

ア 行

アウストラロピテクス類　163
アカカンガルー　286, 287
アカネズミ　296, 308
アカボウクジラ類　248
アグリオコエルス　104
アザラシ科　183
アジアスイギュウ　288
アジアゾウ　113, 284
アシカ科　183
アショロア　118
アストラポテリウム　90
アズマモグラ　296
アダックス　249
アードウルフ　196, 215
アナウサギ　233
アナガレ目　56, 62
アナグマ　297
アファール猿人　163
アフリカスイギュウ　265
アフリカゾウ　113, 238, 284
アフリカヌス猿人　163
アフロソリシダ目　123
アフロテリア　123
アマミノクロウサギ　208, 305, 308
アメリカクロクマ　244
アメリカケンショウコウモリ類　227
アメリカフルーツコウモリ類　216, 227
アライグマ　155
アラコウモリ類　216
アラビアオリックス　242
アリクイ科　213
アリクイ類　72, 176
アルガリ　266
アルギロラグス類　208
アルクトキオン　87
アルケオテリウム　99
アルケオプテロプス　65
アルケオメリクス　106

生物名索引　*377*

アルシノイテリウム　120
アルティカメルス　104
アルファドン　126
アルマジロ科　213
アルマジロ類　72
アレチネズミ類　298
アンキテリウム　95,96
アンタークトドロプス　129
アントラコブネ　113
アンドリューサルクス　108,109
アンフィテリウム　41
アンブロケタス　109
イイズナ　297
イカロニクテリス　65
イクチテリウム　85
イクチドサウルス類　4
異節目　72
イタチ科　183
異蹄目　90
イヌ　223
イヌ亜目　84
イノシシ　54,100,192,225
イノシシ類　176,188,297
イリオモテヤマネコ　306,308
岩狸目　120,123
インドケタス　109
インドリコテリウム　98,237
インパラ　284
ヴィンセレステス　42
ウインタテリウム　88,169
ウェッデルアザラシ　246
ウオクイコウモリ　216
ウォンバット類　208
兎目　82,124
ウサギ類　233
ウシ　54,150,190,277,281
ウシ科　236
ウマ　90,226,233,234
ウラノテリア　117
ウリアル　268
ウルサブス　84
ウロコオリス　79

ウロコオリス科　176
エウスミルス　196
エウメリクス　106
エウリミルス　82
エウロタマンドゥア　213
エオゾストロドン　10
エオテロイデス　118
エオトラグス　108
エオヒップス　93
エオマイア　57
エオマニス　213
エオモロプス　97
エクウス　93
エクトポドン　132
エジプトピテクス　76
エピガウルス　271
エピヒップス　93
エレモテリウム　72,169
オオアリクイ　215,274
オオカミ　193,297
オオコウモリ類　216
オオツノジカ類　107
オオヤマネコ　302
オカピ　107,271
オキシエナ　83
オグロヌー　284
オコジョ　297
オジロジカ　32
オジロヌー　284
オポッサム　127
オランウータン　76
オリクテロプス　213
オーロックス　299,302
オロヒップス　93,94

カ　行

海牛目　117,123
海牛類　182
カエノプス　98
カエンタテリウム　8
火獣目　90
顆節目　87

顆節類　147
ガゼル類　298
核脚亜目　103
滑距目　90
カニクイアザラシ　254
カバ　103
カバ科　110, 184
カモノハシ　46, 47
カモノハシ科　183
カリコテリウム類　176
カリフォルニアアシカ　255
カワウソ類　218, 297
カンガルー科　236
カンガルーネズミ類　249
ガンジスカワイルカ　180
管歯目　88, 123
管歯類　213
鰭脚類　86, 183
キクガシラコウモリ　174, 296
キツネ　297
キツネザル　75
キティブタバナコウモリ　238, 239
奇蹄目　87, 92, 124
奇蹄類　147, 187
キノグナタス　4, 6
キノデスムス　84
キノドン類　4
キバノロ類　298
キモレステス　57, 60, 75, 83, 84
キモレステス目　60, 69
旧世界ザル　76
キューネオテリウム　41
恐角目　88, 90
魚竜　180
キリン　107, 150, 271
キリン科　236
偶蹄目　87, 99, 109, 184
偶蹄類　147, 179, 187
クエルキテリウム　198
鯨目　108, 110
クズウイタチ　297
クズリ　156

クマ科　184
クリソクロリス目　62, 63
クリソクロリス類　176
グリプトドン　72
グリプトドン類　72
クルベキア　56
グロッソテリウム　72, 73
ケタルティオダクティラ　111, 124
齧歯目　77, 81, 124, 183, 271
齧歯類　145, 179
ケナガネズミ　305
ケニアピテクス　161
ケノレステス目　129, 208
ゲロクス　106
幻獣目　59, 62
幻獣類　60
原正獣亜目　56
後獣類　126
鉤足亜目　97
コキクガシラコウモリ　174
ココミス　77
コビトカバ　103
ゴリラ　76
ゴルゴノプス類　4
ゴールデンハムスター　280
ゴンフォテリウム科　114
ゴンフォテリウム類　209

サ　行

サイガ　242, 256
ザテリア類　41
サバンナシマウマ　192
ザランブダレステス　56, 57
三角柱目　90
サンブルピテクス　161
ジェネット　85
ジェホロデンス　39
ジェレヌク　242
シカ科　236, 269
シカマトガリネズミ　296
シタナガコウモリ類　217
ジネズミ　296

シノコノドン　13
シバピテクス　161
シベリアジャコウジカ　296
シマハイエナ　197
シマリス　244
ジャイアントパンダ　157,158,211,287
ジャコウウシ　256
ジャワマメジカ　262
重脚目　120
獣弓目　3
獣歯類　4,38,185
シュオテリウム　41
ジュゴン　118
ジュリアクリークスミントプシス　287
小翼手亜目　65
食虫目　62
食肉目　84,124,183,184
食肉類　147,213
ジリス類　249,298
シルバールトン　232
シロイワヤギ　256
シロクロコロブス　192
シロサイ　192,234
シロナガスクジラ　238
真猿亜目　76
シンクライレラ　59
真獣類　49
新世界ザル　76
真全獣目　41
シンドウサイ　296
シントウトガリネズミ　296
人類　163
スティリノドン　68
ステゴテリウム　213
ステゴドン科　114
ステップバイソン　299,302
ステヌルス　133
ステラーカイギュウ　117
スナネズミ　227
スパラコテリウム　40
スミロドン　85,196
セイウチ　254

セイウチ科　183
正獣類　48,49
セイブハイイロリス　232
セスジネズミ　306
センカクモグラ　306
センザンコウ類　176
ゾウアザラシ類　246
ゾウ科　114
相称歯目　40
双前歯目　132,208
束柱目　118

タ　行

大翼手亜目　65
タイリクイタチ　297
ダウレステス　56
多丘歯目　43
タケネズミ類　179
ダシウルス形目　130,213,287
タヌキ　223,297
タルシウス　75
単弓亜綱　1,3
単孔目　46,183
単孔類　213
チスイコウモリ類　217
チーター　32,155
チビトガリネズミ　32,238,239,242
チャイロコミミバンディクート　198
紐歯目　68
紐歯類　60
長鼻目　113,123
猪豚亜目　99
長鼻類　147
チンパンジー　77
ツァンヘオテリウム　39,41
ツキノワグマ　298
ツシマヤマネコ　262
ツチブタ　88,177
ツチブタ科　213
ツチブタ類　176
ツパイ　63
ディアコデクシス　99,111

生物名索引

ディアディアフォルス　90
ディアルスログナタス　8,38
ディクディク類　242
ディデルフィス目　126
ディノテリウム　114
ディノテリウム類　209
ディノヒルス　99
ディプロトドン　134
ディメトロドン　3
ティラコスミルス　129,196
ティラコレオ　196
ティロテリウム　68
デスモスチルス　118
テチテリア　117
テトニウス　75
テナガザル　76
テニオラビス　43
デバネズミ類　179
デュシシレン　118
テロケファルス類　4
トアテリウム　90
登攀目　62,63,74,124
トウヨウゾウ　295
トウヨウヒナコウモリ　174
トガリネズミ科　63
トガリネズミ類　242
トキソドン　89
トゲネズミ　305
ドコドン　38
トナカイ　269
ドブネズミ　225,277,280,282
トムソンガゼル　242
トラ　85,298,302
ドリオピテクス　76,161
ドリオレステス類　41
トリゴノスティロプス　90
トリコノドン　39
トリコノドン目　39
トリチロドン類　4
トリナクソドン　4

ナ　行

ナウマンゾウ　296,302
ナガスクジラ　255
ナマケモノ類　72
南蹄目　89
肉歯目　83,87,153
ニホンアシカ　302
ニホンオオカミ　302,303
ニホンカワウソ　302
ニホンザル　296,297
ニホンジカ　296,301,308
ニホンムカシジカ　296,302
ニホンムカシハタネズミ　302
ニホンモグラジネズミ　296,297,302
ニホンリス　296
ヌミドテリウム　113
ネコ　55,223
ネコ亜目　85
ネズミ科　82,183
ネソドン　89
ノウサギ　297
ノタルクタス　75
ノトリクテス形目　134
ノロ類　298

ハ　行

ハイイロアザラシ　247
ハイエナ科　196,213
バイカルアザラシ　203,256
パエヌングラータ　117
パカラナ　205
パキケタス　109
バク　98
ハクジラ亜目　112
ハクジラ類　218
ハクビシン　85,155
ハダカデバネズミ　284
ハタネズミ　282
ハタネズミ類　227
ハツカネズミ　55
ハドロコディウム　13

生物名索引　　*381*

ハナナガネズミカンガルー　232
ハナナガヘラコウモリ類　217
バーバリーシープ　266
バーバロフェリス　196
ハムスター類　227,245
パラエクトン　75
パラヒップス　93,94
パラピテクス　76
パラミス　77
ハリモグラ　25,46,47
ハリモグラ科　213
ハルダノドン　13
パレオキロプテリクス　65
パレオパラドキシア　118
パレオプリオノドン　85
パレオマストドン　114
汎歯目　88
反芻亜目　105,227
パントレステス　59
パントレステス目　59,62
パントレステス類　60
パンパステンジクネズミ　234
盤竜目　3
ヒエノドン　83
ヒオヒップス　96
ビクーナ　248
ヒグマ　298
ヒゲクジラ亜目　112
ヒゲクジラ類　220,255
被甲亜目　71
ビッグホーン　268
ヒツジ類　298
ヒッパリオン　96
ヒッピディウム　96
ヒト　32
ヒドロソテリウム　103
ヒドロダマリス　118
ビーバー類　298
ビベラブス　84
ヒペルトラグルス　106
ヒマラヤタール　256
ヒミズ　296

ヒメネズミ　296,307
ヒョウ　155,298,302
皮翼目　60,62,68,124
ヒラコテリウム　93
ヒロバーテス　76
貧歯目　71,124
貧歯類　213
フィオミア　114
フェナコドゥス　87
フェナコロフス　121
フクロアリクイ　134,215
フクロアリクイ科　213
フクロオオカミ　130,131,198
フクロギツネ　132
フクロモグラ　133,134
フクロモグラ類　176
フクロモモンガ　176
フクロモモンガ類　176
ブチハイエナ　193
プティロドゥス　43,44
フラオキオン　85
プラギアウラクス　43
プラティゴヌス　101
プラティベロドン　209
ブラリナトガリネズミ属　276
プリオヒップス　93,95
プルガトリウス　74
プレシクティス　85
プロアイルルス　85
プロケンナレステス　57
プロコプトドン　133
プロコンスル　161
プロタピルス　98
プロタマンドゥア　213
プロテムノドン　191
プロトゥングラタム　58,87
プロトシレン　118
プロトヒップス　90
プロパレオコエルス　100
プロプリオピテクス　76
プロベノグナタス　4,8
プロベレソドン　4

プロラストムス 117
プロングホーン 107, 271
プロングホーン科 236
ブロントテリウム 96, 169, 271
ヘスペロキオン 84
ペゾシレン 117
ベヘモトプス 118
ヘミキオン 84, 211
ヘラジカ 299, 302
ペラメレス形目 130
ペルコエルス 101
ベンガルヤマネコ 193
ホエジカ類 298
ポエブロテリウム 103
ポエブロドン 103
ポタモガーレ 184
ポタモシレン 118
ホッキョクギツネ 32, 256
ホッキョクグマ 184, 210, 255
ホプロフォネウス 193
ホマコドン 99
ボルヒエナ形目 129
ボレアレステス 39
ボレオユーテリア 125
ボロファグス 84, 198
ホンドモモンガ 296

マ 行

マイルカ 255
マカイロドゥス 196
マカエロイデス 196
マクラウケニア 90
マクロスケリデス目 62, 63, 123
マクロテリウム 97
マクロプス 133, 191
マスクラット 227, 234
マッコウクジラ 112, 246, 248
マナティー類 118
ママリア 9, 39
ママリアフォルムス 10, 11, 37, 45, 185
マムートゥス 116
マムート科 114

マメジカ類 227
マーモット類 298
マレーグマ 211
マレーセンザンコウ 213
マンモスゾウ 116, 299, 302
ミアキス 84
ミオタピルス 98
ミオヒップス 93
ミクロビオテリウム目 129
ミツオビアルマジロ属 275
ミツユビナマケモノ 232
ミヤコノロ 306
ミユビトビネズミ類 249
ミンククジラ 220
ムカシアナグマ 297
ムカシマンモス 295
ムササビ 296
無肉歯目 108
無盲腸目 61, 62, 183
無盲腸類 145, 179
ムルトイレステス 57
メガゾストロドン 10
メガテリウム 72
メガネザル 75
メガロセロス 106
メガロハイラックス 120
メギストテリウム 198
メゴレオドン 104
メソニクス類 108, 111
メソヒップス 93
メソピテクス 76
メタケイロミス 71
メリアムカンガルーネズミ 288
メリキップス 93
メリコイドドン 104
モエリテリウム 113
モグラ類 176
モルガヌコドン 10, 13, 38
モロプス 97

ヤ 行

ヤベオオツノジカ 298, 302

ヤマアラシ顎亜目　79
ヤマコウモリ　216
ヤマネ　296
ヤマビーバー科　79
ユーアルコンタ　124
ユーアルコントグリレス　124
有胎盤類　48
有袋類　48,126
有毛亜目　72
有鱗目　68,124
有鱗類　60,213
ユビナガコウモリ　174
ユーリポティフラ　124
翼手目　65,124
翼手類　145,245

リス顎亜目　79
リボドン　118
リムノピテクス　76
リャマ　248
リュウキュウジカ　304
リュウキュウムカシキョン　304
類人猿　160
霊長目　63,73,124
霊長類　145
裂脚類　179
レッサーパンダ　155,157
裂歯目　68
裂歯類　60
レプティクティス　59
レプティクティス目　59,62
レプトメリクス　106
レミングトノケタス　109
レムール　75
ロドケタス　109
ロバ　249
ロブスト型猿人　163
ローラシアテリア　124
ロリス　75

ラ　行

ライオン　155,223,265
雷獣目　90
ライデッカーイノシシ　296
ラクダ類　248
ラッコ　248
ラノケタス　220
ラミダス猿人　162
リカエノプス　17
リス科　176,183

ワ　行

ワタセジネズミ　305

著者略歴

1965 年　東京都に生まれる．
1991 年　東京大学農学部卒業．
　　　　国立科学博物館動物研究部研究官，京都大学霊長類研究所教授を経て，
現　在　東京大学総合研究博物館教授，獣医学博士．

主要著書

『カラスとネズミ（現代日本生物誌 1）』（共著，2000 年，岩波書店）
『パンダの死体はよみがえる』（2005 年，筑摩書房）
『解剖男』（2006 年，講談社）
『人体　失敗の進化史』（2006 年，光文社）
『遺体科学の挑戦』（2006 年，東京大学出版会）
『東大夢教授』（2011 年，リトルモア）
『有袋類学』（2018 年，東京大学出版会）
『ウシの動物学　第 2 版（アニマルサイエンス②）』（2019 年，東京大学出版会）ほか

哺乳類の進化

　　2002 年 12 月 12 日　初　版
　　2020 年 3 月 5 日　第 4 刷

　　　［検印廃止］

著　者　遠藤秀紀（えんどうひでき）

発行所　一般財団法人　東京大学出版会

代表者　吉見俊哉

　　　153-0041 東京都目黒区駒場 4-5-29
　　　電話 03-6407-1069・振替 00160-6-59964

印刷所　三美印刷株式会社
製本所　牧製本印刷株式会社

Ⓒ 2002 Hideki Endo
ISBN 978-4-13-060182-5　Printed in Japan

JCOPY〈出版者著作権管理機構　委託出版物〉
本書の無断複写は著作権法上での例外を除き禁じられています．複写される場合は，そのつど事前に，出版者著作権管理機構（電話 03-5244-5088, FAX 03-5244-5089, e-mail : info@jcopy.or.jp）の許諾を得てください．

Natural History Series（全50巻完結）

日本の自然史博物館　糸魚川淳二著　——　A5判・240頁/4000円（品切）
●理論と実際とを対比させながら自然史博物館の将来像をさぐる．

恐竜学　小畠郁生編　——　A5判・368頁/4500円（品切）
犬塚則久・山崎信寿・杉本剛・瀬戸口烈司・木村達明・平野弘道著
●7人の日本の研究者がそれぞれ独特の研究視点からダイナミックに恐竜像を描く．

樹木社会学　渡邊定元著　——　A5判・464頁/5600円（品切）
●永年にわたり森林をみつめてきた著者が描き上げた森林と樹木の壮大な自然史．

動物分類学の論理　馬渡峻輔著　——　A5判・248頁/3800円
多様性を認識する方法
●誰もが知りたがっていた「分類することの論理」について気鋭の分類学者が明快に語る．

花の性　その進化を探る　矢原徹一著　——　A5判・328頁/4800円
●魅力あふれる野生植物の世界を鮮やかに読み解く．発見と興奮に満ちた科学の物語．

民族動物学　周達生著　——　A5判・240頁/3600円
アジアのフィールドから
●ヒトと動物たちをめぐるナチュラルヒストリー．

海洋民族学　秋道智彌著　——　A5判・272頁/3800円（品切）
海のナチュラリストたち
●太平洋の島じまに海人と生きものたちの織りなす世界をさぐる．

両生類の進化　松井正文著　——　A5判・312頁/4800円（品切）
●はじめて陸に上がった動物たちの自然史をダイナミックに描く．

シダ植物の自然史　岩槻邦男著　——　A5判・272頁/3400円（品切）
●「生きているとはどういうことか」を解く鍵を求め続けてきたあるナチュラリストの軌跡．

太古の海の記憶　池谷仙之・阿部勝巳著　——　A5判・248頁/3700円（品切）
オストラコーダの自然史
●新しい自然史科学へ向けて地球科学と生物科学の統合が始まる．

哺乳類の生態学　土肥昭夫・岩本俊孝・三浦慎悟・池田啓著　——　A5判・272頁/3800円（品切）
●気鋭の生態学者たちが描く〈魅惑的〉な野生動物の世界．

高山植物の生態学　増沢武弘著 ── A5判・232頁/3800円（品切）
●極限に生きる植物たちのたくみな生きざまをみる．

サメの自然史　谷内透著 ── A5判・280頁/4200円（品切）
●「海の狩人たち」を追い続けた海洋生物学者がとらえたかれらの多様な世界．

生物系統学　三中信宏著 ── A5判・480頁/5800円
●より精度の高い系統樹を求めて展開される現代の系統学．

テントウムシの自然史　佐々治寛之著 ── A5判・264頁/4000円（品切）
●身近な生きものたちに自然史科学の広がりと深まりをみる．

鰭脚類［ききゃくるい］　和田一雄著 ── A5判・296頁/4800円（品切）
　　　　　　　　　　　　伊藤徹魯
アシカ・アザラシの自然史
●水生生活に適応した哺乳類の進化・生態・ヒトとのかかわりをみる．

植物の進化形態学　加藤雅啓著 ── A5判・256頁/4000円
●植物のかたちはどのように進化したのか．形態の多様性から種の多様性にせまる．

新しい自然史博物館　糸魚川淳二著 ── A5判・240頁/3800円
●これからの自然史博物館に求められる新しいパラダイムとはなにか．

地形植生誌　菊池多賀夫著 ── A5判・240頁/4400円
●精力的なフィールドワークと丹念な植生図の読解をもとに描く地形と植生の自然史．

日本コウモリ研究誌　前田喜四雄著 ── A5判・216頁/3700円（品切）
翼手類の自然史
●北海道から南西諸島まで，精力的にコウモリを訪ね歩いた研究者の記録．

爬虫類の進化　疋田努著 ── A5判・248頁/4400円
●トカゲ，ヘビ，カメ，ワニ……多様な爬虫類の自然史を気鋭のトカゲ学者が描写する．

生物体系学　直海俊一郎著 ── A5判・360頁/5200円
●生物体系学の構造・論理・歴史を分類学はじめ5つの視座から丹念に読み解く．

生物学名概論　平嶋義宏著 ── A5判・272頁/4600円（品切）
●身近な生物の学名をとおして基礎を学び，命名規約により理解を深める．

哺乳類の進化　遠藤秀紀著　──── A5判・400頁/5400円
●地球史を飾る動物たちの〈歴史性〉にナチュラルヒストリーが挑む．

動物進化形態学　倉谷滋著　──── A5判・632頁/7400円（品切）
●進化発生学の視点から脊椎動物のかたちの進化にせまる．

日本の植物園　岩槻邦男著　──── A5判・264頁/3800円（品切）
●植物園の歴史や現代的な意義を論じ，長期的な将来構想を提示する．

民族昆虫学　野中健一著　──── A5判・224頁/4200円（品切）
昆虫食の自然誌
●人間はなぜ昆虫を食べるのか──人類学や生物学などの枠組を越えた人間と自然の関係学．

シカの生態誌　高槻成紀著　──── A5判・496頁/7800円（品切）
●動物生態学と植物生態学の2つの座標軸から，シカの生態を鮮やかに描く．

ネズミの分類学　金子之史著　──── A5判・320頁/5000円
生物地理学の視点
●分類学的研究の集大成として，さらに自然史研究のモデルとして注目のモノグラフ．

化石の記憶　矢島道子著　──── A5判・240頁/3200円
古生物学の歴史をさかのぼる
●時代をさかのぼりながら，化石をめぐる物語を読み解こう．

ニホンカワウソ　安藤元一著　──── A5判・248頁/4400円
絶滅に学ぶ保全生物学
●身近な水辺の動物であったニホンカワウソ──かれらはなぜ絶滅しなくてはならなかったのか．

フィールド古生物学　大路樹生著　──── A5判・164頁/2800円
進化の足跡を化石から読み解く
●フィールドワークや研究史上のエピソードをまじえながら，古生物学の魅力を語る．

日本の動物園　石田戢著　──── A5判・272頁/3600円
●動物園学のすすめ──多様な視点からこれからの動物園を論じた決定版テキスト．

貝類学　佐々木猛智著　──── A5判・400頁/5400円
●化石種から現生種まで，軟体動物の多様な世界を体系化．著者撮影の精緻な写真を多数掲載．

リスの生態学　田村典子著　A5判・224頁／3800円
●行動生態，進化生態，保全生態など生態学の主要なテーマにリスからアプローチ．

イルカの認知科学　村山司著　A5判・224頁／3400円
異種間コミュニケーションへの挑戦
●イルカと話したい──「海の霊長類」の知能に認知科学の手法でせまる．

海の保全生態学　松田裕之著　A5判・224頁／3600円
●マグロやクジラはどれだけ獲ってよいのか？　サンマやイワシはいつまで獲れるのか？

日本の水族館　内田詮三・荒井一利・西田清徳著　A5判・240頁／3600円
●日本の水族館を牽引する名物館長たちが熱く語るユニークな水族館論．

トンボの生態学　渡辺守著　A5判・260頁／4200円
●身近な昆虫──トンボをとおして生態学の基礎から応用まで統合的に解説．

フィールドサイエンティスト　佐藤哲著　A5判・252頁／3600円
地域環境学という発想
●世界のフィールドを駆け巡り「ひとり学際研究」をつくりあげ，学問と社会の境界を乗り越える．

ニホンカモシカ　落合啓二著　A5判・290頁／5300円
行動と生態
●40年におよぶ野外研究の集大成．徹底的な行動観察と個体識別による野生動物研究の優れたモデル．

新版　動物進化形態学　倉谷滋著　A5判・768頁／12000円
●ゲーテの形態学から最先端の進化発生学まで──時空を超えて壮大なスケールで展開される進化論．

ウサギ学　山田文雄著　A5判・296頁／4500円
隠れることと逃げることの生物学
●ようこそ，ウサギの世界へ！　40年にわたりウサギとつきあってきた研究者による集大成．

湿原の植物誌　冨士田裕子著　A5判・256頁／4400円
北海道のフィールドから
●日本の湿原王国──北海道のさまざまな湿原に生きる植物たちの不思議で魅力的な世界を描く．

化石の植物学　西田治文著　A5判・308頁／4800円
時空を旅する自然史
●博物学の時代から遺伝子の時代まで──古植物学の歴史をたどりながら植物の進化と多様性にせまる．

哺乳類の生物地理学　増田隆一著 ── A5判・200頁/3800円
●遺伝子やDNAの解析からヒグマやハクビシンなど哺乳類の生態や進化にせまる．

水辺の樹木誌　崎尾均著 ── A5判・284頁/4400円
●失われゆく豊かな生態系──水辺林．そこに生きる樹木の生態学的な特徴から保全を考える．

有袋類学　遠藤秀紀著 ── A5判・288頁/4200円
●〈ちょっと奇妙な獣たち〉の世界へ──日本初の有袋類の専門書．

ニホンヤマネ　湊秋作著 ── A5判・288頁/4600円
野生動物の保全と環境教育
●永年にわたりヤマネたちと真摯に向き合ってきた「ヤマネ博士」の集大成！

ナチュラルヒストリー　岩槻邦男著 ── A5判・384頁/4500円
●生物多様性，生命系などをキーワードにナチュラルヒストリーを問いなおす．

ここに表記された価格は本体価格です．ご購入の際には消費税が加算されますのでご了承下さい．